宇航科学与技术系列教材 · 空天智能方向

模式识别及航空航天应用

谢凤英 主编
崔林艳 张浩鹏 曹晓光 编

北京航空航天大学出版社

内容简介

本书是介绍模式识别技术的基础教材，包含理论、实验和应用三方面的内容。理论知识以统计模式识别为主，包括线性分类器、非线性分类器、特征提取、非监督聚类、神经网络等，立足经典理论和现代方法；实验部分围绕“卫星目标识别”这一综合项目，设计了一整套层次递进的实验内容，理论支撑实践，实践深化理论；应用部分结合航空航天实际工程案例对理论进行应用分析，实现了模式识别理论与实际工程应用的深度融合。

本书可以作为“航空航天＋智能”交叉类专业以及人工智能、电子信息、自动化、计算机等相关专业的本科生或研究生教材，也可以供人工智能相关的研究人员、学生和工程技术人员阅读参考。

图书在版编目(CIP)数据

模式识别及航空航天应用 / 谢凤英主编. -- 北京 ：北京航空航天大学出版社，2023.7

ISBN 978-7-5124-4125-5

Ⅰ. ①模… Ⅱ. ①谢… Ⅲ. ①模式识别－应用－航空工程 Ⅳ. ①V2

中国国家版本馆 CIP 数据核字(2023)第 131866 号

模式识别及航空航天应用

谢凤英 主编

崔林艳 张浩鹏 曹晓光 编

策划编辑 蔡 喆 责任编辑 龚 雪

*

北京航空航天大学出版社出版发行

北京市海淀区学院路 37 号(邮编 100191) http://www.buaapress.com.cn

发行部电话：(010)82317024 传真：(010)82328026

读者信箱：goodtextbook@126.com 邮购电话：(010)82316936

北京建宏印刷有限公司印装 各地书店经销

*

开本：787×1 092 1/16 印张：17.75 字数：454 千字

2023 年 7 月第 1 版 2023 年 7 月第 1 次印刷 印数：1 000 册

ISBN 978-7-5124-4125-5 定价：59.00 元

序

航天是引领未来科技发展的核心力量，是大国安全的战略基石和强国经济的动力源泉。航天技术的发展反映了国家的科技水平和综合国力。党的十八大以来，中国航天取得了举世瞩目的成就。站在新的历史起点，党的二十大报告提出了加快建设航天强国的目标，中国航天正在以新的伟大奋斗开启新的征程。

作为集中从事航天人才培养和航天科学研究的综合性航天专业学院，北京航空航天大学宇航学院成立于 1988 年，现建有飞行器设计与工程、探测制导与控制技术、飞行器动力工程、飞行器控制与信息工程、智能飞行器技术、空天智能电推进技术六个本科专业，以及航空宇航科学与技术、控制科学与工程两个一级学科，承担着我国航天类学科专业的人才培养任务。北京航空航天大学宇航学院始终坚守立德树人初心、牢记为党育人为国育才使命，全面深化教育教学改革，取得了一系列新成果和新成效。

教材是承载知识的重要载体，是学生学习的重要依据和教师教学的基础。教材建设是国家事权和铸魂工程，党的二十大报告提出要加强教材建设和管理，将教材建设作为深化教育领域综合改革的重要环节。航天专业领域的教材建设对引领深化我国航天专业人才培养、为国家航天事业培养新时代高质量人才具有重要意义。

航天工程具有知识领域广、技术更新快的特点，对传统教材的知识更新，以及对空天智能等新兴领域教材建设需求迫切。为适应这种形式，北京航空航天大学宇航学院组织长期从事航天人才培养的一线教师，出版了这套“宇航科学与技术系列教材”。该系列教材包含航天器总体与结构设计、飞行器动力学与控制、航天推进、制导导航与控制、空天智能五个方向，既强调航天专业的基础理论知识，又注重空天智能等新兴领域所衍生的新理论与新方法，形成了基础理论、前沿技术、实际工程应用紧密结合的航天特色教材体系。

本系列教材是一套理论方法与工程技术融会贯通的教材，不仅可作为航天工程领域相关本科和研究生专业的教学用书，也可作为其他工科专业本科生、研究生以及广大工程技术人员学习航天专业知识的工具用书。

探索浩瀚宇宙，发展航天事业，建设航天强国，是中国航天人不懈追求的航天梦。希望这套教材的出版能够加快推进我国新时代航天人才培养，以高质量人才培养服务国家航天战略。

宇航科学与技术系列教材编委会

2023 年 7 月 27 日

前　　言

模式识别是人工智能领域的核心技术。21世纪是信息技术大发展的时期，智能化是新一代技术革命的重点方向，各个学科、各个领域的未来发展都离不开智能技术的支持。以模式识别为核心的人工智能技术已经开始进入并影响每个人的生活。

人工智能是一个交叉学科方向，国内开展人工智能方向研究的主要学科是“模式识别与智能系统”。北京航空航天大学宇航学院航天信息工程系长期以来一直承担“模式识别与智能系统”学科的教学和人才培养工作，为本科生和研究生开设“模式识别”课程20余年。本书是课程团队在总结多年教学实践经验的基础上，结合本单位在模式识别领域的科研成果，为“模式识别”课程编写的教材。理论内容上以统计模式识别为主，包括线性分类器、非线性分类器、特征提取、非监督聚类、神经网络五个知识模块，从基础的线性分类器到最新的卷积神经网络，由浅入深，让学生系统掌握包括传统理论和先进技术在内的模式识别基本理论、知识和方法；实验部分以“卫星目标识别”这一综合项目为牵引，设置了六个层次递进的实验，通过阶梯式实验任务和目标设定，锻炼学生综合运用模式识别理论解决复杂工程问题的能力；全书结合航空航天领域的实际工程案例，突出航空航天应用特色，以全面提升学生综合素质、培养“航空航天＋智能”新工科复合型人才。

北京航空航天大学“模式识别与智能系统”学科的四位教师及部分研究生参与了本书的编写，其中第1、4、5、8、9章由谢凤英编写，第2、3章由曹晓光和张浩鹏共同编写，第6章由崔林艳和谢凤英共同编写，第7章及第8章的8.5节由崔林艳编写，第10章由张浩鹏编写。全书由谢凤英负责统稿和校对。编写过程中，研究生邱林伟、黄兴、刘畅、张漪澜、丁海东、潘林朋、张旭、杨东凝、乔思嘉、韩喆鑫、王毓浩、熊俊杰、魏小源、温斯哲、王可、刘晓杰等为本书成稿做了许多工作，修读“模式识别”课程的宇航学院2020级和2021级本科生在试用教材讲义过程中提供了许多反馈意见，在此一并表示感谢。

由于作者水平有限，书中难免存在不足之处，恳请各位同行和读者批评指正、反馈宝贵意见，以便在后续版本中修订和完善。

前言

目　录

第1章 绪 论

模式识别(pattern recognition)是人类的一项基本能力。在日常生活中,我们经常在进行“模式识别”。随着20世纪40年代计算机的出现,20世纪50年代人工智能的兴起和智能系统的发展,人们自然希望可以用计算机来代替或扩展人类的部分脑力劳动。因此,(计算机)模式识别的理论和应用在20世纪60年代初迅速发展,并成为一门新学科。模式识别是一门以应用为基础的学科,无论是在工业生产还是日常生活中都具有广泛的应用。就拿我们手中的手机来说,它可以看成是一个高度集成的模式识别系统。指纹解锁、语音识别、人脸识别等,这些都是我们在日常生活中经常遇到的手机使用场景。本章将带你打开模式识别的大门,学习模式识别的基础理论、主要方法以及应用领域等内容。

1.1 模式与模式识别

人类的感官和大脑构成了最复杂、最高级的模式识别系统,人类的大脑和身体同时又构成了最复杂、最高级的智能控制系统。人们可能没有学过或不了解模式识别和智能控制理论,但人天生就具有高级的模式识别和智能控制系统,并生来就开始运用这些系统。

以新生儿认识客观事物或现象为例,新生儿对事物的认识大体可以分为三个阶段:①第一阶段,分辨颜色。新生儿的视觉系统处于学习初期,视力尚不发达,此时,新生儿主要学习分辨颜色,所以许多家长要在摇床上挂五颜六色的气球,锻炼新生儿对颜色的分辨能力。②第二阶段,分辨形状。此时,新生儿的视力不断改善,开始分辨形状,家长要给新生儿多准备圆形、圆柱形、方形等颜色鲜艳和形状各异的玩具。③第三阶段,分辨纹理。此时,新生儿的视力和视觉系统可以分辨形状中的纹理,例如花布里的布纹等。事实上,颜色、形状和纹理是图像的主要构成元素。

人类认识客观事物或现象的过程,往往是通过学习来分辨事物然后认识事物,通过学习总结客观事物的类别和分辨方法,依据学习结果可以对未知的客观事物或现象再进行归类。对于人类而言,学习是自发地认知和总结,对客观事物或现象进行归类,得到客观事物(或现象)的类别、类别特点和分类依据等知识。归类是自发地运用学到的类别、类别特点和分类依据等知识,对未知客观事物的类别进行归纳。识别是自发地运用学到的类别个体、个体特点和辨别依据等知识,对已经认识的客观事物个体进行辨别。对于普通人来说,这些能力都是与生俱来的。

人类将客观事物或现象划分为由相似但又不完全相同的个体组成的集合或类别的过程中,这些个体客观事物或现象称为模式(patterns),而这种归类的过程称为分类(classification)。换句话说,分类是将个体客观事物或现象划分到几个指定类别中的某个类别的过程。分类是对个体客观事物或现象的所属类别做出判断或决定。分类时需要依据的某个或某些规则,称为分类规则。分类规则不同时,同一问题的分类结果也可能不同。

而模式识别(pattern recognition),是指对客观事物和现象进行描述、辨别、分类和解释。模式识别的本质就是指对个体客观事物或现象进行分类的过程。也就是说,分类是指模式的分类，分类就是模式识别。根据研究对象的不同，模式识别有抽象的和具体的两个层面的含义：一是生物体（主要是人脑）感知环境的模式识别能力与机理，属于生物学、心理学和认知科学；二是面向智能模拟和应用，研究计算机实现模式识别的理论和方法，属于信息科学和计算机科学领域。

本书主要研究的是后者，即指利用计算机或其他数字识别装置，对客观事物和现象的数字信息进行自动分类和识别。我们所指的模式识别主要是对语音波形、地震波、心电图、脑电图、图片、照片、文字、符号、生物传感器等对象的具体模式进行辨识和分类。这一点后面将不再说明。一般而言，应用计算机模式识别方法和技术，通常应能达到：①降低目视识别的劳动量和劳动强度；②比目视识别有更高的精度和准确性，实现结果定量化和可视化；③比目视识别的速度快、效率高。

模式识别是人工智能的一个重要分支。所谓人工智能是指让机器去模拟人的智能行为，从而代替或减轻人的工作，其主要包括感知、思维（推理、决策）、动作、学习等行为，而模式识别主要研究的就是感知行为。研究表明，人们通过五大感知（视觉、听觉、嗅觉、味觉、触觉）获得信息，视觉占 83%，听觉占 11%，因此视觉、听觉和触觉是人工智能领域研究较多的方向。模式识别领域主要研究的是视觉和听觉，而触觉主要是跟机器人结合。文字识别、互联网有害信息检测、语音识别、生物特征识别（虹膜识别、指纹识别、掌纹识别、人脸识别等）都是目前发展和应用较为成熟的模式识别技术。

目前，模式识别领域主要有三大研究方向：①模式识别基础理论（模式表示与分类、机器学习等）；②视觉信息处理（图像处理和计算机视觉）；③语音语言信息处理（语音识别、自然语言处理、机器翻译等）。

1.2 模式识别的方法和发展历史

1.2.1 模式识别的主要方法

模式识别方法主要包括统计模式识别、句法模式识别和人工神经网络等，图 1-1 给出了一些常用模式识别方法的分类框图。

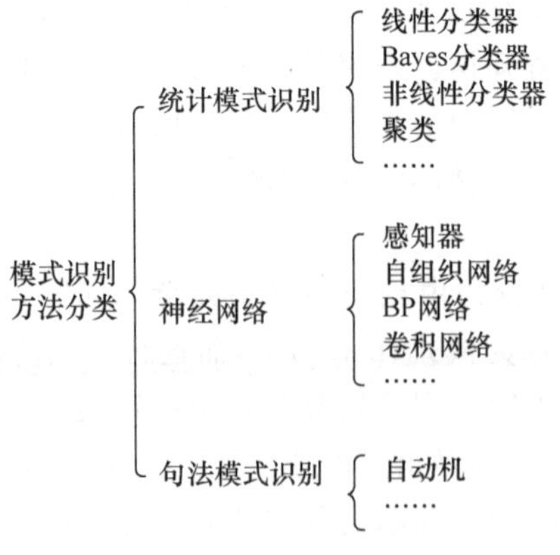

图 1-1　模式识别方法的分类

统计模式识别(statistical pattern recognition)首先根据待识别对象所包含的原始数据信息,从中提取出若干能够反映该类对象某方面性质的相应特征参数,然后根据识别的实际需要从中选择一些参数的组合作为一个特征向量,再根据某种相似性测度,设计一个能够对该向量组表示的模式进行区分的分类器,就可把特征向量相似的对象分为一类。属于统计模式识别的分类器主要有线性分类器、Bayes 分类器、决策树、支持向量机、K 均值聚类等。

人工神经网络(artificial neural network),在工程与学术界也常直接简称为神经网络或类神经网络,是 20 世纪 80 年代以来模式识别领域兴起的研究热点。它从信息处理角度对人脑神经元网络进行抽象,建立某种简单模型,按不同的连接方式组成不同的网络。神经网络是一种运算模型,由大量的节点(或称神经元)相互连接构成。每个节点代表一种特定的输出函数,称为激励函数(activation function)。每两个节点间的连接都代表一个通过该连接信号的加权值,称之为权重,这相当于人工神经网络的记忆。网络的输出依网络的连接方式、权重值和激励函数的不同而不同。而网络自身通常都是对自然界某种算法或者函数的逼近,也可能是对一种逻辑策略的表达。神经网络属于非线性模型,这使得它能够灵活地模拟现实世界中的数据之间的复杂关系。

句法模式识别(syntactic pattern recognition),也称结构模式识别,即把被识别的模式(样本或图形)按其结构组合成一定的语句,然后用句法模式识别法确定其属于哪一个类别。这种方法把一个模式描述为较简单的子模式的组合,子模式又可描述为更简单的子模式的组合,最后得到一个树形的结构描述,在底层的最简单的子模式称为模式基元。基元代表模式的基本特征,不应含有重要的结构信息。模式的这种以一组基元和它们的组合关系来描述的形式,称为模式描述语句,这相当于在语言中,句子和短语用词组合,词用字符组合一样。基元按照语法规则组合成模式。因此,一旦基元被鉴别,识别过程即可按句法分析进行,即分析给定的模式语句是否符合指定的语法,满足某类语法的模式即被分入该类。这一过程称为模式分类,句法模式识别法可用很小的语言集合去描述数量很大、很复杂的图形集合。这种方法可用于识别包含丰富结构信息的极为复杂的对象。

句法模式识别方法的一个典型应用是汉字识别,其对字体变化的适应性强,缺点是抗干扰能力差,因此这类方法后期发展得并不顺利。本书主要介绍应用广泛的统计模式识别和神经网络方法。

1.2.2　模式识别的发展史

模式识别的研究自 20 世纪 30 年代开始,至今已有几十年的历史,期间很多里程碑式的研究方法被提出,标志着模式识别的重要发展过程。

20 世纪 30 年代提出统计分类(Fisher),奠定了统计模式识别理论基础。20 世纪 60～70 年代统计模式识别快速发展,遇到了“维数灾难”问题,部分解决了该问题。

20 世纪 50 年代提出形式语言模型(Chomsky),奠定了句法模式识别理论基础。

20 世纪 60 年代提出模糊集理论(Zadeh),从此以后至今,模糊模式识别方法得到了一定的应用。

20 世纪 80 年代提出神经元网络模型(Hopfield 等),反向传播算法的提出引起了神经网络的研究高潮，但是梯度消失问题阻碍了神经网络的进一步发展。

20 世纪 90 年代提出小样本学习理论——支持向量机(support vector machine，SVM)。从此以后，机器学习理论推动了统计模式识别方法更广泛的应用。

2006 年开始至今，研究者逐渐掌握了训练深层神经网络的方法，使得神经网络方法重新崛起。2016 年，以“深度学习”为主要工作原理的人工智能机器人 AlphaGo 与围棋世界冠军、韩国职业九段棋手李世石进行围棋人机大战，以 4∶1 的总比分获胜；随后，2017 年 5 月，在中国乌镇围棋峰会上，它与排名世界第一的世界围棋冠军柯洁对战，以 3∶0 的总比分获胜。以神经网络为基础的深度学习引起了各国极大的重视，各大科技公司都投入巨资研究深度学习，神经网络再次迎来了高潮。

1.3 模式识别系统基本框架和构成

首先列举一个模式识别的实际应用，如图 1-2 所示，这是一个飞机目标识别的例子。从遥感图像中检测和识别飞机目标，在军事方面可以用于军事侦察和精确打击，在民用方面可用于飞机调度和机场管理。图 1-2 给出了一个机场图像，从机场中截取飞机目标作为 A 类，截取非飞机目标区域作为 B 类，从而可以建立图像数据库(样本集)。

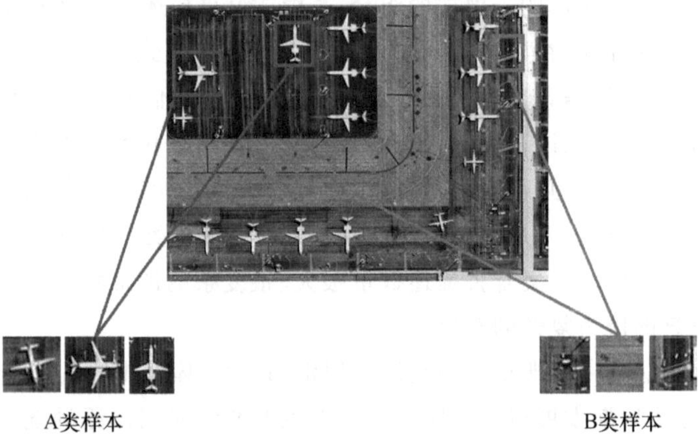

图 1-2 机场中的飞机目标和非飞机目标

识别的第一步是确定可测量值(特征)，用来区别两类图像。图 1-3 给出了将图像映射到某个特征空间中的结果，其中的每一个点(特征向量)代表着已知数据库中的一幅图像，“●”表示 A 类样本，“+”表示 B 类样本。A 类和 B 类样本此时分布于特征空间的不同区域中，中间的直线刚好可以把两类分开。若此时有一幅新的未知类别的图像样本，则可以将它映射到同一个特征空间上，并画出相应的点，在图 1-3 中用“★”表示，因为“★”落在了“●”附近，因此可以判定该样本属于 A 类。

图 1-3 中的直线即决策线，由它构成的分类器将特征空间划分为不同的类空间。如果对应于一个未知类别的样本特征向量落在 A 类区域，则将该样本预测为 A 类，否则预测为 B 类。为了得到图中的直线，我们需要知道图中每一个点的类别标签(A 类或 B 类)，即用来设计分

类器的样本(特征向量)的所属类是已知的,这些样本称为训练样本。

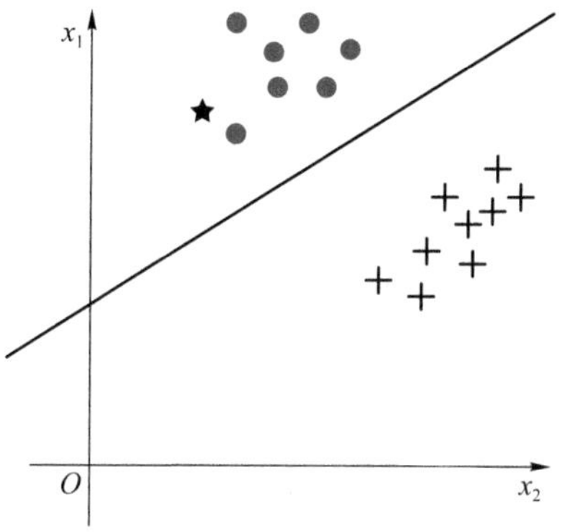

图 1-3　样本在特征空间中的表示

图 1-4 给出了模式识别系统的基本框架。一个模式识别系统可以包括训练(学习)过程和识别(分类)过程。训练过程用来建立一个模式识别系统,识别过程用来使用这个已经建立好的识别系统。

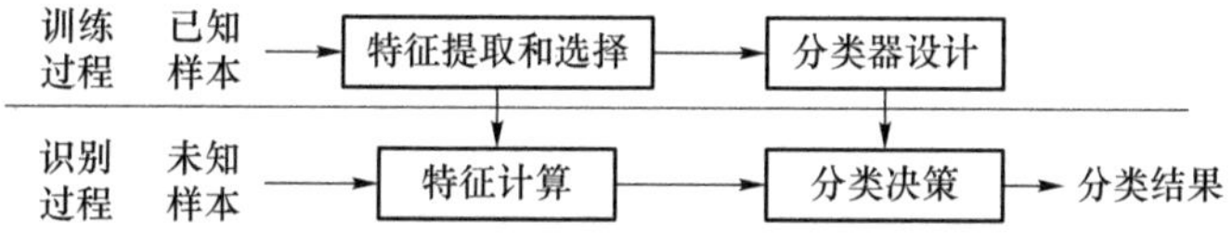

图 1-4　模式识别系统基本框架

从前述的例子可以看出,一个模式识别系统所要面对的主要问题是特征提取、特征选择和分类器设计。而这些步骤的设计实现是根据分类的结果不断优化的过程,如图 1-5 所示。

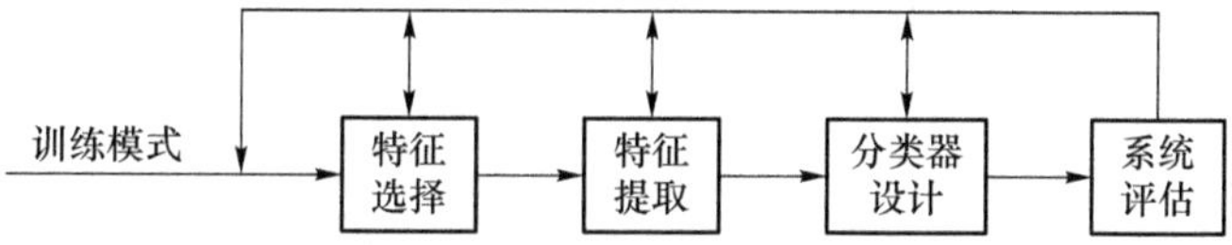

图 1-5　模式识别系统设计实现过程

为了明晰概念,在此对基本术语的确切含义进行总结和约定。

样本(sample):被分类或识别的模式的一个个体。

样本集(sample set):样本的集合。

类别(class):在所有样本上定义的一个子集,同一类的样本具有相同的模式。一般地,用 ω_1、ω_2 等来表示类别,二分类问题中经常用{-1,1}或者{0,1}等来表示。

特征(feature):特征是可以用来体现类别之间相互区别的某个或某些数学测度,有时也被称作属性(attribute),测度的值称为特征值。有时对样本的原始描述可能是非数值形式的,此时通常需要采用一定的方法把这些描述转换成数值特征。

特征向量(feature vector):由被识别的对象(即样本)确定一组基本特征,从而组成该样本的特征向量。

特征空间(feature space):样本的特征构成了样本的特征空间,空间的维数就是特征的个数,而每一个样本就是特征空间中的一个点。

已知样本(known sample):指类别已知的样本。

未知样本(unknown sample):指类别未知但特征已知的样本。

1.4 有监督和无监督模式识别

在前面的例子中,其实存在一个前提,就是假设训练数据集样本里的类别是已知的,通过挖掘这种已知信息来设计分类器,这种称为有监督模式识别(supervised pattern recognition)。然而在客观世界中,经常会有另一种情况,即没有已知类别的训练数据可用,事先不知道要划分的是什么类别,甚至不知道有多少类别。在这种情况下,需要考察这些样本潜在的相似性来把它们区分开来,使得同一类样本具有某种意义上的相似性,而不同类之间的样本则存在较大的差异。这种学习过程就是非监督模式识别(unsupervised pattern recognition),在统计中通常被称作聚类(clustering)。

半监督模式识别(semi-supervised pattern recognition)是有监督模式识别与无监督模式识别相结合的一种模式识别方法。半监督模式识别使用大量的未标记样本,并同时使用少量(相对于未标记样本而言)已标记样本来进行模式识别工作。对于半监督模式识别,由于仅需比较少的人员来从事数据标记工作同时又能带来比较高的准确率,因此受到人们的重视。本节主要介绍有监督模式识别与无监督模式识别的相关理论和方法,对于半监督模式识别,感兴趣的读者可以查看相关文献。

下面将介绍有监督模式识别与无监督模式识别的例子和系统设计过程。

1.4.1 有监督模式识别

有监督模式识别(supervised pattern recognition)的过程如图 1-6 所示。

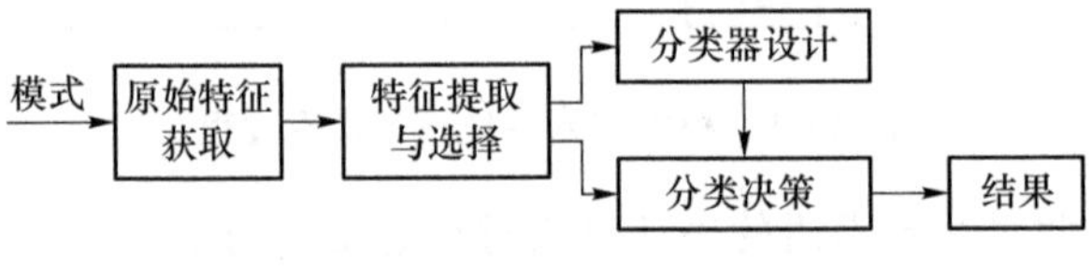

图 1-6 有监督模式识别的过程

① 原始特征获取:对样本进行观测和预处理,获得样本的原始特征。

② 特征提取与选择:采用一定的算法对原始特征进行提取和选择。

③ 分类器设计:选择相关的分类方法,利用已知样本训练分类器。

④ 分类决策:对分类器的性能进行评价;对未知样本进行特征提取选择,从而用训练好的分类器进行分类;需要时进行相应的后处理得到用户需要的分类结果。

下面以语音识别为例简单介绍有监督模式识别的具体过程。计算机语音识别是模式识别技术最成功的应用之一,其所涉及的领域包括信号处理、模式识别、概率论和信息论、发声机理和听觉机理、人工智能等。语音识别以其独特的方便性、经济性和准确性等优势受到世人瞩目。目前市面上的智能手机都有相应的语音助手，丰富了人们与手机间的交互方式，为生活提供了便利。

图1-7给出了一个简单的语音识别系统框架。在开始语音识别之前，通常需要进行预处理，即把首尾端的静音切除，降低对后续步骤造成的干扰。然后需要对声音分帧，也就是把声音切开成很多小段，每小段称为一帧。这样可以把连续的声音信号分为相对孤立的音素，以这样的音素作为识别的基本单位。之所以能够用音素作为基本单位，主要是因为单词的发音由音素构成。对于英语来说，一种常用的音素集是卡内基梅隆大学的一套由39个音素构成的音素集。对于汉语来说，一般直接用全部声母和韵母作为音素集，另外汉语识别还要区分声调。

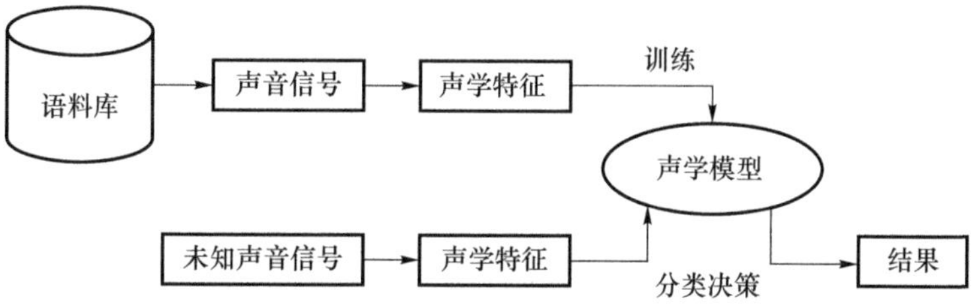

图1-7 一个简单的语音识别系统框架

经过分帧后，语音信号就变成了很多小段。但此时的语音信号无法直接进行模式识别，需要通过波形变换来提取有用的声学特征。常见的一种变换方法是提取MFCC(Mel-frequency cepstral coefficients，梅尔频率倒谱系数)特征，根据人耳的生理特性，把每一帧波形变成一个多维特征向量，这一步即为声学特征提取。我们要做的就是识别每一个特征向量对应的是哪一个音素。

在深度学习出现之前，语音识别中使用的分类器是一种概率模型——隐马尔可夫模型(hidden Markov model，HMM)。它首先构建一个状态网络，然后从状态网络中寻找与声音最匹配的路径。在深度学习出现之后，深度神经网络(deep neural network，DNN)、循环神经网络(recurrent neural network，RNN)以及长短时记忆模块(long-short term memory，LSTM)等被引入语音识别中，在大规模语音识别任务上获得显著提升效果，神经网络已经成为主流语音识别系统的标配。例如，科大讯飞发明了一种名为前馈型序列记忆网络FSMN(feed-forward sequential memory network)的新框架，获得了相比业界最好的语音识别系统40%的性能提升。无论是隐马尔可夫模型还是神经网络作为分类器，它们都有两个工作阶段，即训练阶段和分类决策(识别)阶段。在训练阶段中，使用大规模已知的声音信号样本集(这样的训练样本集叫作语料库)来得到分类器模型的参数。在分类决策阶段中，未知的声音信号通过预处理以及相同的变换提取声学特征，训练好的分类器利用提取的声学特征给出识别结果。在生活中很多简单的场景下，当前的语音识别技术已经可以实用化。不过，在很多复杂的生活场景下，比如多人在厨房边做饭边聊天、在起居室边用餐边聊天、在客厅聊天，聊天的声音中包括远场、混响、噪声、语音叠加等各种复杂因素，语音识别技术难度很大，需要人们进行更加深入的研究。

在上面的应用场景中，读者可以体会到已知样本对于有监督模式识别的重要意义。

1.4.2 无监督模式识别

无监督模式识别(unsupervised pattern recognition)的过程如图 1－8 所示。

① 原始特征获取：对样本进行观测和预处理，获得样本的原始特征。

② 特征提取与选择：采用一定的算法对原始特征进行提取和选择，以便更好地聚类。

③ 聚类：选择相关的无监督模式识别方法，利用样本进行聚类分析。

④ 结果分析：对聚类的结果进行评价；对聚类结果的合理性进行分析和解释；对新样本进行相同的聚类。

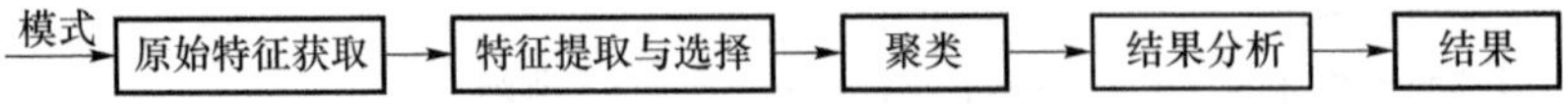

图 1－8　无监督模式识别的过程

下面以多光谱遥感图像分类为例介绍无监督模式识别的具体过程。遥感图像分类的目的是区分图像中不同种类的地物，具有同种特性的地物集合称为一类，一类地物具有同一标志，不同种类地物具有不同的光谱特性(地物反射和发射电磁波能量的能力)。而分类是根据各类样本内在的相似性，采用某种判决准则，将特征空间分割成若干集合的过程。图 1－9 给出了一幅遥感图像无监督分类的实例。

(a) 城市遥感图像　　(b) 聚类结果

图 1－9　一幅遥感图像的无监督分类实例

多光谱遥感图像的无监督分类是在多光谱图像中搜寻、定义其自然相似光谱集群的过程。它不必对图像地物获取先验知识，仅依靠图像上不同地物光谱信息进行特征提取，再统计特征的差别来达到分类的目的，最后对已分出的各个类别的实际属性进行确认。假设某个多光谱图像包括 n 个波段，则对于任一位置 (i,j) 的像素的亮度值，可以用矢量 $\boldsymbol{x}=(x_1,x_2,\cdots,x_n)$ 来表示，其中每个分量 x_i 代表该像素在第 i 个波段的亮度值。于是这个多光谱图像就可以用在 n 维特征空间的一系列点来表示，如图 1－10 所示。

无监督的多光谱遥感图像分类处理步骤如下：

① 确定地物类别数；

② 选择相似性测度；

③ 利用聚类算法将像素分割为若干具有相同光谱特性的集合；

④ 对聚类结果进行统计分布特性评估。

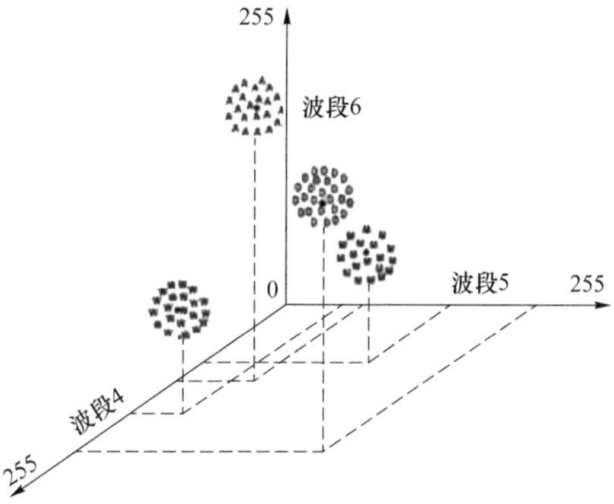

图 1－10　多光谱遥感图像特征空间映射

1.5　模式识别系统举例

随着模式识别理论的深入和计算机计算能力的大幅提高，特别是深度学习和大数据的出现推动了模式识别的快速发展，模式识别系统取得了非常多成功的应用。在这里列举几个生产生活以及航空航天中的例子，为读者展现模式识别技术的广阔未来。

1. 字符识别

字符识别(optical character recognition，OCR)是利用光学技术和计算机技术把印在或写在纸上的文字读取出来，并转换成一种计算机能够接受、人又可以理解的格式。手写体识别和印刷体识别是 OCR 领域的两大主题。印刷体大多都是规则的字体，因为这些字体都是计算机自己生成再通过打印技术印刷到纸上的。在印刷体的识别上有其独特的干扰：在印刷过程中字体很可能断裂或者墨水粘连，使得字符识别异常困难。而手写体识别一直是 OCR 领域一直想攻克的难关，因为人类手写的字往往带有个人特色，每个人写字的风格基本不一样，如图 1－11 所示。

图 1－11　字符识别

图 1－12 给出了一般的 OCR 流程。假如输入系统的图像是一页文本，那么识别时的第一件事情是判断页面上的文本朝向，即版面分析。同时，该文本很可能带有倾斜或者污渍，需要进行图像预处理，即进行角度矫正和去噪。接着需要对每一行进行行分割，把每一行的文字切割下来，再对每一行文本进行列分割，切割出每个字符。最后将切割出来的字符送入训练好的 OCR 识别模型进行字符识别，得到结果。但是模型识别结果往往是不太准确的，需要对识别结果进行校正优化，譬如可以设计一个语法检测器，以检测字符的组合逻辑是否合理。

图 1－12　OCR 流程

2. 指纹识别

指纹识别是生活中很常见的应用之一。苹果公司于 2013 年发布新一代手机——iPhone 5s，革命性地在其经典的 Home 键上加入了指纹识别系统，实现自动解锁的功能，如图 1－13所示，随后指纹识别成为手机的标准配置。

图 1－13　手机上的指纹解锁功能

指纹识别有着生理学基础。我们手掌及手指、脚掌及脚趾表面皮肤凹凸不平的纹路形成了各种各样的图案。而这些皮肤的纹路在图案、断点和交叉点上各不相同，是唯一的。依靠这种唯一性，就可以将一个人同他的指纹对应起来，即通过比较指纹，便可以验证其身份。一般地，指纹分成以下几个大的类别：环形（loop）、螺旋形（whorl）、弓形（arch），如图 1－14 所示。这样就可以将每个人的指纹分别归类，进行检索。指纹识别基本上可分成预处理、特征选择、模式分类几个大的步骤。

手机及便携式终端设备中使用的是电容式传感器，其原理是将电容传感器整合于一块芯片中，当指纹按压芯片表面时，内部电容感测器会根据指纹波峰与波谷产生的电荷差，从而形成指纹影像。根据这些指纹影像即可使用模式识别的方法进行分类决策。

图 1－14　指纹的不同类别

3. 人脸识别

人脸识别是基于人的脸部特征信息进行身份识别的一种生物识别技术。用摄像机或摄像头采集含有人脸的图像或视频流，并自动在图像中检测和跟踪人脸，进而对检测到的人脸进行脸部识别的一系列相关技术，通常也叫作人像识别、面部识别，如图 1－15 所示。

与指纹、虹膜等生物特征识别相比，人脸识别具有直接、友好、方便、非侵犯性、可交互性强等优点。人脸识别技术具有的优越性，使其成为人们日常生活中最常用的身份鉴定手段，因此受到众多研究学者的关注，也是当前计算机视觉和模式识别领域的研究热点之一。

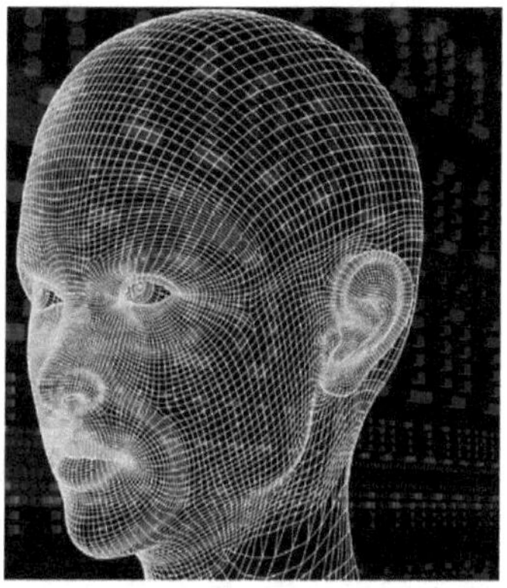

图 1－15　人脸识别

人脸识别技术这些年已经发生了重大的变化。传统方法依赖于人工设计的特征（比如边和纹理描述量）与机器学习技术（比如主成分分析、线性判别分析或支持向量机）的组合。随着深度卷积神经网络和大规模数据集的最新发展，深度人脸识别取得了显著进展，并已广泛应用于现实应用中。给定自然图像或视频帧作为输入，端到端的深度人脸识别系统将输出脸部特征以进行识别。深度学习方法的主要优势是它们可用非常大型的数据集进行训练，从而提取到表征这些数据的最佳特征。网络上可用的大量自然人脸图像已让研究者可收集到大规模的人脸数据集，这些图像包含了真实世界中的各种变化情况。使用这些数据集训练的基于 CNN（卷积神经网络）的人脸识别方法已经实现了非常高的准确度，因为它们能够学到人脸图像中稳健的特征，从而能够应对在训练过程中使用的人脸图像所呈现出的真实世界变化情况。此外，深度学习方法在计算机视觉方面的不断普及也在加速人脸识别研究的发展，因为 CNN 也正被用于解决许多其他计算机视觉任务，比如目标检测和识别、分割、光学字符识别、面部表情分析、年龄估计等。

人脸识别系统通常由三个关键要素构成：人脸检测、人脸预处理和人脸表征，如图 1－16 所示。人脸检测可定位图像或帧中的人脸。然后，进行人脸预处理以将人脸校准为标准视图，并将其裁剪为归一化的像素大小。最后，在人脸表征阶段，从经过预处理的人脸中提取判别特征进行识别。这三个要素都由深度卷积神经网络实现，通过 CNN 提取人脸特征，然后再基于这个特征对人脸进行分类，从而实现人脸识别。

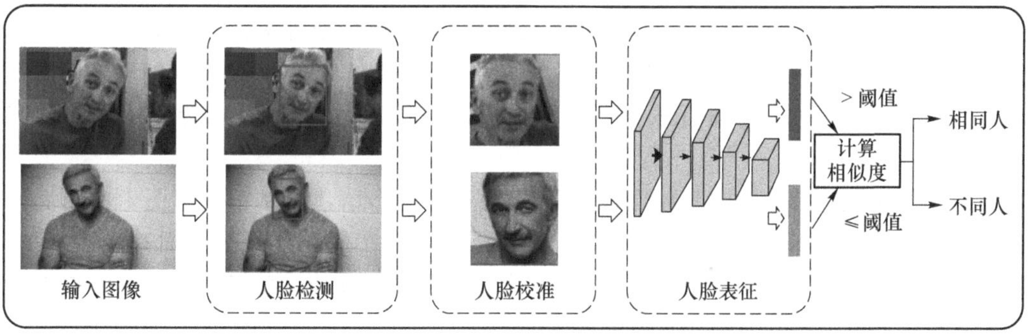

图 1－16　人脸识别系统的构成

人脸识别产品已广泛应用于金融、司法、军队、公安、边检、政府、航天、电力、工厂、教育、医疗等领域。随着技术的进一步成熟和社会认同度的不断提高，人脸识别技术将应用在更多的领域。

4. 工业损伤检测

工业损伤检测一般是无损检测(non-destructive testing，NDT)，即利用声、光、磁和电等特性，在不损害或不影响被检对象使用性能的前提下，检测被检对象是否存在缺陷或不均匀性，给出缺陷的大小、位置、性质、数量等信息，进而判定被检对象所处技术状态(如合格与否、剩余寿命等)。工业损伤检测常见的应用场景如图1-17所示。

发动机损伤检测　　飞机某部位的裂纹检测　　铁路扣件损伤检测

图1-17　工业损伤检测常见的应用场景

以铁路扣件损伤检测为例，对铁路扣件进行缺陷检测是保证铁路安全运行的重要手段。采用人工对铁路扣件进行安全检查是目前铁路巡检的主要方式，但该方式效率低，检测结果受天气、人员工作状况等影响大。利用图像处理技术，开发自动高效的铁路扣件损伤检测系统可以有效解决人工巡检所带来的问题。利用相机获取到一幅铁路图像后，对铁路扣件损伤检测识别包括扣件检测和损伤识别两部分：首先，如图1-18(a)所示，针对轨道扣件的检测，首先是在图像中进行轨枕定位，然后定位到扣件位置，最后提取出扣件目标；然后，如图1-18(b)所示，先提取扣件的边缘和线条等特征，将这些特征输入到事先训练好的AdaBoost识别系统模型，然后得到扣件是否正常的识别结果。

5. 月面障碍物识别

2013年12月2日，长征三号乙加强型火箭成功将嫦娥三号探测器发射升空。嫦娥三号探测器于2013年12月14日降落在月球虹湾以东地区(19.51W，44.12N)，首次实现了我国地外天体软着陆任务，并成功实现了全球首次利用机器视觉的地外天体软着陆自主避障。其备份星嫦娥四号于2019年1月3日成功着陆在月球背面南极-艾特肯盆地内的冯卡门撞击坑底部，成为了人类第一个着陆月球背面的探测器，实现了人类首次月球背面软着陆和巡视勘查。

嫦娥三号和嫦娥四号的软着陆均采用了“接力避障”技术，包括基于光学图像的粗避障和基于三维成像的精避障，如图1-19所示。其中粗避障是在探测器距离月面高度2.4 km～100 m的阶段，主要利用光学图像，根据月球岩石和坑的图像特征，在较大着陆范围内采用模式识别方法避开明显危及着陆安全的大障碍物。

月球岩石图像特征表现为石头表面具有明显的亮目标特征、存在明显的阴影区且紧挨亮目标、亮区与阴影之间存在强对比度，表现为边缘、亮区与阴影之间边缘的法线方向与太阳矢量投影方向一致等。月球撞击坑图像特征表现如下:在太阳照射的阳面出现亮区域、在太阳未照到的阴面出现阴影区域、暗区域的外边缘呈现圆弧等。根据月球岩石和坑的这些特征,所设计的粗障碍识别算法包括图像直方图分析、K 均值聚类、过亮障碍识别、过暗障碍识别、纹理障碍识别等。

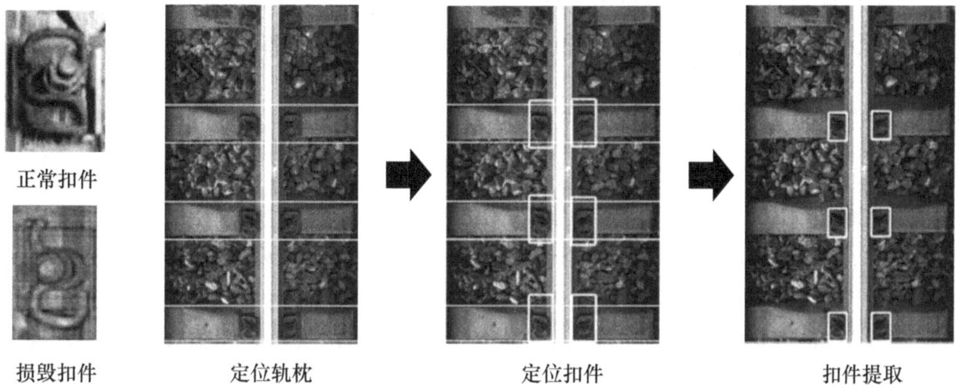

(a) 扣件检测过程

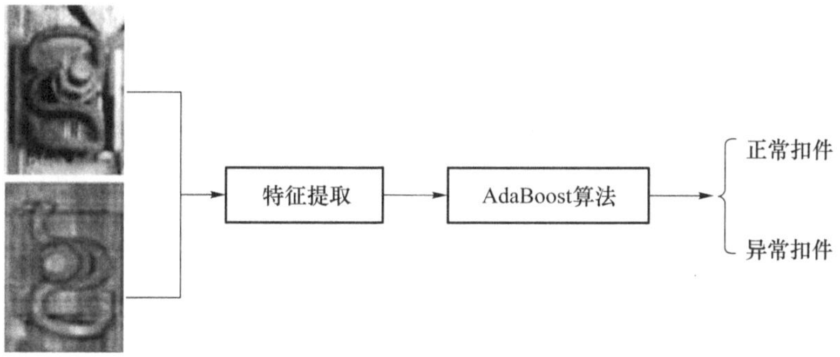

(b) 扣件识别过程

图 1-18　基于光学图像的扣件损伤检测识别过程

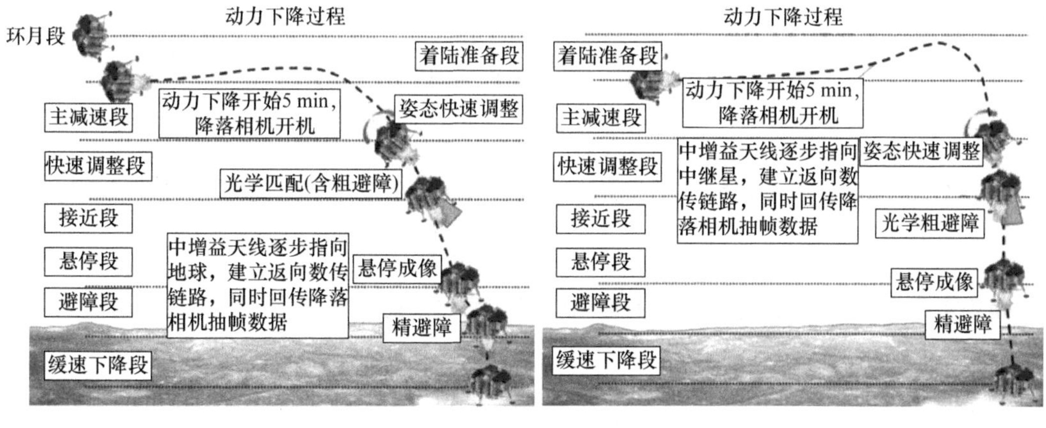

图 1-19　嫦娥三号(左)和嫦娥四号(右)的动力下降策略对比图

1.6 模式识别系统的性能评价

对于一种模式识别方法，需要使用一些客观或主观指标来评价其表现的好坏，即模式识别系统的性能评价。下面分别对有监督模式识别和无监督模式识别问题的评价方法进行讨论。

1.6.1 有监督模式识别系统性能评价

有监督模式识别具有确定的分类目标，其性能评价方法如下。

(1) 混淆矩阵

混淆矩阵(confusion matrix)是机器学习中总结分类模型预测结果的情形分析表，以矩阵形式将数据集中的记录按照真实的类别与分类模型预测的类别两个标准进行汇总。其中矩阵的行表示真实值，矩阵的列表示预测值。下面先以二分类为例，沿着主对角线上的项表示正确分类的总数，其他非主对角线的项表示分类的错误数，如表1-1所列。

表1-1 二分类为例的混淆矩阵

预测值	真实值	
	正 类	负 类
正类	TP	FP
负类	FN	TN

对于一个二分类问题，可以将样本分成正类(positive)或负类(negative)，会出现四种分类结果：

TP(true positive)：正确的正样，一个样本是正类并且也被判定成正类；

FN(false negative)：错误的负样，漏报，本为正类但判定为负类；

FP(false positive)：错误的正样，误报，本为负类但判定为正类；

TN(true negative)：正确的负样，一个样本是负类并且也被判定成负类。

对于多类的混淆矩阵也是类似的。

(2) 精确率和召回率

精确率(precision)也称查准率，即在所有预测为正样的样本中，真的正样的比例，其定义为

$$\text{Precision}=\frac{\text{TP}}{\text{TP}+\text{FP}} \tag{1.1}$$

召回率(recall)也称查全率，即在所有正样本中，预测为正样本的比例，其定义为

$$\text{Recall}=\frac{\text{TP}}{\text{TP}+\text{FN}} \tag{1.2}$$

精确率和召回率都是越高越好，但这两个指标往往不能同时高。

(3) P-R曲线

根据分类器的预测结果对样本进行排序，排在最前面的是分类器认为最可能是正样的样本，排在最后面的是最不可能是正样的样本。按照此顺序逐个把样本作为正样进行预测，则每次可以计算当前的精确率和召回率。以精确率为纵轴，以召回率为横轴，得到精确率-召回率曲线，简称P-R曲线，如图1-20所示。

假设,现在有几个分类器的 P-R 曲线如图 1-21 所示。若一个分类器的 P-R 曲线完全包住了另一个分类器,则可以认为前者的性能优于后者(见图 1-21 中 A 优于 C),其中平衡点(break-event point,BEP)是精确率等于召回率时的取值,一般认为,平衡点越大,分类器的性能越优越。

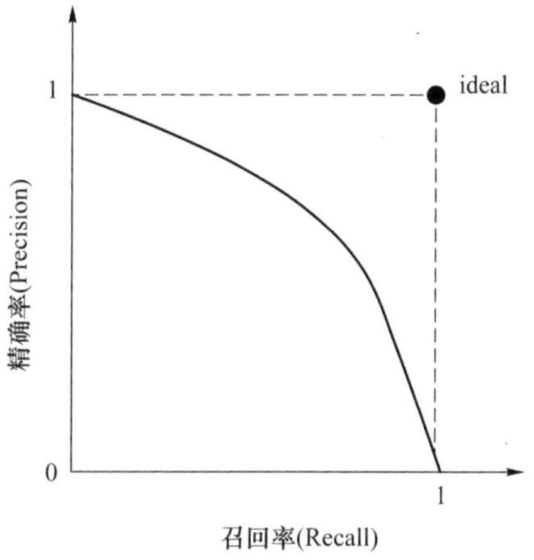

图 1-20 P-R 曲线示意图

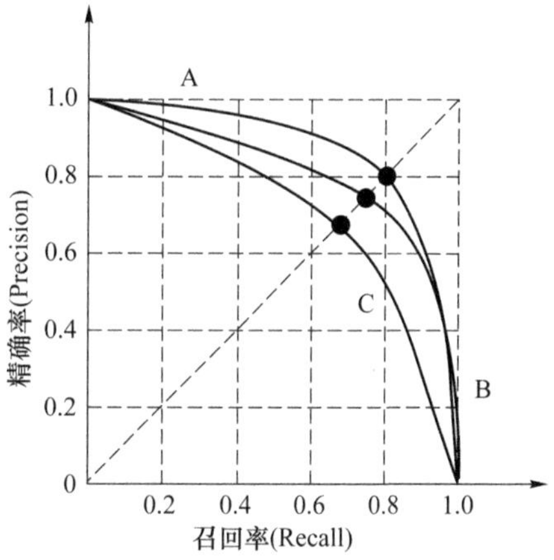

图 1-21 分类器的 P-R 曲线

(4) F-score

前面介绍了分类模型的精确率(precision)和召回率(recall)评估指标。对于精确率和召回率,虽然从计算公式来看,并没有什么必然的相关性。但是,在大规模数据集合中,这两个指标往往是相互制约的。理想情况下做到两个指标都高当然最好,但一般情况下,精确率高,召回率就低,召回率高,精确率就低。所以在实际中常常需要根据具体情况做出取舍,例如一般的搜索情况,在保证召回率的条件下,尽量提升精确率。而像癌症检测、地震检测、金融欺诈等,则在保证精确率的条件下,尽量提升召回率。

所以,很多时候需要综合权衡这两个指标,这就引出了一个新的指标 F-score,即综合考虑精确率和召回率的调和值。

$$\text{F-score}=(1+\beta^2)\cdot\frac{\text{Precision}\cdot\text{Recall}}{\beta^2\cdot\text{Precision}+\text{Recall}} \tag{1.3}$$

其中,β 是调节参数,当 $\beta=1$ 时,称为 F1-score,此时,精确率和召回率都很重要,权重相同。有些情况下,如果认为精确率更重要些,那就调整 β 的值小于 1,如果认为召回率更重要些,那就调整 β 的值大于 1。

(5) 敏感性、特异性、准确率

敏感性(sensitivity),又称真正率(true positive rate,TPR),它表示了分类器所识别出的正样本占所有正样本的比例,等价于召回率。计算公式为

$$\text{TPR}=\frac{\text{TP}}{\text{TP}+\text{FN}} \tag{1.4}$$

特异性(specificity,SPC),又称真负率(true negative rate,TNR),它表示的是分类器所识别出的负样本占所有负样本的比例。计算公式为

$$\text{SPC}=\frac{\text{TN}}{\text{FP}+\text{TN}} \tag{1.5}$$

除此之外，还有一些较为常用的指标。如假正率(false positive rate，FPR)，它表示的是分类器错认为正类的负样本占所有负样本的比例。计算公式为

$$FPR=\frac{FP}{FP+TN}=1-SPC \tag{1.6}$$

假负率(false negative rate，FNR)，它表示的是分类器错认为负类的正样本占所有正样本的比例。计算公式为

$$FNR=\frac{FN}{TP+FN}=1-TPR \tag{1.7}$$

当然，最常见的一个指标是准确率(accuracy，ACC)，其计算公式为

$$ACC=\frac{TP+TN}{N}=\frac{TP+TN}{TP+TN+FP+FN} \tag{1.8}$$

(6) ROC 曲线和 AUC 值

接收机工作特征曲线(receiver operating characteristic curve，简称 ROC 曲线)，又称为感受性曲线(sensitivity curve)。ROC 曲线是根据一系列不同的二分类方式，将 TPR 定义为纵轴，将 FPR 定义为横轴而绘制的曲线。曲线下面积越大，分类的准确性就越高。在 ROC 曲线上，最靠近坐标轴左上方的点为敏感性和特异性均较高的临界值。

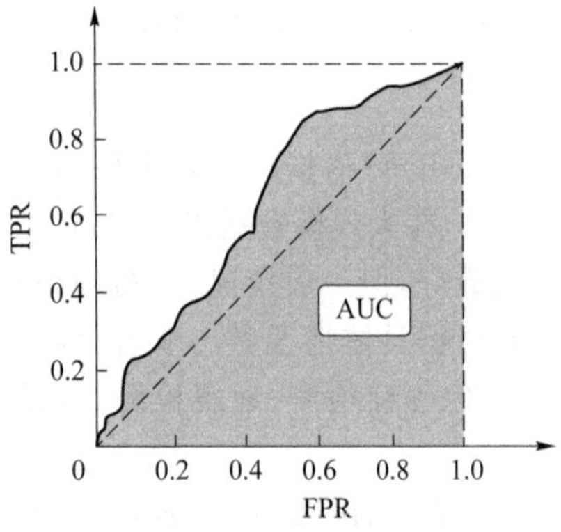

图 1-22 ROC 曲线

ROC 曲线最初源于 20 世纪 70 年代的信号检测理论，它反映了 FPR 与 TPR 之间权衡的情况，通俗地来说，即在 TPR 随着 FPR 递增的情况下，谁增长得更快以及快多少的问题。TPR 增长得越快，曲线越往上屈，曲线下覆盖的面积就越大，反映模型的分类性能就越好。当正负样本不平衡时，这种模型评价方式比起一般的精确度评价方式的好处尤其显著。典型的 ROC 曲线如图 1-22 所示。

AUC(area under curve)被定义为 ROC 曲线下的面积，显然这个面积的数值不会大于 1。又由于 ROC 曲线一般都处于 $y=x$ 这条直线的上方，所以 AUC 的取值范围为 0.5～1。使用 AUC 值作为评价标准是因为很多时候 ROC 曲线并不能清晰地说明哪个分类器的效果更好，而 AUC 作为数值可以直观地评价分类器的好坏，值越大越好。

1.6.2 无监督模式识别系统性能评价

无监督模式识别系统主要是各种聚类算法，性能评价是对聚类效果的评价。对于一个真正的无监督学习问题而言，通常需要人主观判断聚类分析结果的意义，但是这样无法进行定量分析。人们也不断尝试和发展一些数学上定义的聚类性能指标。第一种评价指标是紧致性(compactness)，数学上定义为诸如类内方差或平方误差和；第二种评价指标是连接性(connectedness)，主要是看相邻的样本是否被聚类聚到了同一类；第三种指标是分离性(separation)，主要是看类间分离的程度。基于以上的考虑，聚类算法的性能评价指标主要包括外部指标和内部指标。

1. 外部指标

外部指标的思路是将聚类结果与某个参考模型作为参照进行比较，聚类结果中被划分到同一簇中的样本在参考模型中也被划分到同一簇的概率越高，代表聚类结果越好。常用的指标有 JC 系数（Jaccard coefficient，JC）、FM 指数（Fowlkes and Mallows index，FMI）以及 Rand 指数（Rand index ，RI）。

令 a 代表在参考模型中两个相同类的样本被聚为相同类的样本对数量；b 代表在参考模型中两个不同类的样本被聚为相同类的样本对数量；c 代表在参考模型中两个相同类的样本被聚为不同类的样本对数量；d 代表在参考模型中两个不同类的样本被聚为不同类的样本对数量。

可以看到，a 和 d 越大，聚类结果越好，b 和 c 越小，聚类结果越好，则 JC、FM 和 Rand 指数可由 a、b、c、d 计算得出，三者的公式如下：

$$\mathrm{JC}=\frac{a}{a+b+c} \tag{1.9}$$

$$\mathrm{FMI}=\sqrt{\frac{a}{a+b}\cdot\frac{a}{a+c}} \tag{1.10}$$

$$\mathrm{RI}=\frac{2(a+d)}{m(m-1)} \tag{1.11}$$

其中，m 是样本个数。可以看到，三个指标的值域均为[0，1]，且值越大说明聚类性能越好。

2. 内部指标

内部指标直接度量聚类的性能而不使用参考模型进行比较，主要是利用距离函数计算类内相似度和类间相似度，并将两种相似度进行组合来构建一个符合需要的性能度量指标，代表性的有 DB 指数(Davies-Bouldin index，DBI)、Dunn 指数(Dunn index，DI)。

(1) DB 指数

假设有 k 个聚类，用 μ_i 代表第 i 个聚类的中心点，$\mathrm{avg}(C_i)$ 为第 i 个类中所有数据与其中心点的平均距离，$d_c(\mu_i,\mu_j)$ 代表第 i 类中心点和第 j 类中心点的距离，则 DB 指数定义为

$$\mathrm{DBI}=\frac{1}{k}\sum_{i=1}^{k}\max\left(\frac{\mathrm{avg}(C_i)+\mathrm{avg}(C_j)}{d_c(\mu_i,\mu_j)}\right),\quad i\neq j \tag{1.12}$$

(2) Dunn 指数

令 $d_{\min}(C_i,C_j)$ 代表第 i 类中的样本与第 j 类中的样本之间的最短距离，$\mathrm{diam}(C_l)$ 代表第 l 个类中相距最远的样本之间的距离，Dunn 指数定义为

$$\mathrm{DI}=\min_{1\leqslant i\leqslant k}\left\{\min_{i\neq j}\left(\frac{d_{\min}(C_i,C_j)}{\max_{1\leqslant l\leqslant k}\mathrm{diam}(C_l)}\right)\right\} \tag{1.13}$$

DB 指数越小，Dunn 指数越大，意味着类内距离越小同时类间距离越大，聚类性能也就越好。

小 结

模式识别以图像处理与计算机视觉、语音语言信息处理、类脑智能等为主要研究方向，研究人类模式识别的机理以及有效的计算方法。作为一门以应用为基础的学科，其在工业生产

和日常生活中都具有广泛的应用。本章主要介绍了模式识别的概念、模式识别系统的基本框架、模式识别应用举例,以及模式识别系统的性能评价等内容。从下一章开始,将陆续介绍模式识别的各种基础理论和方法,给出模式识别的设计实验,并介绍模式识别理论在航空航天领域中的应用。

习　题

1. 举出生活中模式识别的例子。

2. 什么是模式?模式识别的概念是什么?

3. 模式识别的目的是什么?

4. 当前模式识别的主要研究方向是什么?

5. 模式识别与人工智能的关系是什么?

6. 有监督模式识别与无监督模式识别的区别是什么?

7. 说说模式识别主要有哪些方法?

8. 假设现在有一个二分类任务是分析 100 封邮件是否是垃圾邮件,其中有 65 封不是垃圾邮件,有 35 封是垃圾邮件。模型最终给出的结论只有两个:是垃圾邮件与不是垃圾邮件。假设模型得到的分类结果如下:

① 不是垃圾邮件 70 封(其中真实不是垃圾邮件的有 60 封,是垃圾邮件的有 10 封);

② 是垃圾邮件 30 封(其中真实是垃圾邮件的有 25 封,不是垃圾邮件的有 5 封)。

假定不是垃圾邮件为正样本,是垃圾邮件为负样本,请计算 TP,FP,TN,FN,精确率和召回率。

9. 试述 TPR 和 FPR 之间的联系。

10. 试述 ROC 曲线和 AUC 的关系。

11. 思考为什么精确率和召回率一般不能同时都高。

参考文献

[1] 祝叶华,刘成林. 从模式识别到类脑研究[J]. 科技导报,2016,34(07):56-58.

[2] 唐迁,杜博,恽爽,等. COVID-19 CT 影像智能诊断系统[J]. 武汉大学学报(信息科学版),2020,45(6):846-853.

[3] 翼展云影. 新冠肺炎(COVID-19)影像 CT、DR、US 合集[EB/OL]. (2020-02-21). https://www.sohu.com/a/374742469_328736.

[4] 西格尔斯·西奥多里蒂斯,康斯坦提诺斯·库特龙巴斯. 模式识别[M]. 4 版. 北京:电子工业出版社,2016.

[5] 张学工. 模式识别[M]. 3 版. 北京:清华大学出版社,2010.

[6] 孔怡青. 半监督学习及其应用研究[D]. 无锡:江南大学,2009.

[7] 张俊博. 语音识别的技术原理是什么?[EB/OL]. (2022-11-17). https://www.zhihu.com/question/20398418/answer/18080841.

[8] CMU 发音词典[EB/OL]. http://www.speech.cs.cmu.edu/cgi-bin/cmudict.

[9] 科大讯飞首度披露一代语音识别系统技术原理[EB/OL].(2016-02-05). http://www.eepw.com.cn/article/201602/286779.htm.

[10] 苏娟. 遥感图像获取与处理[M]. 北京:清华大学出版社，2014.

[11] 百度百科. 人脸识别[EB/OL]. https://baike.baidu.com/item/%E4%BA%BA%E8%84%B8%E8%AF%86%E5%88%AB.

[12] 侯晓楠. 人脸识别关键技术研究[D]. 上海:上海交通大学,2017.

[13] Daniel S T, Meng L, Hartnett M. Face recognition: from traditional to deep learning methods[EB/OL]. (2018-10-31). https://arxiv.org/abs/1811.00116.

[14] Du H, Shi H, Zeng D, et al. The elements of end-to-end deep face recognition: a survey of recent advances[EB/OL]. (2020-09-28). https://arxiv.org/abs/2009.13290.

[15] 姜健涛. 基于深度学习的人脸识别技术研究[D]. 哈尔滨:哈尔滨工业大学,2019.

[16] 张洪华，梁俊，黄翔宇,等. 嫦娥三号自主避障软着陆控制技术[J]. 中国科学(技术科学)，2014,44(6):559-268.

[17] Eric_zh69. 聚类的性能度量以及常见的聚类类型[EB/OL]. (2018-08-23). https://blog.csdn.net/shaiguchun9503/article/details/81976544.

[18] 小段学长. 机器学习——聚类性能评估指标[EB/OL]. (2021-06-18). https://blog.csdn.net/weixin_45962068/article/details/118023464.

第 2 章 线性分类器

模式识别的目的就是在样本特征空间中寻找两类或多类之间的分界面(决策边界),从而实现对不同模式的分类。在样本特征空间中,将不同种类样本区分开的决策边界也叫决策面或分类面,而用数学形式描述决策面的函数就是判别函数。在已知训练样本集的前提下,如果知道判别函数类型,就可以尝试从样本数据中直接估计判别函数的参数,从而实现基于样本直接进行分类器设计。在各种判别函数类型中,线性函数是最简单的一种。使用线性判别函数描述的决策面是线性的,在低维空间中表现为点、线、面的形式,在高维空间中则称为超平面。这样的线性决策面构成的分类器叫线性分类器。线性分类器相对简单,易于实现,所需计算量和存储量小,是统计模式识别的基本方法之一,也是实际应用中常用的方法之一。本章介绍几种常用的线性分类器。

2.1 线性分类器基础

2.1.1 线性判别函数

在 n 维特征空间中,特征向量表示为 $\boldsymbol{x}=(x_1,x_2,\cdots,x_n)^{\mathrm{T}}$,则线性判别函数的一般形式为

$$g(\boldsymbol{x})=w_1x_1+w_2x_2+\cdots+w_nx_n+w_0=\boldsymbol{w}^{\mathrm{T}}\boldsymbol{x}+w_0 \tag{2.1}$$

式中,$w_1,w_2,\cdots,w_n$ 称为加权因子,w_0 为阈值权。将加权因子写成权向量 $\boldsymbol{w}=(w_1,w_2,\cdots,w_n)^{\mathrm{T}}$ 的形式,则线性判别函数可写为

$$g(\boldsymbol{x})=\boldsymbol{w}^{\mathrm{T}}\boldsymbol{x}+w_0 \tag{2.2}$$

在二分类问题中,分别用 ω_1 和 ω_2 表示两类,直接采用线性判别函数 $g(\boldsymbol{x})=\boldsymbol{w}^{\mathrm{T}}\boldsymbol{x}+w_0$ 进行分类,对应的判别规则为:若 $g(\boldsymbol{x})>0$,则 $\boldsymbol{x}\in\omega_1$;若 $g(\boldsymbol{x})<0$,则 $\boldsymbol{x}\in\omega_2$。

决策面方程为

$$g(\boldsymbol{x})=\boldsymbol{w}^{\mathrm{T}}\boldsymbol{x}+w_0=0$$

在二维样本分布情况下,线性分类器的决策面如图 2-1 所示,其中决策面记为 H。

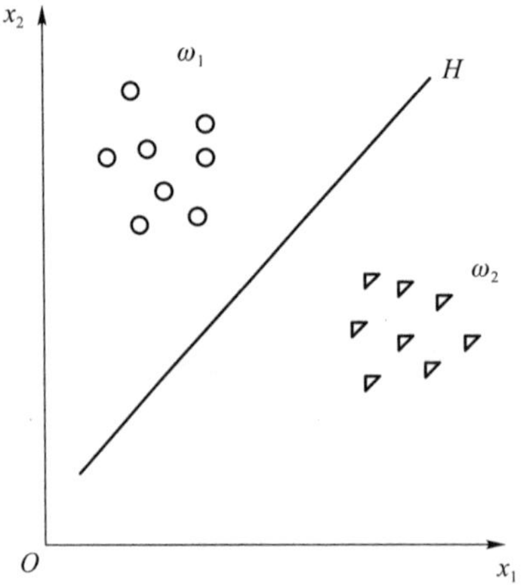

图 2-1 二维特征空间样本分布与线性决策面示例

图 2-1 中二维特征空间的决策面是一条直线，在其他维数条件下，对应的线性判别函数的决策面情况如表 2-1 所列。

表 2-1 特征空间维数与决策面的关系

空间维数	一维($d=1$)	二维($d=2$)	三维($d=3$)	多维($d>3$)
决策面情况	点	直线	平面	超平面

图 2-2 展示了线性判别函数在二维平面中的几何性质。其中，法向量方向为 $\boldsymbol{w}$，原点到决策面的欧氏距离为

$$d=\frac{|w_0|}{\sqrt{w_1^2+w_2^2}}=\frac{|w_0|}{\|\boldsymbol{w}\|} \tag{2.3}$$

样本 $\boldsymbol{x}$ 到决策面的欧氏距离为

$$z=\left|\frac{g(\boldsymbol{x})}{\sqrt{w_1^2+w_2^2}}\right| \tag{2.4}$$

在平面的一侧，$g(\boldsymbol{x})$取正值，在另一侧取负值，对应了前述判别规则。特殊情况下，$w_0=0$ 时，决策面经过坐标原点。

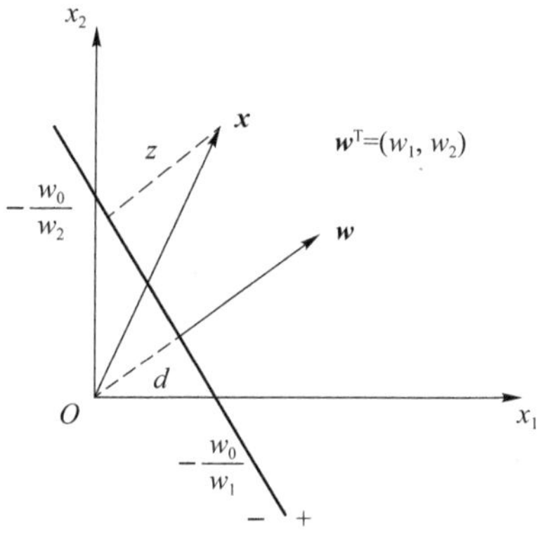

图 2-2 二维线性决策面的几何性质

2.1.2 线性分类器设计的一般步骤

设计线性分类的关键是如何利用样本集求取线性判别函数中的权向量和阈值权。也就是说，针对不同的训练样本集分布情况，如何求解“尽可能好”(即最佳)的某个线性分类器的线性判别函数参数。这种优化设计要求，在数学上往往表现为某个特定的用来寻优的函数形式，称之为准则函数。分类器优化设计的过程就是对准则函数求取极值的过程。因此，线性分类器的理论设计步骤如下：

① 采集训练样本，形成训练样本集。样本的特征一般需要经过选择和提取，能够有效实现分类任务。

② 定义一个优化准则，该准则与线性分类器的分类性能相关，且准则极值时的权向量 $\boldsymbol{w}$ 和阈值权 w_0 对应线性分类器性能最优的情况。

③ 采用数学优化方法，求出准则函数极值时的权向量 $\boldsymbol{w}$ 和阈值权 w_0，完成理论设计。

由此可以得到线性判别函数 $g(\boldsymbol{x})=\boldsymbol{w}^{\mathrm{T}}\boldsymbol{x}+w_0$。对于任意未知样本 $\boldsymbol{x}$，只要代入判别函数进行计算，根据判别规则就可以判断 $\boldsymbol{x}$ 所属的类别。

2.1.3 广义线性判别函数

有时候，为了计算和求解的方便，还可以对特征向量进行线性增广变换，定义广义线性判别函数为

$$\boldsymbol{a}^{\mathrm{T}}\boldsymbol{y}=0 \tag{2.5}$$

令

$$\boldsymbol{y}=\begin{bmatrix}1\\x_1\\x_2\\\vdots\\x_d\end{bmatrix}=\begin{bmatrix}1\\\boldsymbol{x}\end{bmatrix},\quad \boldsymbol{a}=\begin{bmatrix}w_0\\w_1\\w_2\\\vdots\\w_d\end{bmatrix}=\begin{bmatrix}w_0\\\boldsymbol{w}\end{bmatrix} \tag{2.6}$$

其中，$\boldsymbol{a}$ 为增广权向量，$\boldsymbol{y}$ 为增广样本向量，$\boldsymbol{a}^{\mathrm{T}}\boldsymbol{y}$ 为广义（或增广）线性判别函数。增广特征向量所在的特征空间称为增广特征空间，记为 Y。

$\boldsymbol{a}^{\mathrm{T}}\boldsymbol{y}$ 在 Y 空间确定了一个过原点的超平面，在设计某些线性分类器时，过原点的超平面便于求解和计算。增广的 Y 特征空间比原始的 X 特征空间维数增加了一维，但样本间的欧氏距离保持不变，且不影响分类器的优化设计。

下面举例进行说明，图 2-3 左侧图是原始的一维特征空间，其中有两类样本，其决策面的解为一个点，右侧图是增广变换之后，维数增加为二维，判别函数变成了广义线性判别函数，这时的决策面为一条直线，但实际上与原始一维空间的解是等价的。

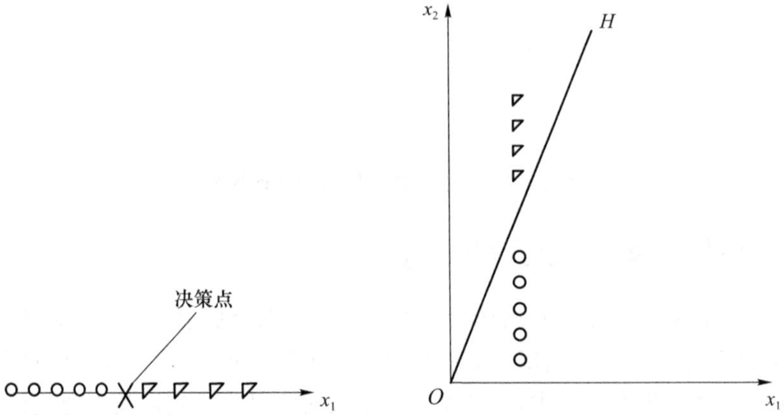

图 2-3 增广变换前后特征空间情况对比示例（x_1 与 x_2 表示特征维度）

2.1.4 多类问题

线性判别函数适用于解决两类分类问题，也就是二分类问题。二分类问题可以看作是模式识别的基本问题，因为多类分类问题可以通过两种典型做法分解成若干个二分类问题，这样就可以通过组合多个二分类器、采用多个线性判别函数进行分类。

1. 一对其余

对于 c 类分类问题，一对其余方法在训练时依次把某个类别的样本归为一类，其他剩余的样本归为另一类，也就是把多类样本转化为类与“类的非”这两类，这样 c 个类别的分类问题，就可以通过训练至少 $c-1$ 个二分类器来解决。例如有 5 个类别，第一次就把类别 1 的样本定为正样本，其余 2、3、4、5 的样本合起来定为负样本，这样得到一个二分类器；第二次把类别 2 的样本定为正样本，把 1、3、4、5 的样本合起来定为负样本，得到一个二分类器；如此下去，可以得到 4 个二分类器分别判断样本是否为第 1、2、3、4 类。如果样本均不属于前 4 类，那么它就是第 5 类。对于 c 个类别的样本，一对其余方法只训练 $c-1$ 个分类器，个数较少，分类速度相对较快。但是存在分类重叠、不可分类现象，“其余”那一类样本量可能会很大，会导致训练样本不均衡问题。

2. 一对一

这种方法按一对一训练、按一对一调用分类器分类，仅对 c 个类别中的每两个类进行分类。第一个分类器只回答“是第 1 类还是第 2 类”，第二个分类器只回答“是第 1 类还是第 3 类”，第三个分类器只回答“是第 1 类还是第 4 类”，如此下去，则有$\frac{c(c-1)}{2}$个分类器。分类时，调用$\frac{c(c-1)}{2}$个分类器，投票多的为胜者。这种方法有分类重叠的现象，但不会有不可分类现象。类别数多时，分类器数量太多，假如有 1 000 个类别，则需要约 500 000 个分类器(类别数的平方量级)。

2.2 垂直平分分类器

垂直平分分类器可以说是最简单的线性分类器，其设计思想是以样本的均值点作为代表点，取两类样本均值点的垂直平分线(或垂直平分面)作为决策面。垂直平分分类器对样本集没有具体要求，只需要求取样本均值，算法简单，运算量小，易于设计。

如图 2－4 所示，设计垂直平分分类器时首先分别求出两类样本的均值点 $\boldsymbol{m}_1$ 和 $\boldsymbol{m}_2$，连接 $\boldsymbol{m}_1$ 和 $\boldsymbol{m}_2$ 形成直线，然后求该直线的垂直平分线即可。

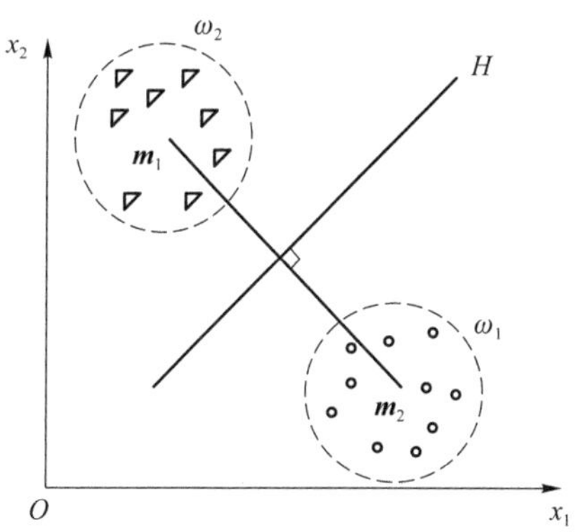

图 2－4　垂直平分决策面

由垂直条件得

$$(\boldsymbol{m}_1-\boldsymbol{m}_2)^{\mathrm{T}}\boldsymbol{x}+w_0=0$$

由平分条件得

$$w_0=-\frac{1}{2}(\boldsymbol{m}_1-\boldsymbol{m}_2)^{\mathrm{T}}(\boldsymbol{m}_1+\boldsymbol{m}_2)$$

所以，垂直平分分类器的判别函数为

$$g(\boldsymbol{x})=(\boldsymbol{m}_1-\boldsymbol{m}_2)^{\mathrm{T}}\left(\boldsymbol{x}-\frac{\boldsymbol{m}_1+\boldsymbol{m}_2}{2}\right) \tag{2.7}$$

决策面 H 的方程为

$$g(\boldsymbol{x})=(\boldsymbol{m}_1-\boldsymbol{m}_2)^{\mathrm{T}}\left(\boldsymbol{x}-\frac{\boldsymbol{m}_1+\boldsymbol{m}_2}{2}\right)=0$$

决策规则：对于未知样本 $\boldsymbol{x}$，$g(\boldsymbol{x})>0$，则 $\boldsymbol{x}\in\omega_1$；否则 $\boldsymbol{x}\in\omega_2$（默认决策面的法向量指向 ω_1 类）。

使用分类器时，只要将未知样本 $\boldsymbol{x}$ 的值代入判别函数进行计算，根据上述决策规则即可判断 $\boldsymbol{x}$ 所属的类别。

例 2-1 已知两类的训练样本分别为 ω_1 类样本 $\begin{bmatrix}0\\0\end{bmatrix}$，$\begin{bmatrix}0\\1\end{bmatrix}$ 和 ω_2 类样本 $\begin{bmatrix}2\\0\end{bmatrix}$，$\begin{bmatrix}1\\1\end{bmatrix}$，现有一个类别未知样本 $\begin{bmatrix}2\\1\end{bmatrix}$，试用垂直平分分类器判别该样本属于哪一类。

解：两类样本的均值为

$$\boldsymbol{m}_1=\frac{1}{2}\left(\begin{bmatrix}0\\0\end{bmatrix}+\begin{bmatrix}0\\1\end{bmatrix}\right)=\begin{bmatrix}0\\1/2\end{bmatrix},\quad \boldsymbol{m}_2=\frac{1}{2}\left(\begin{bmatrix}2\\0\end{bmatrix}+\begin{bmatrix}1\\1\end{bmatrix}\right)=\begin{bmatrix}3/2\\1/2\end{bmatrix}$$

将 $\boldsymbol{m}_1$，$\boldsymbol{m}_2$ 和 $\boldsymbol{x}$ 代入判别函数的方程得

$$g(\boldsymbol{x})=(\boldsymbol{m}_1-\boldsymbol{m}_2)^{\mathrm{T}}\left(\boldsymbol{x}-\frac{\boldsymbol{m}_1+\boldsymbol{m}_2}{2}\right)=\begin{bmatrix}-\frac{3}{2} & 0\end{bmatrix}\left(\begin{bmatrix}2\\1\end{bmatrix}-\begin{bmatrix}\frac{3}{4}\\ \frac{1}{2}\end{bmatrix}\right)=-\frac{15}{8}<0$$

由决策规则可知，判别函数值小于零，故样本决策为第二类，即 $\boldsymbol{x}\in\omega_2$。

需要指出的是，如果定义判别函数为欧氏距离（非线性），即

$$G_1(\boldsymbol{x})=d_1(\boldsymbol{x})=\|\boldsymbol{x}-\boldsymbol{m}_1\|$$
$$G_2(\boldsymbol{x})=d_2(\boldsymbol{x})=\|\boldsymbol{x}-\boldsymbol{m}_2\|$$

则垂直平分分类器等价的最小距离决策规则为：对于未知样本 $\boldsymbol{x}$，若 $d_1(\boldsymbol{x})<d_2(\boldsymbol{x})$，则 $\boldsymbol{x}$ 决策为 ω_1 类；若 $d_1(\boldsymbol{x})>d_2(\boldsymbol{x})$，则 $\boldsymbol{x}$ 决策为 ω_2 类。

因此，垂直平分分类器又叫最小距离分类器。

2.3 Fisher 投影准则

应用经典统计方法解决模式识别问题时，经常遇到的问题是维数问题。如果分类时所用的特征个数太多，将形成高维特征空间，不论是分类器的理论设计还是分类器的实际运用，高维空间都会带来“灾难性”后果。特征个数越多，计算量就越大，导致分类器设计困难和分类困

难。因此,需要进行降维处理,将高维空间投影到低维空间就是典型的方法。

将 d 维空间的样本投影到一维坐标轴上,即特征空间维数压缩到一维,原始 d 维空间的分类问题被转换为一维空间上的分类问题,这在数学上是可以办到的。如图 2-5 所示,显然这个一维坐标轴的方向不是随意的,需要进行优化求解,这是因为在不同方向上投影后,两类样本在一维坐标轴上的分布不同,有的适合进一步做分类,有的则不适合。如何根据样本集情况求解最佳的(最易于分类的)投影线方向,这就是 Fisher 投影准则所要解决的问题。

在两类 d 维情况下,设样本集 $\boldsymbol{X}=\{\boldsymbol{x}_1,\boldsymbol{x}_2,\cdots,\boldsymbol{x}_n\}$,其中 ω_1 类有 n_1 个,记为 $\boldsymbol{X}_1$,ω_2 类有 n_2 个,记为 $\boldsymbol{X}_2$。又设 y 是 $\boldsymbol{x}$ 样本在投影向量 $\boldsymbol{p}$ 上的投影点,$y=\boldsymbol{p}^{\mathrm{T}}\boldsymbol{x}$($\boldsymbol{p}$ 是一个列向量,其纵向的维度等于 $\boldsymbol{x}$ 的特征维度)。

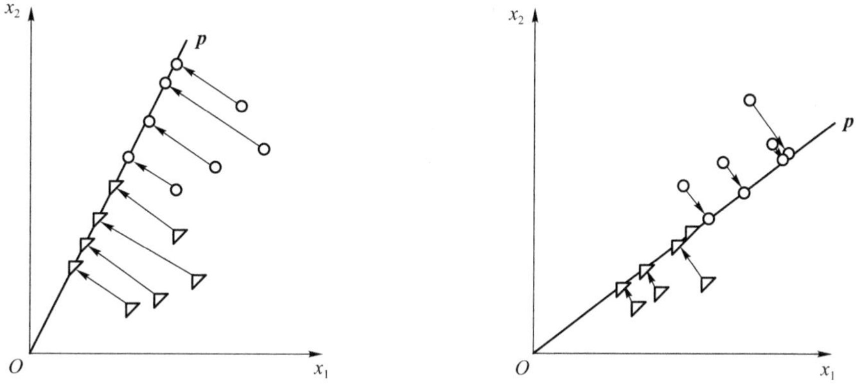

(a) 样本在某一方向上的投影　　(b) 样本在另一方向上的投影

图 2-5　Fisher 线性判别的基本原理图

由图 2-5 可知,当选择不同方向的投影向量 $\boldsymbol{p}$ 时,样本投影后的可分离程度就不同,从而会直接影响最后的分类效果。因此,需要定义 Fisher 投影准则,求解最佳的投影方向 $\boldsymbol{p}^*$。

定义 Fisher 投影准则所用到一些重要参数及其相关计算公式在表 2-2 中列出。

表 2-2　Fisher 投影准则相关参数及计算公式

空间	X 空间	Y 空间
样本均值	$\boldsymbol{m}_1=\frac{1}{n}\sum_{x\in \boldsymbol{X}_1}\boldsymbol{x}$ $\boldsymbol{m}_2=\frac{1}{n}\sum_{x\in \boldsymbol{X}_2}\boldsymbol{x}$	$\widetilde{m}_1=\frac{1}{n}\sum_{y\in Y_1}y=\frac{1}{n}\sum_{x\in \boldsymbol{X}_1}\boldsymbol{p}^{\mathrm{T}}\boldsymbol{x}=\boldsymbol{p}^{\mathrm{T}}\boldsymbol{m}_1$ $\widetilde{m}_2=\frac{1}{n}\sum_{y\in Y_2}y=\frac{1}{n}\sum_{x\in \boldsymbol{X}_2}\boldsymbol{p}^{\mathrm{T}}\boldsymbol{x}=\boldsymbol{p}^{\mathrm{T}}\boldsymbol{m}_2$
类内离散度矩阵	$\boldsymbol{S}_1=\sum_{x\in \boldsymbol{X}_1}(\boldsymbol{x}-\boldsymbol{m}_1)(\boldsymbol{x}-\boldsymbol{m}_1)^{\mathrm{T}}$ $\boldsymbol{S}_2=\sum_{x\in \boldsymbol{X}_2}(\boldsymbol{x}-\boldsymbol{m}_2)(\boldsymbol{x}-\boldsymbol{m}_2)^{\mathrm{T}}$	$\widetilde{S}_1^2=\sum_{y\in Y_1}(y-\widetilde{m}_1)^2$ $\widetilde{S}_2^2=\sum_{y\in Y_2}(y-\widetilde{m}_2)^2$
总类内离散度矩阵	$\boldsymbol{S}_w=\boldsymbol{S}_1+\boldsymbol{S}_2$	$\widetilde{S}_w=\widetilde{S}_1^2+\widetilde{S}_2^2$
类间离散度矩阵	$\boldsymbol{S}_B=(\boldsymbol{m}_1-\boldsymbol{m}_2)(\boldsymbol{m}_1-\boldsymbol{m}_2)^{\mathrm{T}}$	$\widetilde{S}_B=(\widetilde{m}_1-\widetilde{m}_2)^2$

定义 Fisher 准则函数:

$$J_F(\boldsymbol{p})=\frac{(\widetilde{m}_1-\widetilde{m}_2)^2}{\widetilde{S}_1^2+\widetilde{S}_2^2}$$

Fisher 准则函数的物理意义是投影到一维 Y 空间以后，希望各类样本尽可能集中(分母 $\widetilde{S}_1^2+\widetilde{S}_2^2$ 越小越好)，而两类样本之间尽量远离(分子 $\widetilde{m}_1-\widetilde{m}_2$ 越大越好)。因此，需要求使得 $J_F(\boldsymbol{p})$ 达到极大值的 $\boldsymbol{p}^*$ 向量方向。

将 Fisher 准则函数的分子和分母分别处理：

$(\widetilde{m}_1-\widetilde{m}_2)^2=(\boldsymbol{p}^{\mathrm{T}}\boldsymbol{m}_1-\boldsymbol{p}^{\mathrm{T}}\boldsymbol{m}_2)(\boldsymbol{p}^{\mathrm{T}}\boldsymbol{m}_1-\boldsymbol{p}^{\mathrm{T}}\boldsymbol{m}_2)^{\mathrm{T}}=\boldsymbol{p}^{\mathrm{T}}(\boldsymbol{m}_1-\boldsymbol{m}_2)(\boldsymbol{m}_1-\boldsymbol{m}_2)^{\mathrm{T}}\boldsymbol{p}=\boldsymbol{p}^{\mathrm{T}}\boldsymbol{S}_B\boldsymbol{p}$

将 $y=\boldsymbol{p}^{\mathrm{T}}\boldsymbol{x}$ 代入 $\widetilde{S}_i^2=\sum\limits_{y\in Y_i}(y-\widetilde{m}_i)^2$，得到

$$\widetilde{S}_i^2=\boldsymbol{p}^{\mathrm{T}}\boldsymbol{S}_i\boldsymbol{p}$$

$$\widetilde{S}_1^2+\widetilde{S}_2^2=\boldsymbol{p}^{\mathrm{T}}\boldsymbol{S}_w\boldsymbol{p}$$

代入准则函数 $J_F(\boldsymbol{p})$，最终得到

$$J_F(\boldsymbol{p})=\frac{\boldsymbol{p}^{\mathrm{T}}\boldsymbol{S}_B\boldsymbol{p}}{\boldsymbol{p}^{\mathrm{T}}\boldsymbol{S}_w\boldsymbol{p}} \tag{2.8}$$

这一表达式被称为广义 Rayleigh 商。

由于 $J_F(\boldsymbol{p})$ 的分子和分母都是关于 $\boldsymbol{p}$ 的二次型，所以 $J_F(\boldsymbol{p})$ 的取值和 $\boldsymbol{p}$ 的模长无关，此时分母部分可以视为常数，即 $c=\boldsymbol{p}^{\mathrm{T}}\boldsymbol{S}_w\boldsymbol{p}\neq 0$，并采用拉格朗日乘子法求解 $J_F(\boldsymbol{p})$ 的极大值。

定义拉格朗日函数为

$$L(\boldsymbol{p},\lambda)=\boldsymbol{p}^{\mathrm{T}}\boldsymbol{S}_B\boldsymbol{p}-\lambda(\boldsymbol{p}^{\mathrm{T}}\boldsymbol{S}_w\boldsymbol{p}-c) \tag{2.9}$$

对 $\boldsymbol{p}$ 求偏导数，并令偏导数为零：

$$\frac{\partial L(\boldsymbol{p},\lambda)}{\partial \boldsymbol{p}}=2(\boldsymbol{S}_B\boldsymbol{p}^*-\lambda\boldsymbol{S}_w\boldsymbol{p}^*)=0$$

得到

$$\boldsymbol{S}_B\boldsymbol{p}^*=\lambda\boldsymbol{S}_w\boldsymbol{p}^* \tag{2.10}$$

由于 $\boldsymbol{S}_w$ 是对称和半正定矩阵，故当样本数目 $n>d$ 时，$\boldsymbol{S}_w$ 是非奇异的，可对其求逆，即

$$\lambda\boldsymbol{p}^*=\boldsymbol{S}_w^{-1}\boldsymbol{S}_B\boldsymbol{p}^* \tag{2.11}$$

从上式可以看出极值问题被转化为求矩阵 $\boldsymbol{S}_w^{-1}\boldsymbol{S}_B$ 的特征值和特征向量，其中 λ 是特征值，$\boldsymbol{p}^*$ 是对应的特征向量，则

$$\boldsymbol{S}_B\boldsymbol{p}^*=(\boldsymbol{m}_1-\boldsymbol{m}_2)(\boldsymbol{m}_1-\boldsymbol{m}_2)^{\mathrm{T}}\boldsymbol{p}^*=(\boldsymbol{m}_1-\boldsymbol{m}_2)r \tag{2.12}$$

其中，$r=(\boldsymbol{m}_1-\boldsymbol{m}_2)^{\mathrm{T}}\boldsymbol{p}^*$ 是一个标量，可见 $\boldsymbol{S}_B\boldsymbol{p}^*$ 总是在向量 $\boldsymbol{m}_1-\boldsymbol{m}_2$ 的方向上。将 $\boldsymbol{S}_B\boldsymbol{p}^*=(\boldsymbol{m}_1-\boldsymbol{m}_2)r$ 代入式(2.11)得

$$\boldsymbol{p}^*=\frac{r}{\lambda}\boldsymbol{S}_w^{-1}(\boldsymbol{m}_1-\boldsymbol{m}_2) \tag{2.13}$$

式中，$\frac{r}{\lambda}$ 是一个比例因子，与投影向量 $\boldsymbol{p}^*$ 的方向无关，因此可以删除，最终可得

$$\boldsymbol{p}^*=\boldsymbol{S}_w^{-1}(\boldsymbol{m}_1-\boldsymbol{m}_2) \tag{2.14}$$

$\boldsymbol{p}^*$ 就是使 $J_F(\boldsymbol{p})$ 取极大值时的解，也就是 d 维 X 空间到一维 Y 空间的最佳投影方向。

例 2-2 已知两类分类问题，两类的训练样本分别为 ω_1 类样本 $\begin{bmatrix}0\\0\end{bmatrix}$，$\begin{bmatrix}0\\1\end{bmatrix}$ 和 ω_2 类样本

$\begin{bmatrix}2\\0\end{bmatrix}$，$\begin{bmatrix}1\\1\end{bmatrix}$，试求取 Fisher 投影方向向量 $\boldsymbol{p}^*$。

解：

$$\boldsymbol{m}_1=\frac{1}{n}\sum_{\boldsymbol{x}\in\boldsymbol{X}_1}\boldsymbol{x},\quad \boldsymbol{m}_2=\frac{1}{n}\sum_{\boldsymbol{x}\in\boldsymbol{X}_2}\boldsymbol{x},\quad \boldsymbol{S}_1=\sum_{\boldsymbol{x}\in\boldsymbol{X}_1}(\boldsymbol{x}-\boldsymbol{m}_1)(\boldsymbol{x}-\boldsymbol{m}_1)^{\mathrm{T}}$$

$$\boldsymbol{S}_2=\sum_{\boldsymbol{x}\in\boldsymbol{X}_2}(\boldsymbol{x}-\boldsymbol{m}_2)(\boldsymbol{x}-\boldsymbol{m}_2)^{\mathrm{T}},\quad \boldsymbol{S}_w=\boldsymbol{S}_1+\boldsymbol{S}_2$$

$$\boldsymbol{m}_1=\frac{1}{n}\sum_{\boldsymbol{x}\in\boldsymbol{X}_1}\boldsymbol{x}=\begin{bmatrix}0\\1/2\end{bmatrix},\quad \boldsymbol{m}_2=\frac{1}{n}\sum_{\boldsymbol{x}\in\boldsymbol{X}_2}\boldsymbol{x}=\begin{bmatrix}3/2\\1/2\end{bmatrix}$$

$$\boldsymbol{S}_1=\sum_{\boldsymbol{x}\in\boldsymbol{X}_1}(\boldsymbol{x}-\boldsymbol{m}_1)(\boldsymbol{x}-\boldsymbol{m}_1)^{\mathrm{T}}=\begin{bmatrix}0&0\\0&1/2\end{bmatrix}$$

$$\boldsymbol{S}_2=\sum_{\boldsymbol{x}\in\boldsymbol{X}_2}(\boldsymbol{x}-\boldsymbol{m}_2)(\boldsymbol{x}-\boldsymbol{m}_2)^{\mathrm{T}}=\begin{bmatrix}1/2&-1/2\\-1/2&1/2\end{bmatrix}$$

$$\boldsymbol{S}_w=\boldsymbol{S}_1+\boldsymbol{S}_2=\begin{bmatrix}1/2&-1/2\\-1/2&1\end{bmatrix},\quad \boldsymbol{S}_w{}^{-1}=\begin{bmatrix}4&2\\2&2\end{bmatrix}$$

所以

$$\boldsymbol{p}^*=\boldsymbol{S}_w^{-1}(\boldsymbol{m}_1-\boldsymbol{m}_2)=\begin{bmatrix}-6\\-3\end{bmatrix}$$

2.4　感知准则

2.4.1　线性可分

样本集的线性可分性是指至少存在一个权向量(即决策面)，能将样本集中的每个样本都正确分类，否则就是线性不可分的。在两类样本线性可分的情况下，将属于 ω_2 的样本各分量同时乘以 -1，这个过程称为线性可分样本集的规范化。规范化以后，样本集所有样本均满足 $\boldsymbol{a}^{\mathrm{T}}\boldsymbol{y}>0,n=1,2,\cdots,N$，可求出解向量 $\boldsymbol{a}^*$。

2.4.2　感知器模型

感知器是一个具有单层计算单元的神经元模型，感知器具有多输入和单输出，如图 2－6 所示。

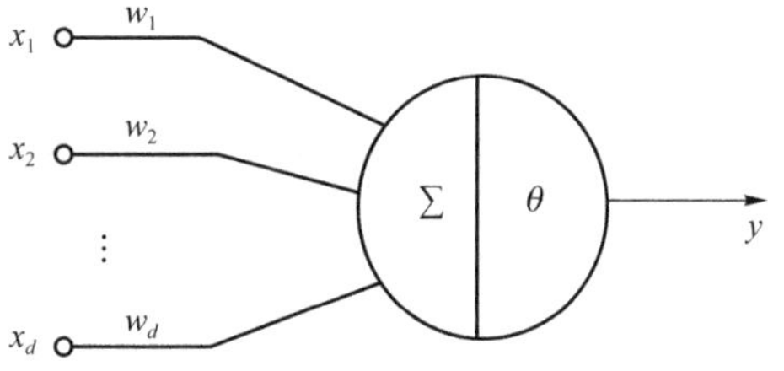

图 2－6　感知器模型

其输入/输出关系如下：

$$y = f\left(\sum_{i=1}^{d} w_i x_i - \theta\right) \tag{2.15}$$

其中，x_i 为输入，y 为输出，θ 为阈值。

如果该神经元没有内部状态的转变，且 f 为一个阶跃函数，其输出表达式为

$$y = \begin{cases} 1, & \sum_{i=1}^{d} w_i x_i - \theta > 0 \\ -1, & \sum_{i=1}^{d} w_i x_i - \theta \leqslant 0 \end{cases} \tag{2.16}$$

其中，权值 w_i 和阈值 θ 可以通过训练学习来调整，从而实现线性分类。当感知器用于两类模式的分类时，相当于在高维样本的特征空间中，用一个超平面把两类样本区分开，如果两类模式是线性可分的，则算法一定收敛。

2.4.3 解向量与解区

对于线性可分的一组样本 $\boldsymbol{y}_1, \boldsymbol{y}_2, \cdots, \boldsymbol{y}_N$（采用规范化增广样本向量表示），如果一个权向量 $\boldsymbol{\alpha}^{\mathrm{T}}$ 满足：

$$\boldsymbol{\alpha}^{\mathrm{T}} \boldsymbol{y}_i > 0, \quad i = 1, 2, \cdots, N$$

则称 $\boldsymbol{\alpha}^{\mathrm{T}}$ 为一个解向量。在权值空间中所有解向量所组成的区域称为解区。

显然，权向量和样本向量的维数相同，可以把权向量画到样本空间，对于一个样本 $\boldsymbol{y}_i$，$\boldsymbol{\alpha}^{\mathrm{T}} \boldsymbol{y}_i = 0$ 定义了一个过原点的超平面 $\hat{H}_i$，对这个样本来说，处于超平面 $\hat{H}_i$ 正侧的任何一个向量都能使 $\boldsymbol{\alpha}^{\mathrm{T}} \boldsymbol{y}_i > 0$，因而都是对这个样本的一个解，考虑样本集中的所有样本，解区就是每个样本对应的超平面的正侧的交集，如图 2-7 所示。

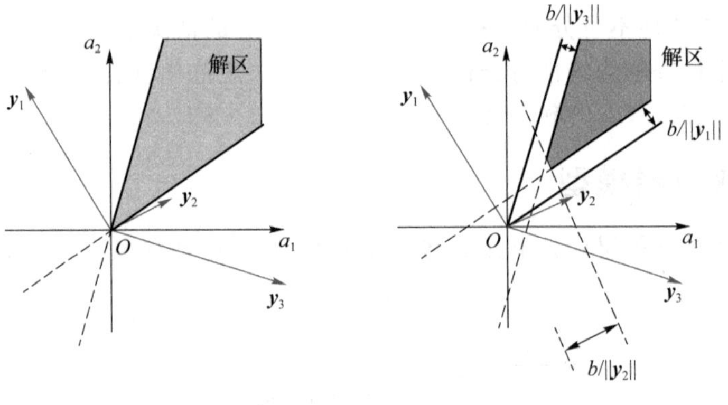

图 2-7　解向量与解区示意（左图以 $\boldsymbol{\alpha}^{\mathrm{T}} \boldsymbol{y}_i > 0$ 判别，右图引入余量 b 对解区进行限制，以 $\boldsymbol{\alpha}^{\mathrm{T}} \boldsymbol{y}_i > b$ 判别）

解区中的任意一个向量都是解向量，都能把样本没有错误地分开。但是，从直观角度来看，如果一个解向量靠近解区的边缘，虽然所有样本都能满足 $\boldsymbol{\alpha}^{\mathrm{T}} \boldsymbol{y}_i > 0$，但某些样本的判别函数可能刚刚大于零，考虑到噪声、数值计算误差等因素，靠近解区中间的解向量应该更加可靠。因此，人们提出了余量的概念，即把解区向中间缩小，不取靠近边缘的解（如图 2-7 所示），形式化表示就是，引入余量 $b > 0$，要求解向量对满足：

$$\boldsymbol{a}^{\mathrm{T}}\boldsymbol{y}_i > b,\quad i=1,2,\cdots,N$$

2.4.4 感知准则函数

对于规范化的增广样本集，感知准则函数可以选取为 $J_P(\boldsymbol{a}) = \sum_{\boldsymbol{y}\in Y_e}(-\boldsymbol{a}^{\mathrm{T}}\boldsymbol{y})$，其中 Y_e 是被权向量 $\boldsymbol{a}$ 错误分类的样本集合。

对于规范化增广样本集，若权向量 $\boldsymbol{a}$ 使样本集中的样本 $\boldsymbol{y}$ 能正确分类，则有 $\boldsymbol{a}^{\mathrm{T}}\boldsymbol{y}>0$。反之，若错误分类，则 $\boldsymbol{a}^{\mathrm{T}}\boldsymbol{y}\leqslant 0$ 或 $-\boldsymbol{a}^{\mathrm{T}}\boldsymbol{y}\geqslant 0$。所以 $J_P(\boldsymbol{a})\geqslant 0$。

当且仅当 $\boldsymbol{a}$ 为解向量时，$J_P(\boldsymbol{a})=0$，此时不存在错分样本。

2.4.5 梯度下降法

函数 $J_p(\boldsymbol{a})$ 在某点 $\boldsymbol{a}_k$ 的梯度 $\nabla J(\boldsymbol{a}_k)$ 是一个向量，其方向是 $J_P(\boldsymbol{a})$ 增长最快的方向。因此，负梯度方向是 $J_P(\boldsymbol{a})$ 减少最快的方向。所以，在求解某个函数的极大值时，沿梯度方向走，则可以最快达到极大值点；反之，如果沿负梯度方向走，则可以最快到达极小值点。于是，对于感知准则函数 $J_P(\boldsymbol{a})$，它的最小值对应着最优解 $\boldsymbol{a}^*$。为此，可以得到梯度下降法的迭代公式：

$$\boldsymbol{a}_{k+1}=\boldsymbol{a}_k-\rho_k\frac{\nabla J_P(\boldsymbol{a})}{\|\nabla J_P(\boldsymbol{a})\|} \tag{2.17}$$

其中梯度为

$$\nabla J_P(\boldsymbol{a})=\frac{\partial J_P(\boldsymbol{a})}{\partial \boldsymbol{a}}=\sum_{\boldsymbol{y}\in Y_e}(-\boldsymbol{y}) \tag{2.18}$$

式(2.17)可以使 $\boldsymbol{a}$ 在函数 $J_P(\boldsymbol{a})$ 的负梯度方向上迅速收敛于最优解 $\boldsymbol{a}^*$。其中，ρ 是一个正的比例因子。更一般地，在应用该方法时，需要先确定一个准则函数，然后选择一个初始的 $\boldsymbol{a}(1)$，再通过迭代法找到最优解 $\boldsymbol{a}^*$。

2.5 最小错分样本准则

2.4 节介绍的感知准则函数只适用于样本集线性可分的情况，对于线性不可分的情况，算法就不会收敛。由于样本集的线性不可分，感知准则方法不收敛，即 $\boldsymbol{a}^{\mathrm{T}}\boldsymbol{y}_i>0$ 或 $\boldsymbol{y}_i^{\mathrm{T}}\boldsymbol{a}>0$，$i=1,2,\cdots,n$ 无确定解，是矛盾不等式组，只能求满足不等式个数最多的解，或者最小错分样本数的解。

对于线性不可分情况，定义一个准则函数，其极值解对应两类样本集中错分数最少的权向量 $\boldsymbol{a}^*$，这种准则称为最小错分样本数准则。

假设样本是线性可分的，对于规范化增广样本向量，线性判别函数可写为 $g(y)=\boldsymbol{a}^{\mathrm{T}}\boldsymbol{y}_i$，如果存在权向量 $\boldsymbol{a}$，使得 $\boldsymbol{a}^{\mathrm{T}}\boldsymbol{y}_i>0$，$i=1,2,\cdots,n$，则样本被正确分类。因此，设计线性分类器的任务可以看成是求一组 N 个线性不等式的解的问题。若不等式组有解，则说明样本集是线性可分的，那么就可以找到这个解向量 $\boldsymbol{a}^*$。若不等式无解，则说明样本集是线性不可分的，那么对于任何权向量 $\boldsymbol{a}$ 都有样本被错误分类，这时可以寻找使最多样本数目的不等式得到满足的权向量 $\boldsymbol{a}$，并把它作为最小错分样本数的解 $\boldsymbol{a}^*$。

将 n 个不等式 $\boldsymbol{a}^{\mathrm{T}}\boldsymbol{y}_i>0, i=1,2,\cdots,n$ 联立，并引入余量 $\boldsymbol{b}=\begin{bmatrix} b_1 \\ b_2 \\ \vdots \\ b_n \end{bmatrix}$，其中 $b_i>0, i=1,2,\cdots,n$，得

$$\boldsymbol{Ya}-\boldsymbol{b}>0 \tag{2.19}$$

其中

$$\boldsymbol{Y}=\begin{bmatrix} \boldsymbol{y}_1^{\mathrm{T}} \\ \boldsymbol{y}_2^{\mathrm{T}} \\ \vdots \\ \boldsymbol{y}_2^{\mathrm{T}} \end{bmatrix}=\begin{bmatrix} y_{11} & y_{12} & \cdots & y_{1d} \\ y_{21} & y_{22} & \cdots & y_{21} \\ \vdots & \vdots & & \vdots \\ y_{n1} & y_{n1} & \cdots & y_{nd} \end{bmatrix}$$

$\boldsymbol{b}$ 是一个 n 维向量，可以取值为 $\boldsymbol{b}=(1,1,\cdots,1)^{\mathrm{T}}$。

最小错分样本准则函数可有以下两种定义形式：

① 最小错分样本准则 1：

$$J_{q_1}(\boldsymbol{a})=\|(\boldsymbol{Ya}-\boldsymbol{b})-|\boldsymbol{Ya}-\boldsymbol{b}|\|^2\geqslant 0 \tag{2.20}$$

式中，如果 $\boldsymbol{Ya}>\boldsymbol{b}$，即样本被正确分类，则 $(\boldsymbol{y}\cdot\boldsymbol{a}-\boldsymbol{b})$ 与 $|\boldsymbol{Ya}-\boldsymbol{b}|$ 同号，所以 $J_{q_1}(\boldsymbol{a})=0$；如果有样本不满足 $\boldsymbol{Ya}>\boldsymbol{b}$，即样本被错分，则 $\boldsymbol{Ya}>\boldsymbol{b}$ 与 $|\boldsymbol{Ya}-\boldsymbol{b}|$ 异号，所以 $J_{q_1}(\boldsymbol{a})>0$。不满足的样本（即错分的样本）越多，$J_{q_1}(\boldsymbol{a})$ 就越大。显然 $J_{q_1}(\boldsymbol{a})$ 取极小值时的权向量 $\boldsymbol{a}$ 就为最优解 $\boldsymbol{a}^*$。

② 最小错分样本准则 2：

$$J_{q_1}(\boldsymbol{a})=\sum_{i=1}^{N}\frac{1+\operatorname{sign}(\boldsymbol{y}_i^{\mathrm{T}}\boldsymbol{a})}{2} \tag{2.21}$$

其中

$$\operatorname{sign}(\boldsymbol{y}_i\cdot\boldsymbol{a})=\begin{cases} +1, & \boldsymbol{y}_i^{\mathrm{T}}\cdot\boldsymbol{a}\geqslant 0 \\ -1, & \boldsymbol{y}_i^{\mathrm{T}}\cdot\boldsymbol{a}<0 \end{cases}$$

式中，如果 $\boldsymbol{Ya}>\boldsymbol{b}$，即样本被正确分类，则 $\operatorname{sign}(\boldsymbol{y}_i\cdot\boldsymbol{a})=+1$；如果有样本不满足 $\boldsymbol{Ya}>\boldsymbol{b}$，即样本被错分，则 $\operatorname{sign}(\boldsymbol{y}_i\cdot\boldsymbol{a})=-1$。如果正确分类的样本越多，$J_{q_1}(\boldsymbol{a})$ 的值就越大。显然 $J_{q_1}(\boldsymbol{a})$ 取极大值的权向量 $\boldsymbol{a}$ 即为最优解 $\boldsymbol{a}^*$。

最小错分样本数准则的寻优同样可以采用梯度下降法等优化算法求解，这里不再详细说明。

2.6 最小平方误差准则

对于线性不可分情况，定义一个准则函数，其极值解对应两类样本集中错分误差平方和最小的权向量 $\boldsymbol{a}^*$，这种准则称为最小平方误差准则。

最小平方误差准则与最小错分样本准则相同，都可以用于样本是线性可分和线性不可分的情况。但最小平方误差准则的极值解对应两类样本集中错分误差平方和最小的权向量 $\boldsymbol{a}^*$，是工程中常用的优化准则。

定义一个 n 维向量 $\boldsymbol{b}=(b_1,b_2,\cdots,b_n)^{\mathrm{T}}$，其中 b_i 为小的正数，则需要寻找一个权向量 $\boldsymbol{a}$，使之满足 $\boldsymbol{y}_i^{\mathrm{T}}\cdot\boldsymbol{a}=b_i>0, i=1,2,\cdots,n$。联立这 n 个方程得到线性方程组，并简写为矩阵形式

$\boldsymbol{Y}\cdot\boldsymbol{a}=\boldsymbol{b}$。其中,$\boldsymbol{Y}$ 为训练样本的增广矩阵,即

$$\boldsymbol{Y}=\begin{pmatrix}\boldsymbol{y}_1^{\mathrm{T}}\\\boldsymbol{y}_2^{\mathrm{T}}\\\vdots\\\boldsymbol{y}_n^{\mathrm{T}}\end{pmatrix}=\begin{pmatrix}y_{11} & y_{12} & \cdots & y_{1d}\\\vdots & \vdots & & \vdots\\y_{n_1 1} & y_{n_1 2} & \cdots & y_{n_1 d}\\y_{(n_1+1)1} & y_{(n_1+1)2} & \cdots & y_{(n_1+1)d}\\\vdots & \vdots & & \vdots\\y_{n_2 1} & y_{n_2 2} & \cdots & y_{n_2 d}\end{pmatrix}$$

$\boldsymbol{b}$ 为 n 维列向量,$\boldsymbol{a}$ 为 $d+1$ 维列向量,设 ω_i 和 ω_j 的样本数分别为 n_1 和 n_2,且样本总数 $n=n_1+n_2$,$\boldsymbol{Y}$ 为 $n\times(d+1)$ 维矩阵,一般 $n>d+1$,此时 $\boldsymbol{Y}\cdot\boldsymbol{a}=\boldsymbol{b}$ 是矛盾线性方程组,可以采用最小二乘法来求解。

首先定义误差:$\boldsymbol{e}=\boldsymbol{Y}\cdot\boldsymbol{a}-\boldsymbol{b}$,则平方误差准则函数为

$$J_s(\boldsymbol{a})=\|\boldsymbol{e}\|^2=\|\boldsymbol{Y}\cdot\boldsymbol{a}-\boldsymbol{b}\|^2=\sum_{i=1}^{N}(\boldsymbol{a}^{\mathrm{T}}\cdot\boldsymbol{y}_i-\boldsymbol{b}_i)^2 \tag{2.22}$$

由 $\dfrac{\partial J_s(\boldsymbol{a})}{\partial\boldsymbol{a}}=\sum\limits_{i=1}^{N}2(\boldsymbol{a}^{\mathrm{T}}\cdot\boldsymbol{y}_i-\boldsymbol{b}_i)\cdot\boldsymbol{y}_i=2\boldsymbol{Y}^{\mathrm{T}}\cdot(\boldsymbol{Y}\cdot\boldsymbol{a}-\boldsymbol{b})=0$,可以得到极值,此时最优权向量为

$$\boldsymbol{a}^*=(\boldsymbol{Y}^{\mathrm{T}}\boldsymbol{Y})^{-1}\boldsymbol{Y}^{\mathrm{T}}\boldsymbol{b} \tag{2.23}$$

需要说明的是,$\boldsymbol{a}^*$ 依赖于余量 $\boldsymbol{b}$ 的选择,确定余量 $\boldsymbol{b}$ 之后可以得到最终的解。

例 2-3　已知两类分类问题,两类的训练样本分别为 ω_1 类样本 $\begin{bmatrix}0\\0\end{bmatrix}$,$\begin{bmatrix}0\\1\end{bmatrix}$ 和 ω_2 类样本 $\begin{bmatrix}1\\0\end{bmatrix}$,$\begin{bmatrix}1\\1\end{bmatrix}$,试求最小平方误差准则解。

解:训练样本的增广矩阵为

$$\boldsymbol{Y}=\begin{bmatrix}0 & 0 & 1\\0 & 1 & 1\\-1 & 0 & -1\\-1 & -1 & -1\end{bmatrix}$$

求 $\boldsymbol{X}$ 的伪逆矩阵:

$$\boldsymbol{Y}^{\#}=(\boldsymbol{Y}^{\mathrm{T}}\boldsymbol{Y})^{-1}\boldsymbol{Y}^{\mathrm{T}}=\frac{1}{2}\begin{bmatrix}-1 & -1 & -1 & -1\\-1 & 1 & 1 & -1\\3/2 & 1/2 & -1/2 & 1/2\end{bmatrix}$$

设 $c=1$,$\boldsymbol{b}(1)=\begin{bmatrix}1\\1\\1\\1\end{bmatrix}$,则

$$\boldsymbol{a}(1)=\boldsymbol{Y}^{\#}\boldsymbol{b}(1)=\begin{bmatrix}-2\\0\\1\end{bmatrix}$$

误差向量为

$$e_1 = \boldsymbol{Y} \cdot \boldsymbol{a}(1) - \boldsymbol{b}(1) = \begin{bmatrix} 0 & 0 & 1 \\ 0 & 1 & 1 \\ -1 & 0 & -1 \\ -1 & -1 & -1 \end{bmatrix} \begin{bmatrix} -2 \\ 0 \\ 1 \end{bmatrix} - \begin{bmatrix} 1 \\ 1 \\ 1 \\ 1 \end{bmatrix} = \begin{bmatrix} 0 \\ 0 \\ 0 \\ 0 \end{bmatrix}$$

$\boldsymbol{e}_1$ 的各分量均为 0，则 $\boldsymbol{a}(1)$就是所求的解向量 $\boldsymbol{a}^* = \begin{bmatrix} -2 \\ 0 \\ 1 \end{bmatrix}$，因此决策面方程为$-2x_1+1=0$。

小　结

本章主要讨论线性分类器的设计问题，给出了几种典型的线性分类器设计方法，并介绍了各个方法的特点和设计准则。线性判别函数是形式最简单的判别函数，易于建模且在一定条件下能够实现或逼近最优分类器的性能，许多功能更为强大的非线性模型可以在线性模型的基础上通过引入层级结构或者高维映射而得到。此外，在有些实际情况下，虽然分类问题本身可能并不是线性的，但是仍可使用线性分类器进行解决。某些时候，相较于更复杂的模型，线性分类器可能取得更好的分类结果、具备更好的推广能力。

习　题

1. 简述二分类问题与多分类问题之间的联系。

2. 垂直平分分类器(最小距离分类器)的主要特点有什么？

3. 已知 A 类为$(0,3)^T$，$(2,4)^T$，$(1,3)^T$，$(2,3)^T$，$(0,2)^T$，B 类为$(4,1)^T$，$(3,2)^T$，$(2,1)^T$，$(3,0)^T$，$(3,1)^T$，待分类样本为 $x=(5,0)^T$，使用垂直平分分类器对其进行决策，画图并判断其属于哪类。

4. 简述 Fisher 线性判别分析的分类过程，并写出其中两特征空间中类均值向量、类内离散度矩阵、总类内离散度矩阵、类间离散度矩阵以及 Fisher 准则函数的表达式。

5. Fisher 投影有什么特点？

6. 简述什么是样本集的线性可分性(或线性不可分性)。

7. 感知器的特点是什么？

8. 最小错分样本数准则、最小平方误差准则有什么区别与联系？

9. 对于二维线性判别函数 $g(\boldsymbol{X})=3x_1+2x_2-5$：

① 将判别函数写成向量形式 $g(\boldsymbol{X})=\boldsymbol{W}^T\boldsymbol{X}+w_{n+1}$；

② 映射成广义齐次线性函数 $f(\boldsymbol{Y})=\boldsymbol{W}_1^T$，$\boldsymbol{Y}=(y_1,y_2,y_3)^T=(x_1,x_2,1)^T$；

③ 证明上述 $\boldsymbol{X}$ 空间只是 $\boldsymbol{Y}$ 空间的一个子空间，且 $f(\boldsymbol{Y})=0$ 对 $\boldsymbol{X}$ 空间的划分结果与 $g(\boldsymbol{X})=0$ 相同。

10. 已知两类 w_1 为$(0,0)^T$，$(1,2)^T$，w_2 为$(1,-1)^T$，$(3,0)^T$，用 Fisher 线性判别法构造分类器，确定最佳投影方向。

参考文献

[1]　汪增福. 模式识别[M]. 合肥：中国科学技术大学出版社，2010.
[2]　张学工. 模式识别[M]. 3 版. 北京：清华大学出版社，2010.
[3]　西格尔斯·西奥多里蒂斯，康斯坦提诺斯·库特龙巴斯. 模式识别[M]. 4 版. 李晶皎，等译. 北京：电子工业出版社，2016.
[4]　刘明堂. 模式识别[M]. 北京：电子工业出版社，2021.

第 3 章　贝叶斯分类器

对自然界的一些现象，从数学的角度可以进行抽象，其中概率统计是现实中应用广泛的数学模型。从概率角度探讨模式识别问题，把类别看作随机事件，把描述样本的特征看作随机向量，那么可以在给定观测到的样本特征向量的条件下，通过计算某类随机事件发生的概率来对样本的类别进行判断，哪类事件发生的概率高就判别为哪类，这样分类结果就能达到概率意义上的最优。本章将讨论如何在经典的贝叶斯(Bayes)统计模型的基础上，设计出概率意义上最优的分类器。

3.1　贝叶斯决策概述

3.1.1　统计分类

客观事物或现象的发生和发展大体可以分为两类：一类是确定性的，确定性的事物或现象在一定条件下必然会发生或不发生；另一类则是随机性的，随机性的事物或现象有很多可能性，按照一定的概率和统计规律，或者发生或者不发生，在事先不能预知会出现哪种结果。实际上对于许多必然性的事物或现象，当我们对其发生、发展的一些条件不确定时，或影响它们的条件是随机的，它们也表现某种随机性。

同理，在提取特征产生模式样本的特征向量时，特征向量可以理解为确定性的向量，有时也可以理解为随机向量，随机向量的分量是随机变量。在线性分类方法中，通常假设模式样本是确定性的，在此基础上优化设计分类器。本章假设模式样本都是随机性的，特征向量也是随机的向量，在此基础上，依据类的先验概率和分布密度函数，使分类识别结果从概率统计上讲是最佳的，这就是概率统计方法中的贝叶斯决策，即贝叶斯分类器。

仔细研究模式识别问题后可以知道，特征向量的分量的量测值总含有某种误差，具有一定的随机性，而且同一类模式的不同个体的特征分量的值也是按照某种规律随机散布的。特征分量数值的随机性导致模式类别的随机性和判别结果的随机性。因此，用概率论的理论和方法来解决分类识别问题，从理论上讲更为合理和可靠。

3.1.2　先决条件

贝叶斯决策方法是统计模式识别的重要方法，用这种方法进行分类，应满足下列已知条件：

① 各个模式的类别和类别数；

② 各个模式类别(总体)的先验概率；

③ 各个模式类别(总体)的概率分布。

假设待识别的样本有 d 种特征观察值 $x_1, x_2, \cdots, x_d$，这些特征构成了 d 维随机特征向量：$\boldsymbol{x}=(x_1, x_2, \cdots, x_d)^{\mathrm{T}}$。$P(\omega_i)$表示 ω_i 类出现的概率，称为先验概率。$P(\boldsymbol{x}|\omega_i)$表示在 ω_i 类的条件下 $\boldsymbol{x}$ 的概率，即 ω_i 类样本的概率分布密度(函数)，称为类条件概率密度。条件概率

$P(\omega_i|\boldsymbol{x})$表示 $\boldsymbol{x}$ 出现的条件下 ω_i 类出现的概率，称为后验概率。贝叶斯决策采用后验概率进行分类判别，而后验概率的计算则通过运用贝叶斯公式。

3.1.3 贝叶斯决策

在现实任务中，后验概率 $P(\omega_i|\boldsymbol{x})$往往难以直接获得。从这个角度来看，所要实现的是基于有限的训练样本集尽可能准确地估计出后验概率。大体来说，主要有两种策略：给定 $\boldsymbol{x}$ 可以直接建模 $P(\omega_i|\boldsymbol{x})$来预测 ω_i，这样所得到的是“判别式模型”。除此之外，也可先对联合概率分布 $P(\boldsymbol{x},\omega_i)$建模，之后由此获得 $P(\omega_i|\boldsymbol{x})$，这样所得到的是“生成式模型”，对于生成式模型：

$$P(\omega_i|\boldsymbol{x})=\frac{P(\boldsymbol{x},\omega_i)}{P(\boldsymbol{x})} \tag{3.1}$$

根据贝叶斯公式，可以写成

$$P(\omega_i|\boldsymbol{x})=\frac{P(\omega_i)P(\boldsymbol{x}|\omega_i)}{P(\boldsymbol{x})} \tag{3.2}$$

$P(\boldsymbol{x}|\omega_i)$是样本相对类条件的条件概率，称为“似然”，$P(\boldsymbol{x})$是用于归一化的因子，与类别无关。因此估计 $P(\omega_i|\boldsymbol{x})$的问题就变成了如何基于训练数据来估计先验 $P(\omega_i)$和似然 $P(\boldsymbol{x}|\omega_i)$。

3.1.4 错误率概念

在进行分类识别时，几乎所有的分类器都有可能出现错误分类的情况，将错误分类的可能性称为分类器的错误概率，简称错误率。

对比之前所学的线性分类器，贝叶斯分类器设计的先决条件更为全面，其结果是概率意义上的最小错误率的分类器，从而实现分类器设计的概率最优解。在贝叶斯分类器设计中，特别需要明确区分先验概率和后验概率：

先验概率：模式类别发生的概率，记为 $P(\omega_i)$。

后验概率：样本发生以后，该样本属于某个类别或总体的概率，记为 $P(\omega_i|\boldsymbol{x})$。

3.2 最小错误率贝叶斯决策

无论基于何种决策规则，把待识别的模式对象判别为某类，错误判别难免会发生，也就是说在用统计准则对某一具体的模式进行分类时，判别结果可能是错误的。在实际分类时，人们希望尽量减少分类的错误，从这样的要求出发，可以利用概率论的贝叶斯公式，得出使错误率最小的分类规则，即最小错误率的贝叶斯决策。

为什么贝叶斯决策可以使得分类的错误率最小？现以两类一维问题为例来进行说明（见图 3-1）。对于两类问题，统计判决的基本方法是根据类的概率和概率密度将模式的特征空间 R 划分成两个子区域 R_1 和 R_2，显然 $R_1\cup R_2=R$，$R_1\cap R_2=\varnothing$。当 $x\in R_1$ 时，判别 $x\in\omega_1$；当 $x\in R_2$ 时，判别 $x\in\omega_2$ 类。这时可能会发生两种错误，一种是把实际是 ω_1 类的模式误判为 ω_2 类，发生这种错误的原因是属于 ω_1 类的模式分布在特征空间 R_2 域中，从而被误判为 ω_2 类，这时的误判概率为

$$e_{12}=\int_{R_2}p(x\mid\omega_1)\mathrm{d}x \tag{3.3}$$

类似地，另一种错误是把实际上是 ω_2 类的模式误判为 ω_1 类，此时的误判概率为

$$e_{21} = \int_{R_1} p(x \mid \omega_2)\mathrm{d}x \tag{3.4}$$

设 ω_1 和 ω_2 类发生的概率分别为 $P(\omega_1)$和 $P(\omega_2)$，则总的误判概率 $P(e)$为

$$P(e) = P(\omega_1)e_{12} + P(\omega_2)e_{21} = P(\omega_1)\int_{R_2} p(x \mid \omega_1)\mathrm{d}x + P(\omega_2)\int_{R_1} p(x \mid \omega_2)\mathrm{d}x \tag{3.5}$$

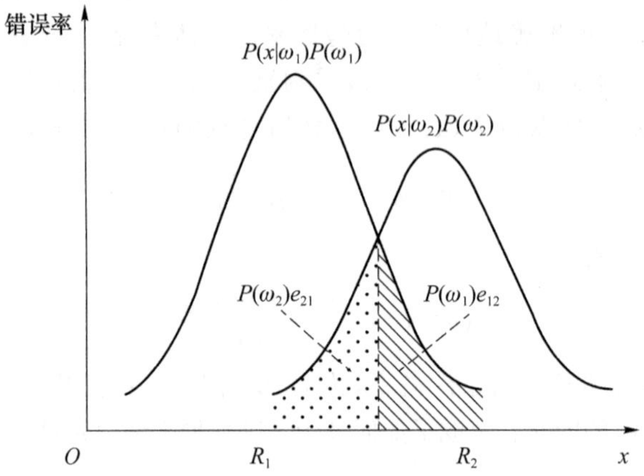

图 3-1　一维情况下的错误率计算示意图

我们希望在总体上误判最小，因此所取的判决准则是使误判概率最小，这等价于使正确分类识别的概率即正确率 $P(c)$最大，正确率的计算公式为

$$P(c) = P(\omega_1)\int_{R_1} p(x \mid \omega_1)\mathrm{d}x + P(\omega_2)\int_{R_2} p(x \mid \omega_2)\mathrm{d}x \tag{3.6}$$

并且

$$\int_{R_2} P(\omega_2)p(x \mid \omega_2)\mathrm{d}x = P(\omega_2) - \int_{R_1} P(\omega_2)p(x \mid \omega_2)\mathrm{d}x \tag{3.7}$$

代入式(3.4)，可得

$$P(c) = P(\omega_2) + \int_{R_1} [P(\omega_1)p(x \mid \omega_1) - P(\omega_2)p(x \mid \omega_2)]\mathrm{d}x \tag{3.8}$$

式中，R_1 是未知的，直接求解 R_1 很困难。但是，考察式(3.8)可知，为使 $P(c)$达到最大，ω_1 的决策域 R_1^* 应是 R 中所有满足条件

$$P(\omega_1)p(x|\omega_1) > P(\omega_2)p(x|\omega_2) \tag{3.9}$$

的样本点组成的集合。同理，R_2^* 应是 R 中所有满足条件

$$P(\omega_1)p(x|\omega_1) < P(\omega_2)p(x|\omega_2) \tag{3.10}$$

的样本点组成的集合。任何别的划分所对应的正确率 $P(c)$都将小于上述划分时的正确率。

综上所述，可以得到最小错误率的贝叶斯决策的判别规则及其等价规则：

① 对于未知 x，如果 $P(\omega_1|x) > P(\omega_2|x)$，则 $x \in \omega_1$，反之，$x \in \omega_2$；

② 对于未知 x，如果 $p(x|\omega_1)P(\omega_1) > p(x|\omega_2)P(\omega_2)$，则 $x \in \omega_1$，反之，$x \in \omega_2$；

③ 对于未知 x，如果$\dfrac{p(x|\omega_1)}{p(x|\omega_2)} > \dfrac{P(\omega_2)}{P(\omega_1)}$，则 $x \in \omega_1$，反之，$x \in \omega_2$；

④ 对于未知 x，如果 $h(x) = -\ln\left[\dfrac{p(x|\omega_1)}{p(x|\omega_2)}\right] = -\ln p(x|\omega_1) + \ln p(x|\omega_2) < \ln \dfrac{P(\omega_1)}{P(\omega_2)}$，则 $x \in \omega_1$，反之，$x \in \omega_2$；

其中 $P(\omega_i \mid x)=\dfrac{P(x \mid \omega_i)}{P(x)}P(\omega_i)$，$P(x)=\sum\limits_{i=1}^{2}P(x \mid \omega_i)P(\omega_i)$。

以上讨论的是简单的两类一维情况，下面再考虑多类别多维情况下的最小错误率贝叶斯决策规则。

设有 c 个类别，特征向量 $\boldsymbol{x}$ 是 d 维向量。$P(\boldsymbol{x}|\omega_i)$是向量 $\boldsymbol{x}$ 在 ω_i 状态下的类条件概率密度，$P(\omega_i)$为 ω_i 类的先验概率，则根据贝叶斯公式，后验概率 $P(\omega_i \mid \boldsymbol{x})$ 为 $P(\boldsymbol{x})=\sum\limits_{i=1}^{c}P(\boldsymbol{x} \mid \omega_i)P(\omega_i)$，决策规则与两类一维的情况相似，即决策规则如下：

如果存在 $P(\omega_i|\boldsymbol{x})>P(\omega_j|\boldsymbol{x})$，$i\neq j$，则 $\boldsymbol{x}\in\omega_i$。多类别多维的决策规则可以推广到以下情况：

① 对于未知 $\boldsymbol{x}$，如果 $P(\omega_i|\boldsymbol{x})>P(\omega_j|\boldsymbol{x})$，$\forall j\neq i$，则 $\boldsymbol{x}\in\omega_i$；

② 对于未知 $\boldsymbol{x}$，如果 $p(\boldsymbol{x}|\omega_i)P(\omega_i)>p(\boldsymbol{x}|\omega_j)P(\omega_j)$，$\forall j\neq i$，则 $\boldsymbol{x}\in\omega_i$；

③ 对于未知 $\boldsymbol{x}$，如果$\dfrac{p(\boldsymbol{x}|\omega_i)}{p(\boldsymbol{x}|\omega_j)}>\dfrac{P(\omega_j)}{P(\omega_i)}$，$\forall j\neq i$，则 $\boldsymbol{x}\in\omega_i$；

④ 对于未知 $\boldsymbol{x}$，如果 $h(\boldsymbol{x})=-\ln\left[\dfrac{p(\boldsymbol{x}|\omega_i)}{p(\boldsymbol{x}|\omega_j)}\right]=-\ln p(\boldsymbol{x}|\omega_i)+\ln p(\boldsymbol{x}|\omega_j)<\ln\dfrac{P(\omega_i)}{P(\omega_j)}$，$\forall j\neq i$，则 $\boldsymbol{x}\in\omega_i$；

其中 $P(\omega_i|\boldsymbol{x})=\dfrac{P(\boldsymbol{x}|\omega_i)}{P(\boldsymbol{x})}P(\omega_i)$，$P(\boldsymbol{x})=\sum\limits_{i=1}^{c}P(\boldsymbol{x} \mid \omega_i)P(\omega_i)$。

例 3-1　假设在卫星识别任务中，两类卫星分别记为 ω_1，ω_2，先验概率分别为 $P(\omega_1)=0.8$，$P(\omega_2)=0.2$。现有某一待识别的卫星 $\boldsymbol{x}$，类条件概率密度分别为 $P(\boldsymbol{x}|\omega_1)=0.3$，$P(\boldsymbol{x}|\omega_2)=0.4$。使用最小错误率贝叶斯决策对该卫星进行分类。

解：将上面的数据代入贝叶斯公式得到后验概率：

$$P(\omega_1|\boldsymbol{x})=\frac{P(\boldsymbol{x}|\omega_1)}{P(\boldsymbol{x})}P(\omega_1)=\frac{0.3\times0.8}{0.3\times0.8+0.4\times0.2}=0.75$$

$$P(\omega_2|\boldsymbol{x})=1-P(\omega_1|\boldsymbol{x})=0.25$$

由最小错误率贝叶斯决策规则①有

$$P(\omega_1|\boldsymbol{x})=0.75>P(\omega_2|\boldsymbol{x})=0.25$$

所以把待识别的卫星 $\boldsymbol{x}$ 归类为 ω_1 类。

3.3　最小风险贝叶斯决策

对于随机模式，由于是根据类的概率和概率密度进行分类识别判断，虽然达到了最小错误率，但是误判总是存在的。模式识别的实际应用中，不同的误判导致的后果或所付出的代价往往是不同的。例如，在医学诊断中把正常细胞误判为癌细胞会给病人及其家属带来精神上的巨大负担，反过来，如果将癌细胞误判为正常细胞，可能导致错失最佳医治时机，甚至造成病患无法医治的后果。显然这两种不同的误判所造成的损失的严重程度是不同的。最小风险贝叶斯决策正是基于各种误判造成不同损失而提出的一种决策规则。

设模式空间中存在 c 个类别：$\omega_1,\omega_2,\cdots,\omega_c$，决策空间由 a 个决策组成：$\alpha_1,\alpha_2,\cdots,\alpha_a$。其中 α_i 是将未知模式判别为 ω_j 类的决策，或者是拒绝判别的决策。如果决策和类别一一对应，a

等于 c，否则 a 可以大于或小于 c。对一个实际是 ω_j 类的模式采用了决策 α_i 所造成的损失称为损失函数，记为 $\lambda(\alpha_i,\omega_j)=\lambda_{ij}$。可将损失函数以决策表的形式列出，如表 3-1 所列。

表 3-1　列出所有损失函数的决策表

决　策	不同类别的损失函数			
	ω_1	ω_2	…	ω_c
α_1	$\lambda(\alpha_1,\omega_1)$	$\lambda(\alpha_1,\omega_2)$	…	$\lambda(\alpha_1,\omega_c)$
α_2	$\lambda(\alpha_2,\omega_1)$	$\lambda(\alpha_2,\omega_2)$	…	$\lambda(\alpha_2,\omega_c)$
⋮	⋮	⋮	⋱	⋮
α_a	$\lambda(\alpha_a,\omega_1)$	$\lambda(\alpha_a,\omega_2)$	…	$\lambda(\alpha_a,\omega_c)$

对于给定的 $\boldsymbol{x}$，如果采取决策 α_i，从决策表 3-1 可见，对应于决策 α_i，λ 可以在 c 个 $\lambda(\alpha_i,\omega_j)$，$j=1,\cdots,c$ 值中任取一个，其相应概率为 $P(\omega_j|\boldsymbol{x})$。因此在采取决策 α_i 情况下的条件期望损失 $R(\alpha_i|\boldsymbol{x})$ 为

$$R(\alpha_i \mid \boldsymbol{x})=E[\lambda(\alpha_i,\omega_j)\mid \boldsymbol{x}]=\sum_{j=1}^{c}\lambda(\alpha_i,\omega_j)P(\omega_j \mid \boldsymbol{x}),\quad i=1,2,\cdots,a \tag{3.11}$$

这里 E 函数是相对各类求全期望的。容易看出，式(3.11)是判别 $\boldsymbol{x}$ 属于 ω_i 类时，相应于决策 α_i 的各损失函数以各类后验概率为权重的加权和。条件期望损失 $R(\alpha_i|\boldsymbol{x})$ 刻画了未知模式为 $\boldsymbol{x}$、决策为 α_i 条件下的平均损失，故 $R(\alpha_i|\boldsymbol{x})$ 也称为条件平均损失或条件平均风险。

设特征空间 R 中判决域为 $R_i(i=1,2,\cdots,c)$，于是求得 $R(\alpha_i|\boldsymbol{x})$ 关于 $\boldsymbol{x}$ 的数学期望为

$$R=\sum_{i=1}^{c}\int_{R_i}R(\alpha_i \mid \boldsymbol{x})p(\boldsymbol{x})\mathrm{d}\boldsymbol{x} \tag{3.12}$$

式(3.12)表明 R 是损失函数 $\lambda_{ij}=\lambda(\alpha_i,\omega_j)$ 关于各类及 $\boldsymbol{x}$ 的数学期望，称其为平均风险。

决策规则：如果 $R(\alpha_j|\boldsymbol{x})=\min[R(\alpha_i|\boldsymbol{x})]$，则 $\alpha=\alpha_j$。

最小风险的贝叶斯决策解决实际问题的步骤如下：

① 在已知 $P(\omega_i)$，$p(\boldsymbol{x}|\omega_j)$，$j=1,2,\cdots,c$ 及给出待识别的样本 $\boldsymbol{x}$ 的情况下，根据贝叶斯公式计算出后验概率：

$$P(\omega_j \mid \boldsymbol{x})=\frac{p(\boldsymbol{x}\mid \omega_j)}{\sum_{j=1}^{c}p(\boldsymbol{x}\mid \omega_j)P(\omega_j)}P(\omega_j),\quad j=1,2,\cdots,c \tag{3.13}$$

② 利用计算得到的后验概率及决策表，计算出采取 $\alpha_i(i=1,2,\cdots,c)$ 决策时的条件损失：

$$R(\alpha_i \mid \boldsymbol{x})=\sum_{j=1}^{c}\lambda(\alpha_i,\omega_j)P(\omega_j \mid \boldsymbol{x}),\quad i=1,2,\cdots,a \tag{3.14}$$

③ 对②中得到的所有条件风险值 $R(\alpha_i|\boldsymbol{x})(i=1,2,\cdots,a)$ 进行比较，找出使得条件风险最小的决策 α_k，则 α_k 就是最小风险的贝叶斯决策。

例 3-2　在例 3-1 已知条件的基础上，设 $\lambda_{11}=0$，$\lambda_{21}=7$，$\lambda_{12}=1$，$\lambda_{22}=0$，试以最小风险的贝叶斯决策进行分类。

解：根据前面的计算可得后验概率：

$$P(\omega_1|\boldsymbol{x})=0.75,\quad P(\omega_2|\boldsymbol{x})=0.25$$

根据最小风险贝叶斯公式得到条件风险：

$$R_1(\boldsymbol{x}) = \sum_{i=1}^{2} \lambda_{i1} P(\omega_i \mid \boldsymbol{x}) = \lambda_{21} P(\omega_2 \mid \boldsymbol{x}) = 7 \times 0.25 = 1.75$$

$$R_2(\boldsymbol{x}) = \sum_{i=1}^{2} \lambda_{i2} P(\omega_i \mid \boldsymbol{x}) = \lambda_{12} P(\omega_2 \mid \boldsymbol{x}) = 1 \times 0.75 = 0.75$$

由于 $R_1(\boldsymbol{x}) > R_2(\boldsymbol{x})$，因此应判 x 为 ω_2 类。本例的判别结果和 3.2 节采用最小错误率方法的结果恰好相反，这是因为“损失函数”在判别决策中起了主导作用。

上面已经介绍了两种分别使得错误率和风险达到最小的贝叶斯决策规则，下面再讨论一下最小风险的贝叶斯决策和最小错误率的贝叶斯决策的关系。

对于最小风险的贝叶斯决策，当出现 0－1 损失函数的情况，即

$$\lambda(\alpha_i, \omega_j) = \begin{cases} 0, & i = j \\ 1, & i \neq j \end{cases}$$

其中 $i, j = 1, 2, \cdots, c$。即假定当做出正确决策时，没有任何损失；而当做出错误决策时，损失都是 1。这时条件风险为

$$R(\alpha_i \mid \boldsymbol{x}) = \sum_{j=1}^{c} \lambda(\alpha_i, \omega_j) P(\omega_j \mid \boldsymbol{x}) = \sum_{\substack{j=1 \\ j \neq i}}^{c} P(\omega_j \mid \boldsymbol{x}) = 1 - P(\omega_i \mid \boldsymbol{x})$$

其中，$P(\omega_i \mid \boldsymbol{x})$为采取决策 α_i 正确时的条件概率。显然这时的最小风险贝叶斯决策规则就等价于选取后验概率 $P(\omega_i \mid \boldsymbol{x})$为最大的决策规则，而这正是最小错误率的贝叶斯决策规则。

由此可知，在 0－1 损失函数的情况下，最小风险贝叶斯决策和最小错误率贝叶斯决策的结果是完全相同的，换句话说就是：最小错误率贝叶斯决策就是在 0－1 损失函数条件下的最小风险贝叶斯决策，是最小风险贝叶斯决策的特例。

3.4　最小最大贝叶斯决策

3.3 节讨论的最小风险贝叶斯决策主要是针对确定的先验概率等条件下的最佳决策。然而在实际应用中，各类的先验概率 $P(\omega_i)$有时不能精确确定，或在分析过程中各类的先验概率是变动的，此时，若再用固定先验概率 $P(\omega_i)$条件下的某个最小风险贝叶斯分类器来进行决策，其结果实际上并不是最小风险的。

最小最大决策就是在各类的先验概率 $P(\omega_i)$变化的情况下，取最大风险为最小的某个最小风险贝叶斯分类器作为实际使用的分类器。

对于两类问题，设某个最小风险贝叶斯分类器将特征空间 R 划分为两个子区域R_1 和R_2，记 λ_{ij} 为将实属 ω_i 类的模式判为 ω_j 的损失函数，则误判的平均风险为

$$\begin{aligned}
R &= \int_R R(\alpha(\boldsymbol{x}) \mid \boldsymbol{x}) p(\boldsymbol{x}) \mathrm{d}\boldsymbol{x} \\
&= \int_{R_1} R(\alpha_1(\boldsymbol{x}) \mid \boldsymbol{x}) p(\boldsymbol{x}) \mathrm{d}\boldsymbol{x} + \int_{R_2} R(\alpha_2(\boldsymbol{x}) \mid \boldsymbol{x}) p(\boldsymbol{x}) \mathrm{d}\boldsymbol{x} \\
&= \int_{R_1} \sum_{i=1}^{2} \lambda_{i1} p(\boldsymbol{x} \mid \omega_i) P(\omega_i) \mathrm{d}\boldsymbol{x} + \int_{R_2} \sum_{i=1}^{2} \lambda_{i2} p(\boldsymbol{x} \mid \omega_i) P(\omega_i) \mathrm{d}\boldsymbol{x} \\
&= \lambda_{11} P(\omega_1) \int_{R_1} p(\boldsymbol{x} \mid \omega_1) \mathrm{d}\boldsymbol{x} + \lambda_{21} P(\omega_2) \int_{R_1} p(\boldsymbol{x} \mid \omega_2) \mathrm{d}\boldsymbol{x} + \\
&\quad \lambda_{12} P(\omega_1) \int_{R_1} p(\boldsymbol{x} \mid \omega_1) \mathrm{d}\boldsymbol{x} + \lambda_{22} P(\omega_2) \int_{R_2} p(\boldsymbol{x} \mid \omega_2) \mathrm{d}\boldsymbol{x}
\end{aligned} \tag{3.15}$$

再利用条件

$$P(\omega_1)+P(\omega_2)=1$$

$$\int_{R_1} p(\boldsymbol{x} \mid \omega_i)\mathrm{d}\boldsymbol{x}+\int_{R_2} p(\boldsymbol{x} \mid \omega_i)\mathrm{d}\boldsymbol{x} = 1$$

则误判平均风险可化简为

$$R = \lambda_{22} + (\lambda_{21} - \lambda_{22})\int_{R_1} p(\boldsymbol{x} \mid \omega_2)\mathrm{d}\boldsymbol{x} + P(\omega_1)[(\lambda_{11} - \lambda_{22}) + (\lambda_{12} - \lambda_{11})\int_{R_2} p(\boldsymbol{x} \mid \omega_1)\mathrm{d}\boldsymbol{x} + (\lambda_{22} - \lambda_{21})\int_{R_1} p(\boldsymbol{x} \mid \omega_2)\mathrm{d}\boldsymbol{x}] \tag{3.16}$$

式中，一旦 R_1 和 R_2 被确定，误判平均风险 R 就是先验概率 $P(\omega_1)$的线性函数。即 $R\triangleq a+bP(\omega_1)$，此时不难求出误判平均风险的上下界(最大损失和最小损失)。

考虑 $P(\omega_1)$的各种可能取值情况，设 $P(\omega_1)$在区间(0,1)中取若干个不同的值，并分别按最小风险贝叶斯决策设计相应的最佳决策域R_1 和R_2，计算出其相应的最小风险 R^*，从而得到最小风险 R^* 与先验概率 $P(\omega_1)$的关系曲线，如图 3-2 所示。

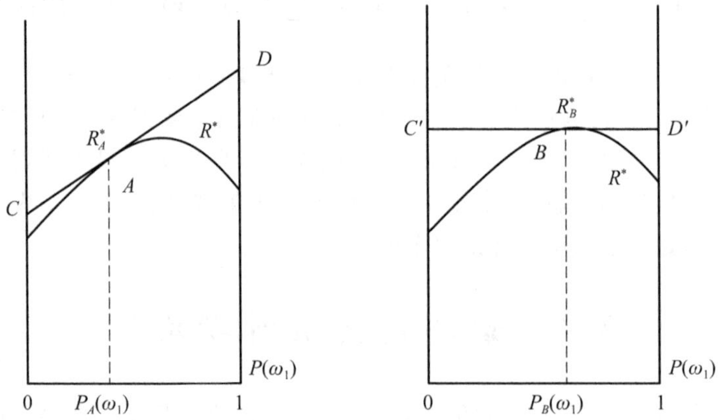

图 3-2 最小风险与先验概率的关系曲线

在图 3-2 上，曲线 A 点的切线CD 则对应$R\triangleq a+bP(\omega_1)$，直线上各点的纵坐标值是以固定 $P_A(\omega_1)$值建立最小风险贝叶斯决策域，并用该决策域应用于变化的 $P(\omega_1)$值情况的误判平均风险值。显然直线上的误判平均风险值要比曲线上的最小误判平均风险值要大，直线 CD 在曲线上方就说明了这一点。对于已建立的决策域 R_1、R_2，由于实际的 $P(\omega_1)$在 0 和 1 之间取值，所以平均损失值 $a\leqslant R\leqslant a+b$，容易求出该直线最大的误判平均风险值，且极值情况是最小风险贝叶斯决策域 R_1 和 R_2 能使 $R\triangleq a+bP(\omega_1)$中的 $b=0$，即

$$b = (\lambda_{11} - \lambda_{22}) + (\lambda_{12} - \lambda_{11})\int_{R_2} p(\boldsymbol{x} \mid \omega_1)\mathrm{d}\boldsymbol{x} + (\lambda_{22} - \lambda_{21})\int_{R_1} p(\boldsymbol{x} \mid \omega_2)\mathrm{d}\boldsymbol{x} = 0 \tag{3.17}$$

此时无论 $P(\omega_1)$如何变化，因为 $b=0$ 而使 R 与 $P(\omega_1)$无关，从而使得平均损失 R 恒等于常数 a，最大的误判平均风险值是所有最小风险贝叶斯决策中最小的，称为最小最大风险决策。

综上所述，可以得出结论：在进行最小风险贝叶斯决策时，若考虑先验概率 $P(\omega_1)$有可能改变，或先验概率未知的情况，则应选择使最小贝叶斯风险 R^* 为最大值时的 $P^*(\omega_1)$来设计分类器，即对应于图 3-2 中的 B 点，其风险 R_B^* 相应于其他的 $P(\omega_1)$为最大，从而能保证在不

管 $P(\omega_1)$ 如何变化时，最大风险为最小，将这样的决策称为最小最大决策。

最小最大决策的具体设计过程如下：

① 依据最小风险贝叶斯决策求出对应于(0,1)中的各个不同 $P(\omega_1)$ 值的决策域 R_1 和 R_2，计算相应该决策域的最小平均风险，并最终得到 $R^*-P(\omega_1)$ 曲线；

② 求最小最大决策的极值解，即图 3-2 中曲线的定点($b=0$ 的情况)，此时的最小风险贝叶斯决策域就是最小最大决策的决策域，其最大风险控制为最小，适用于先验概率变化的情况。

3.5　正态分布时的统计决策

正态分布假设是工程应用中最普遍的假设，主要有两方面的原因：一是正态分布在数学上比较简单，便于进行分析；二是正态分布在物理上经常是总体分布的合理近似。因此，本节在对正态分布的基本概念和重要性质进行综述的基础上，重点讨论正态分布概率模型的最小错误率贝叶斯决策。

3.5.1　正态分布

1. 单变量正态分布

单变量正态分布概率密度函数定义为

$$p(x)=\frac{1}{\sqrt{2\pi}\sigma}\exp\left[-\frac{1}{2}\left(\frac{x-\mu}{\sigma}\right)^2\right] \tag{3.18}$$

其中，μ 为随机变量 x 的均值，σ^2 为 x 的方差，σ 为标准差。

单变量正态分布概率密度函数 $p(x)$ 由两个参数 μ 和 σ^2 来确定。通常情况下，记为 $p(x)\sim N(\mu,\sigma^2)$，表示 x 服从均值为 μ 方差为 σ^2 的正态分布。正态分布的样本主要集中分布在其均值附近，其分散程度可以用标准差来衡量，σ 越大表示分散程度越大，如图 3-3 所示。从正态分布的总体中抽取样本，约有 95% 的样本落在区间 $(\mu-2\sigma,\mu+2\sigma)$ 内，而且其峰值为 $p(\mu)=1/\sqrt{2\pi}\sigma$。

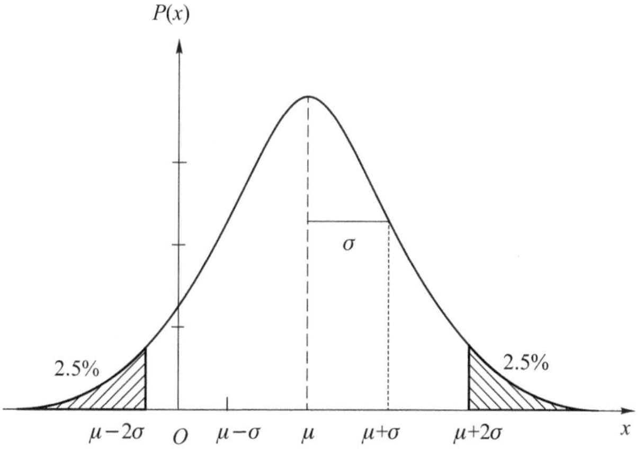

图 3-3　单变量正态分布概率密度函数

2. 多元正态分布

多元正态分布的概率密度函数定义为

$$p(\boldsymbol{x})=\frac{1}{(2\pi)^{\frac{d}{2}}\left|\boldsymbol{\Sigma}\right|^{\frac{1}{2}}}\exp\left[-\frac{1}{2}(\boldsymbol{x}-\boldsymbol{\mu})^{\mathrm{T}}\boldsymbol{\Sigma}^{-1}(\boldsymbol{x}-\boldsymbol{\mu})\right] \tag{3.19}$$

其中，$\boldsymbol{x}=(x_1,x_2,\cdots,x_d)^{\mathrm{T}}$ 是 d 维列向量；$\boldsymbol{\mu}=E[\boldsymbol{x}]=(\mu_1,\mu_2,\cdots,\mu_d)^{\mathrm{T}}$ 是 d 维均值向量；$\boldsymbol{\Sigma}=E[(\boldsymbol{x}-\boldsymbol{\mu})(\boldsymbol{x}-\boldsymbol{\mu})^{\mathrm{T}}]=[\sigma_{ij}{}^2]_{d\times d}$是 $d\times d$ 维的协方差矩阵。

协方差矩阵 $\boldsymbol{\Sigma}$ 是半正定对称矩阵，具体表示为

$$\boldsymbol{\Sigma}=\begin{bmatrix}\sigma^2{}_{11} & \sigma^2{}_{12} & \cdots & \sigma^2{}_{1d}\\ \sigma^2{}_{12} & \sigma^2{}_{22} & \cdots & \sigma^2{}_{2d}\\ \vdots & \vdots & & \vdots\\ \sigma^2{}_{1d} & \sigma^2{}_{2d} & \cdots & \sigma^2{}_{dd}\end{bmatrix}$$

限定 $\boldsymbol{\Sigma}$ 是正定的，使得 $|\boldsymbol{\Sigma}|$ 是一个正数，对角线上的元素 σ_{ii}^2 为相应的 x_i 的方差，非对角线上元素 σ_{ij}^2 为 x_i 和 x_j 的协方差。如果 x_i 和 x_j 相互独立，则 $\sigma_{ij}^2=0$。如果所有非对角线上元素 σ_{ij}^2 均为 0，则 $p(\boldsymbol{x})$就变成 $\boldsymbol{x}$ 的各分量的单变量正态密度函数的乘积。

图 3－4 所示为一个二维正态密度的示意图，如果把等概率密度点画出来，它们就是一簇同心的椭圆，如图 3－5 所示。

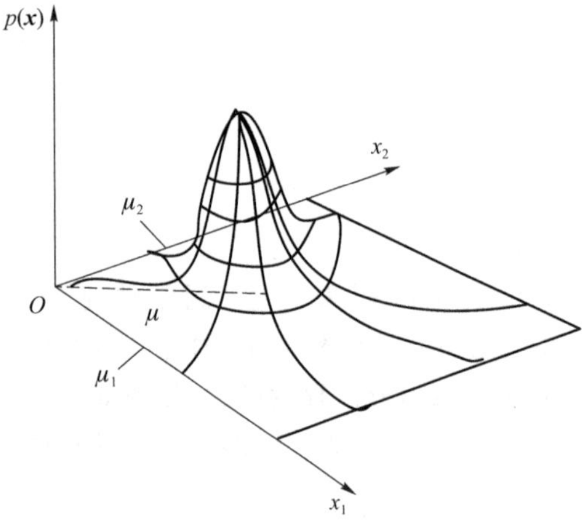

图 3－4　正态分布的等密度点的轨迹为超椭球面

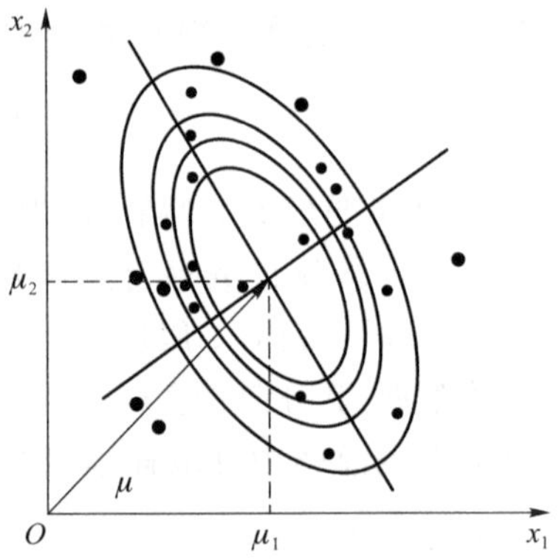

图 3－5　多元正态分布上等概率密度点的轨迹为同心的椭圆(高维情况为椭球面)

3. 多元正态分布的性质

正态分布具有很多便于推导和计算的性质，例如：

① 正态分布的不相关性(若随机变量 x_i 和 x_j 满足 $E[x_ix_j]=E[x_i]E[x_j]$，那么这两个随机变量不相关)等价于独立性；

② 正态分布的边缘分布仍然是正态分布；

③ 正态分布的条件分布仍然是正态分布；

④ 正态分布各分量的线性组合仍然是正态分布。

3.5.2　多元正态分布下的最小错误率贝叶斯决策

已知最小错误率的贝叶斯决策的判别函数为

$$g_i(\boldsymbol{x})=p(\boldsymbol{x}|\omega_i)P(\omega_i),\quad i=1,2,\cdots,c \tag{3.20}$$

如果是多元正态分布的概率密度函数，代入式(3.20)并取自然对数，则判别函数可表示为

$$g_i(\boldsymbol{x})=-\frac{1}{2}(\boldsymbol{x}-\boldsymbol{\mu}_i)^{\mathrm{T}}\boldsymbol{\Sigma}_i^{-1}(\boldsymbol{x}-\boldsymbol{\mu}_i)-\frac{d}{2}\ln 2\pi-\frac{1}{2}\ln|\boldsymbol{\Sigma}_i|+\ln P(\omega_i) \tag{3.21}$$

决策面方程为

$$g_i(\boldsymbol{x})=g_j(\boldsymbol{x}) \tag{3.22}$$

即

$$-\frac{1}{2}[(\boldsymbol{x}-\boldsymbol{\mu}_i)^{\mathrm{T}}\boldsymbol{\Sigma}_i^{-1}(\boldsymbol{x}-\boldsymbol{\mu}_i)-(\boldsymbol{x}-\boldsymbol{\mu}_j)^{\mathrm{T}}\boldsymbol{\Sigma}_j^{-1}(\boldsymbol{x}-\boldsymbol{\mu}_j)]-\frac{1}{2}\ln\frac{|\boldsymbol{\Sigma}_i|}{|\boldsymbol{\Sigma}_j|}+\ln\frac{P(\omega_i)}{P(\omega_j)}=0 \tag{3.23}$$

以下分别针对不同条件来讨论决策面情况。

① 条件一，设各类协方差矩阵相同且 $\boldsymbol{\Sigma}_i=\sigma^2\boldsymbol{I}$。

条件一表示各类的协方差矩阵相同，特征向量的各分量独立且具有相同的方差 σ^2。此时协方差矩阵是对角阵，对角线元素均为 σ^2，因此 $\boldsymbol{\Sigma}_i=\sigma^2\boldsymbol{I}(i=1,2,\cdots,c)$。

判别函数可简化为

$$g_i(\boldsymbol{x})=-\frac{1}{2}(\boldsymbol{x}-\boldsymbol{\mu}_i)^{\mathrm{T}}\boldsymbol{\Sigma}_i^{-1}(\boldsymbol{x}-\boldsymbol{\mu}_i)+\ln P(\omega_i) \tag{3.24}$$

由于

$$|\boldsymbol{\Sigma}_i|=\sigma^{2d},\quad \boldsymbol{\Sigma}_i^{-1}=\frac{1}{\sigma^2}\boldsymbol{I}$$

所以

$$g_i(\boldsymbol{x})=-\frac{1}{2\sigma^2}(\boldsymbol{x}-\boldsymbol{\mu}_i)^{\mathrm{T}}(\boldsymbol{x}-\boldsymbol{\mu}_i)+\ln P(\omega_i)$$

其中

$$(\boldsymbol{x}-\boldsymbol{\mu}_i)^{\mathrm{T}}(\boldsymbol{x}-\boldsymbol{\mu}_i)=\|\boldsymbol{x}-\boldsymbol{\mu}_i\|^2=\sum_{j=1}^{d}(x_i-\mu_{ij})^2$$

假设 c 个类的先验概率 $P(\omega_i)$都相同，$g_i(\boldsymbol{x})$中 $\ln P(\omega_i)$项可以忽略。这时若要对未知样本 $\boldsymbol{x}$ 进行分类，只要计算 $\boldsymbol{x}$ 到各类均值 $\boldsymbol{\mu}_i$ 的欧氏距离 $\|\boldsymbol{x}-\boldsymbol{\mu}_i\|$，然后把 $\boldsymbol{x}$ 归到距离最近的类别中即可，说明此时的最小错误率的贝叶斯决策等价于最小距离或垂直平分的线性分类。

垂直平分的线性判别函数为

$$g_i(\boldsymbol{x})=-\frac{1}{2\sigma^2}(-2\boldsymbol{\mu}_i^{\mathrm{T}}\boldsymbol{x}+\boldsymbol{\mu}_i^{\mathrm{T}}\boldsymbol{\mu}_i)+\ln P(\omega_i)=\boldsymbol{w}_i^{\mathrm{T}}\boldsymbol{x}+w_{i0} \tag{3.25}$$

其中

$$\boldsymbol{w}_i=\frac{1}{\sigma^2}\boldsymbol{\mu}_i,\quad w_{i0}=-\frac{1}{\sigma^2}\boldsymbol{\mu}_i^{\mathrm{T}}\boldsymbol{\mu}_i+\ln P(\omega_i)$$

决策面方程 $g_i(\boldsymbol{x})=g_j(\boldsymbol{x})$可以化简为

$$\boldsymbol{w}^{\mathrm{T}}(\boldsymbol{x}-\boldsymbol{x}_0)=0$$

其中

$$\boldsymbol{x}_0=\frac{1}{2}(\boldsymbol{\mu}_i+\boldsymbol{\mu}_j)-\frac{\sigma^2}{\|\boldsymbol{\mu}_i-\boldsymbol{\mu}_j\|^2}\ln\frac{P(\omega_i)}{P(\omega_j)}(\boldsymbol{\mu}_i-\boldsymbol{\mu}_j),\quad \boldsymbol{w}=\boldsymbol{\mu}_i-\boldsymbol{\mu}_j$$

图 3-6 所示是一个两类二维模式的例子，决策面为通过 $\boldsymbol{x}_0$ 并正交于向量 $\boldsymbol{w}$ 的超平面。如果 $P(\omega_i)\neq P(\omega_j)$，则决策面向先验概率较小的那一类平移。

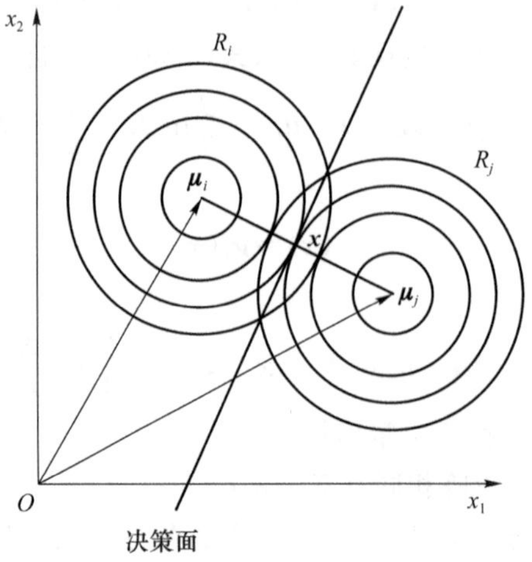

图 3-6 正态分布且 $P(\omega_i)=P(\omega_j)$，$\boldsymbol{\Sigma}_i=\sigma^2\boldsymbol{I}$ 时的决策面

② 条件二，设各类协方差矩阵相同，即 $\boldsymbol{\Sigma}_i=\boldsymbol{\Sigma}$。

条件二表示各类的协方差矩阵都相等，此时判别函数可表示为

$$g_i(\boldsymbol{x})=-\frac{1}{2}(\boldsymbol{x}-\boldsymbol{\mu}_i)^{\mathrm{T}}\boldsymbol{\Sigma}^{-1}(\boldsymbol{x}-\boldsymbol{\mu}_i)+\ln P(\omega_i) \tag{3.26}$$

如果再假设各类的先验概率相等，则 $\ln P(\omega_i)$ 可以忽略掉。这时决策规则为按最小马氏距离(Mahalanobis 距离)的平方 $(\boldsymbol{x}-\boldsymbol{\mu}_i)^{\mathrm{T}}\boldsymbol{\Sigma}^{-1}(\boldsymbol{x}-\boldsymbol{\mu}_i)$ 进行判别。

对于未知样本 $\boldsymbol{x}$，只要计算出它与每一类均值向量 $\boldsymbol{\mu}_i$ 之间的马氏距离的平方 $(\boldsymbol{x}-\boldsymbol{\mu}_i)^{\mathrm{T}}\boldsymbol{\Sigma}^{-1}(\boldsymbol{x}-\boldsymbol{\mu}_i)$，然后把 $\boldsymbol{x}$ 判别为马氏距离最小的那个类中。

按马氏距离判别仍然是线性的，其判别函数就可以表示成如下形式：

$$g_i(\boldsymbol{x}) = \boldsymbol{w}_i{}^{\mathrm{T}} + w_{i0}$$

其中

$$\boldsymbol{w}_i = \boldsymbol{\Sigma}^{-1}\boldsymbol{\mu}_i, \quad w_{i0} = -\frac{1}{2}\boldsymbol{\mu}_i^{\mathrm{T}}\boldsymbol{\Sigma}^{-1}\boldsymbol{\mu}_i + \ln P(\omega_i)$$

显然，决策面仍是一个超平面。如果决策域 R_i 和 R_j 相邻，则决策面方程应满足

$$\boldsymbol{w}^{\mathrm{T}}(\boldsymbol{x}-\boldsymbol{x}_0) = 0$$

其中

$$\boldsymbol{w} = \boldsymbol{\Sigma}^{-1}(\boldsymbol{\mu}_i - \boldsymbol{\mu}_j)$$

$$\boldsymbol{x}_0 = \frac{1}{2}(\boldsymbol{\mu}_i + \boldsymbol{\mu}_j) - \frac{1}{(\boldsymbol{\mu}_i - \boldsymbol{\mu}_j)^{\mathrm{T}}\boldsymbol{\Sigma}^{-1}(\boldsymbol{\mu}_i - \boldsymbol{\mu}_j)}\ln\frac{P(\omega_i)}{P(\omega_j)}(\boldsymbol{\mu}_i - \boldsymbol{\mu}_j)$$

如果各类的先验概率相等，则决策面过均值向量连线的中点，如图 3-7 所示；如果各类的先验概率不相等，则决策面就朝先验概率较小的那个类平移。

③ 条件三，设各类协方差矩阵 $\boldsymbol{\Sigma}_i$ 不相等，即一般情况。

这是实际中遇到的最一般的情况，各类的协方差矩阵是不相同的，即 $\boldsymbol{\Sigma}_i \neq \boldsymbol{\Sigma}_j, i, j = 1, 2, \cdots, c$。此时，判别函数形式如下：

$$\begin{aligned} g_i(\boldsymbol{x}) &= -\frac{1}{2}(\boldsymbol{x}-\boldsymbol{\mu}_i)^{\mathrm{T}}\boldsymbol{\Sigma}_i^{-1}(\boldsymbol{x}-\boldsymbol{\mu}_i)-\frac{1}{2}\ln|\boldsymbol{\Sigma}_i|+\ln P(\omega_i) \\ &= \boldsymbol{x}^{\mathrm{T}}\boldsymbol{W}_i\boldsymbol{x}+\boldsymbol{w}_i^{\mathrm{T}}\boldsymbol{x}+w_{i0} \end{aligned} \tag{3.27}$$

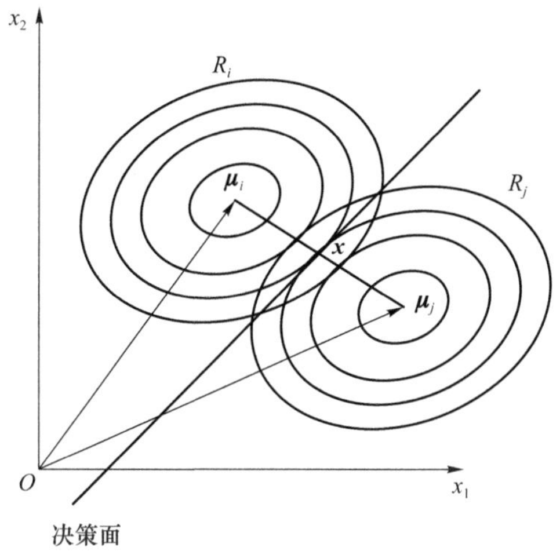

图 3-7　正态分布且 $P(\omega_i)=P(\omega_j)$,$\boldsymbol{\Sigma}_i=\boldsymbol{\Sigma}_j$ 时的决策面

其中

$$\boldsymbol{W}_i=-\frac{1}{2}\boldsymbol{\Sigma}_i^{-1},\quad \boldsymbol{w}_i=\boldsymbol{\Sigma}_i^{-1}\boldsymbol{\mu}_i,\quad w_{i0}=-\frac{1}{2}\boldsymbol{\mu}_i^{\mathrm{T}}\boldsymbol{\Sigma}_i^{-1}\boldsymbol{\mu}_i-\frac{1}{2}\ln|\boldsymbol{\Sigma}_i|+\ln P(\omega_i)$$

这时判别函数为 $\boldsymbol{x}$ 的二次型。如果两类决策域 R_i 和 R_j 相邻,则决策面应满足:

$$g_i(\boldsymbol{x})-g_j(\boldsymbol{x})=0$$

$$\boldsymbol{x}^{\mathrm{T}}(W_i-W_j)\boldsymbol{x}+(\boldsymbol{w}_i-\boldsymbol{w}_j)^{\mathrm{T}}\boldsymbol{x}+w_{i0}-w_{j0}=0 \tag{3.28}$$

由式(3.38)得到的决策面为超二次曲面,当 $\boldsymbol{\Sigma}_i$,$\boldsymbol{\mu}_i$,$P(\omega_i)$取值不同时,形成的曲面形状也不一样,有超球面、超椭球面、超抛物面、超双曲面等。

3.6　分类器的错误率

对分类器设计而言,分类器的错误率是一个非常重要的参数,是用来衡量分类器性能优劣的一个指标。

显然,最小错误率贝叶斯决策的错误率是所有分类器中最小的,或者是最优的。实际应用中,最小错误率贝叶斯决策的已知条件并不一定能满足,即先验概率或类条件概率密度有时无法得知,此时只能采用其他(错误率相对较高的)分类器。尽管如此,最小错误率贝叶斯决策的错误率可以作为一个参考指标,其他分类器的错误率若能达到相近的错误率,就是不错的分类器。

错误率的理论计算是相当困难的,处理实际问题时,计算或估计错误率的方法可以概括为以下三种:①按照理论公式计算;②计算错误率上界;③实验估计。

3.6.1　错误率的理论计算

由 3.2 节中两类问题的错误率计算公式

$$\begin{aligned}P(e)&=P(\omega_1)\,e_{12}+P(\omega_2)\,e_{21}\\&=P(\omega_1)\int_{R_2}p(\boldsymbol{x}\mid\omega_1)\mathrm{d}\boldsymbol{x}+P(\omega_2)\int_{R_1}p(\boldsymbol{x}\mid\omega_2)\mathrm{d}\boldsymbol{x}\end{aligned} \tag{3.29}$$

可知，当 $\boldsymbol{x}$ 是多维向量时，就需要进行多重积分才能计算出错误率 $P(e)$，说明用理论公式计算错误率比较困难，因此只能在一些特定简化条件下进行错误率的理论计算。

1. 正态分布且协方差矩阵相等情况

最小错误率贝叶斯决策规则的等价规则以负对数似然比形式表示为

若 $h(\boldsymbol{x})=-\ln\dfrac{p(\boldsymbol{x}|\omega_1)}{p(\boldsymbol{x}|\omega_2)}=-\ln p(\boldsymbol{x}|\omega_1)+\ln p(\boldsymbol{x}|\omega_2)<\ln\dfrac{P(\omega_1)}{P(\omega_2)}$，则决策 $\boldsymbol{x}\in\omega_1$；

若 $h(\boldsymbol{x})=-\ln\dfrac{p(\boldsymbol{x}|\omega_1)}{p(\boldsymbol{x}|\omega_2)}=-\ln p(\boldsymbol{x}|\omega_1)+\ln p(\boldsymbol{x}|\omega_2)>\ln\dfrac{P(\omega_1)}{P(\omega_2)}$，则决策 $\boldsymbol{x}\in\omega_2$。

$h(\boldsymbol{x})$是 $\boldsymbol{x}$ 的函数，$\boldsymbol{x}$ 是随机向量，所以 $h(\boldsymbol{x})$也是随机变量。其概率分布密度函数为 $p(h|\omega_i)$。由于该函数是一维概率密度函数，易于积分，所以用它计算错误率较为方便。这样错误率公式可表示为

$$P_1(e)=\int_{R_2}p(\boldsymbol{x}\mid\omega_1)\mathrm{d}\boldsymbol{x}=\int_t^{\infty}p(h\mid\omega_1)\mathrm{d}h \tag{3.30}$$

$$P_2(e)=\int_{R_1}p(\boldsymbol{x}\mid\omega_2)\mathrm{d}\boldsymbol{x}=\int_{-\infty}^{t}p(h\mid\omega_2)\mathrm{d}h \tag{3.31}$$

式中
$$t=\ln[P(\omega_1)|P(\omega_2)]$$

只要 $h(\boldsymbol{x})$密度函数的解析形式已知，就可以计算出错误率 $P_1(e)$和 $P_2(e)$。已知两类别总体服从正态分布，则负对数似然比的决策规则可以写为

$$\begin{aligned}h(\boldsymbol{x})&=-\ln p(\boldsymbol{x}|\omega_1)+\ln p(\boldsymbol{x}|\omega_2)\\&=-\left[-\frac{1}{2}(\boldsymbol{x}-\boldsymbol{\mu}_1)^{\mathrm{T}}\boldsymbol{\Sigma}_1^{-1}(\boldsymbol{x}-\boldsymbol{\mu}_1)-\frac{d}{2}\ln 2\pi-\frac{1}{2}\ln|\boldsymbol{\Sigma}_1|\right]+\\&\quad\left[-\frac{1}{2}(\boldsymbol{x}-\boldsymbol{\mu}_2)^{\mathrm{T}}\boldsymbol{\Sigma}_2^{-1}(\boldsymbol{x}-\boldsymbol{\mu}_2)-\frac{d}{2}\ln 2\pi-\frac{1}{2}\ln|\boldsymbol{\Sigma}_2|\right]\\&=\frac{1}{2}(\boldsymbol{x}-\boldsymbol{\mu}_1)^{\mathrm{T}}\boldsymbol{\Sigma}_1^{-1}(\boldsymbol{x}-\boldsymbol{\mu}_1)-\frac{1}{2}(\boldsymbol{x}-\boldsymbol{\mu}_2)^{\mathrm{T}}\boldsymbol{\Sigma}_2^{-1}(\boldsymbol{x}-\boldsymbol{\mu}_2)+\frac{1}{2}\frac{\ln|\boldsymbol{\Sigma}_1|]}{\ln|\boldsymbol{\Sigma}_2|}\end{aligned} \tag{3.32}$$

其中，当 $h(\boldsymbol{x})<\ln\dfrac{P(\omega_1)}{P(\omega_2)}$时，决策 $\boldsymbol{x}\in\omega_1$；当 $h(\boldsymbol{x})>\ln\dfrac{P(\omega_1)}{P(\omega_2)}$时，决策 $\boldsymbol{x}\in\omega_2$。

又已知协方差矩阵相等($\boldsymbol{\Sigma}_1=\boldsymbol{\Sigma}_2=\boldsymbol{\Sigma}$)，决策面为 $\boldsymbol{x}$ 的线性函数的决策规则可简化为

若 $h(\boldsymbol{x})=(\boldsymbol{\mu}_1-\boldsymbol{\mu}_2)^{\mathrm{T}}\boldsymbol{\Sigma}^{-1}\boldsymbol{x}+\dfrac{1}{2}(\boldsymbol{\mu}_1^{\mathrm{T}}\boldsymbol{\Sigma}^{-1}\boldsymbol{\mu}_1-\boldsymbol{\mu}_2^{\mathrm{T}}\boldsymbol{\Sigma}^{-1}\boldsymbol{\mu}_2)<\ln\dfrac{P(\omega_1)}{P(\omega_2)}$，则决策 $\boldsymbol{x}\in\omega_1$；

若 $h(\boldsymbol{x})=(\boldsymbol{\mu}_1-\boldsymbol{\mu}_2)^{\mathrm{T}}\boldsymbol{\Sigma}^{-1}\boldsymbol{x}+\dfrac{1}{2}(\boldsymbol{\mu}_1^{\mathrm{T}}\boldsymbol{\Sigma}^{-1}\boldsymbol{\mu}_1-\boldsymbol{\mu}_2^{\mathrm{T}}\boldsymbol{\Sigma}^{-1}\boldsymbol{\mu}_2)>\ln\dfrac{P(\omega_1)}{P(\omega_2)}$，则决策 $\boldsymbol{x}\in\omega_2$。

根据正态分布的性质，$h(\boldsymbol{x})$是一维的随机变量，是 $\boldsymbol{x}$ 的线性函数，服从一维正态分布。对于 $p(h|\omega_1)$，可以算出一维正态分布的参数——均值 η_1 及方差 σ_1^2：

$$\begin{aligned}\eta_1=\mathrm{E}[h(\boldsymbol{x})|\omega_1]&=(\boldsymbol{\mu}_2-\boldsymbol{\mu}_1)^{\mathrm{T}}\boldsymbol{\Sigma}^{-1}\boldsymbol{\mu}_1+\frac{1}{2}(\boldsymbol{\mu}_1^{\mathrm{T}}\boldsymbol{\Sigma}^{-1}\boldsymbol{\mu}_1-\boldsymbol{\mu}_2^{\mathrm{T}}\boldsymbol{\Sigma}^{-1}\boldsymbol{\mu}_2)\\&=-\frac{1}{2}(\boldsymbol{\mu}_1-\boldsymbol{\mu}_2)^{\mathrm{T}}\boldsymbol{\Sigma}^{-1}(\boldsymbol{\mu}_1-\boldsymbol{\mu}_2)\end{aligned} \tag{3.33}$$

令

$$\eta=\frac{1}{2}[(\boldsymbol{\mu}_1-\boldsymbol{\mu}_2)^{\mathrm{T}}\boldsymbol{\Sigma}^{-1}(\boldsymbol{\mu}_1-\boldsymbol{\mu}_2)]$$

则有

$$\eta_1 = -\eta$$

$$\sigma_1^2 = \mathbf{E}\{[h(\boldsymbol{x}) - \eta]^2 | \omega_1\} = (\boldsymbol{\mu}_1 - \boldsymbol{\mu}_2)^{\mathrm{T}} \boldsymbol{\Sigma}^{-1} (\boldsymbol{\mu}_1 - \boldsymbol{\mu}_2) = 2\eta$$

同理可以得到 $P(h|\omega_2)$ 的参数——均值 η_2 及方差 σ_2^2：

$$\eta_2 = \frac{1}{2}(\boldsymbol{\mu}_1 - \boldsymbol{\mu}_2)^{\mathrm{T}} \boldsymbol{\Sigma}^{-1} (\boldsymbol{\mu}_1 - \boldsymbol{\mu}_2) = \eta$$

$$\sigma_2^2 = (\boldsymbol{\mu}_1 - \boldsymbol{\mu}_2)^{\mathrm{T}} \boldsymbol{\Sigma}^{-1} (\boldsymbol{\mu}_1 - \boldsymbol{\mu}_2) = 2\eta$$

最后利用 $p(h|\omega_1)$ 和 $p(h|\omega_2)$ 计算出 $P_1(e)$ 和 $P_2(e)$：

$$P_1(e) = \int_t^{\infty} p(h \mid \omega_1)\mathrm{d}h = \int_{\frac{t+\eta}{\sigma}}^{\infty} (2\pi)^{-\frac{1}{2}} \exp\left(-\frac{1}{2}\varepsilon^2\right)\mathrm{d}\varepsilon \tag{3.34}$$

$$P_2(e) = \int_{-\infty}^{t} p(h \mid \omega_2)\mathrm{d}h = \int_{-\infty}^{\frac{t-\eta}{\sigma}} (2\pi)^{-\frac{1}{2}} \exp\left(-\frac{1}{2}\varepsilon^2\right)\mathrm{d}\varepsilon \tag{3.35}$$

其中

$$t = \ln\frac{P(\omega_1)}{P(\omega_2)}$$

$$\sigma = \sqrt{2\eta}$$

2. 独立随机变量情况

当模式样本 $\boldsymbol{x}$ 的各维特征向量相互独立时，$\boldsymbol{x}$ 的密度函数可表示为

$$p(\boldsymbol{x}|\omega_i) = \Pi P(\boldsymbol{x}_l|\omega_i), \quad i=1,2,\ l=1,2,\cdots,d \tag{3.36}$$

因此负对数似然比 $h(\boldsymbol{x})$ 为

$$h(\boldsymbol{x}) = \sum_{l=1}^{d} h(x_l) \tag{3.37}$$

其中

$$h(x_l) = -\ln\frac{p(x_l|\omega_1)}{p(x_l|\omega_2)} \tag{3.38}$$

也就是说随机变量 $h(\boldsymbol{x})$ 为 d 个随机变量 $h(x_l)$ 之和。由中心极限定理可知，无论各 $h(x_l)$ 的密度函数如何，只要 d 足够大，$h(\boldsymbol{x})$ 的密度函数总是趋于正态分布。因此，就可以计算出 $h(\boldsymbol{x})$ 的均值 η_i 及方差 σ_i^2：

$$\eta_i = \mathrm{E}[h(\boldsymbol{x}) \mid \omega_i] = \mathrm{E}\left[\sum_{l=1}^{d} h(x_l) \mid \omega_i\right] = \sum_{l=1}^{d} \eta_{il} \tag{3.39}$$

$$\sigma_i^2 = \mathrm{E}\{[h(\boldsymbol{x}) - \eta_{il}]^2 \mid \omega_i\} = \sum_{l=1}^{d} \mathrm{E}\{[h(x_l) - \eta_{il}]^2 \mid \omega_i\} + \sum_{\substack{l,j=1 \\ l\neq j}}^{d} E\{[h(x_l) - \eta_{il}][h(x_j) - \eta_{il})] \mid \omega_i\} \tag{3.40}$$

根据独立性条件，式(3.40)中 $\sum_{l=1}^{d} \mathrm{E}\{[h(x_l) - \eta_{il}]^2 \mid \omega_i\}$ 为零，所以其方差可写为

$$\sigma_i^2 = \sum_{l=1}^{d} \sigma_{il}^2 \tag{3.41}$$

由于 η_{il} 和 σ_{il}^2 都是一维随机变量 $\vec{x}_l$ 的函数，在多数情况下计算这些参数相对容易，即使在非正态情况下亦是如此，所以可以把 $h(\boldsymbol{x}|\omega_i)$ 近似看成是服从 $N(\eta_i, \sigma_i^2)$ 的一维正态分布的随机变量，再利用公式近似计算出错误率。

3.6.2 错误率上界

以上错误率的理论计算一般是相当困难的。如果不能从理论上直接计算出错误率，也可以去寻找错误率的上界，这在实际应用中同样具有重要意义。

1. Chernoff 错误率上界

对于 $\boldsymbol{x}\in\omega_1$，根据特征函数的定义，$\omega_1$ 类负对数似然比 $h(\boldsymbol{x})$ 的特征函数为

$$\varphi_1(\omega)=\int_{-\infty}^{+\infty}\exp(\mathrm{j}\omega h)p(h\mid\omega_1)\mathrm{d}h \tag{3.42}$$

式中，ω 表示角频率，如果用实数 S 代替式(3.42)中的 $\mathrm{j}\omega$ 则得到 $h(\boldsymbol{x})$ 的矩生成函数，它是 S 的函数，用 $\varphi_1(S)$ 表示为

$$\varphi_1(S)=\int_{-\infty}^{+\infty}\exp(Sh)p(h\mid\omega_1)\mathrm{d}h \tag{3.43}$$

取 $\varphi(S)$ 的负对数，记为 $\mu(S)$，则

$$\mu(S)=-\ln\varphi_1(S)=-\ln\int_{-\infty}^{+\infty}\exp(Sh)p(h\mid\omega_1)\mathrm{d}h \tag{3.44}$$

可以证明

$$\int_{-\infty}^{+\infty}[\exp(Sh)/\varphi_1(S)]p(h\mid\omega_1)\mathrm{d}h=1$$

显然上式符合密度函数的性质。于是引入一个新的随机变量 g，使它的概率密度为式(3.44)中的被积函数，即

$$p_g(g=h|\omega_1)=[\exp(Sh)/\varphi_1(S)]p(h|\omega_1)$$

有了 g 的密度函数，就可以写出 g 的均值：

$$\mathrm{E}(g\mid\omega_1)=\int_{-\infty}^{+\infty}hp_g(g=h\mid\omega_1)\mathrm{d}h=\int_{-\infty}^{+\infty}h[\exp(Sh)/\varphi_1(S)]p(h\mid\omega_1)\mathrm{d}h=-\frac{\mathrm{d}\mu(S)}{\mathrm{d}S} \tag{3.45}$$

用类似的推导得出 g 的方差：

$$\sigma_g^2=-\frac{\mathrm{d}^2\mu(S)}{\mathrm{d}S^2}$$

这样，错误率 $P_1(e)$ 就可以写为

$$\begin{aligned}P_1(e)&=\int_t^{\infty}p(h\mid\omega_1)\mathrm{d}h=\int_t^{\infty}\frac{\varphi_1(S)}{e^{Sh}}\cdot\frac{e^{Sh}}{\varphi_1(S)}p(h\mid\omega_1)\mathrm{d}h\\&=\int_t^{\infty}\frac{\varphi_1(S)}{e^{Sh}}p_g(g=h\mid\omega_1)\mathrm{d}h\\&=\int_t^{\infty}\exp[-\mu(S)-Sh]p_g(g=h\mid\omega_1)\mathrm{d}h\\&=\exp[-\mu(S)]\int_t^{\infty}(-Sh)p_g(g=h\mid\omega_1)\mathrm{d}h\end{aligned} \tag{3.46}$$

对于 $S\geqslant0$，若 $h\geqslant t$，则

$$\exp(-Sh)\leqslant\exp(-St)$$

利用上面的不等式关系，可以写出错误率 $P_1(e)$ 的上界为

$$P_1(e)\leqslant\exp[-\mu(S)-St]\int_t^{\infty}p_g(g=h\mid\omega_1)\mathrm{d}h \tag{3.47}$$

式(3.47)中的积分项为密度函数在(t,∞)域上的积分，其值小于 1，所以可以把错误率 $P_1(e)$ 的上界进一步写成较简单的形式：

$$P_1(e) \leqslant \exp[-\mu(S) - St] \tag{3.48}$$

对于错误率 $P_2(e)$的上界，也可以用类似的方法，此时 ω_2 类的负对数似然比的特征函数 $\omega_2(\omega)$为

$$\varphi_2(\omega) = \int_{-\infty}^{+\infty} \exp(\mathrm{j}\omega h) p(h \mid \omega_2) \mathrm{d}h$$

相应的矩生成函数为

$$\varphi_2(S) = \int_{-\infty}^{+\infty} \exp(Sh) p(h \mid \omega_2) \mathrm{d}h$$

可以把上式改写为

$$\begin{aligned}\varphi_2(S) &= \int_{E^d} \exp - \left[S\ln \frac{p(\boldsymbol{x} \mid \omega_1)}{p(\boldsymbol{x} \mid \omega_2)}\right] p(\boldsymbol{x} \mid \omega_2) \mathrm{d}\boldsymbol{x} \\ &= \int_{E^d} \left[\frac{p(\boldsymbol{x} \mid \omega_1)}{p(\boldsymbol{x} \mid \omega_2)}\right]^{-S} p(\boldsymbol{x} \mid \omega_2) \mathrm{d}\boldsymbol{x} \\ &= \int_{E^d} [p(\boldsymbol{x} \mid \omega_1)]^{-S} [p(\boldsymbol{x} \mid \omega_2)]^{1+S} \mathrm{d}\boldsymbol{x}\end{aligned} \tag{3.49}$$

同样，把式(3.43)改写为

$$\varphi_1(S) = \int_{E^d} [p(\boldsymbol{x} \mid \omega_1)]^{1-S} [p(\boldsymbol{x} \mid \omega_2)]^{S} \mathrm{d}\boldsymbol{x} \tag{3.50}$$

从上面两个式子可知，两个被积函数存在如下关系：

$$[p(\boldsymbol{x}|\omega_1)]^{1-S} [p(\boldsymbol{x}|\omega_2)]^{S} . \left[\frac{p(\boldsymbol{x}|\omega_1)}{p(\boldsymbol{x}|\omega_2)}\right]^{-1} = [p(\boldsymbol{x}|\omega_1)]^{-S} . [p(\boldsymbol{x}|\omega_2)]^{1+S}$$

或者，将 $p(h|\omega_1)$和 $p(h|\omega_2)$表示为

$$p(h|\omega_2) = e^k . p(h|\omega_1)$$

由此，可以计算出 $P_2(e)$：

$$\begin{aligned}P_2(e) &= \int_{-\infty}^{t} p(h \mid \omega_2) \mathrm{d}h \\ &= \int_{-\infty}^{t} e^h p(h \mid \omega_1) \mathrm{d}h \\ &= \int_{-\infty}^{t} e^h . \exp[-\mu(S) - Sh] p_g(g = h \mid \omega_1) \mathrm{d}h \\ &= \int_{-\infty}^{t} \exp[-\mu(S) + (1-S)h] p_g(g = h \mid \omega_1) \mathrm{d}h\end{aligned} \tag{3.51}$$

对于 $S \leqslant 1$ 及 $h \leqslant t$ 的情况，有如下关系：

$$\exp[(1-S)h] \leqslant \exp[(1-S)t]$$

所以错误率 $P_2(e)$的上界可以写为

$$P_2(e) \leqslant \exp[-\mu(S) + (1-S)t] \tag{3.52}$$

为了得到最小上界，对式(3.52)的两端分别求偏导，并且令偏导数为 0，可得到最小上界的最佳 S 值记为 S^*，则 S^* 应是下面微分方程的解：

$$-\mathrm{d}\mu/\mathrm{d}S = t$$

所以根据同一个 S^* 同时给出了 $P_1(e)$ 和 $P_2(e)$ 的最小上界。把由 S^* 确定的错误率上界称为 Chernoff 上界。

另外，若要求总错误率 $P(e)$ 的上界，则可利用 $P_1(e)$ 和 $t=\ln\frac{P(\omega_1)}{P(\omega_2)}$ 得出较好的上界。这时，$P_1(e)$ 和 $P_2(e)$ 就可以改写为

$$P_1(e) \leqslant [P(\omega_2)/P(\omega_1)]^S \exp[-\mu(S)]\int_t^{\infty} p_g(g=h \mid \omega_1)\mathrm{d}h \tag{3.53}$$

$$P_2(e) \leqslant [P(\omega_1)/P(\omega_2)]^{1-S} \exp[-\mu(S)]\int_{-\infty}^{t} p_g(g=h \mid \omega_1)\mathrm{d}h \tag{3.54}$$

又因为

$$P(e)=P(\omega_1)P_1(e)+P(\omega_2)P_2(e)$$

所以

$$\begin{aligned} P(e) &\leqslant [P(\omega_1)]^{1-S}\cdot[P(\omega_2)]^S\exp[-\mu(S)]\cdot\left[\int_t^{\infty} p_g(g=h \mid \omega_1)\mathrm{d}h+\int_{-\infty}^{t} p_g(g=h \mid \omega_1)\mathrm{d}h\right] \\ &= [P(\omega_1)]^{1-S}\,[P(\omega_2)]^S\exp[-\mu(S)] \end{aligned}$$

通过 S 使上式最小化，就可以求出最佳值 S^*，即满足 $-\frac{\mathrm{d}\mu(S)}{\mathrm{d}S}=\ln\frac{P(\omega_1)}{P(\omega_2)}=t$ 的解。

2. 用 Bhattacharyya 系数确定的错误率上界

条件错误概率为

$$P(\boldsymbol{x}|e)=1-\max P(\omega_i|\boldsymbol{x}),\quad i=1,2,\cdots,c$$

两类情况下样本 $\boldsymbol{x}$ 的条件错误率为

$$P(e|\boldsymbol{x})=\min[P(\omega_1|\boldsymbol{x}),P(\omega_2|\boldsymbol{x})]$$

为了得到错误率上界，利用几何不等式：如果 $a>b>0$，则 $\sqrt{ab}>b$。因为 $P(\omega_1|\boldsymbol{x})>0$ 和 $P(\omega_2|\boldsymbol{x})>0$，故

$$P(e|\boldsymbol{x})\leqslant\sqrt{P(\omega_1|\boldsymbol{x})P(\omega_2|\boldsymbol{x})}$$

对条件错误率求期望，得出错误率：

$$\begin{aligned} P(e) &= \int P(e \mid \boldsymbol{x})p(\boldsymbol{x})\mathrm{d}\boldsymbol{x} \\ &\leqslant \int \sqrt{P(\omega_1 \mid \boldsymbol{x})P(\omega_2 \mid \boldsymbol{x})}\,p(\boldsymbol{x})\mathrm{d}\boldsymbol{x} \\ &= \sqrt{P(\omega_1)\cdot P(\omega_2)}\int\sqrt{P(\omega_1 \mid \boldsymbol{x})P(\omega_2 \mid \boldsymbol{x})}\,\mathrm{d}\boldsymbol{x} \\ &= \sqrt{P(\omega_1)\cdot P(\omega_2)}\exp\left\{-\left[-\ln\int\sqrt{P(\omega_1 \mid \boldsymbol{x})P(\omega_2 \mid \boldsymbol{x})}\,\mathrm{d}\boldsymbol{x}\right]\right\} \end{aligned} \tag{3.55}$$

定义 Bhattacharyya 系数，并用 J_B 表示：

$$J_B=-\ln\int\sqrt{P(\boldsymbol{x} \mid \omega_1)P(\boldsymbol{x} \mid \omega_2)}\,\mathrm{d}\boldsymbol{x}$$

可将错误率的公式表示为

$$P(e)\leqslant\sqrt{P(\omega_1)P(\omega_2)}\exp(-J_B) \tag{3.56}$$

式(3.56)不等号右边就是利用 Bhattacharyya 系数所确定的错误率上界，它在计算上比

Chernoff 上界要简单。为了求出 Chernoff 上界，在已知各类的先验概率和类条件概率密度，并在使用一定决策规则的条件下，要求出负对数似然比密度函数 $P(h|\omega_1)$，再写出矩阵生成函数 $\varphi_1(S)$ 的负对数 $\mu(S)$，然后才能通过解微分方程 $-\frac{\mathrm{d}\mu(S)}{\mathrm{d}S}=t$ 得到最佳值 S^*，最后求出相应的 $P_1(e)$，$P_2(e)$ 及 $P(e)$ 的上界。而用 Bhattacharyya 系数确定的上界，只要在已知 $P(\omega_1)$，$P(\omega_2)$，$P(\boldsymbol{x}|\omega_1)$ 及 $P(\boldsymbol{x}|\omega_2)$ 的条件下利用 J_B 的公式就可以直接计算出错误率的上界。

应当指出，Bhattacharyya 系数所确定的错误率上界实际上就是 $S=\frac{1}{2}$ 条件下 Chernoff 上界和 $P(e)$ 的上界。

3.7　朴素贝叶斯分类器和贝叶斯网络

3.7.1　朴素贝叶斯分类器

基于贝叶斯公式估计后验概率 $P(\omega_i|\boldsymbol{x})$ 的主要困难在于，类条件概率 $P(\boldsymbol{x}|\omega_i)$ 难以从有限的训练样本中直接估计得到。为避开这个问题，朴素贝叶斯分类器(naive Bayes classifiers)采用了“属性条件独立性假设(attribute conditional independence assumption)”：对已知类别，假设所有属性相互独立，即假设每个属性独立地对分类结果产生影响。基于以上假设，有

$$P(\omega_i \mid \boldsymbol{x})=\frac{P(\omega_i)P(\boldsymbol{x} \mid \omega_i)}{P(\boldsymbol{x})}=\frac{P(\omega_i)}{P(x)}\prod_{i=0}^{d}P(x_i \mid \omega_i) \tag{3.57}$$

其中，d 为属性个数。对所有类别来说 $P(\boldsymbol{x})$ 相同，因此由最小错误率贝叶斯决策规则，有

$$h_{nb}(\boldsymbol{x})=\underset{\omega_i\in\omega}{\operatorname{argmax}}\,P(\omega_i)\prod_{i=0}^{d}P(x_i \mid \omega_i) \tag{3.58}$$

即为朴素贝叶斯分类器的表达式，其中 ω 表示所有类别的集合。朴素贝叶斯分类器的训练过程就是根据训练集来估计类先验概率 $P(\boldsymbol{x})$ 的，并且为每个属性估计条件概率 $P(\boldsymbol{x}|\omega_i)$。

3.7.2　半朴素贝叶斯分类器

朴素贝叶斯分类器采用的属性条件独立性假设在现实任务中往往很难成立。于是，通过对属性条件独立性假设进行一定程度的放松，半朴素贝叶斯分类器(semi-naive Bayes classifiers)产生了。其基本想法是适当考虑部分属性间的相互依赖信息，从而既不需要进行完全联合概率计算，又不至于彻底忽略了比较强的属性依赖关系。“独依赖估计”(one-dependent estimator，ODE)是半朴素贝叶斯分类器最常用的一种策略。所谓“独依赖”就是假设每个属性在类别之外最多仅依赖于一个其他属性，即

$$P(\omega_i \mid \boldsymbol{x})\propto P(\omega_i)\prod_{i=0}^{d}P(x_i \mid \omega_i, pa_i) \tag{3.59}$$

其中，pa_i 是属性 x_i 所依赖的属性，称为其父属性。此时若对于每个属性，其父属性已知，则可通过和朴素贝叶斯分类器相似的特性估计 $P(x_i|\omega_i,pa_i)$。于是，问题的关键就转化为如何确定每个属性的父属性，不同的做法会产生不同的独依赖分类器。

最直接的做法是假设所有属性都依赖同一个属性，称为“超父”(superparent)，然后通过

交叉验证等模型选择方法来确定超父属性，由此形成了 SPODE（super-parent ODE）方法，如图 3-8 所示。

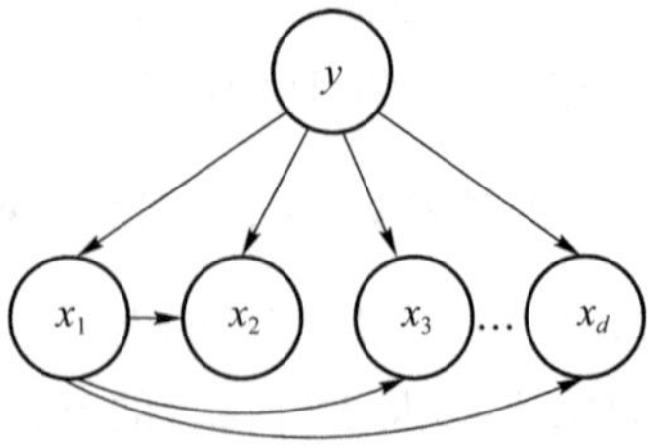

图 3-8 SPODE

3.7.3 贝叶斯网络

贝叶斯网络也称为"信念网"，借助有向无环图刻画属性之间的依赖关系，并使用条件概率表来描述属性的联合概率分布。具体来说，一个贝叶斯网 B 由结构 G 和参数 Θ 两部分构成，即 $B=\langle G,\Theta\rangle$，网络结构 G 是一个有向无环图，其每个节点对应于一个属性，若两个属性有直接依赖关系，则它们由一条边连接起来，参数 Θ 定量描述这种依赖关系，假设属性 x_i 在 G 中的父节点集为 π_i，则 Θ 包含了每个属性的条件概率表 $\theta_{(x_i|\pi_i)}=P_B(x_i|\pi_i)$。

贝叶斯网结构有效地表达了属性间的条件独立性。给定父节点集，贝叶斯网假设每个属性与它的非后裔属性独立，所以有

$$P_B(x_1,x_2,\cdots,x_d)=\prod_{i=1}^{d}P_B(x_i\mid\pi_i)=\prod_{i=1}^{d}\theta_{(x_i|\pi_i)} \tag{3.60}$$

贝叶斯网络中三个变量之间的典型依赖关系分别为同父结构、V 形结构、顺序结构，如图 3-9 所示。

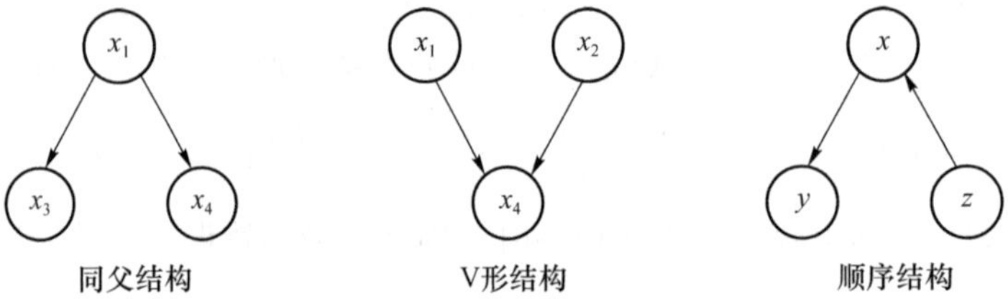

图 3-9 贝叶斯网络中三个变量之间的典型依赖关系

在同父结构中，给定父节点 x_1 的值，则 x_3，x_4 条件独立。在顺序结构中，给定 x 的值，则 y，z 条件独立。对于 V 型结构，其中一个变量的取值确定与否，能对其他两个变量的独立性产生影响。上述三种典型依赖关系对应的联合概率分布如下：

同父结构：$p(x_1,x_3,x_4)=p(x_1)p(x_3|x_1)p(x_4|x_1)$

V 形结构：$p(x_1,x_2,x_4)=p(x_1)p(x_2)p(x_4|x_1,x_2)$

顺序结构：$p(x,y,z)=p(z)p(x|z)p(y|x)$

若网络结构已知，即属性间的依赖关系已知，则贝叶斯网的学习过程相对简单，只需通过对训练样本"计数"，估计出每个结点的条件概率表即可。但在现实应用中往往并不知晓网络结构，于是，贝叶斯网学习的首要任务就是根据训练数据集来找出结构最"恰当"的贝叶斯网。"评分搜索"是求解这一问题的常用办法，具体来说，先定义一个评分函数（score function），以此来评估贝叶斯网与训练数据的契合程度，然后基于这个评分函数来寻找结构最优的贝叶斯网。其中，评分函数的选择决定了希望获得什么样的贝叶斯网。

贝叶斯网训练好之后就能用来回答"查询"，即通过一些属性变量的观测值来推测其他属性变量的取值。最理想的是直接根据贝叶斯网定义的联合概率分布来精确计算后验概率，但"精确推断"已被证明是 NP 难问题（即非确定性多项式时间可归约问题）。当网络节点较多、连接稠密时，难以进行精确推断，此时需借助"近似推断"，通过降低精度要求，在有限时间内

求得近似解。在现实应用中，贝叶斯网的近似推断常使用一种随机采样方法——吉布斯采样(Gibbs sampling)来完成。

小　结

本章主要讨论了统计模式识别的概率方法，并给出了几种比较典型的决策规则，介绍了最小错误率贝叶斯决策、最小风险贝叶斯决策、最小最大贝叶斯决策等，还给出了正态分布下各个决策的具体形式以及错误率的计算方法。

统计决策根据各类特征的概率模型来估计后验概率，通过比较所得出的后验概率来进行决策。贝叶斯公式能够将后验概率的比较转化为类条件概率密度的比较，故可以定义似然比进行决策。类条件概率密度反映在某一类模型下观察到当前样本的可能性，在概率模型准确的情况下，统计决策能够实现最小错误或最小风险，也能实现两类错误率的折中，分类器设计问题实际就是概率密度估计问题。

习　题

1. 试说明最小风险与最小错误率贝叶斯决策之间的关系。

2. 已知一未知样本可能属于飞机、舰船和车辆三类($C=3$)，对应的先验概率分别为 $P(\omega_1)=0.5$，$P(\omega_2)=0.3$，$P(\omega_3)=0.2$。查曲线知 $p(\boldsymbol{x}|\omega_1)=0.3$，$p(\boldsymbol{x}|\omega_2)=0.4$，$p(\boldsymbol{x}|\omega_3)=0.3$。试对未知样本 $\boldsymbol{x}$ 进行最小错误率贝叶斯决策。

3. 已知一架客机经检修可能是健康和非健康状态，设第一类为健康，第二类为非健康，$P(\omega_1)=0.6$，$P(\omega_2)=0.4$，$p(\boldsymbol{x}|\omega_1)=0.3$，$p(\boldsymbol{x}|\omega_2)=0.4$，且风险值分别为 $\lambda_{11}=\lambda_{22}=5$，$\lambda_{12}=4$，$\lambda_{21}=3$。试对客机状态进行最小风险贝叶斯决策。

4. 对于习题 3，试进行负对数似然比决策。

5. 试写出多元正态分布下的判别函数和决策面方程。

6. 试证明，在多分类任务中，贝叶斯决策规则可以使错误率最小。

7. 已知某两类($C=2$)分类问题采用最小错误率贝叶斯判别准则，两类概率分布如下：$\boldsymbol{\mu}_1=(0,1)^{\mathrm{T}}$，$\boldsymbol{\mu}_2=(2,1)^{\mathrm{T}}$，$\sigma_{11}^2=\sigma'^2_{11}=0.5$，$\sigma_{22}^2=\sigma'^2_{22}=1$，$p(\boldsymbol{x}\mid\omega_1)\sim N(\boldsymbol{\mu}_1,\boldsymbol{\Sigma}_1)$，$p(\boldsymbol{x}\mid\omega_2)\sim N(\boldsymbol{\mu}_2,\boldsymbol{\Sigma}_2)$，$\boldsymbol{\Sigma}_1=\begin{bmatrix}\sigma_{11}^2 & 0\\ 0 & \sigma_{22}^2\end{bmatrix}$，$\boldsymbol{\Sigma}_2=\begin{bmatrix}\sigma'^2_{11} & 0\\ 0 & \sigma'^2_{22}\end{bmatrix}$。若 $P(\omega_1)=P(\omega_2)=0.5$，试求该决策面的方程。

8. 若 5 个属性之间的依赖关系如图 3-10 所示，请写出它们的联合概率分布 $P(x_1,x_2,\cdots,x_5)$。

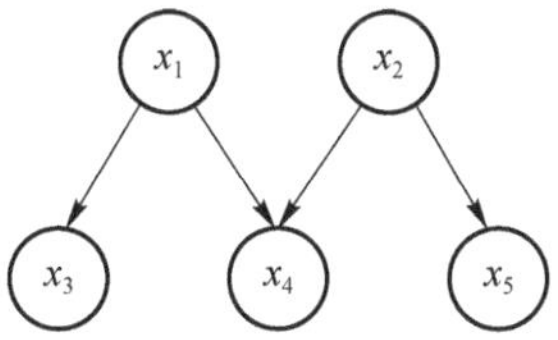

图 3-10　题 8 图

参考文献

[1] 张学工. 模式识别[M]. 3版. 北京：清华大学出版社，2010.

[2] 西格尔斯·西奥多里蒂斯，康斯坦提诺斯·库特龙巴斯. 模式识别[M]. 4版.李晶皎，等译.北京：电子工业出版社，2016.

[3] 周志华. 机器学习[M]. 北京：清华大学出版社，2016.

[4] 张向荣，冯婕，刘芳，等. 模式识别[M]. 西安：西安电子科技大学出版社，2019.

第 4 章　非线性分类器

前面章节中介绍了线性分类器，然而在很多情况下，类别之间的分类边界并不是线性的，比如可能是二次函数等，在很多实际问题中，数据的分布可能更复杂，需要用更复杂的非线性函数来描述分类，如图 4－1 所示的二分类问题。

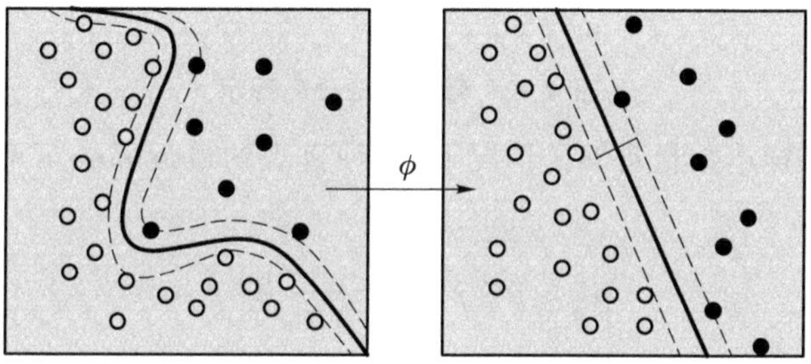

图 4－1　二分类问题的非线性分类器(左)和线性分类器(右)

因此，我们需要学习非线性分类器。注意，这里说的非线性函数是指除了线性函数之外的各种函数。

本章介绍一些常用的方法，包括近邻法、决策树、支持向量机(SVM)等经典的分类方法。近邻法和决策树本质上都是非线性分类器，但是它们的原理和之前介绍的模式识别方法的一般框架不太相同。而支持向量机既可以作为线性分类器，也可以作为非线性分类器。本章最后一节介绍分类器的集成并介绍两种典型的集成学习方法——随机森林和 AdaBoost 算法。

4.1　近邻法

在模式识别中，常用的近邻法包括最近邻法、k－近邻法、剪辑近邻法以及压缩近邻法等，下面将对这几种方法进行介绍。近邻法来源于我们日常生活中的直观感受——“物以类聚”，其核心思想是直接根据训练样本对新的未知样本进行分类。

4.1.1　最近邻法

最近邻法的基本思想是：对于一个新样本，把它逐一与已知样本进行比较，找出距离新样本最近的已知样本，并以该样本的类别作为新样本的类别。

假定有 c 个类别的模式识别问题，每类有标明类别的样本 N_i 个，$i=1,2,\cdots,c$。定义两个样本之间的距离度量 $\delta(\boldsymbol{x}_i,\boldsymbol{x}_j)$，比如可以采用欧式距离 $\delta(\boldsymbol{x}_i,\boldsymbol{x}_j)=\|\boldsymbol{x}_i-\boldsymbol{x}_j\|$，后面将具体讨论不同的距离度量。可以规定 w_i 类的判别函数为

$$g_i(\boldsymbol{x})=\min_k \delta(\boldsymbol{x},\boldsymbol{x}_i^k),\quad k=1,2,\cdots,N_i \tag{4.1}$$

其中，$\boldsymbol{x}_i^k$ 的角标 i 表示 w_i 类，k 表示 w_i 类 N_i 个样本中的第 k 个。按照式(4.1)，决策规则可以写为：若 $g_j(\boldsymbol{x})=\min_i g_i(\boldsymbol{x})$，$i=1,2,\cdots,c$，则决策 $\boldsymbol{x}\in w_j$。

这一决策方法称为最近邻法。最近邻法是将所有训练样本都作为代表点，因此在分类时

需要计算待识别样本 $\boldsymbol{x}$ 到所有训练样本的距离，结果就是与 $\boldsymbol{x}$ 最近邻的训练样本所属于的类别。近邻法分类图示如图 4-2 所示。

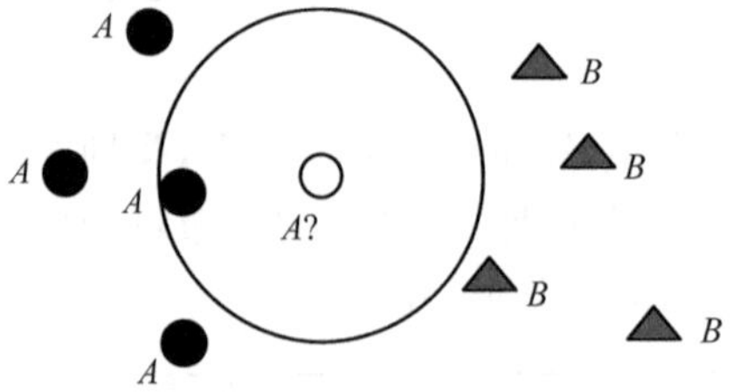

图 4-2 最近邻法分类图示

研究表明，在已知样本数量足够的情况下，这种直观的最近邻决策可以取得很好的效果，其错误率为 p，则有

$$p^* \leqslant p \leqslant p^* \left(2 - \frac{c}{c-1} p^*\right) \tag{4.2}$$

其中，p^* 为贝叶斯错误率(即理论最优错误率)，c 为类别数。

即有结论：最近邻法的渐进错误率最坏不会超过两倍的贝叶斯错误率，而最好则有可能接近或达到贝叶斯错误率。但是其也存在一些问题，在很多情况下，把决策建立在一个最近的样本上有一定风险，尤其是当数据分布复杂或数据中噪声严重时。

4.1.2 k-近邻法

1. k-近邻法的原理

为了提高分类判别的鲁棒性，很自然地引入一种投票机制：选择前若干个离新样本最近的已知样本，通过这些已知样本的类别投票，来决定新样本的类别，这种方法就称为 k-近邻法(k-nearest neighbor, K-NN)，因为人们习惯上把参与投票的近邻样本的个数记作 k。k-近邻分类算法是一个理论上比较成熟的方法，由 Cover 和 Hart 于 1967 年提出。

从字义上看，这个方法就是取未知样本 $\boldsymbol{x}$ 的 k 个近邻，看这 k 个近邻中多数属于哪一类，就把 $\boldsymbol{x}$ 归为哪一类。具体说就是在 N 个已知样本中，找出 $\boldsymbol{x}$ 的 k 个近邻。设这 N 个样本中，来自 w_1 类的样本有 N_1 个，来自 w_2 类的样本有 N_2 个，以此类推，来自 w_c 类的样本有 N_c 个。若 $k_1, k_2, \cdots, k_c$ 分别是 k 个近邻中属于 $w_1, w_2, \cdots, w_c$ 类的样本数，则可以定义判别函数为

$$g_i(\boldsymbol{x}) = k_i, \quad i = 1, 2, \cdots, c \tag{4.3}$$

决策规则为：若 $g_j(\boldsymbol{x}) = \max\limits_i k_i$，则决策 $\boldsymbol{x} \in w_j$。

显然，当 $k=1$ 时，k-近邻法就是最近邻算法。而随着 k 的增加，k-近邻法的渐进错误率逐渐降低，当趋近无穷大时，接近贝叶斯错误率。

当样本比较稀疏时，前 k 个近邻到新样本的距离可能会差别很大，此时只根据样本是否在 k 个近邻中进行投票就显得“有失公允”。实际应用中，可以引入加权机制，将 k 个近邻样本到新样本之间的距离作为加权系数，距离近的样本对新样本的影响大。

另外，k-近邻法需要始终存储所有的已知样本，并将每一个新样本与所有已知样本进行比较和排序，计算量和存储成本都很大。近邻法的快速算法可以缓解这个问题。其基本思想是把已知样本集分级划分成多个子集，形成一个树状结构，每个节点是一个子集，每个子集只

用少量的样本来代表，通过把新样本按顺序与各节点进行比较来排除不可能包含最近邻的子集，只在最后的节点上才需要与每个样本进行比较。

2. 近邻法的影响因素

总结前面的原理，k-近邻算法的步骤如下：

① 首先定下 k 值(就是指 k-近邻方法中 k 的大小，对于一个待分类的数据点，即代表要寻找它的 k 个邻居)。

② 根据事先确定的距离度量公式(如欧氏距离)，得出待分类数据点和所有已知类别的样本点中，距离最近的 k 个样本。

③ 统计这 k 个样本点中各个类别的数量，并且判定该待分类数据点属于类别数量最高的那一类。

从以上的算法步骤可以看出，k-近邻算法主要考虑三个重要的要素，对于固定的训练集，只要这三点确定了，算法的预测方式也就决定了。这三个最终的要素是 k 值的选取、距离度量的方式以及分类决策规则。

(1) k 值的选择

选择的 k 值越小，模型复杂度越高，容易发生过拟合。可以这样直观地理解：设想极端情况 $k=1$，新输入样例的类别就取决于最近的训练样例，这就是最近邻法。如果恰好遇到噪声，那么就完全错误了。

随着 k 值增大，模型泛化能力也增大，但丢失的信息也增多。选择较大的 k 值，就相当于用较大领域中的训练样本进行预测，其优点是可以减少泛化误差，但缺点是训练误差会增大。这时候，与输入样本较远(不相似的)的训练样本也会对预测器产生作用，使预测发生错误，且 k 值的增大就意味着整体的模型变得简单。

设想 k 等于样本数，即 $k=N$，那么任意新输入样例的分类就等于训练样例中样本数最多的分类，此时无论输入样本是什么，都只是简单地预测它属于训练样本中最多的类，模型过于简单。

实践中，先选择一个较小的 k 值，然后通过交叉验证的方法找到最优值。

(2) 距离量度的方式

对于距离的度量，有很多的距离度量方式，主要用 L_p 系列函数作为量度方法，设 $\boldsymbol{x}_i,\boldsymbol{x}_j\in\mathbf{R}^n$，$\boldsymbol{x}_i=(x_i^{(1)},x_i^{(2)},\cdots,x_i^{(n)})$，$\boldsymbol{x}_j=(x_j^{(1)},x_j^{(2)},\cdots,x_j^{(n)})$，$\boldsymbol{x}_i,\boldsymbol{x}_j$ 的 L_p 距离定义为

$$L_p(\boldsymbol{x}_i,\boldsymbol{x}_j)=\left(\sum_{l=1}^{n}\left|x_i^{(l)}-x_j^{(l)}\right|^p\right)^{\frac{1}{p}},\quad p\geqslant 1 \tag{4.4}$$

当 $p=2$ 时，称为欧式距离(Euclidean distance)，即

$$L_2(\boldsymbol{x}_i,\boldsymbol{x}_j)=\left(\sum_{l=1}^{n}\left|x_i^{(l)}-x_j^{(l)}\right|^2\right)^{\frac{1}{2}} \tag{4.5}$$

当 $p=1$ 时，称为曼哈顿距离(Manhattan distance)，即

$$L_1(\boldsymbol{x}_i,\boldsymbol{x}_j)=\sum_{l=1}^{n}\left|x_i^{(l)}-x_j^{(l)}\right| \tag{4.6}$$

当 $p=\infty$ 时，它是各个坐标距离的最大值，即

$$L_\infty(\boldsymbol{x}_i,\boldsymbol{x}_j)=\max_l\left|x_i^{(l)}-x_j^{(l)}\right| \tag{4.7}$$

(3) 分类决策规则

假设现在已经找到了 k 个近邻的点。最直观的确定分类的方法就是"多数表决",即把新样本分到 k 个点所属分类最多的类。

4.1.3 KD树

近邻法的算法最简单的实现是计算预测样本和训练集中的所有样本的距离,然后计算出最小的 k 个距离,然后进行多数表决做出预测。这个方法在样本量少,样本特征少的时候有效。但是在实际运用中很多时候用不上,因为我们经常碰到的样本的特征数有上千,样本量也有几十万之巨,如果要去预测少量的测试集样本,算法的时间效率很成问题。为了优化效率,不同的训练数据存储结构被纳入到实现方式之中。这里有两种实现方法,一个是KD树实现,一个是球树实现。

KD树(k-dimension tree)是一种对 k 维空间中的实例点进行存储以便对其进行快速检索的树形结构。KD树是二叉树,表示对 k 维空间的一个划分(partition)。它没有一开始就尝试对测试样本分类,而是先对训练集建模,建立的模型就是KD树,建好了模型再对测试集做出预测。KD树算法包括三步:第一步是建树,第二步是搜索最近邻,最后一步是预测。KD树算法虽然提高了k-近邻搜索的效率,但是在某些时候效率并不高,比如当处理不均匀分布的数据集时,不管是近似方形,还是矩形,甚至正方形,都不是最好的使用形状。KD树把二维平面划分成一个一个矩形,但矩形区域的角却是个难以处理的问题。为了优化超矩形体导致的搜索效率的问题,引入了球树,这种结构可以优化上面的问题。球树,顾名思义,就是每个分割块都是超球体,而不是KD树里面的超矩形体。

下面举例说明KD树的构造及查找方法。

1. KD树的构造

构造KD树相当于不断地用垂直于坐标轴的超平面将 k 维空间切分,构成一系列的 k 维超矩形区域。KD树的每个节点对应于一个 k 维超矩形区域。通常,依次选择坐标轴对空间划分,选择训练样本点在选定坐标轴上的中位数为切分点,这样得到的KD树是平衡的。

例 4-1 设二维空间的样本集为 $T=\{(2,3)^{\mathrm{T}},(5,4)^{\mathrm{T}},(9,6)^{\mathrm{T}},(4,7)^{\mathrm{T}}(8,1)^{\mathrm{T}},(7,2)^{\mathrm{T}}\}$,则可以在二维平面上表示这些样本,如图 4-3 所示。

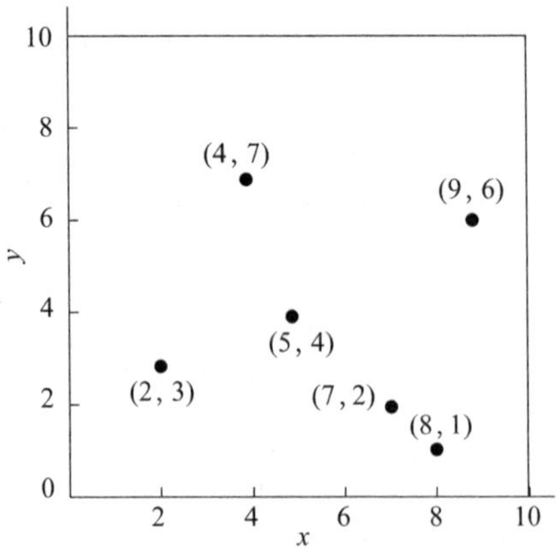

图 4-3 二维空间中的样本

① 切分域的选择：k 个维度，每个维度完成一次切分，则完成了一个轮次的切分。每次切分，计算待切分空间内的点未被切分维度上的方差，找方差最大的维度作为此次的切分域。方差较大，表明在该维度上的点的分散度较大，按该维度切分分辨率比较高。

本例中，计算第一次切分时两个维度上的方差：

$$\bar{x} = (2+5+9+4+8+7)/6 = 5.83$$

$$D(x) = \sum_{i=1}^{6} (x_i - \bar{x})^2 = 34.83$$

$$\bar{y} = (3+4+6+7+1+2)/6 = 3.83$$

$$D(y) = \sum_{i=1}^{6} (y_i - \bar{y})^2 = 26.71$$

由于 x 轴上的方差较大，故选择 x 轴切分。

② 切分点选择：取待切分平面上的所有数据点的中位数作为切分点，也可以计算平均值作为切分点。

本例中，确定 x 轴为切分域，用中位数确定切分点，可得第一次切分，如图 4-4 所示。第一轮第一次切分中，中位数 7 将空间分为左右两个子矩形。

接下来，用相同的方法对二维空间进行切分，最终得到的切分结果如图 4-5 所示。

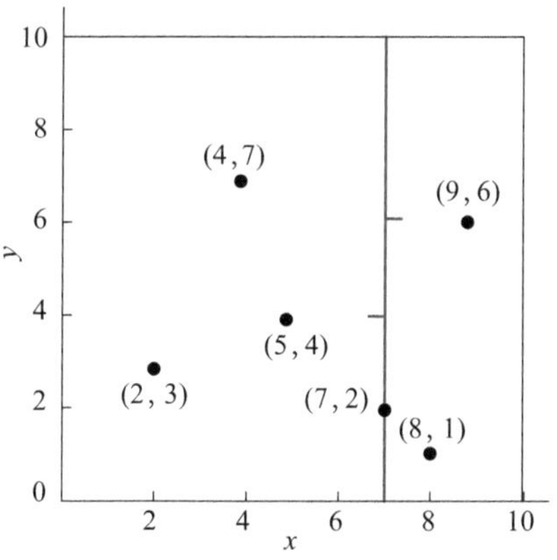

图 4-4　第一次切分

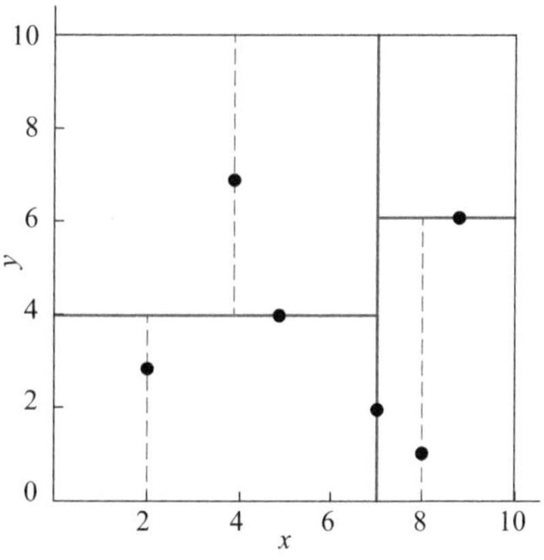

图 4-5　切分结果

根据切分结果形成的 KD 树如图 4-6 所示。

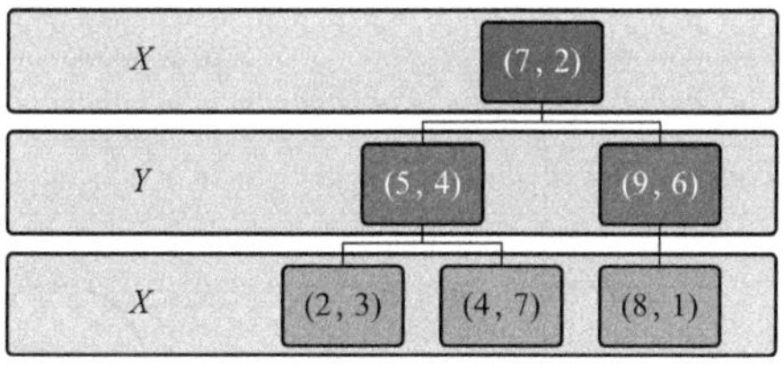

图 4-6　形成的 KD 树

2. KD 树的查找

以最近邻为例，KD 树的查找包含以下两个步骤：

① 寻找近似点。按维度切分顺序进行搜索，寻找最近邻的叶子节点作为目标数据的近似最近点。

② 回溯。以目标数据和最近邻的近似点的距离沿树根部进行回溯和迭代。

以前述图 4-6 中形成的 KD 树为例,假设查找样本点 $(2.1,3.1)^T$,查找的过程如下:

① 计算近似最近点。与 $(7,2)^T$ 比较,2.1 小于 7,向左搜索;下一个点为 $(5,4)^T$,3.1 小于 4,向左搜索,最后定位 $(2,3)^T$ 是近似最近点,距离为 0.141。以 $(2,3)^T$ 到 $(2.1,3.1)^T$ 的距离为半径,以 $(2.1,3.1)^T$ 为圆心作圆。上述路径是 $(7,2)^T \to (5,4)^T \to (2,3)^T$。

② 回溯。先计算该点与 $(5,4)^T$ 的距离,大于 0.141,被 $(5,4)^T$ 切分的另一个子平面与以 $(2.1,3.1)^T$ 点为圆心的圆无交集。再回溯 $(7,2)^T$ 点,与其右子平面无交集,回溯结束,确认最近邻点为 $(2,3)^T$。

上述查找过程如图 4-7 所示。

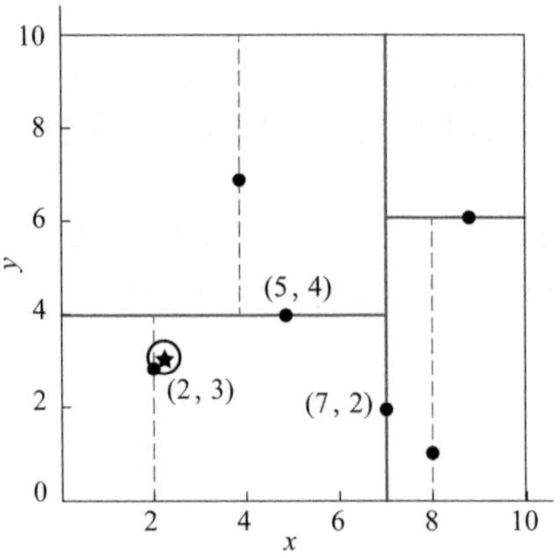

图 4-7 查找过程示意(一)

假设查找样本点 $(2,4.5)^T$,查找的过程如下:

① 查找路径为 $(7,2)^T \to (5,4)^T \to (4,7)^T$,近似最近点落在叶子节点 $(4,7)^T$,距离为 3.20,作圆。

② 回溯。$(5,4)^T$ 与目标点的距离为 3.04,小于 3.20,则更新 $(5,4)^T$ 为最近近似点,以 3.04 作圆;此圆与 $(5,4)^T$ 所切分的上下两个平面相交,需要检查 $(5,4)^T$ 的另外一个子树的叶子节点 $(2,3)^T$。$(2,3)^T$ 与目标点的距离为 1.5,小于 3.04,更新 $(2,3)^T$ 为近似最近点;最后回溯至 $(7,2)^T$,确认它与 $(7,2)^T$ 切分的右子平面无关;回溯结束,$(2,3)^T$ 为其最近点。

上述查找过程如图 4-8 所示。

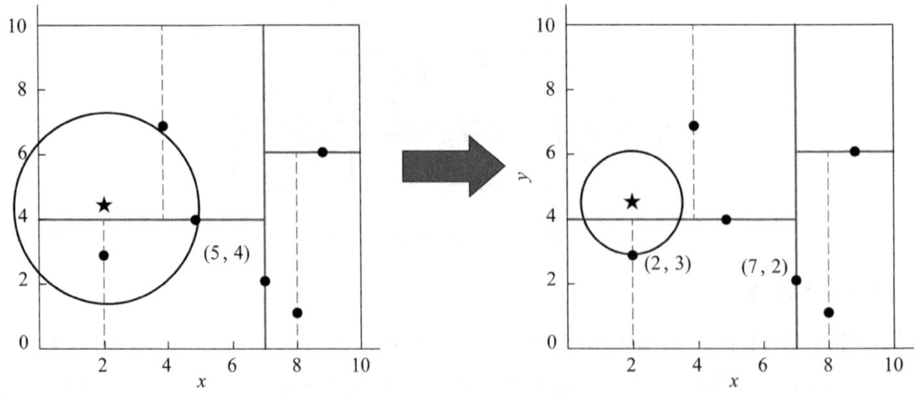

图 4-8 查找过程示意(二)

4.1.4　剪辑法

在很多情况下，两类数据的分布可能会有一定的重叠，这时样本就不会完全可分，并且分错的样本还将会误导决策，使分类效果不佳，并且可能会使分类面的形状过于复杂。为了达到去除被错分的训练样本的目的，可以对训练集进行处理。有两种减少训练集样本数的方法：剪辑方法和压缩方法。

剪辑法设法将交界区的已知样本去掉，决策时就不会受到这些样本的影响，使近邻法的决策面更加接近最优分类面。它的优点是可以比较好地去除边界附近容易引起混乱的训练样本，使得分类边界清晰可见。

基本的剪辑方法如下：给定训练集 R 和分类标准 η，设 S 是被分类规则错分的样本集，将这些样本从训练集中除去。重复这个过程直到满足停止规则。

从近邻法的分类原理可以发现，那些原理分类边界的样本对于最后的分类决策没有贡献，只要能够设法找出各类样本中最有利于用来与其他类区分的代表性样本，就可以把很多训练样本都去掉，从而简化决策过程中的计算。这就是压缩法的基本思想。压缩近邻法的思想与后来的支持向量机方法有一些相似之处。

4.2　支持向量机

支持向量机(support vector machine，SVM)是一种监督式学习的方法，可广泛地应用于统计分类以及回归分析。支持向量机是 Cortes 和 Vapnik 等于 1995 年首先提出的，它在解决小样本、非线性及高维模式识别中表现出许多特有的优势，并能够推广应用到函数拟合等其他机器学习问题中。

支持向量机学习方法包含构建由简至繁的模型：线性支持向量机和非线性支持向量机。基于线性支持向量机可分为线性可分和线性不可分两种情况。在支持向量机中最简单也最早提出的模型就是最大间隔分类器，它只能用于线性可分的数据。当数据近似线性可分时，通过引入松弛变量，同样也能得到最优的分类面，这个分类面被称为广义分类面。当训练数据线性不可分时，通过使用核函数，把非线性的数据转变到一个维数比原空间高的新的特征空间，然后在新的特征空间中使用线性支持向量机。

本节将按照上述思路依次介绍线性可分与最大间隔分类器、线性不可分与广义分类面、核函数与核技巧等内容，并给出相应的例题讲解。

4.2.1　线性可分与最大间隔分类器

1. 最优分类面

这里考虑一个二分类问题，一个样本有 d 个特征，用 $\boldsymbol{x}=(x_1,x_2,\cdots,x_d)^{\mathrm{T}}$ 表示，而类别用 y 来表示，可以取 -1 或者 $+1$，分别代表两个不同的类。给定训练集 $\boldsymbol{D}=\{(\boldsymbol{x}_i,y_i)\}_{i=1}^{n}$，其中 $\boldsymbol{x}_i\in\mathbf{R}^d$，$y_i\in\{-1,+1\}$。在 d 维样本空间中，划分超平面可通过如下线性方程来描述：

$$\boldsymbol{w}^{\mathrm{T}}\boldsymbol{x}+b=0 \tag{4.8}$$

其中，$\boldsymbol{w}=(w_1,w_2,\cdots,w_d)^{\mathrm{T}}$ 为法向量，决定了超平面的方向；b 为位移项，决定了超平面与原

点之间的距离。一个超平面，在二维空间中的例子就是一条直线。我们希望通过这个超平面可以把两类数据分隔开来。比如，在超平面一边的数据点所对应的全是－1，而在另一边全是＋1。

具体来说，令

$$g(\boldsymbol{x})=\boldsymbol{w}^{\mathrm{T}}\boldsymbol{x}+b \tag{4.9}$$

显然，如果 $g(\boldsymbol{x})=0$，那么 $\boldsymbol{x}$ 是位于超平面上的点。不妨要求对于所有满足 $g(\boldsymbol{x})<0$ 的点，其对应的 $y=-1$，而 $g(\boldsymbol{x})>0$，对应 $y=+1$ 的数据点，即

$$y=\begin{cases}+1, g(\boldsymbol{x})=\boldsymbol{w}^{\mathrm{T}}\boldsymbol{x}+b>0\\-1, g(\boldsymbol{x})=\boldsymbol{w}^{\mathrm{T}}\boldsymbol{x}+b<0\end{cases} \tag{4.10}$$

当然，需要假设数据是线性可分的，即这样的超平面是存在的。

如图 4－9 所示，两种形状的点分别代表两个类别，H 表示一个可行的超平面。在进行分类的时候，将数据点 $\boldsymbol{x}$ 代入 $g(\boldsymbol{x})$中，如果得到的结果小于 0，则赋予其类别－1，如果大于 0，则赋予其类别＋1。

图 4－9 给出了两个可分的数据点集以及分类超平面 H。图示问题显然存在多个可以接受的分类超平面。假设在能够分离不同类数据的超平面 H 的两侧，存在两个与 H 平行的超平面 H_1 与 H_2，并称每一个超平面与 H 的距离为间隔，则最大间隔分类器就是确定使间隔最大的超平面 H。

如图 4－10 所示，可以算出一个数据点到超平面的距离。对于一个正样本点 $\boldsymbol{x}$，令其垂直投影到超平面上的对应点为 $\boldsymbol{x}_0$，由于 $\boldsymbol{w}$ 是垂直于超平面的一个向量，故有

$$\boldsymbol{x}=\boldsymbol{x}_0+\gamma\frac{\boldsymbol{w}}{\|\boldsymbol{w}\|} \tag{4.11}$$

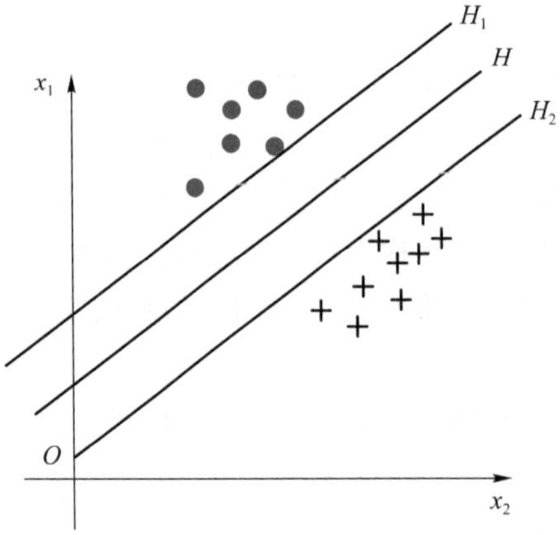

图 4－9　分离超平面

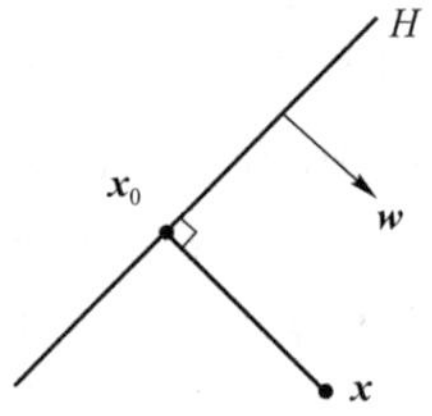

图 4－10　数据点到超平面的距离

又由于 $\boldsymbol{x}_0$ 是超平面上的点，满足 $g(\boldsymbol{x}_0)=0$，代入超平面的方程即可算出

$$\gamma=\frac{\boldsymbol{w}^{\mathrm{T}}\boldsymbol{x}+b}{\|\boldsymbol{w}\|} \tag{4.12}$$

定义函数间隔为

$$\hat{\gamma}=yg(\boldsymbol{x})=y(\boldsymbol{w}^{\mathrm{T}}\boldsymbol{x}+b) \tag{4.13}$$

而点到超平面的距离定义为几何间隔，为了统一正负样本点，将计算的结果乘以 y，可以得到

几何间隔为

$$\gamma = y\frac{\boldsymbol{w}^{\mathrm{T}}\boldsymbol{x}+b}{\|\boldsymbol{w}\|} \tag{4.14}$$

显然，要求得最大间隔分类器，就要使所有样本点几何间隔的最小值最大。

而函数间隔与几何间隔就差一个 $\|\boldsymbol{w}\|$ 的缩放因子。当超平面固定之后，可以等比例地缩放 $\|\boldsymbol{w}\|$ 的长度和 b 的值，这样可以使得 $g(\boldsymbol{x})=\boldsymbol{w}^{\mathrm{T}}\boldsymbol{x}+b$ 的值任意大。为了在同一数量级上进行比较，对所有的超平面选择统一的比例系统。在归一化之后，所有样本点都应该满足 $\hat{\gamma}=yg(\boldsymbol{x})=y(\boldsymbol{w}^{\mathrm{T}}\boldsymbol{x}+b)\geqslant 1$。

几何间隔被定义为 $\gamma=\frac{\hat{\gamma}}{\|\boldsymbol{w}\|}$，所以现在问题转化为求 $\|\boldsymbol{w}\|$ 的最小值，即可以转化为

$$\begin{cases}\min\limits_{\boldsymbol{w},b}\frac{1}{2}\|\boldsymbol{w}\|^2 \\ \text{s. t.}\ \ y_i(\boldsymbol{w}^{\mathrm{T}}\boldsymbol{x}_i+b)\geqslant 1, \quad i=1,2,\cdots,n\end{cases} \tag{4.15}$$

2. 拉格朗日求解

采用的解法是用拉格朗日方程求解对偶问题。得到如下拉格朗日函数：

$$L(\boldsymbol{w},b,\boldsymbol{\alpha}) = \frac{1}{2}\|\boldsymbol{w}\|^2 - \sum_{i=1}^{n}\alpha_i[y_i(\boldsymbol{w}^{\mathrm{T}}\boldsymbol{x}_i+b)-1] \tag{4.16}$$

其中，$\boldsymbol{\alpha}$ 是由拉格朗日乘子 α_i 组成的向量。故原问题可被表达为

$$\begin{cases}p^* = \min\limits_{\boldsymbol{w},b}\max\limits_{\alpha_i\geqslant 0}L(\boldsymbol{w},b,\boldsymbol{\alpha}) \\ p^* = \min\limits_{\boldsymbol{w},b}\max\limits_{\alpha_i\geqslant 0}\left\{\frac{1}{2}\|\boldsymbol{w}\|^2 - \sum\limits_{i=1}^{n}\alpha_i[y_i(\boldsymbol{w}^{\mathrm{T}}\boldsymbol{x}_i+b)-1]\right\}\end{cases} \tag{4.17}$$

在满足 KKT(Karush-Kuhn-Tucker)条件下，拉格朗日函数的原问题与对偶问题可以证明是等价的，其对偶问题为

$$d^* = \max_{\alpha_i\geqslant 0}\min_{\boldsymbol{w},b}L(\boldsymbol{w},b,\boldsymbol{\alpha}) \tag{4.18}$$

分别对 $\boldsymbol{w}$ 和 b 求拉格朗日函数的极小值，令

$$\begin{cases}\frac{\partial L}{\partial \boldsymbol{w}}=0 \\ \frac{\partial L}{\partial b}=0\end{cases} \tag{4.19}$$

可解得

$$\begin{cases}\boldsymbol{w} = \sum\limits_{i=1}^{n}\alpha_i y_i\boldsymbol{x}_i \\ \sum\limits_{i=1}^{n}\alpha_i y_i = 0\end{cases} \tag{4.20}$$

代回式(4.16)化简可得

$$L(\boldsymbol{w},b,\boldsymbol{\alpha}) = \sum_{i=1}^{n}\alpha_i - \frac{1}{2}\sum_{i=1}^{n}\sum_{j=1}^{n}y_iy_j\alpha_i\alpha_j(\boldsymbol{x}_i\cdot\boldsymbol{x}_j) \tag{4.21}$$

则转化后优化问题的解为在满足约束条件

$$\sum_{i=1}^{n}\alpha_i y_i = 0,\quad \alpha_i \geqslant 0 \tag{4.22}$$

下对 α_i 求解下列函数的最大值：

$$Q(\boldsymbol{\alpha}) = \sum_{i=1}^{n}\alpha_i - \frac{1}{2}\sum_{i=1}^{n}\sum_{j=1}^{n} y_i y_j \alpha_i \alpha_j (\boldsymbol{x}_i \cdot \boldsymbol{x}_j) \tag{4.23}$$

若 $\boldsymbol{\alpha}^*$ 为二次优化的最优解，则此时权重向量 $\boldsymbol{w}^* = \sum_{i=1}^{n}\alpha_i^* y_i \boldsymbol{x}_i$，即最优分类面的权系数是训练样本向量的线性和。

同时在满足 KKT 条件时，最优解 $\boldsymbol{\alpha}^*$，$\boldsymbol{w}^*$，b^* 必须满足：

$$\alpha_i^*[y_i(\boldsymbol{w}^{\mathrm{T}}\boldsymbol{x}_i + b) - 1] = 0,\quad i = 1,2,\cdots,n \tag{4.24}$$

这表明只有函数间隔为 1 的输入点 $\boldsymbol{x}$，其对应的 α_i^* 为非零的，其他点对应的参数 α_i^* 为 0。这些取值不为 0 的 α_i^* 对应的样本点即支持向量，这些点通常是样本点中的很少一部分，但是已经包含了重构超平面的所有必要信息。因此支持向量机有一个重要性质：训练完成后，大部分的训练样本都不需要保留，最终模型仅与支持向量有关。

最终的分类平面为

$$g(\boldsymbol{x}) = \boldsymbol{w}^{*\mathrm{T}}\boldsymbol{x} + b^* = \sum_{i=1}^{n}\alpha_i^* y_j (\boldsymbol{x} \cdot \boldsymbol{x}_i) + b^* \tag{4.25}$$

推导过程需要满足的 KKT 条件为

$$\begin{cases} \alpha_i \geqslant 0 \\ \alpha_i[y_i(\boldsymbol{w}^{\mathrm{T}}\boldsymbol{x}_i + b) - 1] = 0 \\ y_i(\boldsymbol{w}^{\mathrm{T}}\boldsymbol{x}_i + b) - 1 \geqslant 0,\quad i = 1,2,\cdots,n \end{cases} \tag{4.26}$$

总结一下 SVM 求解的步骤为：

① 求解 α_i。

这是一个二次规划问题，可使用通用的二次规划算法来求解，有很多算法可以求解。通常使用 SMO(sequential minimal optimization)算法。

先固定 α_i 之外的所有参数，然后求 α_i 的极值，由于存在约束 $\sum_{i=1}^{n}\alpha_i y_i = 0$，若固定 α_i 之外的其他变量，则 α_i 可由其他变量导出，于是，SMO 每次选择两个变量 α_i 和 α_j，并固定其他参数，这样在参数初始化后，SMO 不断执行如下两个步骤直至收敛：

a. 选取一对需更新的变量 α_i 和 α_j；

b. 固定 α_i 和 α_j 以外的参数，求解公式(4.23)获得更新后的 α_i 和 α_j。

② 求解法向量 $\boldsymbol{w}$。

根据以下公式求解：

$$\boldsymbol{w} = \sum_{i=1}^{n}\alpha_i y_i \boldsymbol{x}_i$$

③ 求解偏移项 b。

对于支持向量 $\boldsymbol{x}_i$，有 $y_i(\boldsymbol{w}^{\mathrm{T}}\boldsymbol{x}_i + b) = 1$，可以使用所有支持向量求解的平均值作为 b 的取值

$$b = \frac{1}{m}\sum_{s\in S}\left[\frac{1}{y_s} - \sum_{i\in S}\alpha_i y_i (\boldsymbol{x}_i \cdot \boldsymbol{x}_s)\right] \tag{4.27}$$

其中，S 为所有支持向量的下标集。

例 4-2　输入四个训练样本点 $\boldsymbol{x}_1:(0,0)^{\mathrm{T}}, y_1=-1, \boldsymbol{x}_2:(0,1)^{\mathrm{T}}, y_2=-1, \boldsymbol{x}_3:(0,2)^{\mathrm{T}}, y_3=1, \boldsymbol{x}_4:(2,0)^{\mathrm{T}}, y_4=1$，求解其线性 SVM。

解：此时

$$
\begin{aligned}
Q(\boldsymbol{\alpha}) &= \sum_{i=1}^{4}\alpha_i - \frac{1}{2}\sum_{i=1}^{4}\sum_{j=1}^{4} y_i y_j \alpha_i \alpha_j (\boldsymbol{x}_i \cdot \boldsymbol{x}_j) \\
&= \sum_{i=1}^{4}\alpha_i - \frac{1}{2}(\alpha_2^2 - 4\alpha_2\alpha_3 + 4\alpha_3^2 + 4\alpha_4^2)
\end{aligned}
$$

求解可得

$$
\begin{cases}
\max Q(\boldsymbol{\alpha}) \\
\text{s. t. } \alpha_3+\alpha_4-\alpha_1-\alpha_2=0, \alpha_i \geqslant 0, \quad i=1,2,3,4
\end{cases}
$$

得

$$\alpha_1=0, \quad \alpha_2=4, \quad \alpha_3=3, \quad \alpha_4=1$$

其中非支持向量 $\boldsymbol{x}_1$ 对应的值 α_1 为 0。

然后求解 $\boldsymbol{w}$ 和 b：

$$\boldsymbol{w}=-4\cdot(0,1)^{\mathrm{T}}+3\cdot(0,2)^{\mathrm{T}}+(2,0)^{\mathrm{T}}=(2,2)^{\mathrm{T}}, \quad b=-3$$

即决策平面为

$$g(\boldsymbol{x})=(2,2)\boldsymbol{x}-3$$

4.2.2　线性不可分与广义分类面

前面一直假定训练样本在样本空间或特征空间线性可分，即存在一个超平面将不同类的样本完全划分开。但现实中，很难确定超平面使得训练样本在特征空间中线性可分。解决该问题的办法是允许支持向量机出错。我们希望找到一个最优超平面，使其对整个训练集的平均分类误差达到最小。如果数据$(\boldsymbol{x}_i, y_i)$不满足 $y_i(\boldsymbol{w}^{\mathrm{T}}\boldsymbol{x}_i+b)\geqslant 1$，有两种情况：数据点落在分离区域之内，但在决策面正确的一侧；数据点落在决策面错误的一侧，如图 4-11 所示。

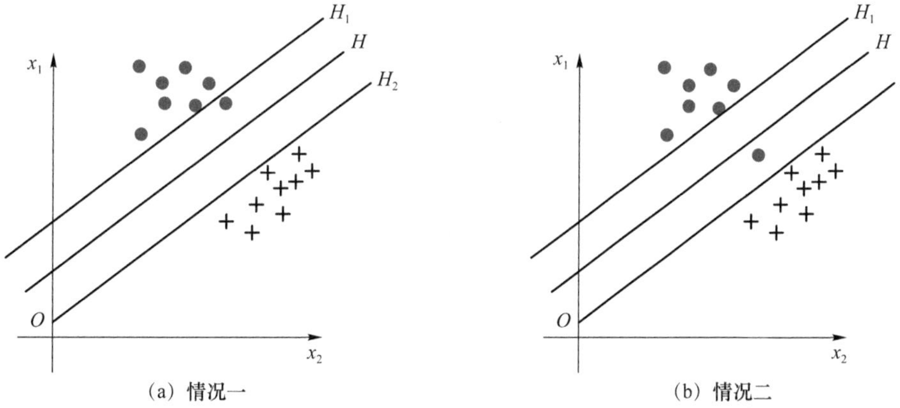

图 4-11　决策面出错的情况

为处理这种线性不可分问题，引入一个非负的松弛变量 ξ_i，这时分类面称为广义分类面，约束条件变成

$$y_i(\boldsymbol{w}^{\mathrm{T}}\boldsymbol{x}_i+b)\geqslant 1-\xi_i, \quad \xi_i\geqslant 0, \quad i=1,2,\cdots,n \tag{4.28}$$

引入非负参数 ξ_i(称为松弛变量)后,就允许某些样本点的函数间隔小于 1,即在最大间隔区间里面,或者函数间隔是负数,样本点在对方的区域中。而放松限制条件后,需要重新调整目标函数,以对离群点进行处罚。故原来的目标函数后面加上一项,使得 ξ_i 的总和也要最小,目标函数变为

$$\min_{w,b,\xi} \frac{1}{2}\|\boldsymbol{w}\|^2 + C\sum_{i=1}^{n}\xi_i \tag{4.29}$$

这里的 C 是离群点的权重,C 越大表明离群点对目标函数影响越大,也就是越不希望看到离群点。可以看到,目标函数控制了离群点的数目和程度,使大部分样本点仍然遵守限制条件。

用与求解最优分类面时同样的方法求解这一优化问题,引入拉格朗日函数:

$$L(\boldsymbol{w},b,\boldsymbol{\alpha},\boldsymbol{\xi}) = \frac{1}{2}\|\boldsymbol{w}\|^2 + C\sum_{i=1}^{n}\xi_i - \sum_{i=1}^{n}\alpha_i[y_i(\boldsymbol{w}^{\mathrm{T}}\boldsymbol{x}_i + b) - 1 + \xi_i] - \sum_{i=1}^{n}\mu_i\xi_i \tag{4.30}$$

分析方法跟前面类似,转化为对偶问题之后,让 L 对 $\boldsymbol{w},b,\boldsymbol{\xi}$ 求偏导:

$$\begin{cases} \dfrac{\partial L}{\partial \boldsymbol{w}} = 0 \Rightarrow \boldsymbol{w} - \displaystyle\sum_{i=1}^{n}\alpha_i y_i \boldsymbol{x}_i = 0 \\ \dfrac{\partial L}{\partial b} = 0 \Rightarrow \displaystyle\sum_{i=1}^{n}\alpha_i y_i = 0 \\ \dfrac{\partial L}{\partial \boldsymbol{\xi}} = 0 \Rightarrow C - \alpha_i - \mu_i = 0, \quad i = 1,2,\cdots,n \end{cases} \tag{4.31}$$

其中 $\mu_i \geqslant 0$(满足拉格朗日乘子的条件),因此有 $0 \leqslant \xi_i \leqslant C(i=1,2,\cdots,n)$。

将式(4.31)代入 L 并简化,得到和原来一样的目标优化函数:

$$\max Q(\boldsymbol{\alpha}) = \sum_{i=1}^{n}\alpha_i - \frac{1}{2}\sum_{i=1}^{n}\sum_{j=1}^{n}y_i y_j \alpha_i \alpha_j (\boldsymbol{x}_i \cdot \boldsymbol{x}_j) \tag{4.32}$$

只是满足的约束条件变为

$$\begin{cases} \displaystyle\sum_{i=1}^{n}\alpha_i y_i = 0 \\ 0 \leqslant \alpha_i \leqslant C, \quad i = 1,2,\cdots,n \end{cases} \tag{4.33}$$

上述推导满足 KKT 条件:

$$\begin{cases} \mu_i \geqslant 0, \alpha_i \geqslant 0 \\ 1 - \xi_i - y_i(\boldsymbol{w}^{\mathrm{T}}\boldsymbol{x}_i + b) \leqslant 0 \\ \alpha_i[1 - \xi_i - y_i(\boldsymbol{w}^{\mathrm{T}}\boldsymbol{x}_i + b)] = 0 \\ \xi_i \geqslant 0 \\ \mu_i \xi_i = 0 \end{cases} \tag{4.34}$$

可以得到一些结论:对于任意训练样本$(\boldsymbol{x}_i, y_i)$,总有 $\alpha_i = 0$ 或 $1 - \xi_i = y_i(\boldsymbol{w}^{\mathrm{T}}\boldsymbol{x}_i + b)$。

① 若 $\alpha_i = 0$,则该样本不会对 $g(\boldsymbol{x})$有任何影响。

② 若 $\alpha_i > 0$,则必有 $1 - \xi_i = y_i(\boldsymbol{w}^{\mathrm{T}}\boldsymbol{x}_i + b)$,即该样本是支持向量。此时若 $\alpha_i < C$,则 $\mu_i > 0$,进而 $\xi_i = 0$,即该样本恰好在最大间隔边界上;若 $\alpha_i = C$,则 $\mu_i = 0$,此时若 $\xi_i \leqslant 1$,则该样本落在最大间隔内,若 $\xi_i > 1$,则该样本被错分。由此可见,软间隔支持向量机的模型仅与支持向量有关。

4.2.3 非线性支持向量机

前面几节的内容都是线性分类问题。但是，事实上，有些分类问题是非线性的，这时可以使用非线性支持向量机，其核心思路是核方法(kernel method)。核方法不仅可以用于支持向量机，也可以应用于其他线性分类器，解决非线性分类问题。

1. 核方法

如图 4-12 中左图所示，无法用一条直线(线性模型)将正负样本正确地分开，但可以用一条椭圆曲线(非线性模型或者说超曲面模型)将它们分类。这是一个典型的非线性可分问题。非线性问题往往不好建模求解，所以一般希望可以用线性模型的方法来解决这个问题。所采取的方法是进行一个非线性变换，将非线性问题转化为线性问题，再用线性分类器去分类。如图 4-12 所示，将其通过某种变换，非线性分类问题就变成了线性分类问题。

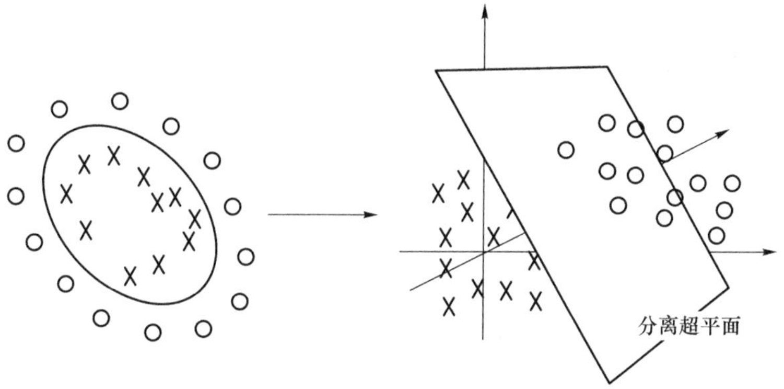

图 4-12　非线性分类问题

这里给出一个非线性分类的典型例子，即异或(exclusive OR，XOR)问题：如何对{(0,0)，(1,1)}和{(1,0)，(0,1)}进行分类。

如图 4-13 所示，在二维平面无法对其进行线性分类，为数据增加第三个维度，并设置其值为 $z=xy$，这样就得到了一组新的输入数据：$\boldsymbol{x}_1$：$(0,0,0)^{\mathrm{T}}$，$\boldsymbol{x}_2$：$(1,1,1)^{\mathrm{T}}$，$\boldsymbol{x}_3$：$(1,0,0)^{\mathrm{T}}$，$\boldsymbol{x}_4$：$(0,1,0)^{\mathrm{T}}$。

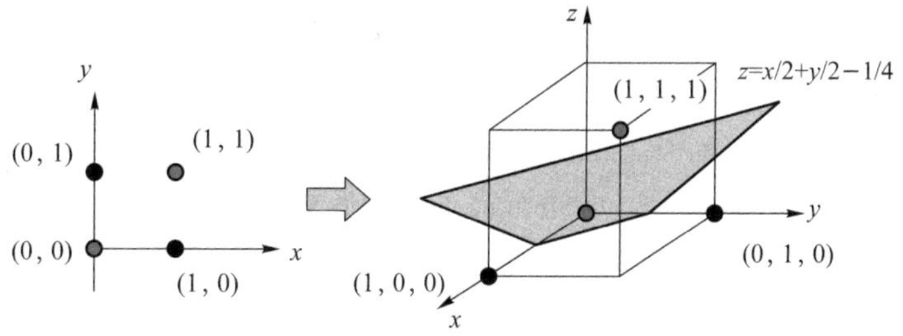

图 4-13　经典异或问题

得到超平面对新的数据进行分类：$z=\frac{x}{2}+\frac{y}{2}-\frac{1}{4}$，其分类准则为 $y=(-1,-1,2)x+\frac{1}{2}$。上面的例子表明，非线性分类问题的求解可以分为两步：①使用一个变换将原空间的数据映射到另一个新的空间；②在新的空间里用线性分类器的方法得到分类模型。这就是所谓的核方法。核方法是一类把低维空间的非线性可分问题转化为高维空间的线性可分问题的方法。

核方法应用于支持向量机的基本思想即通过一个非线性变换将输入空间（欧式空间 $\mathbf{R}^n$ 或离散集合）映射到一个特征空间（希尔伯特空间 H），使得在输入空间 $\mathbf{R}^n$ 中的超曲面模型和特征空间 H 中的支持向量机（超平面模型）相对应。通过这种方法，分类问题可以通过在特征空间中求解线性支持向量机来完成。

2. 核函数

令 $\boldsymbol{x}$ 是原输入空间的特征向量，$\boldsymbol{\phi}(\boldsymbol{x})$ 是将 $\boldsymbol{x}$ 映射到特征空间中的特征向量，则在特征空间中划分超平面所对应的模型可表示为

$$g(\boldsymbol{x})=\boldsymbol{w}^{\mathrm{T}}\boldsymbol{\phi}(\boldsymbol{x})+b \tag{4.35}$$

其中，$\boldsymbol{w}$ 和 b 是模型参数。类似地，有支持向量机模型：

$$\begin{cases}\min\limits_{\boldsymbol{w},b}\dfrac{1}{2}\|\boldsymbol{w}\|^2\\ \text{s.t.}\quad y_i(\boldsymbol{w}^{\mathrm{T}}\boldsymbol{\phi}(\boldsymbol{x}_i)+b)\geqslant 1, i=1,2,\cdots,n\end{cases} \tag{4.36}$$

其对偶问题是

$$\begin{cases}\max\limits_{\boldsymbol{\alpha}} Q(\boldsymbol{\alpha})=\sum\limits_{i=1}^{n}\alpha_i-\dfrac{1}{2}\sum\limits_{i=1}^{n}\sum\limits_{j=1}^{n}y_iy_j\alpha_i\alpha_j\boldsymbol{\phi}(\boldsymbol{x}_i)^{\mathrm{T}}\boldsymbol{\phi}(\boldsymbol{x}_j)\\ \text{s.t.}\quad \sum\limits_{i=1}^{n}\alpha_iy_i=0,\quad \alpha_i\geqslant 0\end{cases} \tag{4.37}$$

式中，$\boldsymbol{\phi}(\boldsymbol{x}_i)^{\mathrm{T}}\boldsymbol{\phi}(\boldsymbol{x}_j)$ 是样本 $\boldsymbol{x}_i$ 和 $\boldsymbol{x}_j$ 映射到特征空间之后的内积。

注意到，$\boldsymbol{\phi}$ 是输入空间到特征空间的一个映射，而特征空间维数一般是高维的，甚至可能是无穷维的，通过 $\boldsymbol{\phi}(\boldsymbol{x}_i)$ 和 $\boldsymbol{\phi}(\boldsymbol{x}_j)$ 计算 $\boldsymbol{\phi}(\boldsymbol{x}_i)^{\mathrm{T}}\boldsymbol{\phi}(\boldsymbol{x}_j)$ 并不容易。为了避开这个障碍，可以定义这样一个函数：

$$\kappa(\boldsymbol{x}_i,\boldsymbol{x}_j)=\boldsymbol{\phi}(\boldsymbol{x}_i)^{\mathrm{T}}\boldsymbol{\phi}(\boldsymbol{x}_j) \tag{4.38}$$

即特征向量 $\boldsymbol{x}_i$ 和 $\boldsymbol{x}_j$ 在特征空间中的内积等于它们在原始输入空间中通过函数 $\kappa(,)$ 计算的结果，这种函数被称为核函数。这种定义的想法是，在训练和预测时只定义核函数，而不显式地定义映射函数。可以看到，对于给定的核函数，特征空间和映射函数的取法并不唯一。

这里举一个例子来说明核函数和映射之间的关系。

例如，定义二维向量 $\boldsymbol{x}=(x_1,x_2)^{\mathrm{T}}$ 的高维映射为

$$\boldsymbol{\phi}(\boldsymbol{x})=(\sqrt{2}x_1,x_1^2,\sqrt{2}x_2,x_2^2,\sqrt{2}x_1x_2,1)^{\mathrm{T}}$$

则向量 $\boldsymbol{x}_1=(a_1,a_2)^{\mathrm{T}}$ 和 $\boldsymbol{x}_2=(b_1,b_2)^{\mathrm{T}}$ 进行高维映射后求内积得

$$\boldsymbol{\phi}(\boldsymbol{x}_1)^{\mathrm{T}}\boldsymbol{\phi}(\boldsymbol{x}_2)=2a_1b_1+a_1^2b_1^2+2a_2b_2+a_2^2b_2^2+2a_1a_2b_1b_2+1$$

核函数为 $\kappa(\boldsymbol{x}_1,\boldsymbol{x}_2)=(\boldsymbol{x}_1\cdot\boldsymbol{x}_2+1)^2$，可以验证 $\kappa(\boldsymbol{x}_1,\boldsymbol{x}_2)=\boldsymbol{\phi}(\boldsymbol{x}_1)^{\mathrm{T}}\boldsymbol{\phi}(\boldsymbol{x}_2)$。

有了这样的函数，就不必计算高维空间的内积，而是通过该函数在低维空间完成计算。为了避免高维度空间的内积（点积）计算，可以投机取巧地寻找出一个核函数用来简便地计算映射到高维空间之后的内积，这就是所谓的核技巧（kernel trick），即式（4.36）变为

$$\begin{cases} \max\limits_{\alpha} Q(\boldsymbol{\alpha}) = \sum\limits_{i=1}^{n}\alpha_i - \dfrac{1}{2}\sum\limits_{i=1}^{n}\sum\limits_{j=1}^{n} y_i y_j \alpha_i \alpha_j \kappa(\boldsymbol{x}_i, \boldsymbol{x}_j) \\ \text{s. t.} \quad \sum\limits_{i=1}^{n}\alpha_i y_i = 0, \quad \alpha_i \geqslant 0 \end{cases} \tag{4.39}$$

求解后可得决策规则为

$$\begin{aligned} g(\boldsymbol{x}) &= \boldsymbol{w}^{*\mathrm{T}}\boldsymbol{\phi}(\boldsymbol{x}) + b^* \\ &= \sum_{i=1}^{n}\alpha_i^* y_j \boldsymbol{\phi}(\boldsymbol{x}) \cdot \boldsymbol{\phi}(\boldsymbol{x}_i) + b^* \\ &= \sum_{i=1}^{n}\alpha_i^* y_j \kappa(\boldsymbol{x}, \boldsymbol{x}_i) + b^* \end{aligned} \tag{4.40}$$

式(4.40)显示出模型最优解可通过训练样本的核函数展开，这一展开也称为支持向量展开(support vector expansion)。这个过程表明，在给定核函数的条件下，可以利用求解线性分类问题的方法去求解非线性分类问题的支持向量机。

另外，也可以利用如下定义的核矩阵参与运算：

$$\boldsymbol{K} = \{\kappa(\boldsymbol{x}_i, \boldsymbol{x}_j)\}_{i,j=1}^{n} \tag{4.41}$$

核矩阵也称为 Gram 矩阵，是一个非负的对称矩阵。优化目标函数变为

$$\begin{cases} \max\limits_{\alpha} Q(\boldsymbol{\alpha}) = \sum\limits_{i=1}^{n}\alpha_i - \dfrac{1}{2}\sum\limits_{i=1}^{n}\sum\limits_{j=1}^{n} y_i y_j \alpha_i \alpha_j \boldsymbol{K}(i, j) \\ \text{s. t.} \quad \sum\limits_{i=1}^{n}\alpha_i y_i = 0, \quad \alpha_i \geqslant 0 \end{cases} \tag{4.42}$$

在不知道特征映射的形式时，并不知道什么样的核函数是合适的，核函数仅是隐式地定义了这个特征空间。因此核函数选择为支持向量机的最大变数。若核函数选择不合适，则意味着将样本映射到一个不合适的特征空间，导致性能不佳。通常人们会从一些常用的核函数中选择(根据问题和数据的不同，选择不同的参数，实际上就是得到了不同的核函数)，例如：

① 多项式核：$\kappa(\boldsymbol{x}_i, \boldsymbol{x}_j) = [\boldsymbol{x}_i \cdot \boldsymbol{x}_j + 1]^d$，其中 $d > 0$，为多项式的次数，$d = 1$ 时退化为线性核 $\kappa(\boldsymbol{x}_i, \boldsymbol{x}_j) = \boldsymbol{x}_i \cdot \boldsymbol{x}_j$；

② 高斯核/径向基(RBF)核：$\kappa(\boldsymbol{x}_i, \boldsymbol{x}_j) = \exp\left(-\dfrac{\|\boldsymbol{x}_i - \boldsymbol{x}_j\|^2}{2\sigma^2}\right)$，$\sigma > 0$；

③ 拉普拉斯核：$\kappa(\boldsymbol{x}_i, \boldsymbol{x}_j) = \exp\left(-\dfrac{\|\boldsymbol{x}_i - \boldsymbol{x}_j\|}{\sigma}\right)$，$\sigma > 0$；

④ sigmoid 核：$\kappa(\boldsymbol{x}_i, \boldsymbol{x}_j) = \tanh(k\boldsymbol{x}_i \cdot \boldsymbol{x}_j + b)$，$k > 0, b > 0$。

4.2.4　SVM 解决多分类问题

SVM 算法最初是为二值分类问题设计的，当处理多类问题时，就需要构造合适的多类分类器。构造 SVM 多类分类器的方法主要有两类：

① 直接法。一次性将多个分类面的参数求解合并到一个最优化问题中，多目标函数优化，“一次性”实现多类分类。这种方法看似简单，但计算复杂度比较高，实现起来比较困难，只适合用于小型问题。

② 间接法。主要是通过组合多个二分类器来实现多分类器的构造，常见的方法有一对其余(one-versus-rest，OVR SVMs)和一对一(one-against-one)两种。

4.3 决策树

决策树学习(decision tree)是一种逼近离散值目标函数的方法,这种方法将从一组训练数据中学习到的函数表示为一棵决策树,在分类问题中,表示基于特征对样本进行分类的过程,可以认为是 if-then 的集合,也可以认为是定义在特征空间与类空间上的条件概率分布。学习时,利用训练数据,根据损失函数最小化的原则建立决策树模型;预测时,对新的数据,利用决策模型进行分类。

决策树源于 Hunt 的完全搜索决策树方法对概念学习系统(concept learning system, CLS)的建模,Quinlan 发明用信息增益作为启发策略的 ID3 方法,从样本中学习构造专家系统。同时,Breiman 和 Friedman 开发的 CART(分类与回归树)方法类似于 ID3。后来的学者对噪声、连续属性、数据缺失、改善分割条件等进行研究。Quinlan 于 1993 年提出的改进决策树归纳包(C4.5)目前被普遍采用。

决策树学习的适用问题具有以下特征:样本由“属性-值”对表示;目标函数具有离散的输出值;可能需要析取的描述;训练数据可以包含错误;训练数据可以包含缺少属性值的样本。决策树学习是应用最广泛的归纳推理算法之一,已经被成功地应用到从学习医疗诊断到学习评估贷款申请的信用风险等广阔领域。

本节首先介绍决策树的基本概念以及决策树的构建方法,然后介绍 ID3、C4.5 等经典的决策树算法,最后介绍决策树的剪枝以及决策树中常见的问题。

4.3.1 决策树的概念

决策树方法基于树结构。树是由节点和边两种元素组成的结构,包括根节点、父节点、子节点和叶子节点等。父节点和子节点是相对的,子节点由父节点根据某一规则分裂而来,然后子节点作为新的父节点继续分裂,直至不能分裂为止。而根节点是没有父节点的节点,即初始分裂节点,叶子节点是没有子节点的节点,如图 4-14 所示。

决策树利用图 4-14 所示的树结构进行决策,每一个非叶子节点是一个判断条件,每一个叶子节点是结论。从根节点开始,经过多次判断得出结论。图 4-15 绘出了一棵典型的学习到的决策树,这棵决策树根据天气情况分类“星期六上午是否适合踢足球”。

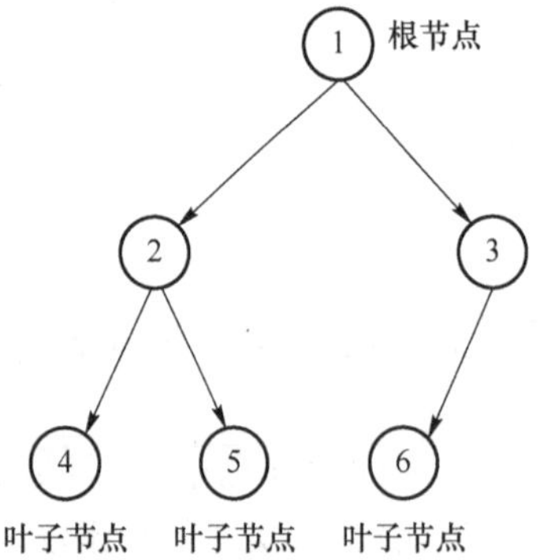

图 4-14 树的结构示意图

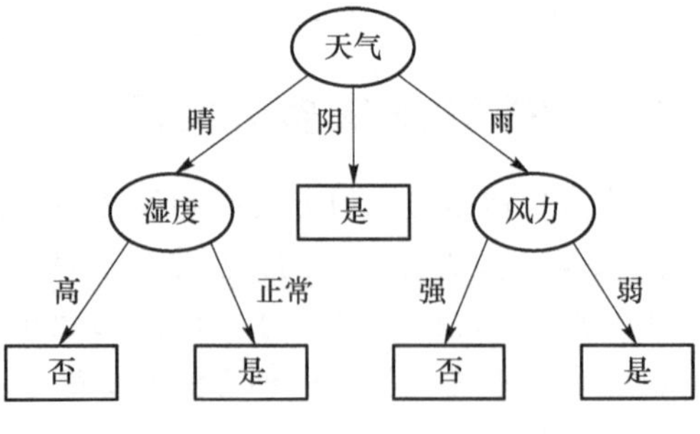

图 4-15 一棵典型的决策树

决策树代表样本属性值约束的合取的析取式。从树根到树叶的每一条路径对应一组属性测试的合取，树本身对应这些合取的析取。为了提高决策树的可读性，可以将学习到的决策树表示为多个 if-then 规则。图 4-15 所示的决策树可以表示成以下的规则集：

规则 1：如果天气＝晴且湿度＝高，则否；

规则 2：如果天气＝晴且湿度＝正常，则是；

规则 3：如果天气＝阴，则是；

规则 4：如果天气＝雨且风力＝强，则否；

规则 5：如果天气＝雨且风力＝弱，则是。

决策树的构造过程一般分为 3 个部分，分别是特征选择、决策树生产和决策树裁剪。

(1) 特征选择

特征选择表示从众多的特征中选择一个特征作为当前节点分裂的标准，如何选择特征有不同的量化评估方法，从而衍生出不同的决策树，如 ID3（通过信息增益选择特征）、C4.5（通过信息增益比选择特征）、CART（通过 Gini 指数选择特征）等。特征选择的目的（准则）是使用某特征对数据集划分之后，各数据子集的纯度要比划分前的数据集 D 的纯度高（也就是各数据子集的不确定性要比划分前数据集 D 的不确定性小）。

(2) 决策树生产

根据选择的特征评估标准，从上至下递归地生成子节点，直到数据集不可分，则停止决策树生长。这个过程实际上就是使用满足划分准则的特征不断地将数据集划分成纯度更高，不确定性更小的子集的过程。对于当前数据集的每一次划分，都希望根据某个特征划分之后的各个子集的纯度更高，不确定性更小。

(3) 决策树裁剪

决策树容易过拟合，一般需要剪枝来缩小树结构规模、缓解过拟合。

决策树中涉及的重要概念总结如下：

① 根节点(root node)：它表示整个样本集合，并且该节点可以进一步划分成两个或多个子集。

② 拆分(splitting)：表示将一个节点拆分成多个子集的过程。

③ 决策节点(decision node)：当一个子节点进一步被拆分成多个子节点时，这个子节点就叫作决策节点。

④ 叶子节点(leaf/terminal node)：无法再拆分的节点称为叶子节点。

⑤ 剪枝(pruning)：移除决策树中子节点的过程就叫作剪枝，跟拆分过程相反。

⑥ 分支/子树(branch/sub-tree)：一棵决策树的一部分就叫作分支或子树。

⑦ 父节点和子节点(parent and child node)：一个节点被拆分成多个子节点，这个节点就叫作父节点；其拆分后的子节点也叫作子节点。

下面介绍最简单的决策树——二叉树算法，然后结合具体算法介绍决策树构造的特征选择、决策树生成和剪枝几个过程。

4.3.2　二叉树

二叉树是最简单的决策树模型，其每个非终止节点上采用线性分类器进行决策，每个非终止节点有两个分支，故称为二叉树。二叉树将多峰问题或多类问题转换为多级的线性问题。二叉树算法的步骤如下：

① 采用线性判别函数 g,决策面正负侧判别;

② 设计线性分类器,将特征空间一分为二,成为两个子空间;

③ 对每个子空间,继续进行一分为二的操作,直至每个子空间中只含一类样本。

图 4-16 所示为一个简单的二叉树的例子,其中右图是一棵二叉树,而左图是这棵二叉树在特征空间中的表示,可以看出,二叉树可以对这种两类多峰的情况进行分类。

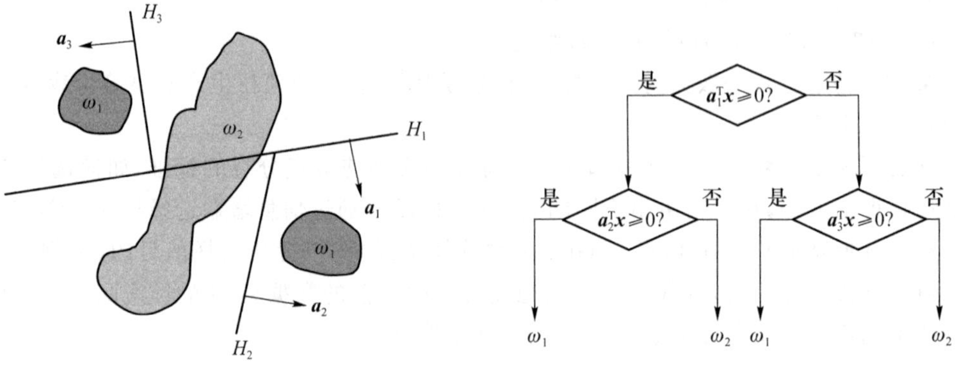

(a) 二叉树在特征空间中的表示　　(b) 二叉树

图 4-16　二叉树实例

从上述分析中,可以总结出二叉树算法的特点与问题:它实际上是一个分段线性分类器,其各节点(分段)可以优化设计;它可以解决两类多峰问题;但是,分类器设计相对复杂,并且第一个权向量影响后续所有权向量。

4.3.3　决策树的构建方法

在介绍具体算法之前,首先给一个例子,后续的算法说明都将基于这个具体的例子。

例 4-3　表 4-1 是由若干客户(样本)组成的贷款申请训练数据,每一位客户都有 4 个属性(特征):年龄、是否工作、是否有自己的房子和信用情况。现通过所给的训练数据学习一个贷款申请的决策树,当新的客户提出贷款申请时,根据申请人的属性利用决策树决定是否批准贷款申请。

表 4-1　贷款申请数据

ID	年龄	是否工作	是否有自己的房子	信用情况	类别
1	青年	否	否	一般	否
2	青年	否	否	好	否
3	青年	是	否	好	是
4	青年	是	是	一般	是
5	青年	否	否	一般	否
6	中年	否	否	一般	否
7	中年	否	否	好	否
8	中年	是	是	好	是
9	中年	否	是	非常好	是

续表 4-1

ID	年龄	是否工作	是否有自己的房子	信用情况	类别
10	中年	否	是	非常好	是
11	老年	否	是	非常好	是
12	老年	否	是	好	是
13	老年	是	否	好	是
14	老年	是	否	非常好	是
15	老年	否	否	一般	否

特征选择即选择某个属性来划分特征空间。例如，可以通过上述数据表得到两个可能的决策树，分别由两个不同属性的根节点构成。

由图 4-17 可知，选择不同的特征可以产生不同的决策树。所以生成决策树时如何选择特征是十分重要的，那么如何确定特征选择的准则以更好地分类呢？直觉上，若一个特征具有更好的分类能力，即按照这一特征将训练数据集分割成子集，使得各个子集在当前条件下有最好的分类，那么就应该选择这个特征。这一准则有很多不同的定义，如信息增益(information gain)和信息增益比(information gain ratio)等，从而对应的决策树算法也有很多种，下面分别介绍。

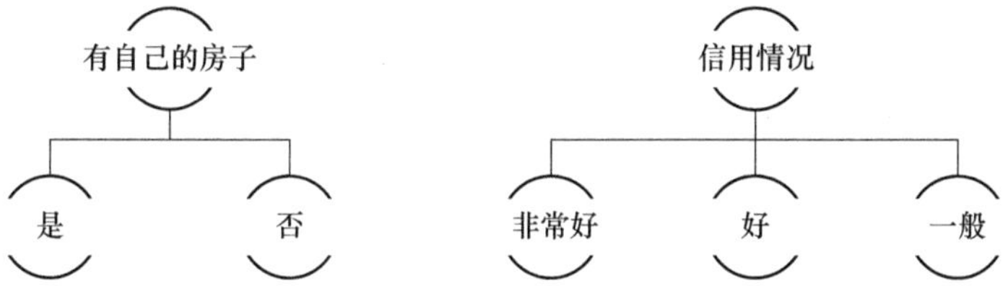

图 4-17　选择不同特征，产生不同的决策树

1. ID3 算法

大多数决策树学习算法是一种核心算法的变体，采用自顶向下的贪婪搜索遍历可能的决策树空间。ID3(交互式二分法，interactive dichotomizer-3)是这种算法的代表。ID3 算法自顶向下构造决策树，从“哪一个属性将在树的根节点被测试”开始，使用统计测试来确定每一个样本属性单独分类训练样例的能力。

ID3 算法的理论基础是香农的信息论。在信息论中，熵(entropy)是随机变量不确定性的度量，也就是熵越大，随机变量的不确定性越大。设 X 是一个取有限个值的离散随机变量，其概率分布为

$$P(X=x_i)=p_i,\quad i=1,2,\cdots,n \tag{4.43}$$

则随机变量 X 的熵定义为

$$H(X)=-\sum_{i=1}^{n}p_i\log_2 p_i \tag{4.44}$$

式(4.44)中的对数一般以 2 为底，并规定若 $p_i=0$ 时，定义 $0\log_2 0=0$。当熵中的概率由数据估计(特别是最大似然估计)得到时，所对应的熵称为经验熵(empirical entropy)。什么叫由数据估计？比如有 10 个数据，一共有两个类别，A 类和 B 类。其中有 6 个数据属于 A 类，则该

A 类的概率即为$\frac{6}{10}$。其中有 4 个数据属于 B 类，则该 B 类的概率即为$\frac{4}{10}$。简单地说，这里每一类的概率就是根据数据数出来的。定义贷款申请数据表中的数据为训练数据集 D，则训练数据集 D 的经验熵为 $H(D)$，$|D|$表示样本个数。设有 K 个类 C_k，$k=1,2,\cdots,K$，$|C_k|$为属于类 C_k 的样本个数，此时经验熵公式可以写为

$$H(D)=-\sum \frac{|C_k|}{|D|}\log_2 \frac{|C_k|}{|D|} \tag{4.45}$$

根据此公式计算经验熵 $H(D)$，分析贷款申请样本表中的数据，最终放贷分类结果只有两类，即放贷和不放贷。根据表 4-1 中的数据统计可知，在 15 个数据中，9 个数据的结果为放贷，6 个数据的结果为不放贷。所以数据集 D 的经验熵 $H(D)$为

$$H(D)=-\frac{9}{15}\log_2 \frac{9}{15}-\frac{6}{15}\log_2 \frac{6}{15}=0.971$$

经过计算可知，数据集 D 的经验熵 $H(D)$的值为 0.971。

在理解信息增益之前，还要知道条件熵的概念。条件熵 $H(Y|X)$(conditional entropy)表示在已知随机变量 X 的条件下随机变量 Y 的不确定性，定义 X 给定条件下 Y 的条件概率分布的熵对 X 的数学期望为

$$H(Y \mid X)=\sum_{i=1}^{n} p_i H(Y \mid X=x_i) \tag{4.46}$$

其中，$p_i=P(X=x_i)$，当熵和条件熵中的概率由数据估计(特别是极大似然估计)得到时，所对应的分别为经验熵和经验条件熵。

知道了熵和条件熵的概念，就可以定义信息增益，信息增益表示得知特征 X 的信息而使得类 Y 的信息不确定性减少的程度。信息增益是相对于特征而言的，所以，特征 A 对训练数据集 D 的信息增益 $\mathrm{Gain}(D,A)$定义为集合 D 的经验熵 $H(D)$与特征 A 给定条件下 D 的经验条件熵 $H(D|A)$之差，即

$$\mathrm{Gain}(D,A)=H(D)-H(D|A) \tag{4.47}$$

一般地，熵 $H(D)$与条件熵 $H(D|A)$之差称为互信息(mutual information)。决策树学习中的信息增益等价于训练数据集中类与特征的互信息。选择划分后信息增益大的特征作为划分特征，说明使用该特征后划分得到的子集纯度高，即不确定性小。因此总是选择当前使得信息增益最大的特征来划分数据集，而这是 ID3 算法的核心。

ID3 算法的核心是在决策树各个节点上对应信息增益准则选择特征，递归地构建决策树，即从根节点(root node)开始，对节点计算所有可能的特征的信息增益，选择信息增益最大的特征作为节点的特征。由该特征的不同取值建立子节点，再对子节点递归地调用以上方法，构建决策树；直到所有特征的信息增益均很小或没有特征可以选择为止，最后得到一个决策树。ID3 相当于用极大似然法进行概率模型的选择。ID3 算法步骤如下：

输入：训练数据集 D，特征集 A，阈值 ε；

输出：决策树 T。

步骤 1：若 D 中所有样本属于同一类，则 T 为单节点树，并将类作为该节点的类标记，输出 T；

步骤 2：若 $A=\varnothing$，则 T 为单节点树，并将 D 中样本数最大的类作为该节点的类标记，输出 T；

步骤 3：若 $A\neq\varnothing$，则计算 A 中个特征对 D 的信息增益，选择信息增益最大的特征 A_{ig}；

步骤 4：如果 A_{ig} 的信息增益小于阈值 ε，则 T 为单节点树，并将 D 中样本数最大的类作为该节点的类标记，输出 T；

步骤 5：否则，对 A_{ig} 的每一种可能值 a_j，按照 $A_{ig}=a_j$ 将 D 分割为若干非空子集 D_j，将 D_j 中样本数最大的类作为标记，构建子节点，由节点及其子树构成树 T，输出 T；

步骤 6：对第 j 个子节点，以 D_j 为训练集，以 $A-\{A_{ig}\}$ 为特征集合，递归调用步骤 1～步骤 5，得到子树 T_j，输出 T。

可以利用 ID3 算法来构建贷款申请的决策树。

前面已经计算了贷款申请数据集 D 的经验熵 $H(D)$ 的值为 0.971。下面计算各个属性（特征）对数据集 D 的信息增益。分别记年龄、是否工作、是否有自己的房子和信用情况分别为 A_1，A_2，A_3，A_4，现以 A_3，A_4 为例计算信息增益。

是否有自己的房子这个属性对数据集的信息增益为

$$\begin{aligned}\text{Gain}(D,A_3)&=H(D)-H(D|A_3)\\&=0.971-\left[\frac{6}{15}H(D_1)+\frac{9}{15}H(D_2)\right]\\&=0.971-\left[\frac{6}{15}\times 0+\frac{9}{15}\times\left(-\frac{3}{9}\log_2\frac{3}{9}-\frac{6}{9}\log_2\frac{6}{9}\right)\right]\\&=0.971-0.551\\&=0.420\end{aligned}$$

其中 D_1，D_2 分别表示数据集中属性 A_3 取值分别为有自己的房子和没有自己的房子的样本子集。

信用情况这个属性对数据集的信息增益为

$$\begin{aligned}\text{Gain}(D,A_4)&=H(D)-H(D|A_4)\\&=0.971-\left[\frac{4}{15}H(D_1)+\frac{6}{15}H(D_2)+\frac{5}{15}H(D_3)\right]\\&=0.971-\left[\frac{4}{15}\times 0+\frac{6}{15}\times\left(-\frac{4}{6}\log_2\frac{4}{6}-\frac{2}{6}\log_2\frac{2}{6}\right)+\frac{5}{15}\times\left(-\frac{1}{5}\log_2\frac{1}{5}-\frac{4}{5}\log_2\frac{4}{5}\right)\right]\\&=0.971-0.608\\&=0.363\end{aligned}$$

其中 D_1，D_2，D_3 分别表示数据集中属性 A_4 取值分别为非常好、好和一般的样本子集。同理可以计算出

$$\begin{aligned}\text{Gain}(D,A_1)&=H(D)-H(D|A_1)\\&=0.971-0.888\\&=0.083\end{aligned}$$

$$\begin{aligned}\text{Gain}(D,A_2)&=H(D)-H(D|A_2)\\&=0.971-0.647\\&=0.324\end{aligned}$$

从计算结果来看，是否有自己的房子 A_3 这个属性的信息增益最大，所以选择 A_3 作为决策树的根节点特征。它将数据集划分为两个子集，有自己的房子的样本子集 D_1 和没有自己的房子的样本子集 D_2。D_1 只有同一类的样本点，所以它成为一个叶节点，节点的类标记为“是”。

对 D_2 则需要从特征 A_1,A_2,A_4 中选择新的特征，计算各个特征的信息增益：

$$\text{Gain}(D_2,A_1)=H(D_2)-H(D_2|A_1)=0.251$$

$$\text{Gain}(D_2,A_2)=H(D_2)-H(D_2|A_2)=0.918$$

$$\text{Gain}(D_2,A_4)=H(D_2)-H(D_2|A_4)=0.474$$

根据计算结果可知，信息增益最大的是 A_2，因此将其作为节点的特征，它有两个取值的样本子集，所以引出两个子节点：①对应“是”(有工作)，包含三个样本，属于同一类，所以是一个叶子节点，类标记为“是”；②对应“否”(无工作)，包含六个样本，属于同一类，所以也是一个叶子节点，类标记为“否”。决策树就这样构建完成，该树只用了两个特征，生成的决策树如图 4-18 所示。

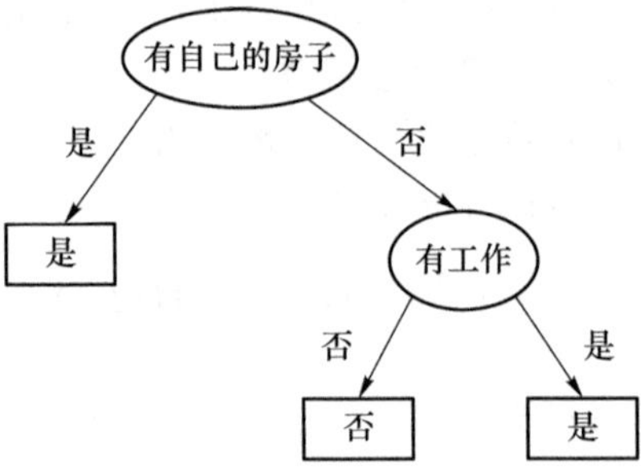

图 4-18　ID3 算法构建决策树

2. C4.5 算法

C4.5 算法与 ID3 算法很相似，C4.5 算法对 ID3 算法做了改进，在生成决策树过程中采用信息增益比来选择特征。

信息增益值的大小是相对于训练数据集而言的，并没有绝对意义，在分类问题困难时，也就是说在训练数据集经验熵大的时候，信息增益值会偏大，反之，信息增益值会偏小，信息增益会偏向取值较多的特征。使用信息增益比可以对这个问题进行校正，这是特征选择的另一个标准。

特征 A 对训练数据集 D 的信息增益比 $\text{GainRatio}(D,A)$ 定义为其信息增益 $\text{Gain}(D,A)$ 与训练数据集 D 关于特征 A 的值的熵 $H_A(D)$ 之比：

$$\text{GainRatio}(D,A)=\frac{\text{Gain}(D,A)}{H_A(D)} \tag{4.48}$$

其中，$H_A(D)=-\sum_{i=1}^{N}\frac{|D_i|}{|D|}\log_2\frac{|D_i|}{|D|}$，$N$ 是特征 A 取值的个数，$|D_i|$ 表示 A 的第 i 种取值对应的样本个数。

依旧以贷款申请为例介绍利用 C4.5 算法构建决策树的过程。前面已经计算了各个属性(特征)对数据集 D 的信息增益：

$$\text{Gain}(D,A_1)=0.083,\quad \text{Gain}(D,A_2)=0.324$$

$$\text{Gain}(D,A_3)=0.420,\quad \text{Gain}(D,A_4)=0.363$$

属性 A_1 对训练数据集 D 进行划分的经验熵为

$$H_{A_1}(D)=-\sum_{i=1}^{N}\frac{|D_i|}{|D|}\log_2\frac{|D_i|}{|D|}=-\frac{5}{15}\log_2\frac{5}{15}-\frac{5}{15}\log_2\frac{5}{15}-\frac{5}{15}\log_2\frac{5}{15}=1.585$$

同理可得

$$H_{A_2}(D)=0.918,\quad H_{A_3}(D)=0.971,\quad H_{A_4}(D)=1.566$$

属性 A_1 对训练数据集 D 的信息增益比为

$$\text{GainRatio}(D,A_1)=\frac{\text{Gain}(D,A_1)}{H_{A_1}(D)}=\frac{0.083}{1.585}=0.052$$

剩下的过程留给读者继续完成。

3. CART 算法

CART(classification and regression tree,CART)模型是应用广泛的决策树算法,主要用于分类与回归。CART 算法将概率论与统计学的知识引入到决策树的研究中,既可以用于分类,也可以用于回归。不同于 C4.5 算法,CART 算法的本质是对特征空间进行二元划分(CART 生成的决策树是一棵二叉树),并能够对标量属性与连续属性进行分裂。CART 算法递归地对每个特征进行二元划分,然后根据输入的特征值预测输入样本的结果。其优点是计算简单,易于理解,可解释性强,比较适合处理有缺失属性的样本,不仅能够处理不相关的特征,还能在相对短的时间内对大型数据源得出可行且效果良好的结果。但是,它不支持在线学习,在有新的样本产生后,决策树模型要重建,容易出现过拟合的现象,生成的决策树可能对训练数据有很好的分类能力,但对未知的测试数据却未必有很好的分类能力。

CART 算法使用基尼指数(Gini index)来选择最优特征,同时决定该特征的最优二值划分点。假设分类问题中,设有 K 个类,样本属于第 k 类的概率为 p_k,则概率分布的基尼指数定义为

$$\text{Gini}(p)=\sum_{k=1}^{K}p_k(1-p_k)=1-\sum_{k=1}^{K}p_k^2 \tag{4.49}$$

对于二分类问题,设属于第一类的概率为 p,则此时概率分布的基尼指数为

$$\text{Gini}(p)=2p(1-p)$$

对于给定的样本集合 D,假设有 K 个类 C_k,$k=1,2,\cdots,K$,$|C_k|$ 为属于类 C_k 的样本个数,$|D|$ 表示样本个数,其基尼指数为

$$\text{Gini}(D)=1-\sum_{k=1}^{K}\left(\frac{|C_k|}{|D|}\right)^2 \tag{4.50}$$

假设样本集合 D 根据特征 A 是否取某一可能值,a 被划分为 D_1 和 D_2 两部分,则在特征 A 的条件下,样本集合 D 的基尼指数定义为

$$\text{Gini}(D,A)=\frac{|D_1|}{|D|}\text{Gini}(D_1)+\frac{|D_2|}{|D|}\text{Gini}(D_2) \tag{4.51}$$

基尼指数 $\text{Gini}(D)$ 表示集合 D 的不确定性,基尼指数 $\text{Gini}(D,A)$ 表示经 $A=a$ 分割后集合 D 的不确定性。基尼指数值越大,样本集合的不确定性也就越大,这一点跟熵相似。

下面举一个例子来说明上面的公式。

例 4-4　图 4-19 所示是一个包含 30 个学生的样本,其包含三种特征,分别是:性别(男/女)、班级(5 班/6 班)和身高(150～180 cm)。其中 30 个学生里面有 15 个学生喜欢在闲暇时间玩飞盘。

那么要如何选择第一个要划分的特征呢?我们通过上面的公式来进行计算:

$$\begin{aligned}\text{Gini}(D,\text{Gender})&=\frac{10}{30}\times\left[2\times\frac{2}{10}\times\left(1-\frac{8}{10}\right)\right]+\frac{20}{30}\times\left[2\times\frac{13}{20}\times\left(1-\frac{13}{20}\right)\right]\\&=0.41\end{aligned}$$

$$\text{Gini}(D,\text{Height})=\frac{12}{30}\times\left[2\times\frac{5}{12}\times\left(1-\frac{5}{12}\right)\right]+\frac{18}{30}\times\left[2\times\frac{10}{18}\times\left(1-\frac{10}{18}\right)\right]$$
$$=0.490\,7$$

$$\text{Gini}(D,\text{Class})=\frac{14}{30}\times\left[2\times\frac{5}{14}\times\left(1-\frac{5}{14}\right)\right]+\frac{16}{30}\times\left[2\times\frac{9}{16}\times\left(1-\frac{9}{16}\right)\right]$$
$$=0.476\,8$$

性别的基尼指数最小，所以用性别来作为最优特征。

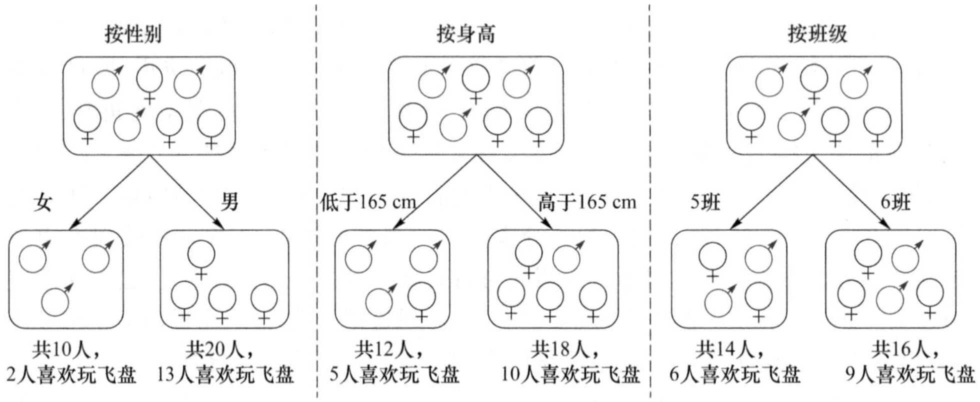

图 4-19　基尼指数计算举例

CART 算法步骤如下：

输入：训练数据集 D，阈值；

输出：CART 决策树 T。

根据训练数据集 D，从根节点开始，递归地对每个节点进行以下操作，构建二叉树：

步骤 1：计算现有特征对该数据集 D 的基尼指数，即对每一个特征 A，对其可能取的每个值 a，根据样本是否满足 $A=a$，将 D 划分为 D_1 和 D_2 两部分，计算 $A=a$ 时的基尼指数；

步骤 2：在所有可能的特征 A 以及它们所有可能的划分点 a 中，选择基尼指数最小的特征及其可能对应的划分点作为最优特征和最优划分点。根据最优特征和最优划分点，从现节点生成两个子节点，将训练数据集依特征分配到两个子节点中去；

步骤 3：对两个子节点递归地调用步骤 1、步骤 2，直至满足条件；

步骤 4：生成 CART 决策树。

算法停止计算的条件是节点中的样本个数小于预定阈值，或样本集的基尼指数小于预定阈值，或者没有更多特征。

4.3.4　决策树的剪枝

决策树生成算法递归地产生决策树，直到不能继续下去为止，这样产生的树往往对训练数据的分类很准确，但对未知测试数据的分类却没有那么精确，即会出现过拟合现象。

对于一个假设，当存在其他的假设对训练样例的拟合比它差，但事实上在样本的整个分布上表现得却更好时，我们说这个假设过拟合训练样例。具体地，给定一个假设空间 H，一个假设 $h\in H$，如果存在其他的假设 $h'\in H$，使得在训练样例上 h 的错误率比 h' 小，但在整个样本分布上 h' 的错误率比 h 小，那么就说假设 h 过拟合训练数据。

训练样例含有随机错误或噪声可能会导致过拟合，当训练数据没有噪声时，过拟合也有可能发生，特别是当少量的样例被关联到叶子节点时，很可能出现巧合的规律性，使得一些属性恰巧可以很好地分割样例，但却与实际的目标函数并无关系。

过拟合产生的原因在于在学习时过多地考虑如何提高对训练数据的正确分类，从而构建出过于复杂的决策树，解决方法是考虑决策树的复杂度，对已经生成的树进行简化。剪枝(pruning)即是一种简化方法，它从已经生成的树上裁掉一些子树或叶节点，并将其根节点或父节点作为新的叶子节点，从而简化分类树模型，具体是通过极小化决策树整体的损失函数或代价函数来实现。

设决策树 T 的叶节点个数为 $|T_f|$，设 $T_t, t=1,2,\cdots,|T_f|$ 为树的叶节点，该叶节点有 N_t 个样本点，其中属于 C_k 类的样本点有 $N_{t,k}$ 个，$k=1,2,\cdots,K$，即

$$\sum_{k=1}^{K} N_{t,k} = N_t \tag{4.52}$$

令 $H(t)$ 为叶节点 T_t 上的经验熵，设 $\alpha \geqslant 0$ 为系数，则决策树学习的损失函数定义为

$$C_\alpha(T) = \sum_{t=1}^{|T_f|} N_t H(t) + \alpha |T_f| \tag{4.53}$$

其中 $H(t) = -\sum_{k=1}^{K} \frac{N_{t,k}}{N_t} \log_2 \frac{N_{t,k}}{N_t}$。从式(4.53)可以看出，叶节点个数越多，表示决策树越复杂，则损失函数越大。叶节点的经验熵越大，表示叶节点的样本类别分布很分散，损失函数越大。叶节点的经验熵还需要加权，权重为叶节点样本数量，即越大的叶节点，其分类错误的影响越大。

令

$$C(T) = \sum_{t=1}^{|T_f|} N_t H(t) = -\sum_{t=1}^{|T_f|} \sum_{k=1}^{K} N_{t,k} \log_2 \frac{N_{t,k}}{N_t}$$

则

$$C_\alpha(T) = C(T) + \alpha |T_f| \tag{4.54}$$

其中，$\alpha |T_f|$ 是正则化项，表示模型复杂度；$C(T)$ 表示预测误差。

当 $C(T)=0$ 时，意味着 $N_{t,k}=N_t$，即每个节点 T_t 内的样本都是单一分类。决策树划分越细致，则叶节点越多。当叶节点的数量等于样本集的数量时，树的每一个叶节点只有一个样本，这样的决策树是没有实用价值的，因此需要用一个正则化项来约束决策树的复杂程度。

参数 α 控制预测误差和模型复杂度之间的关系。较大的 α 会选择较简单的模型，较小的 α 会选择较复杂的模型，当 $\alpha=0$ 时，只考虑对训练集的拟合，不考虑模型复杂度。

决策树剪枝的准则就是考虑当 α 确定时，$C_\alpha(T)$ 最小化，这等价于正则化的极大似然估计。决策树的剪枝过程(泛化过程)就是从叶节点开始递归，记其父节点将所有子节点回溯后的子树为 T_b(分类值取类别比例最大的特征值)，未回溯的子树为 T_a，如果 $C_\alpha(T_a) \geqslant C_\alpha(T_b)$，则说明回溯后使得损失函数减小了，那么应该使这棵子树回溯，递归直到无法回溯为止，这样使用“贪心”的思想进行剪枝可以降低损失函数值，也使决策树得到泛化。

可以看出，决策树的生成只是考虑通过提高信息增益对训练数据进行更好的拟合，而决策树剪枝通过优化损失函数还考虑了减小模型复杂度。

剪枝又可分为预剪枝与后剪枝。预剪枝是指在决策树的生成过程中，对每个节点在划分前先进行评估，若当前的划分不能带来泛化性能的提升，则停止划分，并将当前节点标记为叶节点。后剪枝是指先从训练集生成一棵完整的决策树，然后自底向上对非叶节点进行考察，若将该节点对应的子树替换为叶节点，能带来泛化性能的提升，则将该子树替换为叶节点。

4.3.5　决策树学习中的常见问题

决策树算法在实际应用中还存在许多的问题。例如，如何确定决策树增长的深度，如何处理连续值的属性，如何处理属性值不完整的训练数据等。本节简单讨论一下处理这些常见问题的方法。

1. 确定决策树增长的深度

4.3.4 小节已经提到，过拟合的解决方法是考虑决策树的复杂度。及早停止树增长是直观的想法，但是精确地估计何时停止树的增长却很困难。那么使用什么样的准则来确定最终正确树的规模呢？

目前其解决方案有三种：①使用与训练样例截然不同的一套分离的样例，来评估通过后修剪方法从树上修剪节点的效用；②使用所有可用数据进行训练，但进行统计测试来估计扩展（或修剪）一个特定的节点是否有可能改善在训练集合外的样本上的性能；③使用一个明确的标准来衡量训练样例和决策树的复杂度，当这个编码的长度最小时停止树增长。

2. 合并连续值属性

前面介绍的 ID3 算法被限制为取离散值的属性，即有两个限制：①学习到的决策树要预测的目标属性必须是离散的；②树的决策节点的属性也必须是离散的。是否可以突破上述的限制呢？答案是肯定的，可以通过动态地定义新的离散值属性来实现，即先把连续值属性的值域分割为离散的区间集合。此外，把连续的属性分割成多个区间，而不是单一阈值的两个空间。

3. 缺少属性值的训练样例

这种情况是可能发生的，为了评估属性 A 是否是决策节点 n 的最佳测试属性，要计算决策树在该节点的信息增益 Gain(D,A)。假定$(x,C(x))$是数据集 D 中的一个训练样例，并且其属性 A 的值 $A(x)$未知。

一种策略是赋给它节点 n 的训练样例中该属性的最常见值；另一种策略是赋给它节点 n 的被分类为 $c(x)$ 的训练样例中该属性的最常见值；更复杂的策略，为 A 的每个可能值赋予一个概率，而不是简单地将最常见的值赋给 $A(x)$。

4.4　分类器的集成

在介绍本节内容之前，先引入弱分类器和强分类器的概念。通常情况下，弱分类器是指识别错误率小于 1/2，即准确率仅比随机猜测略高的分类器。而强分类器是指识别准确率很高，并且能在多项式时间内完成的分类器。那么，仅有一些弱分类器，能否获得强分类器的结果？这就是分类器的集成所要研究的问题。

4.4.1 分类器集成的基本原理

1. 个体与集成

在有监督学习算法中，有时很难学习出一个稳定且在各个方面表现都较好的模型，而是只能得到多个有偏好的模型(仅在某些方面表现比较好，也叫弱监督模型)。集成学习就是组合多个弱监督模型以期得到一个更好、更全面的强监督模型。分类器的集成，其实就是集成学习，通过构建并结合多个弱分类器来完成分类任务。一般结构是：先产生一个个弱分类器，再用某种策略将它们结合起来，如图 4-20 所示。

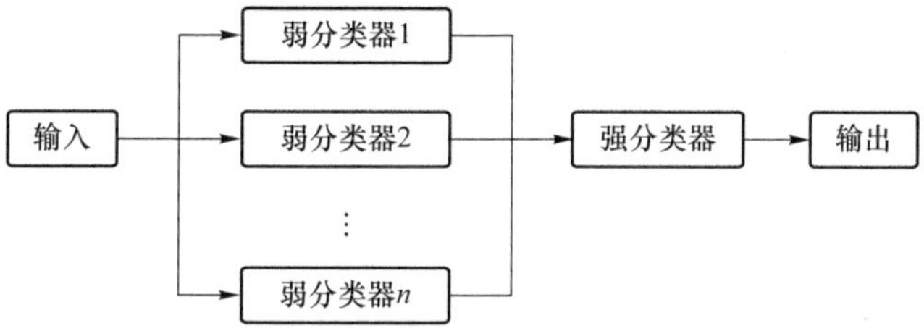

图 4-20　集成学习的思想

集成学习潜在的思想：即便某一个弱分类器得到了错误的预测，其他的弱分类器也可以将错误纠正回来，从而提升分类性能，即“三个臭皮匠顶个诸葛亮”。通常把这一个个弱分类器称为基分类器。

2. 错误率分析

先考虑一种简单的情况，对于一个二分类问题 $y\in\{-1,+1\}$ 和真实的分类器 $f(\boldsymbol{x})$，假设基分类器 $h_i(\boldsymbol{x})$ 的错误率均为 ε，有

$$P(h_i(\boldsymbol{x})\neq f(\boldsymbol{x}))=\varepsilon \tag{4.55}$$

最直接的集成策略就是投票，票多者胜，即对于 T(不妨设为奇数)个基分类器，有

$$H(\boldsymbol{x})=\operatorname{sign}\left[\sum_{i=1}^{T}h_i(\boldsymbol{x})\right] \tag{4.56}$$

假设基分类器错误率相互独立，则集成分类器错误率为

$$\begin{aligned}P[H(\boldsymbol{x})\neq f(\boldsymbol{x})]&=\sum_{t=0}^{(T-1)/2}C_T^t\varepsilon^{T-t}\ (1-\varepsilon)^t\\&\leqslant\exp\left[-\frac{1}{2}\ (1-2\varepsilon)^2T\right]\end{aligned} \tag{4.57}$$

可以看出，如果基分类器的误差相互独立，则随着模型数量的增多，集成模型的错误率也会下降，并趋近于 0。

上述分析有一个关键假设：基分类器的误差相互独立。现实任务中，基分类器是为解决同一个问题而训练出来的，显然不可能互相独立。事实上，基分类器的“准确性”和“多样性”本身就存在冲突，如何产生“好而不同”的基分类器是集成学习研究的核心。

4.4.2 分类器集成方法的分类

为了增加不同基分类器之间的差异性，集成学习大致可分为两大类：序列化方法和并行化

方法，对应地即可以采取 Bagging 和 Boosting 这两类方法。下面分别介绍。

1. Bagging 类方法

Bagging(bootstrap aggregating) 类方法是通过不同模型的训练数据集的独立性来提高不同模型之间的独立性，即在原始训练集上进行有放回的随机采样，得到若干个比较小的训练集并训练若干个模型，然后通过投票的方法进行模型集成。代表性方法有 Bagging 和随机森林等。

Bagging 中训练样本的产生采用自助采样法(bootstrap sampling)。给定包含 n 个样本的数据集，每次随机取出一个样本放入采样集，再把样本放回到初始数据集，这样下次采样时该样本仍有可能被选中。这样经过 n 次随机采样操作，即可得到含 n 个样本的采样集。初始训练集中有的样本在采样集中多次出现，有的则没有出现。按照这种方式可以采样出 T 个含 n 个样本的采样集，然后基于每一个采样集训练出若干模型，再把这些模型集成，这就是 Bagging 的方法思路。

Bagging 的算法流程如下：

输入：样本集 $\boldsymbol{D}=\{(\boldsymbol{x}_1,y_1),(\boldsymbol{x}_2,y_2),\cdots,(\boldsymbol{x}_n,y_n)\}$，弱分类器算法，弱分类器迭代次数 T；

输出：最终的强分类器 $f(\boldsymbol{x})$。

① 对于 $t=1,2,\cdots,T$：

a. 对训练集进行第 t 次随机采样，共采样 n 次，得到包含 n 个样本的采样集 $\boldsymbol{D}_t$；

b. 用采样集 $\boldsymbol{D}_t$ 训练第 t 个弱分类器 $\boldsymbol{G}_t(\boldsymbol{x})$。

② T 个弱分类器投出最多票数的类别或者类别之一为最终类别。如果是回归预测，则可用 T 个弱学习器得到的回归结果进行算术平均，得到的值为最终的模型输出。

2. Boosting 类方法

Boosting 算法是另一类集成学习算法，它和前面介绍的 Bagging 方法不同，它的基分类器之间存在着强依赖关系，必须串行生成。Boosting 是能够把弱学习算法转化成强学习算法的一系列算法的集合。Boosting 类方法是按照一定的顺序来先后训练不同的基模型，每个模型都针对前序模型的错误进行专门训练。根据前序模型的结果来调整训练样本的权重，从而增加不同基模型之间的差异性。

最初的 Boosting 算法产生于计算学习理论中的 PAC(probably approximately correct)学习。如果存在一种算法能够以很大的概率，学到一个很高的精确度，并且在多项式时间内完成(时间是输入变量、概率和精确度的多项式函数)，则该模型是 PAC 可学习的(PAC learnable)。PAC 学习的本意是对各种模型进行分类，找出哪些模型是 PAC 可学习的。实际上由于需要，对任意高的概率和精确度都可学习，只有很少的模型是属于 PAC 可学习范畴的强可学习模型。弱可学习模型只能保证以任意高的概率学到比随机猜好一点的能力(在多项式时间内完成)。两类问题，随机猜的正确率为 50%。一般的想法是弱可学习模型应该比强可学习模型范围更大。

Valiant 和 Kearns 首次提出了 PAC 学习模型中弱学习算法和强学习算法的等价性问题，即任意给定仅比随机猜测略好的弱学习算法，是否可以将其提升为强学习算法？这个问题的结论非常重要，如果答案是确定的，任何弱学习算法就可以被组合成一个强学习算法。在实践中，获得一个弱学习算法是很容易的，而获得强学习算法要困难得多。Schapire 于 1990 年证明了这个问题的答案是确定的，即弱可学习模型与强可学习模型这两个概念是等价的。也就是说，只要模型是弱可学习的，就能找到一种算法在多项式时间内，以任意高的概率和精确度学习出这个模型。Freund 和 Schapire 在 1997 年提出一个有效的算法真正实现了这个问题，它的名字叫 AdaBoost。AdaBoost 把多个不同的弱分类器用一种非随机的方式组合起来，表现出惊人的性能。后面将专门介绍这个算法。

Boosting 方法的基本思想是：①每个样本都赋予一个权重；②每次迭代后，对分类错误的样本加大权重，使得下一次的迭代更加关注这些样本。

Boosting 算法的工作机制是：首先从训练集用初始权重训练出一个弱学习器 1，根据弱学习的学习误差率表现来更新训练样本的权重，使得之前弱学习器 1 学习误差率高的训练样本的权重变高，这些误差率高的样本在后面的弱学习器 2 中将得到更多的重视。然后基于调整权重后的训练集来训练弱学习器 2，如此重复进行，直到弱学习器数达到事先指定的数目 T，最终将这 T 个弱学习器通过集合策略进行整合，得到最终的强学习器。

Boosting 系列算法可以提高任意给定学习算法的准确度，训练过程为阶梯状，弱分类器按次序一一进行训练(实现上可以做到并行)，弱分类器的训练集按照某种策略每次都进行一定的转化。最后以一定的方式将弱分类器组合成一个强分类器，Boosting 中所有的弱分类器可以是不同类的分类器。

显然，对于 Boosting 算法，需要解决两个问题：①如何调整训练集，使得在训练集上训练的弱分类器得以进行；②如何将训练得到的各个弱分类器联合起来形成强分类器。

4.4.3　随机森林

随机森林(random forests)就是通过集成学习的方法将多棵决策树集成的一种算法，该分类器最早由 Leo Breiman 和 Adele Cutler 提出，并被注册成了商标。每一棵决策树都是一个分类器，对于每一个输入样本，N 棵决策树会有 N 种分类结果，如图 4-21 所示。而随机森林集成了所有的分类投票结果，将投票次数最多的类别指定为最终的输出。可见，这也是一种 Bagging 思想。

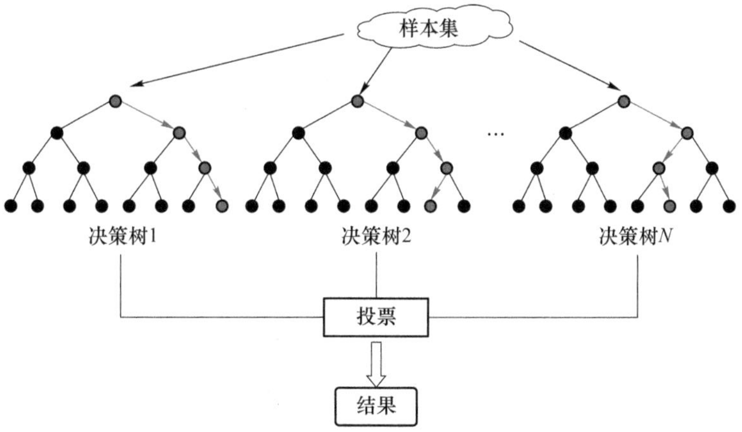

图 4-21　随机森林

随机森林有如下优点：①在当前所有算法中，具有极好的准确率；②能够运行在大数据集上；③能够处理具有高维特征的样本输入，不需要降维；④能评估各个特征在分类问题上的重要性；⑤对于缺省值问题，也能够获得好的结果。但是，随机森林也有明显的缺点，随机森林对于分类工作表现得很好，但是对于回归问题则表现一般，因为它无法给出一个精确连续的预测值。此外。随机森林就像一个黑盒，很难去控制它，只能通过尝试不同的参数来调整，和深度学习一样可解释性差。

随机森林是通过一个个弱的分类器（决策树）最终组成一个强分类器，那么，森林中的每棵树是如何生成的呢？其构造步骤如下（见图 4-22）：

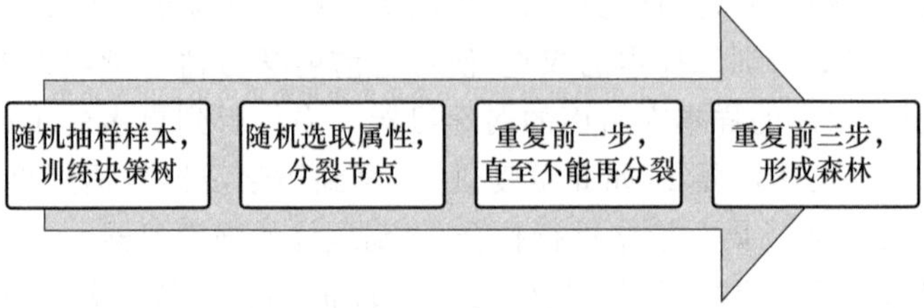

图 4-22　随机森林的构造步骤

① 一个样本容量为 N 的样本集，有放回地抽取 N 次，每次抽取 1 个，最终形成了 N 个样本。这些选择好的 N 个样本用来训练一个决策树，作为决策树根节点处的样本。

② 当每个样本有 M 个属性时，在决策树的每个节点需要分裂时，随机从这 M 个属性中选取出 m 个属性，满足条件 $m \ll M$。然后在这 m 个属性中采用某种策略（比如信息增益）来选择 1 个属性作为该节点的分裂属性。

③ 决策树形成过程中每个节点都要按照步骤②来分裂（很容易理解，如果下一次该节点选出来的那一个属性是刚刚其父节点分裂时用过的属性，则该节点已经达到了叶子节点，无须继续分裂了），一直到不能够再分裂为止。注意整个决策树形成过程中没有进行剪枝。

④ 按照步骤①～③建立大量的决策树，这样就构成了随机森林。

影响随机森林分类效果的因素有很多，包括：①森林中任意两棵树的相关性：相关性越大，错误率越大；②森林中每棵树的分类能力：每棵树的分类能力越强，整个森林的错误率越低；③特征 m 的个数：减少特征 m 的个数，树的相关性和分类能力都会相应下降；增大 m 的个数，二者也会随之增大。所以随机森林的一个关键问题就是如何选择最优的 m，这也是随机森林唯一的参数。

4.4.4　AdaBoost 算法

1. AdaBoost 算法过程

Boosting 类方法里最著名的算法是 AdaBoost（adaptive boosting）算法。1996 年，Freund 和 Schapire 两人提出了 AdaBoost 算法，在很多实验中都表现出非常好的性能。针对 Boosting 需要解决的两个问题，AdaBoost 算法采用了以下策略：①使用加权后选取的训练数据代替随机选取的训练样本，这样将训练的焦点集中在比较难分的训练数据样本上；②将弱分类器联合起来，使用加权的投票机制代替平均投票机制。让分类效果好的弱分类器具有较大的权重，而分类效果差的分类器具有较小的权重。

具体来说，AdaBoost 利用一个基本分类器(看作弱分类器)，根据它每次的输出结果，自适应地改变样本权重(已被正确分类的样本权值较小，被错分的样本权重提高)，训练出一系列分类器，根据分类器的表现加权投票给出最终判决结果。AdaBoost 算法是一种迭代式的训练算法，通过改变数据分布来提高弱分类器的差异。在每一轮训练中，增加分错样本的权重，减少分对样本的权重，从而得到一个新的数据分布。

这里考虑一个两分类问题，数据点用 $\boldsymbol{x}$ 来表示，这是一个 n 维向量，而类别用 y 来表示，可以取 -1 或者 $+1$，分别代表两个不同的类。现在有 m 个训练样本，用 $(\boldsymbol{x}_1, y_1), (\boldsymbol{x}_2, y_2), \cdots, (\boldsymbol{x}_m, y_m)$ 来表示，其中 $y_i \in \{-1, +1\}$。在每一轮迭代中，通过调用弱学习算法，产生一个新的弱分类器。

定义 $D_t(i)$ 代表第 t 轮迭代过程中，第 i 个样本点的权重。因为最初的 m 个训练样本是固定的，故需要在每一轮的迭代中，调整每一个样本点的权重，来产生一个新的样本点分布，作为下一轮迭代的输入。

首先，对样本集中的所有样本点的权重进行初始化，有

$$D_1(i) = \frac{1}{m}, \quad i = 1, 2, \cdots, m \tag{4.58}$$

在第 $t(t=1,2,\cdots,T)$ 次的迭代中，第 i 个样本点的权重为 $D_t(i)$。调用弱学习算法，产生一个基分类器 h_t。对于样本集中的每一个点，把基分类器 h_t 的分类结果与样本的实际类别 y 进行比较，计算该基分类器的错误率 ε_t。对于第 i 个样本点，当 $h_t(\boldsymbol{x}_i) \neq y_i$ 时，即表示该点的类别被判定错误。

定义每一轮迭代产生的基分类器 h_t 应用于样本集分类的错误率为 ε_t，可得

$$\varepsilon_t = \sum_{i=1}^{m} D_t(i) I(h_t(\boldsymbol{x}_i) \neq y_i) / \sum_{i=1}^{m} D_t(i) \tag{4.59}$$

其中，$I(\cdot)$ 为指示函数，当括号里的表达式成立时 I 为 1，否则为 0。

同时，定义 α_t 为基分类器 h_t 的权重系数，α_t 可由下式计算：

$$\alpha_t = \frac{1}{2} \ln\left(\frac{1-\varepsilon_t}{\varepsilon_t}\right) \tag{4.60}$$

当 $\varepsilon_t = 1/2$ 时，α_t 为 0。根据 Boosting 的思想，基分类器 h_t 的错误率是小于 50% 的，因此 α_t 是大于 0 的数。由式(4.60)可知，ε_t 越小，意味着基分类器 h_t 的分类性能越好，权重 α_t 越大。

接着对样本集中所有样本点的权重进行更新，产生一个新的分布 D_{t+1}。对于分类正确的样本点，减小其权重；对于分类错误的样本点，增加其权重。在下一轮的迭代中，上一轮被分错的样本点将被重视。

D_{t+1} 可由下式计算：

$$D_{t+1}(i) = \begin{cases} D_t(i)\exp(-\alpha_t), & h_t(\boldsymbol{x}_i) = y_i \\ D_t(i)\exp(\alpha_t), & h_t(\boldsymbol{x}_i) \neq y_i \end{cases} \tag{4.61}$$

从式(4.61)可以看出，当样本分类正确时，D_{t+1} 乘上一个小于 1 的数，该样本的权重减小；当样本分类错误时，D_{t+1} 乘上一个大于 1 的数，该样本的权重增加。

又因

$$y_i h_t(\boldsymbol{x}_i) = \begin{cases} +1, & h_t(\boldsymbol{x}_i) = y_i \\ -1, & h_t(\boldsymbol{x}_i) \neq y_i \end{cases} \tag{4.62}$$

可将式(4.61)化简为

$$D_{t+1}(i)=D_t(i)\exp[-\alpha_t y_i h_t(\boldsymbol{x}_i)] \tag{4.63}$$

在全部的 T 轮迭代完成之后，定义最终的强分类器为 H，则把迭代过程中的所有基分类器 h_t 按照一定的规则组合起来，式(4.64)是一种加权组合的方式：

$$H(\boldsymbol{x})=\mathrm{sign}\left[\sum_{t=1}^{T}\alpha_t h_t(\boldsymbol{x})\right] \tag{4.64}$$

即对于一个样本点 $\boldsymbol{x}$，其分类结果就是 $H(\boldsymbol{x})$。

2. AdaBoost 算法原理

实际上，AdaBoost 算法也可以看作一种分步优化的加性模型，其损失函数定义为

$$\begin{aligned}L(H)&=\exp[-yH(\boldsymbol{x})]\\&=\exp\left[-y\sum_{t=1}^{T}\alpha_t h_t(\boldsymbol{x})\right]\end{aligned} \tag{4.65}$$

其中，$y\in\{+1,-1\}$是样本 $\boldsymbol{x}$ 对应的真实标签，$H(\boldsymbol{x})$为组合后的分类器(此处不加符号函数以方便计算损失函数)。

假设经过 $t-1$ 次迭代，得到

$$H_{t-1}(\boldsymbol{x})=\sum_{i=1}^{t-1}\alpha_i h_i(\boldsymbol{x}) \tag{4.66}$$

则第 t 次迭代的目标是找到 α_t 和 $h_t(\boldsymbol{x})$使得下面的损失函数最小：

$$L(\alpha_t,h_t(\boldsymbol{x}))=\sum_{i=1}^{m}\exp\{-y_i[H_{t-1}(\boldsymbol{x}_i)+\alpha_t h_t(\boldsymbol{x}_i)]\} \tag{4.67}$$

令 $D_t(i)=\exp[-y_i H_{t-1}(\boldsymbol{x}_i)]$，在求解出 $h_t(\boldsymbol{x})$之后，则 $h_t(\boldsymbol{x})$损失函数可写为

$$\begin{aligned}L(\alpha_t,h_t(\boldsymbol{x}))&=\sum_{i=1}^{m}D_t(i)\exp[-y_i\alpha_t h_t(\boldsymbol{x}_i)]\\&=\sum_{y_i=h_t(\boldsymbol{x}_i)}D_t(i)\exp(-\alpha_t)+\sum_{y_i\neq h_t(\boldsymbol{x}_i)}D_t(i)\exp(\alpha_t)\\&\propto(1-\varepsilon_t)\exp(-\alpha_t)+\varepsilon_t\exp(\alpha_t)\end{aligned} \tag{4.68}$$

其中，ε_t 是基分类器 $h_t(\boldsymbol{x})$的加权错误率

$$\varepsilon_t=\frac{\sum_{y_i\neq h_t(\boldsymbol{x}_i)}D_t(i)}{\sum_{i=1}^{m}D_t(i)} \tag{4.69}$$

求式(4.69)关于 α_t 的导数并令其为 0，可得到

$$\alpha_t=\frac{1}{2}\ln\frac{1-\varepsilon_t}{\varepsilon_t} \tag{4.70}$$

可以证明，上述推导和 4.4.3 小节的定义是等价的。

3. AdaBoost 算法举例

例 4-5 下面通过一个简单的例子来看 AdaBoost 的实现过程，如图 4-23 所示。

图中“△”与“○”分别表示两种类别，用水平或垂直的直线作为分类器来进行分类。

第一步：初始时，每一个样本的权重 $D_1(i)=0.1,i=1,2,\cdots,10$，图 4-24 中 h_1 为一个基

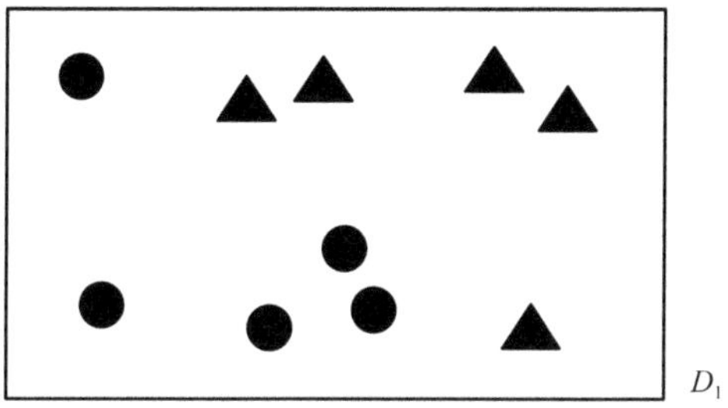

图 4-23　初始数据

分类器，可以看出有两个样本分类错误，故 $\varepsilon_1=0.1+0.1=0.2$，$\alpha_1=\frac{1}{2}\ln\frac{1-\varepsilon_1}{\varepsilon_1}=0.6931$。同时可以得到新的权重分布 D_2：对于那两个分类错误的样本，其权重变为 $D_2=0.1\times e^{\alpha_1}=0.2000$；对于其他分类正确的样本，其权重变为 $D_2=0.1\times e^{-\alpha_1}=0.0500$。

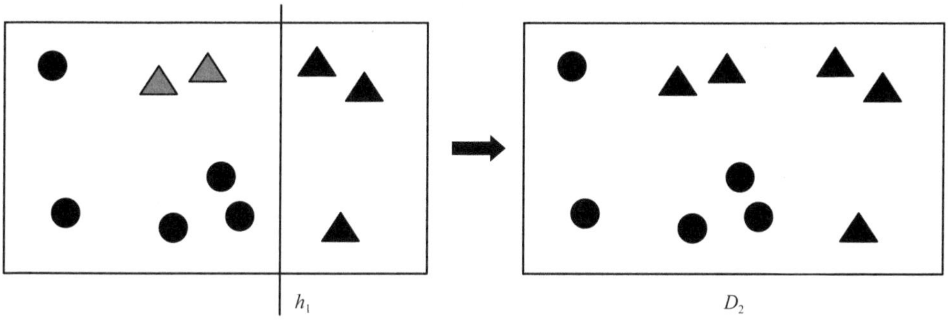

图 4-24　第一个基分类器

第二步：图 4-25 中 h_2 为基分类器，可以看出有两个样本分类错误，此时可以计算 $\varepsilon_2=\frac{0.0500+0.0500}{0.0500\times 8+0.2000\times 2}=0.1250$，$\alpha_2=\frac{1}{2}\ln\frac{1-\varepsilon_2}{\varepsilon_2}=0.9730$。同时可以得到新的权值分布：对于上一轮中分类错误的样本，它在这一轮中都分类正确，因此它的权重变为 $D_3=0.2000\times e^{-\alpha_2}=0.0756$；对于本轮中分类错误的样本，其权重更新为 $D_3=0.0500\times e^{\alpha_2}=0.1323$；对于其他样本，权重更新为 $D_3=0.0500\times e^{-\alpha_2}=0.0189$。

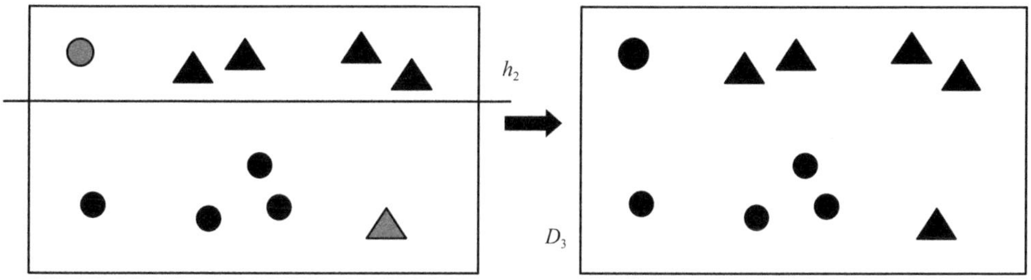

图 4-25　第二个基分类器

第三步：图 4-26 中 h_3 为新得到的基分类器，可以看出有三个样本分类错误，同理经计算可得 $\varepsilon=0.1071$，$\alpha_t=1.0604$。

如图 4-27 所示，整合所有的子分类器，可以得到最后的强分类器 $H(\boldsymbol{x})$：

$$H(\boldsymbol{x})=\alpha_1 h_1(\boldsymbol{x})+\alpha_2 h_2(\boldsymbol{x})+\alpha_3 h_3(\boldsymbol{x})$$

即

$$H(\boldsymbol{x})=0.6931h_1(\boldsymbol{x})+0.9730h_2(\boldsymbol{x})+1.0604h_3(\boldsymbol{x})$$

从结果可以看出，简单的弱分类器组合起来也能得到比较好的分类效果。

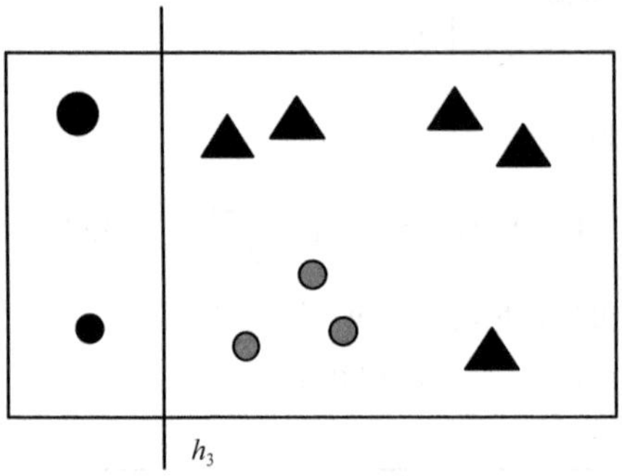

图 4-26　第三个基分类器

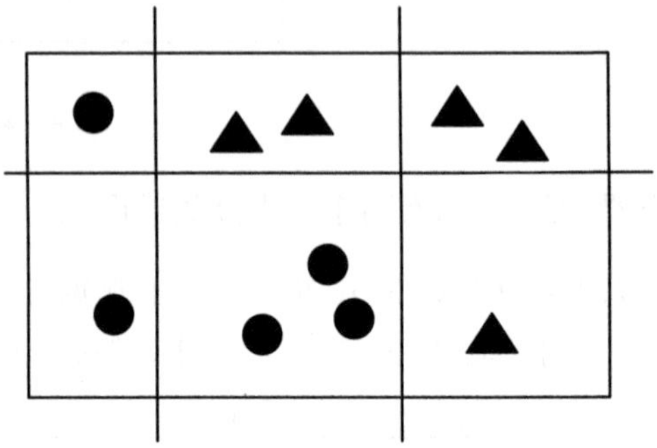

图 4-27　强分类器

4.4.5　集成策略

假设包含了 T 个基分类器 $h_i(\boldsymbol{x})$，如何把多个弱分类器结果集成起来得到最后的输出 $H(\boldsymbol{x})$呢？下面介绍一些常见的集成策略。

1. 平均法

平均法是最常见的集成策略。

① 简单平均法：

$$H(\boldsymbol{x})=\sum_{i=1}^{T} h_i(\boldsymbol{x}) \tag{4.71}$$

② 加权平均法：

$$H(\boldsymbol{x})=\sum_{i=1}^{T} w_i h_i(\boldsymbol{x}) \tag{4.72}$$

其中，w_i 是基分类器的权重，通常满足 $w_i \geqslant 0, \sum_{i=1}^{T} w_i = 1$。

简单平均法是加权平均法的特例，集成学习中的各种结果集成方法都可以看成是加权平均法的变种或特例，加权平均法可认为是集成学习研究的基本出发点，但是加权平均法未必一定优于简单平均法。

2. 投票法

(1) 绝对多数投票法

若某类别得票数过半，则输出为该类别，否则拒绝输出。

(2) 相对多数投票法

相对多数投票法即输出为得票最多的类别，若同时有多个类别获得最高票，则从中随机选择一个输出。

(3) 加权投票法

与前述的加权平均法类似，加权投票法即投票时对每个基分类器施加权重，然后才输出得票最多的类别。

3. 学习法

当训练数据很多时，还有一种集成策略是“学习法”，即通过另一个学习器来进行集成。Stacking 是学习法的代表算法，它先从初始训练数据集中训练出初级学习器，然后“生成”一个新的数据集用于训练次级学习器。在这个新数据集中，初级学习器的输出作为样本的特征，类别则保持不动。

小　结

本章介绍了典型的非线性分类器，包括近邻法、决策树、支持向量机和分类器集成等。近邻法比较简单，直接根据已知样本对新的未知样本进行分类。决策树方法基于树结构，是一种逼近离散值目标函数的方法，包括 ID3、C4.5、CART 等方法。支持向量机在解决小样本、非线性及高维模式识别中表现出许多特有的优势，本章将支持向量机的理论从线性可分推广到了非线性的情况，并介绍了广义分类面、核方法以及核函数。集成学习的目的是将多个弱分类器组合起来形成一个强分类器来进行分类，包括随机森林和 AdaBoost 算法等典型方法。目前为止，我们使用的都是有监督的模式识别方法。

习　题

1. 已知二维空间中的三个样本点 $\boldsymbol{x}_1=(2,2)^T$，$\boldsymbol{x}_2=(6,2)^T$，$\boldsymbol{x}_3=(5,5)^T$，求在 p 取不同值时，L_p 距离下 $\boldsymbol{x}_1$ 的最近邻点。

2. 试总结近邻法的优缺点。

3. 已知：

甲类样本 4 个：$(2,2)^T$、$(2,3)^T$、$(1,2)^T$、$(2,1)^T$；

乙类样本 4 个：$(-2,-2)^T$、$(-3,-2)^T$、$(-1,-2)^T$、$(-2,-3)^T$。

试用最近邻分类器对未知样本 $(-1,-1)^T$ 和 $(3,2)^T$ 进行分类。

4. 请自行查阅资料了解球树(ball tree)算法，并对比球树算法与 KD 树算法的优缺点。

5. 近邻算法中有两种减少训练集样本数量的方法，即剪辑方法和压缩方法，请自己查阅资料了解压缩法，并给出压缩法的基本步骤。

6. 试分析决策树学习的优点和缺点。

7. 决策树算法主要包括哪几个部分？常用的算法有哪些？

8. 分析概率分布为伯努利分布时熵与概率的关系。注：伯努利分布的随机变量只取两个值，即 $P(X=1)=p$，$P(X=0)=1-p$，$0\leqslant p\leqslant 1$。

9. 将表 4 - 2 这组数据作为训练集，利用 ID3 算法建立决策树。

表 4-2 题 9 数据

序号	不浮出水面是否可以生存	是否有脚蹼	是否属于鱼类
1	是	是	是
2	是	是	是
3	是	否	否
4	否	是	否
5	否	是	否

10. 利用 C4.5 算法对贷款申请数据集构建决策树。

11. 利用 CART 算法对贷款申请数据集构建决策树。

12. 简述对决策树剪枝优化过程的理解。

13. 试分析 ID3、C4.5、CART 的区别。

14. 支持向量机的基本思想是什么？什么是支持向量？

15. 已知正例点 $\boldsymbol{x}_1=(4,3)^{\mathrm{T}}$，$\boldsymbol{x}_2=(3,3)^{\mathrm{T}}$，负例点 $\boldsymbol{x}_3=(1,1)^{\mathrm{T}}$，试求线性可分支持向量机。

16. 试分析 SVM 对噪声敏感的原因。

17. 给定一个多分类的数据集，证明：①如果数据集中每个类的样本都和除该类之外的样本是线性可分的，则该数据集一定是线性可分的；②如果数据集中每两个类的样本是线性可分的，则该数据集不一定是线性可分的。

18. 若数据集线性可分，证明支持向量机中将两类样本正确分开的最大间隔分离超平面存在且唯一。

19. 线性支持向量机中需要求 $\|\boldsymbol{w}\|$ 的最小值，实际优化过程中的优化目标为 $\min\limits_{\boldsymbol{w},b}\frac{1}{2}\|\boldsymbol{w}\|^2$，试分析这样做的作用。

20. 假设输入空间是 $\mathbf{R}^2$，核函数为 $\kappa(\boldsymbol{x}_i,\boldsymbol{x}_j)=(\boldsymbol{x}_i\cdot\boldsymbol{x}_j)^2$，试找出其特征空间 H 和相应的映射 ϕ，并说明特征空间和相应的映射是不是唯一的。

21. SVM 推导过程中 KKT 条件是什么？并对其进行分析。

22. 如表 4-3 所列，$\alpha_1=0$，$\alpha_2=4$，$\alpha_3=3$，$\alpha_4=1$，请求解 $\boldsymbol{w}$ 和 b，写出计算过程。

表 4-3 题 22 数据

输入样本 $\boldsymbol{x}$	期望输出
$(0,0)^{\mathrm{T}}$	−1
$(0,1)^{\mathrm{T}}$	−1
$(0,2)^{\mathrm{T}}$	+1
$(2,0)^{\mathrm{T}}$	+1

23. 试分析 Bagging 和 Boosting 的区别。

24. Boosting 算法的基本思想是什么？

25. 思考 Boosting 的性能取决于哪些因素？

26. 随机森林中树的数目增多，会提升随机森林分类准确率吗？为什么？

27. 分析 AdaBoost 算法的优缺点。

28. 阅读参考文献[28]，尝试将 AdaBoost 算法推广到多类问题。

29. 给定如表 4-4 所列的训练数据，假设弱分类器是基于阈值的二分类器，其阈值使得该分类器在训练集上分类错误率最低。试用 AdaBoost 算法学习一个强分类器。

表 4-4　题 29 训练数据

序号	1	2	3	4	5	6	7	8	9	10
x	0	1	2	3	4	5	6	7	8	9
y	1	1	1	−1	−1	−1	1	1	1	−1

30. 试比较近邻法、支持向量机和 AdaBoost 的学习策略和算法。

参考文献

[1] Cover T M, Hart P E. Nearest neighbor pattern classification[J]. IEEE Transactions on Information Theory, 1967, 13(1):21-27.

[2] 李航. 统计学习方法[M]. 2 版. 北京：清华大学出版社，2019.

[3] 张学工. 模式识别[M]. 3 版. 北京：清华大学出版社，2010.

[4] 周知航. KD 树简介[EB/OL]. (2020-06-22). https://zhuanlan.zhihu.com/p/53826008.

[5] Wilson D L. Asymptotic properties of nearest neighbor rules using edited data[J]. IEEE Transactions on Systems, Man, and Cybernetics, 1972, SMC-2(3).

[6] Hart P E. The condensed nearest neighbor rule (Corresp.)[J]. IEEE Transactions on Information Theory, 1968, 14(3):515-516.

[7] Hunt E B. Experiments in Induction[M]. New York: New York Academic Press, 1966.

[8] Quinlan J R. Discovering rules by induction from large collections of examples: a case study[J]. Expert Systems in the Microelectronic Age, 1979.

[9] Ryzin J V. "Book-review" classification and regression trees[J]. Journal of the American Statistical Association, 1986, 81(393):253.

[10] Quinlan J R. C4.5: Programs for Machine Learning[M]. San Mateo: Morgan kaufmann Publishers, 1993.

[11] Liu B. Web Data Mining: Exploring Hyperlinks, Contents, and Usage Data[M]. New York: Springer-Verlag New York, Inc., 2007.

[12] 呆呆的猫. 机器学习实战[EB/OL]. (2022-11-07). https://blog.csdn.net/jiaoyangwm/article/details/79525237.

[13] 稀饭居然不在家. 数据挖掘十大算法——CART[EB/OL]. (2019-07-22). https://zhuanlan.zhihu.com/p/74727025.

[14] Corinna C, Vapnik V. Support-vector networks[J]. Machine Learning, 1995, 20(3):273-297.

[15] samoyan. SVM 处理多分类情况[EB/OL]. (2017-04-20). https://blog.csdn.net/

baoyan2015/article/details/70265459.
[16] Tessie333. SVM 的实现多分类的几种方法以及优缺点详解[EB/OL].(2018-08-22). https://blog.csdn.net/weixin_42296976/article/details/81946047.
[17] 周志华.机器学习[M].北京:清华大学出版社,2016.
[18] Valiant L G. A theory of the learnable[J]. Communications of the ACM, 1984, 27(11):1134-1142.
[19] Schapire R E. The strength of weak learnability[J]. Proceedings of the Second Annual Workshop on Computational Learning Theory, 1989, 5(2):197-227.
[20] Freund Y, Schapire R E. A decision-theoretic generalization of on-line learning and an application to boosting[J]. Journal of Computer & System Sciences, 1997, 55(1):119-139.
[21] Breiman L. Random Forests[J]. Machine Learning, 2001, 45(01):5-32.
[22] 随机森林——Random forest[EB/OL]. https://easyai.tech/ai-definition/random-forest/.
[23] 邱锡鹏.神经网络与深度学习[M].北京:机械工业出版社,2020.
[24] Breiman L. Stacked regressions[J]. Machine Learning, 1996, 24(1):49-64.
[25] Wolpert D H. Stacked generalization[J]. Neural Networks, 2017, 5(2):241-259.
[26] Schapire R E, Singer Y. Improved boosting algorithms using confidence-rated predictions[J]. Machine Learning, 1999,37(3):80-91.

第5章　特征选择与特征提取

模式识别中把每个对象都量化为一组特征来描述，构建特征空间是解决模式识别问题的第一步，其中通过直接测量得到的特征称为原始特征，如人体的各种生理指标(以描述健康状况)、数字图像中每个像素点的灰度值(以描述图像内容)。原始特征的形成一般包含三大类：物理特征、结构特征和数学特征。其中物理和结构特征一般是由仪器直接测量出来的数值，这类特征易于为人的直觉感知，但是有时难以定量描述，因此不利于机器判别。而数学特征则是对仪器所测量数据的进一步计算，比如根据图像中细胞的总光密度、大小、形状、核内纹理等统计特征来区分正常细胞和异常细胞，这类特征易于用机器判别和分析。

原始特征是我们直接测量获得的，但是往往不直接用于模式识别中，这是因为：①原始特征不能反映对象的本质特征；②原始特征的维数可能很大，不利于分类器的设计。针对原始特征以上的特性和不足，为了设计出更好的分类器，通常需要对原始特征的测量值集合进行分析，经过选择和变换处理，组成有效的识别特征。

特征选择(feature selection)是指从原始特征中挑选出一组最有代表性、分类性能好的特征。特征提取(feature extraction)则是通过映射(或变换)的方法将高维特征映射到低维空间，在低维空间表示样本。特征选择和特征提取有着些许的相似点，这两者达到的效果是一样的，就是试图去减少特征数据集中的属性(或者称为特征)的数目；但是两者所采用的方式方法却不同：特征提取主要是通过属性间的关系，如组合不同的属性得到新的属性，这样就改变了原来的特征空间；而特征选择的方法是从原始特征数据集中选择出子集，是一种包含的关系，没有更改原始的特征空间。

特征选择和特征提取在分类决策中并不是必需的，在需要的时候，可以选择其中的一种方法，也可以选择其中的几种方法对原始特征进行处理，而在不需要的时候，则可以不对原始特征进行任何的处理即可直接进入后续的分类识别阶段。

5.1　特征选择

特征选择的任务是从一组数量为 D 的特征中选择数量为 $d(D>d)$ 的一组最优特征来表征样本本身。最简单的特征选择方法是根据专家的知识挑选那些对分类最有影响的特征，另一个方法则是用数学的方法进行筛选比较，找出具有分类信息的特征。而对于后者，有两个问题需要解决，一是选择的标准，我们希望选择出的特征有利于分类，对于不同的特征选择方法，需要定义不同的类别可分离性准则 J_{ij}，用来衡量在一组特征下第 i 类和第 j 类之间的可分程度；另一个问题就是要找一个较好的搜索算法，以便在允许的时间内找出最优的那组特征，该问题可以由搜索算法来解决。

5.1.1　类别可分性准则

特征选择可以被看作是一个优化问题，其关键是建立一种评价标准来区分哪些特征组合有助于分类，哪些特征组合存在冗余性、部分或者完全无关。通过反复选择不同的特征组合，采用定量分析比较的方法，判断所得到的特征维数及所采用特征是否对分类最有利，这种定量检验分类性能的准则称为类别可分离性判据，用来检验不同特征组合对分类性能好坏的影响。在实际应用中合适的可分离性准则应该满足以下几个要求：

① 判据应该与错误率（或错误率的上界）有单调关系，这样才能较好地反映分类目标。

② 当特征独立时，判据对特征应该具有可加性，即 $J_{ij}(x_1,x_2,\cdots,x_d)=\sum_{k=1}^{d}J_{ij}(x_k)$。这里 J_{ij} 是第 i 类和第 j 类之间的可分程度。J_{ij} 越大，两类的分离程度就越大，$x_1,x_2,\cdots,x_d$ 是一系列特征变量。

③ 判据应该具有以下度量特性：

$$J_{ij}\geqslant 0,\quad i\neq j,\quad J_{ij}=0,\quad i=j,\quad J_{ij}=J_{ji}$$

④ 理想的判据应该对特征具有单调性，即加入新的特征不会使判据减小，即

$$J_{ij}(x_1,x_2,\cdots,x_d)\leqslant J_{ij}(x_1,x_2,\cdots,x_d,x_{d+1})$$

下面介绍两种常用的判据，即基于欧氏距离的可分离性判据和基于熵的可分离性判据。

1. 基于欧氏距离的可分离性判据

各类样本可以分开是因为它们位于特征空间中的不同区域，显然这些区域之间距离越大，类别可分性就越大。令 $\boldsymbol{m}_i$ 为第 i 类的均值向量，$\boldsymbol{d}_i$ 为第 i 类的均方差向量，则

令 $\boldsymbol{x}_k^{(i)}$、$\boldsymbol{x}_l^{(j)}$ 分别为 w_i 类和 w_j 类中的 D 维特征向量，$\delta(\boldsymbol{x}_k^{(i)},\boldsymbol{x}_l^{(j)})$ 为这两个向量间的距离，则各类特征向量之间的平均距离为

$$J_d(x)=\frac{1}{2}\sum_{i=1}^{c}P_i\sum_{j=1}^{c}P_j\frac{1}{n_in_j}\sum_{k=1}^{n_i}\sum_{l=1}^{n_j}\delta(\boldsymbol{x}_k^{(i)},\boldsymbol{x}_l^{(j)}) \tag{5.1}$$

其中，c 为类别数；n_i 为 w_i 类中样本数；n_j 为 w_j 类中样本数；P_i,P_j 是相应类别的先验概率。

多维空间中两个向量之间有很多种距离度量，在欧氏距离情况下有

$$\delta(\boldsymbol{x}_k^{(i)},\boldsymbol{x}_l^{(j)})=(\boldsymbol{x}_k^{(i)}-\boldsymbol{x}_l^{(j)})^{\mathrm{T}}(\boldsymbol{x}_k^{(i)}-\boldsymbol{x}_l^{(j)}) \tag{5.2}$$

用 $\boldsymbol{m}_i$ 表示第 i 类样本集的均值向量，即

$$\boldsymbol{m}_i=\frac{1}{n_i}\sum_{k=1}^{n_i}\boldsymbol{x}_k^{(i)} \tag{5.3}$$

用 $\boldsymbol{m}$ 表示所有各类的样本集总平均向量，即

$$\boldsymbol{m}=\sum_{i=1}^{c}P_i\boldsymbol{m}_i \tag{5.4}$$

将式(5.2)～式(5.4)代入式(5.1)得

$$J_d(x)=\sum_{i=1}^{c}P_i\left[\frac{1}{n_i}\sum_{k=1}^{n_i}(\boldsymbol{x}_k^i-\boldsymbol{m}_i)^{\mathrm{T}}(\boldsymbol{x}_k^i-\boldsymbol{m}_i)+(\boldsymbol{m}_i-\boldsymbol{m})^{\mathrm{T}}(\boldsymbol{m}_i-\boldsymbol{m})\right] \tag{5.5}$$

式(5.5)中等号右边的第二项是第 i 类的均值向量与总体均值向量 $\boldsymbol{m}$ 之间的平方距离，用先验概率加权平均后可以代表各类均值向量的平均平方距离，即

$$\sum_{i=1}^{c}P_i(\boldsymbol{m}_i-\boldsymbol{m})^{\mathrm{T}}(\boldsymbol{m}_i-\boldsymbol{m})=\frac{1}{2}\sum_{i=1}^{c}P_i\sum_{j=1}^{c}P_j(\boldsymbol{m}_i-\boldsymbol{m}_j)^{\mathrm{T}}(\boldsymbol{m}_i-\boldsymbol{m}_j) \tag{5.6}$$

应该选择这样的特征 x^*，使 c 个类别各样本之间的平均距离 $J(x^*)$ 为最大，即

$$J(x^*)=\max_{x}J_d(x) \tag{5.7}$$

2. 基于信息熵的可分离性判据

把类别 $\omega_i, i=1,2,\cdots,c$ 看作一系列随机事件，它的发生依赖于随机向量 $\boldsymbol{x}$，给定 $\boldsymbol{x}$ 后 ω_i 的后验概率是 $P(\omega_i|\boldsymbol{x})$。如果根据 $\boldsymbol{x}$ 能完全确定 ω，则 ω 就没有不确定性，对 ω 本身的观察就不会再提供信息量，此时熵为 0，特征最有利于分类；如果根据 $\boldsymbol{x}$ 完全不能确定 ω，则 ω 不确定性最大，对 ω 本身的观察所提供的信息量最大，此时熵为最大，特征最不利于分类。

常用的熵度量有如下两种：

① Shannon 熵：

$$H=-\sum_{i=1}^{c}P(\omega_i|\boldsymbol{x})\log_2 P(\omega_i|\boldsymbol{x})$$

② 平方熵：

$$H=2\left[1-\sum_{i=1}^{c}P^2(\omega_i\mid\boldsymbol{x})\right]$$

在这些熵的基础上，对特征的所有取值积分，就得到基于熵的可分性判据：

$$J_E=\int H(\boldsymbol{x})p(\boldsymbol{x})\mathrm{d}\boldsymbol{x} \tag{5.8}$$

J_E 越小，可分性越好。

5.1.2 最优搜索

理想的特征选择方法可以从给定的 M 个原始特征，根据某种判据来优选出 m 个特征($m<M$)，即从给定的 M 个原始特征中搜索到使得该判据最优的特征组合。如果使用全局搜索，则搜索计算量极大，其搜索次数为

$$C_M^m=\frac{M!}{(M-m)!\ m!} \tag{5.9}$$

可以采用分支定界算法(branch and bound，简称 B&B 算法)减少搜索次数，该算法的原理是：将所有可能特征组合构建一个树状结构，按照特定的规则对树进行搜索和回溯，尽早达到最优解，而不必遍历树的所有分支。

B&B 算法的步骤如下：

① 从包含所有特征(根节点)开始；

② 每一级去掉一个特征，逐步去掉不被选中的特征(可用特征的序号标记一个节点，同一层中按对准则函数的影响大小，从左到右排列)；

③ 底层的每个叶节点代表特征选择的一个组合；

④ 到达叶节点后算法向上回溯，每回溯一级，应将相应节点上去掉的特征再收回来；

⑤ 定义准则函数阈值，用来结束搜索过程。

B&B 算法要求准则函数(即可分性判据)对特征具有单调性，其树的构建生长过程就是特征选择的过程，回溯过程保证算法可以遍历所有可能组合，但算法有可能提前达到准则函数阈值，因此，运算量有可能有效减少。

5.1.3 次优搜索

在很多情况下，即使是采用 5.1.2 小节介绍的 B&B 最优搜索算法，计算量仍然很大，技

术实现十分困难。因此，人们一般都会放弃最优搜索而采用计算量更小的次优搜索，这种搜索方法是凭直觉的引导列出一些可能的特征表，然后用特征排序方法选择不同特征，利用其结果对表进行删减，从而选出若干最好的特征。次优搜索方法实现起来简单，在很多实际应用中可以取得比较好的效果。

1. 单独最优特征组合

单独最优特征组合这种搜索方法简单粗暴，即对所有 M 个特征分别单独计算类别可分性判据，然后对单个特征的判据值进行排序，选择其中前 m 个单独最优特征组合。这种想法有一个前提，即假设单独使用时性能最优的特征组合起来也是性能最优的。显然，在实际情况中这种假设不一定成立。即使这些特征是相互独立的，单独最优特征组合也不一定是最优的，这还与类别可分性判据有关。如果所使用的判据是每个特征的判据的和或积时，这种做法才能得到最优的特征。

2. 顺序后向搜索

下面通过举例来说明这一方法。

例 5-1 假设 $M=4, m=2$，即原始特征为 x_1, x_2, x_3, x_4，从中选择两个特征。

搜索方法如下：

① 采用一个可分性判据，为特征向量 $(x_1, x_2, x_3, x_4)^{\mathrm{T}}$ 计算判据值。

② 去掉一个特征，对每一个可能的组合 $(x_2, x_3, x_4)^{\mathrm{T}}$，$(x_1, x_3, x_4)^{\mathrm{T}}$，$(x_1, x_2, x_4)^{\mathrm{T}}$，$(x_1, x_2, x_3)^{\mathrm{T}}$，计算相应的判据值。选择最优的组合，假设为 $(x_1, x_2, x_3)^{\mathrm{T}}$。

③ 从上一步中所选择的特征向量中去掉一个特征，对每一个可能的组合 $(x_2, x_3)^{\mathrm{T}}$，$(x_1, x_3)^{\mathrm{T}}$，$(x_1, x_2)^{\mathrm{T}}$，计算相应的判据值。选择最优的组合，完成搜索。

这种方法的思路是从 M 开始，每一步都从上一步最优的组合中去掉一个特征，直到具有 m 个特征，完成搜索。显然，这是一种次优搜索过程，因为例子中最优的二维特征向量不一定来自于最优的三维特征向量中。

3. 顺序前向搜索

顺序前向搜索其实是顺序后向搜索的逆过程，同样假设 $M=4, m=2$，则其过程如下：

① 根据一个可分性判据计算每一个特征单独的判据值，选择最优的特征，假设是 x_1。

② 在剩余的单独特征中选择一个特征进行组合，对每一种组合 $(x_1, x_2)^{\mathrm{T}}$，$(x_1, x_3)^{\mathrm{T}}$，$(x_1, x_4)^{\mathrm{T}}$，计算判据值，选择最优的特征向量，完成搜索。

如果需要选择三个特征，则可从得到的最优的二维特征向量开始继续组合，并选择最优三维特征向量，完成搜索。从计算上看，当 m 接近于 M 时，后向搜索比前向搜索更有效。

4. 浮动搜索

前面所讲的顺序后向搜索有一个明显的缺点，即某一个特征一旦被去掉就不会再被选中，而顺序前向搜索也有一个明显的缺点，即某一个特征一旦被选择就不会被去除。这两种搜索方法都是根据局部最优准则来选择或去除特征的，很可能无法得到最优的特征组合。一种简单的改进思路就是将这两种方法结合起来，在去除或选择的过程中引入一个回溯的步骤，使得根据局部最优准则而被选择或去除的特征可以被重新去除或选择，这种技术称为浮动搜索技术。浮动搜索同样也有两种实现方法，一种是基于后向搜索，另一种是基于前向搜索。

5.1.4 启发式搜索

前面介绍的最优搜索算法和次优搜索算法是直接比较的方法，当特征集规模比较小时可以很好地应用。但是，这些方法对于待选特征较多的特征集来说，效果并不好，这是因为要比较的、可能的特征组合比较多，每个都比较一次，几乎是不现实的。因此，就出现了很多其他间接方法来寻找特征次优子集。此处，介绍两种常用的特征搜索算法——遗传算法和模拟退火算法。

1. 遗传算法

遗传算法(genetic algorithms，GAs)是 1975 年美国密歇根大学教授 John Holland 提出的，是一种通过模拟生物选择和进化过程以实现搜索寻优的方法，它以其良好的自适应和并行搜索性能在众多复杂优化决策和优化设计的应用中得到令人满意的结果。

人类对于生物进化过程的认识，最重要的贡献之一来自达尔文的生物进化论。生物在漫长的进化过程中，经过遗传和变异，按照“物竞天择，适者生存”的规则进行演变。每个个体不断学习和适应环境，通过基因交叉的方式繁殖后代(基因遗传)，后代继承了双亲的优良特性，并继续对环境学习和适应。如此周而复始，逐步达成进化。

遗传算法将人类对于生物进化过程的认识转化为实用的优化算法，该算法也可以用来进行特征选择——按照基因进化规则，寻找和搜索原始特征的某个优化组合。简单而言，它使用了群体搜索技术，将种群代表一组问题解，通过对当前种群施加选择、交叉和变异等一系列遗传操作，从而产生新一代的种群，并逐步使种群进化到包含近似最优解的状态。限于篇幅，本书不对遗传算法的基础理论进行过多介绍，只给出基于遗传算法特征选择的基本步骤。

采用二进制编码方式，假设特征总数为 D 个，则染色体是码长为 D 的二进制编码，0 代表该特征未被选中，1 代表该特征被选中。以式(5.1)或式(5.8)作为适应度函数，则基于遗传算法的特征选择的基本步骤如下：

步骤 1：参数初始化，包括种群规模 m、交叉率 p_c 和初始变异率 p_m，以随机方式生成初始种群 $P(0)$。

步骤 2：计算 t 代种群 $P(t)$ 的染色体适应度 f_i，$i=1,2,\cdots,m$，并根据适应度值对染色体进行从大到小排序。

步骤 3：选择、交叉和变异等遗传操作，并采用精英保留策略以保证算法的收敛性。

步骤 4：是否满足终止条件，如果是，则执行步骤 5，否则转步骤 2。

步骤 5：解码最优个体，最优个体上编码为 1 的所有序号即为最佳特征组合。

遗传算法是一种随机搜索算法，由于解空间有可能存在多个极小点的情况，因此不同的搜索过程可能得到不同的特征组合。遗传算法进行特征选择不能保证收敛到全局最优解，但可以得到较好的次优解。适用于特征空间维数 M 较大，或特征之间关系不明等情况的特征选择寻优。

例 5-2　设有 16 个特征，每个特征选用与否分别用 1 和 0 来表示，则每个特征组合可以由 16 个数字(0 或 1)组成染色体。染色体的交叉和突变示例如表 5-1 所列。

表 5-1　染色体交叉和变异示例

特　征	父　母	子　女
交叉(crossover)	101010**1010101010**	101010**0101010101**
	010101**0101010101**	010101**1010101010**
变异(mutation)	101010**1010**101010	101010**0101**001010

遗传算法的步骤如下：

① 初始化；

② 计算当前种群中每条染色体的适应度；

③ 按概率从种群中选择染色体，进行交叉和变异操作繁殖出下一代染色体，构成新的种群；

④ 迭代繁殖，直到达到终止条件(某条染色体适应度达到阈值)。适应度最大的染色体即为最优解。

2. 模拟退火算法

模拟退火算法也是具有代表性的搜索算法。在物理上，让一个多磁体系统或合金中的多原子系统达到最低能量的方法称为“退火”。模拟退火算法来源于固体退火原理，将固体加温至充分高，再让其徐徐冷却。加温时，固体内部粒子随温升变为无序状，内能增大，而冷却时粒子渐趋有序，在每个温度都达到平衡态，最后在常温时达到基态，内能减为最小。

根据 Metropolis 准则，粒子在温度 T 时趋于平衡的概率为

$$p=\exp\left(\frac{-\Delta E}{kT}\right) \tag{5.10}$$

其中，E 为温度 T 时的内能，ΔE 为其改变量，k 为 Boltzmann 常数。

将内能 E 模拟为目标函数值 f，温度 T 演化成控制参数 t，即得到解组合优化问题的模拟退火算法。该算法的基本思路是：由初始解 i 和控制参数初值 t 开始，对当前解重复“产生新解→计算目标函数差→接受或舍弃”的迭代，并逐步衰减 t 值，算法终止时的当前解即为所得近似最优解。模拟退火算法的整个退火过程由冷却进度表控制，包括控制参数的初值 t 及其衰减因子 Δt、每个 t 值时的迭代次数 L 和停止条件 S，具体步骤如下：

步骤 1：选择初始温度 T(充分大)、初始解状态 S(是算法迭代的起点)、每个 T 值的迭代次数 L。

步骤 2：对 $k=1,2,\cdots,L$ 循环重复以下过程①～④。

① 产生新解 S'；

②计算增量 $\Delta t'=C(S')-C(S)$，其中 $C(S)$为评价函数；

③ 若 $\Delta t'<0$，则接受 S'作为新的当前解，否则以概率 $\exp\left(\frac{-\Delta t'}{T}\right)$接受 S'作为新的当前解；

④ 如果满足终止条件，则输出当前解作为最优解，结束程序，否则进入步骤 3。

步骤 3：T 逐渐减少，且 T 趋于 0，然后转入步骤 2。

模拟退火的终止条件通常取为连续若干个新解都没有被接受时终止算法。模拟退火算法具有渐近收敛性和并行性，已在理论上被证明是一种有全局最优解的全局优化算法。

5.2　特征提取

从数学上讲，特征提取相当于把一个物理模式变成一个随机向量，如果提取和选择了 m 个特征，则此物理模式可用一个 m 维特征向量描述，表现为 m 维欧式空间中的一个点。m 维特征向量表示为

$$\boldsymbol{x}=(x_1,x_2,\cdots,x_m)^{\mathrm{T}} \tag{5.11}$$

所谓特征提取在广义上就是指一种变换，有时也被称为特征变换。若 X 是测量空间，Y 是特征空间，则变换 $A:X\in\mathbf{R}^m\rightarrow Y\in\mathbf{R}^d(d\ll m)$ 就称为特征提取器。特征提取的目的主要有两个：一是可以降维，减少后续的计算量，使得分类器在计算上可实现；二是减少特征之间可能存在的相关性，去掉冗余信息，便于分类的实现。

常用的特征提取方法可以分为线性提取和非线性提取两类。本节首先介绍 Fisher 线性判别分析、主成分分析、K-L 变换、独立分量分析等常用的线性提取方法，然后介绍核方法和流形学习两种非线性的特征提取方法。

5.2.1　Fisher 线性判别分析

Fisher 线性判别分析(linear discriminant analysis，LDA)是一类有监督的线性特征提取算法，它的目的是选取一组最优投影方向，使得投影之后的同类样本尽可能靠近，不同类样本尽可能远离。用一句话概括，就是“投影后类内方差最小，类间方差最大”，如图 5－1 所示。

假设有两类特征样本，分别为“O”和“+”，如图 5－2 所示。这些样本数据是二维的，希望将这些数据投影到一条直线，让每一种类别的样本在直线上的投影尽可能地接近，而绿色和蓝色样本数据中心之间的距离尽可能地大。

图 5－2 中提供了两种投影方向，显然右边的效果比左边的要好。右边的投影直线上，两类样本数据比较集中，不同类别之间的距离较为明显。而左边的投影直线上，两类样本数据有重叠，分布也不够集中。

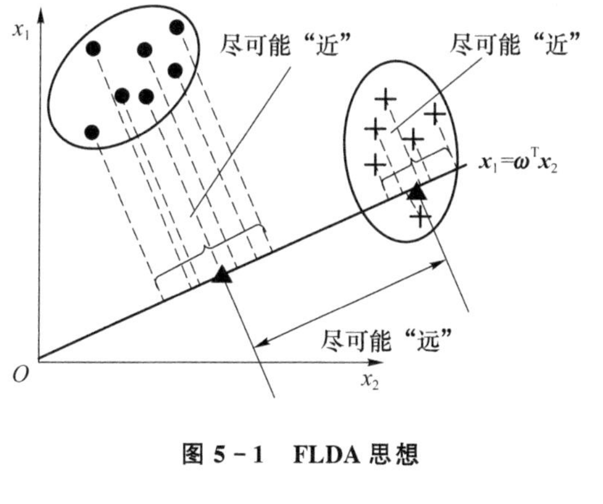

图 5－1　FLDA 思想

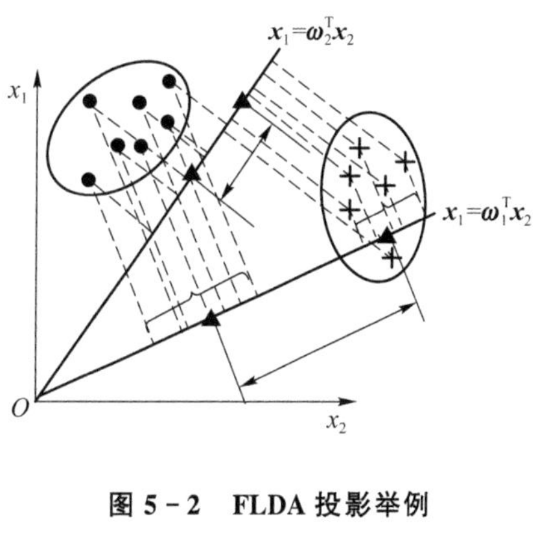

图 5－2　FLDA 投影举例

1. 二类 FLDA

假设特征样本集为 $\boldsymbol{D}=\{(\boldsymbol{x}_i,y_i)\}_{i=1}^n$，$\boldsymbol{x}_i\in\mathbf{R}^m$，其中 $y_i=1,2$(代表类别，取为 ±1 也可)。记 n_i 为第 i 类的训练样本数，$\boldsymbol{\mu}_i$ 为第 i 类训练样本的均值向量，$\boldsymbol{\Sigma}_i$ 为第 i 类训练样本的协方差

矩阵。现在的目标是寻找向量 $\boldsymbol{w}\in\mathbf{R}^d$（代表直线方向）使得 $\boldsymbol{D}_1,\boldsymbol{D}_2$ 两类的“平均值”距离最大且“总方差”最小。

二分类的 FLDA 可以参考 2.3 节“Fisher 投影准则”。

2. 多类 FLDA

在二类 FLDA 里面定义的公式可以很容易地扩展到多类 FLDA。

假设特征样本集为 $\boldsymbol{D}=\{(\boldsymbol{x}_i,y_i)\}_{i=1}^n,\boldsymbol{x}_i\in\mathbf{R}^m$，包含 C 个模式类，n_i 为第 i 类的训练样本数，$\boldsymbol{x}_{ij}$ 为第 i 类中第 j 个训练样本，$\boldsymbol{\mu}_i$ 为第 i 类训练样本的均值向量，$\boldsymbol{\mu}$ 为所有训练样本的均值向量。假设投影到低维空间的维度为 d，对应的基向量组成的矩阵为 $\boldsymbol{P}=[\boldsymbol{p}_1\ \boldsymbol{p}_2\ \cdots\ \boldsymbol{p}_d]$，$\boldsymbol{P}\in\mathbf{R}^{m\times d}$，则优化目标可以变为

$$J_{\text{FLDA}}(\boldsymbol{P})=\max_{\boldsymbol{P}}\frac{\boldsymbol{P}^{\mathrm{T}}\boldsymbol{S}_b\boldsymbol{P}}{\boldsymbol{P}^{\mathrm{T}}\boldsymbol{S}_w\boldsymbol{P}}\tag{5.12}$$

其中，$\boldsymbol{S}_b$ 还是表示样本的类间散度矩阵，$\boldsymbol{S}_w$ 还是表示样本的类内散度矩阵，它们分别定义为式(5.13)和式(5.14)。

$$\boldsymbol{S}_b=\sum_{i=1}^{C}n_i(\boldsymbol{\mu}_i-\boldsymbol{\mu})(\boldsymbol{\mu}_i-\boldsymbol{\mu})^{\mathrm{T}}\tag{5.13}$$

$$\boldsymbol{S}_w=\sum_{i=1}^{C}\boldsymbol{S}_{wi}=\sum_{i=1}^{C}\sum_{j=1}^{n_i}(\boldsymbol{x}_{ij}-\boldsymbol{\mu}_i)(\boldsymbol{x}_{ij}-\boldsymbol{\mu}_i)^{\mathrm{T}}\tag{5.14}$$

$\boldsymbol{P}^{\mathrm{T}}\boldsymbol{S}_b\boldsymbol{P}$ 和 $\boldsymbol{P}^{\mathrm{T}}\boldsymbol{S}_w\boldsymbol{P}$ 都是矩阵，不是标量，无法作为一个标量函数来优化。为了便于求解式(5.12)，可以用一些替代的优化目标来实现，即

$$\begin{cases}J_1(\boldsymbol{P})=\max\limits_{\boldsymbol{P}}\dfrac{\operatorname{tr}(\boldsymbol{P}^{\mathrm{T}}\boldsymbol{S}_b\boldsymbol{P})}{\operatorname{tr}(\boldsymbol{P}^{\mathrm{T}}\boldsymbol{S}_b\boldsymbol{P})}\\ J_2(\boldsymbol{P})=\max\limits_{\boldsymbol{P}}\operatorname{tr}[\boldsymbol{P}^{\mathrm{T}}(\boldsymbol{S}_b+\boldsymbol{S}_w)\boldsymbol{P}]\\ J_3(\boldsymbol{P})=\max\limits_{\boldsymbol{P}}\ln\dfrac{|\boldsymbol{P}^{\mathrm{T}}\boldsymbol{S}_b\boldsymbol{P}|}{|\boldsymbol{P}^{\mathrm{T}}\boldsymbol{S}_w\boldsymbol{P}|}\\ J_4(\boldsymbol{P})=\max\limits_{\boldsymbol{P}}\operatorname{tr}\left(\dfrac{\boldsymbol{P}^{\mathrm{T}}\boldsymbol{S}_b\boldsymbol{P}}{\boldsymbol{P}^{\mathrm{T}}\boldsymbol{S}_w\boldsymbol{P}}\right)\\ J_5(\boldsymbol{P})=\max\limits_{\boldsymbol{P}}\dfrac{|\boldsymbol{P}^{\mathrm{T}}(\boldsymbol{S}_b+\boldsymbol{S}_w)\boldsymbol{P}|}{|\boldsymbol{P}^{\mathrm{T}}\boldsymbol{S}_w\boldsymbol{P}|}\end{cases}\tag{5.15}$$

这些优化目标形式虽然不一样，但是得到的最优变换矩阵 $\boldsymbol{P}$ 是相同的，都可以转化为求解特征方程 $\boldsymbol{S}_b\boldsymbol{p}=\lambda\boldsymbol{S}_w\boldsymbol{p}$ 的前 d 个最大特征值所对应的特征向量 $\boldsymbol{p}_1,\boldsymbol{p}_2,\cdots,\boldsymbol{p}_d$，再将原始样本投影到矩阵 $\boldsymbol{P}$ 上。

3. FLDA 算法流程

FLDA 算法的基本流程如下：

输入：数据集 $\boldsymbol{D}=\{(\boldsymbol{x}_i,y_i)\}_{i=1}^n,\boldsymbol{x}_i\in\mathbf{R}^m$，包含 C 个模式类，要降维到的维度 d。

输出：降维后的样本集 $\boldsymbol{D}'$。

① 计算类内散度矩阵 $\boldsymbol{S}_w$；

② 计算类间散度矩阵 $\boldsymbol{S}_b$；

③ 计算矩阵 $\boldsymbol{S}_w^{-1}\boldsymbol{S}_b$；

④ 计算 $\boldsymbol{S}_w^{-1}\boldsymbol{S}_b$ 最大的 d 个特征值和对应的 d 个特征向量 $\boldsymbol{p}_1,\boldsymbol{p}_2,\cdots,\boldsymbol{p}_d$，得到投影矩阵 $\boldsymbol{P}$；

⑤ 将原来样本集中的每一个样本特征 $\boldsymbol{x}_i$ 转换为新的样本特征 $\boldsymbol{z}_i=\boldsymbol{P}\boldsymbol{x}_i$，从而输出样本集 $\boldsymbol{D}'=\{(\boldsymbol{z}_i, y_i)\}_{i=1}^n$。

实际上，FLDA 除了可以用于特征提取之外，还可以直接用于分类。一个常见的 FLDA 分类基本思想是假设各个类别的样本数据都符合高斯分布，利用 FLDA 进行投影后，可以利用极大似然估计计算各个类别投影数据的均值和方差，进而得到该类别高斯分布的概率密度函数。当给定一个新样本时，可以将它进行 FLDA 投影，然后将投影后的样本特征分别代入已经得到的各个类别的高斯分布概率密度函数中，计算它属于这个类别的概率，最大的概率对应的类别即为预测类别。

4. FLDA 算法小结

FLDA 算法既可以用来降维，又可以用来分类，但是目前来说，主要还是用于降维。在进行模式识别时，FLDA 是一个很好的工具。下面总结下 FLDA 算法的优缺点。

FLDA 在有监督的情况下，最大化地保留了分类信息，这一分类信息由一个非参指标——Fisher 指标来衡量。FLDA 相比于感知器算法，它的优点是有闭式解，而且 Fisher 判别方法不仅可以用在分类中，还和 5.2.2 小节要介绍的主成分分析一样可以用于高维数据降维。

FLDA 算法的主要缺点如下：

① FLDA 算法降维最多降到类别数 $C-1$ 的维数，如果降维的维度大于 $C-1$，则不能使用 FLDA 算法。目前有一些改进的 FLDA 算法可以绕过这个问题。

② FLDA 算法不适合对非高斯分布样本进行降维。

③ 当样本分类信息依赖于方差而不是均值时，FLDA 算法特征提取效果不佳。

④ FLDA 算法可能存在过拟合。

5.2.2 主成分分析

在 5.2.1 小节中，使用 FLDA 来处理特征向量的线性变换问题时，它假设特征向量的标签是已知的，利用了类别的先验知识。本节也考虑线性变换问题，但是从无监督的视角来看待特征提取。主成分分析（principal components analysis，PCA）方法是应用最广泛的一种特征提取方法之一，它是一种统计学方法，在信号处理、模式识别、数字图像处理等领域已经得到了广泛的应用。主成分分析方法的基本思想是提取出空间原始数据中的主要特征（主元），减少数据冗余，使得数据在一个低维的特征 Gain(D,A)间被处理，同时保持原始数据的绝大部分信息，从而解决数据空间维数过高的瓶颈问题。它的目的是在最小均方意义下寻找最能够代表原始数据的投影方法，下面介绍其原理。

假设特征样本集为 $\boldsymbol{D}=\{\boldsymbol{x}_i\}_{i=1}^n$，$\boldsymbol{x}_i\in\mathbf{R}^m$，设有单位正交基 $\{\boldsymbol{u}_i\}_{i=1}^n$，即满足 $\boldsymbol{u}_i^{\mathrm{T}}\boldsymbol{u}_j=\begin{cases}1, i=j\\0, i\neq j\end{cases}$，则每一个特征样本可以被这组单位正交基表示：$\boldsymbol{x}=\sum_{i=1}^m a_i\boldsymbol{u}_i$，$a_i\in\mathbf{R}$。展开写为

$$\forall d:1\leqslant d\leqslant m,\quad \boldsymbol{x}=\underbrace{a_1\boldsymbol{u}_1+\cdots+a_d\boldsymbol{u}_d}_{\text{投影}}+\underbrace{a_{d+1}\boldsymbol{u}_{d+1}+\cdots+a_m\boldsymbol{u}_m}_{\text{误差}} \tag{5.16}$$

其中，前 d 项是投影，后面是投影误差。

我们的目标是对于给定 $\boldsymbol{D}$，寻找最优 $\{\boldsymbol{u}_i\}_{i=1}^n$，使得 $\boldsymbol{D}$ 在其前 d 维子空间的投影是对 $\boldsymbol{D}$ 的“最佳近似”，即投影之后“误差最小”。

1. 一阶主成分分析

分析 $d=1$ 的情况，即寻找 $\boldsymbol{u}_1$，不妨简记其为 $\boldsymbol{u}$，则有 $\|\boldsymbol{u}\|=\boldsymbol{u}^{\mathrm{T}}\boldsymbol{u}=1$，假设样本已经被中心化，即 $\hat{\boldsymbol{\mu}}=\frac{1}{n}\sum_{i=1}^{n}\boldsymbol{x}_i=\boldsymbol{0}$。对 $\forall\,\boldsymbol{x}_i(i=1,2,\cdots,n)$，$\boldsymbol{x}_i$ 沿方向 $\boldsymbol{u}$ 上的投影为

$$\boldsymbol{x}_i'=\left(\frac{\boldsymbol{u}^{\mathrm{T}}\boldsymbol{x}_i}{\boldsymbol{u}^{\mathrm{T}}\boldsymbol{u}}\right)\boldsymbol{u}=(\boldsymbol{u}^{\mathrm{T}}\boldsymbol{x}_i)\boldsymbol{u}=a_i\boldsymbol{u},\quad a_i=\boldsymbol{u}^{\mathrm{T}}\boldsymbol{x}_i \tag{5.17}$$

考虑投影后的特征向量 $\boldsymbol{x}_1',\boldsymbol{x}_2',\cdots,\boldsymbol{x}_n'$沿方向 $\boldsymbol{u}$ 上的样本方差：

$$\begin{aligned}\sigma_u^2&=\frac{1}{n}\sum_{i=1}^{n}(a_i-\mu_u)^2\\&=\frac{1}{n}\sum_{i=1}^{n}(\boldsymbol{u}^{\mathrm{T}}\boldsymbol{x}_i)^2\\&=\frac{1}{n}\sum_{i=1}^{n}\boldsymbol{u}^{\mathrm{T}}(\boldsymbol{x}_i\boldsymbol{x}_i^{\mathrm{T}})\boldsymbol{u}\\&=\boldsymbol{u}^{\mathrm{T}}\left(\frac{1}{n}\sum_{i=1}^{n}\boldsymbol{x}_i\boldsymbol{x}_i^{\mathrm{T}}\right)\boldsymbol{u}\\&=\boldsymbol{u}^{\mathrm{T}}\boldsymbol{\Sigma}\boldsymbol{u}\end{aligned} \tag{5.18}$$

其中，$\boldsymbol{\Sigma}$ 是样本协方差矩阵。

定义投影之后的误差为平均平方误差(minimum squared error，MSE)：

$$\mathrm{MSE}(\boldsymbol{u})=\frac{1}{n}\sum_{i=1}^{n}\|\boldsymbol{x}_i-\boldsymbol{x}'_i\|^2 \tag{5.19}$$

可以推导出

$$\mathrm{var}(\boldsymbol{D})=\sigma_u^2+\mathrm{MSE} \tag{5.20}$$

其中，$\mathrm{var}(\boldsymbol{D})$为样本集的方差，$\sigma_u^2$ 为投影之后样本集的方差。因此，若要最小化“投影误差”MSE，等价于最大化 σ_u^2，即

$$\begin{cases}\max\limits_{\boldsymbol{u}}\boldsymbol{u}^{\mathrm{T}}\boldsymbol{\Sigma}\boldsymbol{u}\\ \text{s.t.}\ \ \boldsymbol{u}^{\mathrm{T}}\boldsymbol{u}-1=0\end{cases} \tag{5.21}$$

利用拉格朗日乘子法可得

$$\max_{\boldsymbol{u}}J(\boldsymbol{u})=\boldsymbol{u}^{\mathrm{T}}\boldsymbol{\Sigma}\boldsymbol{u}-\lambda(\boldsymbol{u}^{\mathrm{T}}\boldsymbol{u}-1) \tag{5.22}$$

求偏导可得

$$\frac{\partial}{\partial\boldsymbol{u}}J(\boldsymbol{u})=\boldsymbol{0}\Rightarrow\boldsymbol{\Sigma}\boldsymbol{u}=\lambda\boldsymbol{u} \tag{5.23}$$

由此，λ 是 $\boldsymbol{\Sigma}$ 矩阵的特征值，$\boldsymbol{u}$ 是对应λ 的特征向量。故目标函数式(5.21)取极值时，有

$$\boldsymbol{u}^{\mathrm{T}}\boldsymbol{\Sigma}\boldsymbol{u}=\boldsymbol{u}^{\mathrm{T}}\lambda\boldsymbol{u}=\lambda \tag{5.24}$$

因此，优化问题的解应该选取 $\boldsymbol{\Sigma}$ 的最大特征值，$\boldsymbol{u}$ 则是与最大特征值相对应的单位特征向量。

$\boldsymbol{u}$ 的几何意义如下：使得样本沿其方向投影后方差最大的同时，MSE 最小的直线方向(一维空间)。$\boldsymbol{u}$ 被称为第一主成分(first principal component)。

2. 二阶主成分分析及推广

$\boldsymbol{u}_1$ 已经找到，即为 $\boldsymbol{\Sigma}$ 的最大特征值对应的单位特征向量。现在寻找 $\boldsymbol{u}_2$，不妨简记其为 $\boldsymbol{v}$，

则有 $\boldsymbol{v}^{\mathrm{T}}\boldsymbol{u}_1=0,\boldsymbol{v}^{\mathrm{T}}\boldsymbol{v}=1$。同前面推导可得，投影后的特征向量 $\boldsymbol{x}_1',\boldsymbol{x}_2',\cdots,\boldsymbol{x}_n'$沿方向 $\boldsymbol{v}$ 上的样本方差为

$$\sigma_v^2=\boldsymbol{v}^{\mathrm{T}}\boldsymbol{\Sigma}\boldsymbol{v} \tag{5.25}$$

此时的优化目标为

$$\begin{cases}\max\limits_{v}\boldsymbol{v}^{\mathrm{T}}\boldsymbol{\Sigma}\boldsymbol{v}\\ \text{s. t.}\ \ \boldsymbol{v}^{\mathrm{T}}\boldsymbol{v}-1=0,\quad \boldsymbol{v}^{\mathrm{T}}\boldsymbol{u}_1=0\end{cases} \tag{5.26}$$

再次利用拉格朗日乘子法可得

$$J(\boldsymbol{v})=\boldsymbol{v}^{\mathrm{T}}\boldsymbol{\Sigma}\boldsymbol{v}-\alpha(\boldsymbol{v}^{\mathrm{T}}\boldsymbol{v}-1)-\beta(\boldsymbol{v}^{\mathrm{T}}\boldsymbol{u}_1-0) \tag{5.27}$$

求偏导可得

$$\frac{\partial}{\partial \boldsymbol{v}}J(\boldsymbol{v})=\boldsymbol{0}\Rightarrow\beta=0,\quad \boldsymbol{\Sigma}\boldsymbol{v}=\alpha\boldsymbol{v} \tag{5.28}$$

即取极值时，$\boldsymbol{v}$ 也是 $\boldsymbol{\Sigma}$ 的单位特征向量。$\sigma_v^2=\boldsymbol{v}^{\mathrm{T}}\boldsymbol{\Sigma}\boldsymbol{v}=\alpha$，故 α 应该取 $\boldsymbol{\Sigma}$ 的(第二大)特征值。可以证明此时求出的两个主成分可以使得数据集 $\boldsymbol{D}$ 在 $\boldsymbol{u}_1$ 和 $\boldsymbol{u}_2$ 张成的子空间中投影总方差最大，且平均平方误差 MSE 最小。

推广结论如下：

① 协方差矩阵 $\boldsymbol{\Sigma}$ 的前 d 个特征值的和 $\lambda_1+\lambda_2+\cdots+\lambda_d(\lambda_1\geqslant\lambda_2\geqslant\cdots\geqslant\lambda_d)$ 给出最大投影总方差；

② $\mathrm{var}(\boldsymbol{D})-\sum_{i=1}^{d}\lambda_i$ 给出最小投影误差 MSE；

③ λ_d 对应的单位特征向量 $\boldsymbol{u}_d$ 对应 d 阶主成分。

一个矩阵可以有多个特征值，这个矩阵也就可以有多个主成分，各个主成分之间是相互线性无关的(正交的)，从第一主成分往后，主成分按方差大小的顺序排列(对应特征值按大小顺序排列)。主成分中方差较小或 λ_i 较小的主成分被认为包含的是噪声，在分析时不把这些变量引入模型，这样使分析的主成分减少，以达到降维的目的。

3. PCA 算法流程

从上面一阶和二阶主成分的推导过程可以看出，求特征样本集的 d 维的主成分其实就是求中心化之后的样本集的协方差矩阵的前 d 个特征值对应的特征向量矩阵 $\boldsymbol{U}$，然后对于每个样本 $\boldsymbol{z}_i$，做变换 $\boldsymbol{a}_i=\boldsymbol{U}^{\mathrm{T}}\boldsymbol{z}_i$，即达到 PCA 降维的目的。下面介绍具体的算法流程。

输入：m 维样本集 $\boldsymbol{D}$，要降维到的维数 d。

输出：降维后的样本集 $\boldsymbol{A}$。

① 对所有的样本进行中心化：$\boldsymbol{Z}=\boldsymbol{D}-\boldsymbol{1}\cdot\boldsymbol{\mu}^{\mathrm{T}},\boldsymbol{\mu}=\dfrac{1}{n}\sum_{i=1}^{n}\boldsymbol{x}_i$；

② 计算样本的协方差矩阵：$\boldsymbol{\Sigma}=\dfrac{1}{n}(\boldsymbol{Z}\boldsymbol{Z}^{\mathrm{T}})$；

③ 对协方差矩阵进行特征值分解；

④ 取出最大的 d 个特征值对应的特征向量 $\boldsymbol{u}_1,\boldsymbol{u}_2,\cdots,\boldsymbol{u}_d$，将所有的特征向量标准化后，组成特征向量矩阵 $\boldsymbol{U}=(\boldsymbol{u}_1,\boldsymbol{u}_2,\cdots,\boldsymbol{u}_d)$；

⑤ 将样本集中的每一个样本转化为新的样本，输出新的样本集 $\boldsymbol{A}=\{\boldsymbol{a}_i\mid\boldsymbol{a}_i=\boldsymbol{U}^{\mathrm{T}}\boldsymbol{x}_i,i=1,2,\cdots,n\}$。

有的时候没有给定需要降维到的维数 d，而是指定了一个降维到的主成分比重阈值 $\alpha \in (0,1]$。假如协方差矩阵有 m 个特征值为 $\lambda_1 \geqslant \lambda_2 \geqslant \cdots \geqslant \lambda_m$，则 d 可以通过选取满足式(5.29)最小的 d 得到：

$$\frac{\sum_{i=1}^{d} \lambda_i}{\sum_{i=1}^{m} \lambda_i} \geqslant \alpha \tag{5.29}$$

作为一个非监督学习的降维方法，它只需特征值分解即可对数据进行压缩去噪，因此在实际场景应用很广泛。PCA 算法也有一些缺点，其主要缺点是：①主成分各个特征维度的含义具有一定的模糊性，不如原始样本特征的解释性强。②方差小的非主成分也可能含有关于样本差异的重要信息，因降维丢弃可能对后续数据处理有影响。

为了克服 PCA 的一些缺点，出现了很多 PCA 的变种，比如解决非线性降维的 KPCA 方法，还有解决内存限制的增量 PCA 方法(incremental PCA)，以及解决稀疏数据降维的 PCA 方法(sparse PCA)等。

4. PCA 算法的应用

与前面介绍的 FLDA 算法相比，FLDA 算法是有监督的，在降维过程中可以使用类别的先验知识，而这里介绍的 PCA 这类无监督的特征提取算法则无法使用类别先验知识。如图 5-3 所示，对于两类样本，PCA 通常是找到数据散布最大的方向作为投影方向，而由于 FLDA 引入了样本的类别信息，因此，FLDA 是将有利于分类的方向作为投影方向。

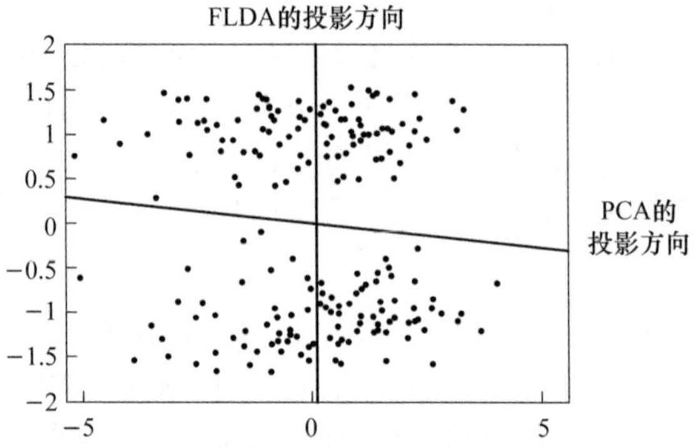

图 5-3　PCA 与 FLDA 投影方向比较

此外 FLDA 算法在样本分类信息依赖于均值而不是方差的时候，比 PCA 之类的算法较优。

而主成分分析通常具有四个优点：

① 每一个主成分都是各个原始变量的线性组合；

② 主成分数目远远少于原始变量的数目；

③ 主成分保留了原始变量的绝大多数信息；

④ 各主成分之间互不相关。

正是由于 PCA 具有以上优点，因此，研究人员将 PCA 广泛应用于模式识别等多个领域。在利用 PCA 进行特征提取的算法中，特征脸方法是其中的一个经典算法。特征脸方法是从主成分分析导出的一种人脸识别和描述技术，它将包含人脸的图像区域看作是一种随机向量，因此可以采用 PCA 变换获得其正交基底。对应其中较大特征值的基底具有与人脸相似的形状，又称为特征脸。

利用这些基底的线性组合可以描述、表达和逼近人脸图像，因此可以进行人脸识别与合成。识别过程就是将人脸图像映射到由特征脸张成的子空间上，比较其与已知人脸在特征空间中的位置。图 5-4(b)是利用 PCA 从图 5-4(a)中提取出的特征脸。

(a) 原始人脸图像

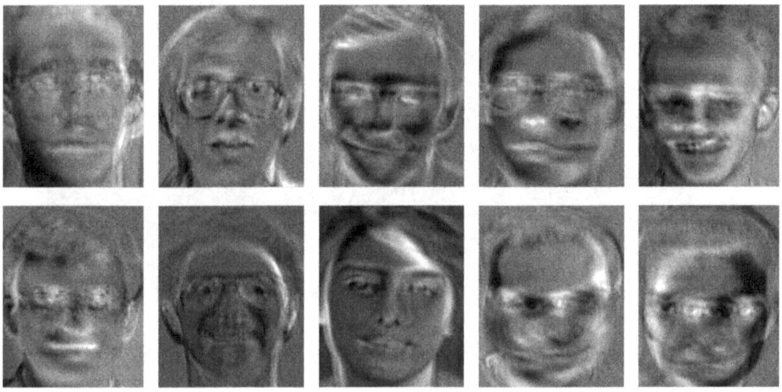

(b) 最大特征值对应特征向量的特征脸

图 5-4　PCA 在人脸识别中的应用实例

在遥感图像处理中，PCA 算法也有比较广泛的应用。以多极化 SAR 图像为例，图 5-5是一幅多极化 SAR 图像中的六个波段。对这六个波段进行 PCA 变换，图 5-6 是变换后的主成分显示。可以看到，第 1 主成分包含了原始图像绝大部分信息，第 2 主成分次之，第 3 主成分的信息更加少，而第 4～6 主成分则几乎看不到信息了。因此，可以利用 PCA 进行降维，只保留前 3 个主成分，这 3 个主成分涵盖了图像的绝大部分信息。PCA 降维是对原有图像特征的信息进行综合，而不是简单地取舍，变换后新的低维矢量能很好地代表原有事物的特征，同时舍弃掉的成分也避免了图像的部分噪声影响。

图 5-7 是将图 5-6 中前 3 个主成分进行合成的结果，可以看到合成后的图像比原图(见图 5-5)中任何一个波段都具有更加明显的细节信息，因此，用变换后的低维空间代替原来的高维空间，不仅降低了数据量，而且信息损失也较小。

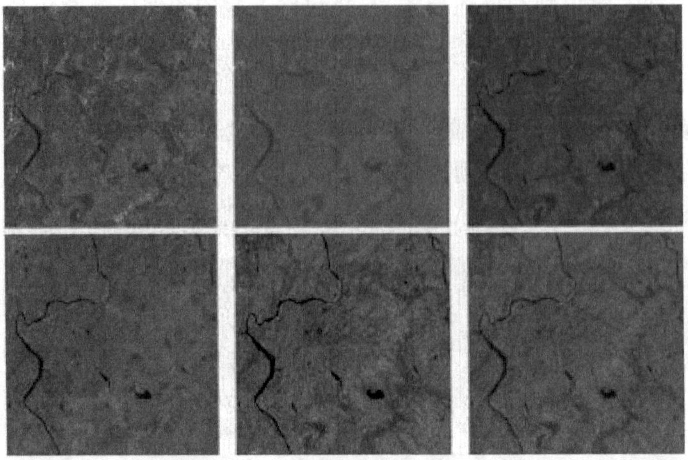

图 5-5　多极化图像的原始波段

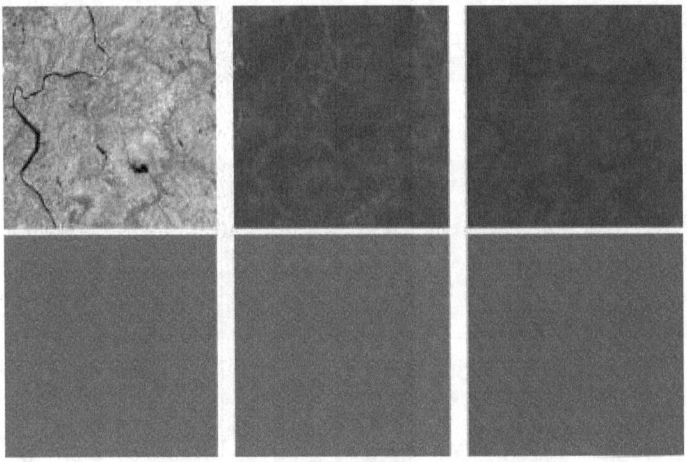

图 5-6　多极化图像经 PCA 变换后的主成分图像

图 5-7　前 3 个主成分图像合成图像

从以上的例子可知，使用主成分分析可以实现对特征的变换和降维。这种特征变换是非监督的，没有考虑样本的标签信息。在有标签的监督情况下，以方差大为目标进行的主成分分析并不一定总有利于后续的分类。下一节要讨论的 K-L 变换可以针对分类的目标进行特征提取。

5.2.3　K-L 变换

K-L 变换(Karhunen-Loeve)是由 H. Karhunen 和 M. Loeve 等人最早提出来的，用于处理随机过程中的连续信号的去相关问题。1933 年，霍特林(Hotelling)提出了一种离散信号的去相关线性变换，称为霍特林变换，它实际是 K-L 级数展开的离散等效方法。因此，霍特林变换也可以称为离散 K-L 变换。习惯上将连续或离散信号的这种去相关变换统称为 Karhuner-Loeve(K-L)变换或 Hotelling 变换，也有叫特征矢量变换的。它在数据压缩、图像旋转、遥感多光谱图像的特征选择和统计识别等中有重要的应用，适用于任意的概率密度函数，在消除模式特征之间的相关性和突出差异性方面有很好的效果。K-L 变换有很多种变种，但其基本形式原理和前面的主成分分析是相同的，但 K-L 变换能考虑到不同的分类信息，实现监督的特征提取。

1. K-L 展开式

模式识别中的一个样本可以看作是随机向量的一次实现。对一个 m 维随机向量 $\boldsymbol{x}$，可以用确定的完备归一化正交向量系 $\{\boldsymbol{u}_i\}_{i=1}^{\infty}$ 来展开，即

$$\boldsymbol{x} = \sum_{i=1}^{\infty} a_i \boldsymbol{u}_i, \quad a_i \in \mathbf{R} \tag{5.30}$$

其中，$a_i = \boldsymbol{u}_i^{\mathrm{T}} \boldsymbol{x}$，且有

$$\boldsymbol{u}_i^{\mathrm{T}} \boldsymbol{u}_j = \begin{cases} 1, i=j \\ 0, i \neq j \end{cases} \tag{5.31}$$

如果用有限的 d 项($d<m$)来逼近 $\boldsymbol{x}$，即

$$\hat{\boldsymbol{x}} = \sum_{i=1}^{d} a_i \boldsymbol{u}_i \tag{5.32}$$

则引起的均方误差为

$$\begin{aligned} \zeta &= E[(\boldsymbol{x} - \hat{\boldsymbol{x}})^{\mathrm{T}} (\boldsymbol{x} - \hat{\boldsymbol{x}})] \\ &= E\Big[\Big(\sum_{i=d+1}^{\infty} a_i \boldsymbol{u}_i\Big)^{\mathrm{T}} \Big(\sum_{i=d+1}^{\infty} a_i \boldsymbol{u}_i\Big)\Big] \\ &= E\Big(\sum_{i=d+1}^{\infty} \boldsymbol{u}_i^{\mathrm{T}} \boldsymbol{x}\boldsymbol{x}^{\mathrm{T}} \boldsymbol{u}_i\Big) \\ &= \sum_{i=d+1}^{\infty} \boldsymbol{u}_i^{\mathrm{T}} E(\boldsymbol{x}\boldsymbol{x}^{\mathrm{T}}) u_i \\ &= \sum_{i=d+1}^{\infty} \boldsymbol{u}_i^{\mathrm{T}} \boldsymbol{R} \boldsymbol{u}_i \end{aligned} \tag{5.33}$$

其中，$\boldsymbol{R} = E(\boldsymbol{x}\boldsymbol{x}^{\mathrm{T}})$ 为自相关矩阵。不同的正交向量系对应不同的均方误差，其选择应该使得均方误差最小，即求解优化问题

$$\begin{cases} \min\ \xi = \sum_{i=d+1}^{\infty} \boldsymbol{u}_i^{\mathrm{T}} \boldsymbol{R} \boldsymbol{u}_i \\ \text{s. t.}\ \boldsymbol{u}_i^{\mathrm{T}} \boldsymbol{u}_i - 1 = 0, \forall i \end{cases} \tag{5.34}$$

利用拉格朗日乘子法求解，令

$$J(\boldsymbol{u}_i) = \sum_{i=d+1}^{\infty} \boldsymbol{u}_i^{\mathrm{T}} \boldsymbol{R} \boldsymbol{u}_i - \sum_{i=d+1}^{\infty} \lambda_i (\boldsymbol{u}_i^{\mathrm{T}} \boldsymbol{u}_i - 1) \tag{5.35}$$

利用 $J(\boldsymbol{u}_i)$ 对 $\boldsymbol{u}_i$ 求导并令导数为零，得

$$(\boldsymbol{R} - \lambda_i \boldsymbol{I}) \boldsymbol{u}_i = 0, \quad i = d+1, d+2, \cdots, \infty \tag{5.36}$$

即当用自相关矩阵 $\boldsymbol{R}$ 的特征值对应的特征向量展开 $\boldsymbol{x}$ 时，截断误差最小。

选择前 d 项估计 $\boldsymbol{x}$ 时，引起的均方误差为

$$\xi = \sum_{i=d+1}^{\infty} \boldsymbol{u}_i^{\mathrm{T}} \boldsymbol{R} \boldsymbol{u}_i = \sum_{i=d+1}^{\infty} \lambda_i \tag{5.37}$$

λ_i 决定了截断的均方误差，λ_i 值越小，那么均方误差也越小。因此，当用 $\boldsymbol{x}$ 的展开式中前 d 项估计 $\boldsymbol{x}$ 时，展开式中的 $\boldsymbol{u}_i$ 应当是前 d 个较大的特征值对应的特征向量。$\boldsymbol{u}_i, i=1,2,\cdots,d$ 组成了新的特征空间，样本 $\boldsymbol{x}$ 在这个新空间中的展开系数 $a_i = \boldsymbol{u}_i^{\mathrm{T}} \boldsymbol{x}, i=1,2,\cdots,d$ 组成了样本新的特征向量。这种特征提取方法被称为 K-L 变换，其中，矩阵 $\boldsymbol{R}$ 被称为 K-L 变换的产生矩阵。虽然 K-L 变换的其他方法的产生矩阵与这里的 $\boldsymbol{R}$ 不同，但是基本原理是一样的。

2. K-L 变换方法

样本集 $\{\boldsymbol{x}\}$ 的 K-L 变换是由数据的产生矩阵决定的。当样本集没有类别信息时，K-L 变换的产生矩阵是 $\boldsymbol{R} = \mathrm{E}(\boldsymbol{x}\boldsymbol{x}^{\mathrm{T}})$，该矩阵可以是样本集的总体自相关矩阵 $\boldsymbol{R}$：

$$\boldsymbol{R} = \mathrm{E}(\boldsymbol{x}\boldsymbol{x}^{\mathrm{T}}) \approx \frac{1}{n} \sum_{i=1}^{n} \boldsymbol{x}_i \boldsymbol{x}_i^{\mathrm{T}} \tag{5.38}$$

也可以是去掉均值信息的数据协方差矩阵 $\boldsymbol{\Sigma}$，即

$$\boldsymbol{\Sigma} = \mathrm{E}[(\boldsymbol{x} - \boldsymbol{\mu})(\boldsymbol{x} - \boldsymbol{\mu})^{\mathrm{T}}] \tag{5.39}$$

其中，$\boldsymbol{\mu}$ 为样本均值向量。当用式(5.39)作为产生矩阵时，K-L 变换和主成分分析是等价的。

K-L 变换与 5.2.2 节 PCA 的实现过程是相同的，差别仅在于变换矩阵的不同，因此不再对 K-L 变换的过程进行介绍。

3. 用于监督模式识别的 K-L 变换

前面使用主成分分析进行特征变换和降维时，是非监督的，其不考虑样本的标签信息。而 $K-L$ 变换则可以进行有监督的特征处理，比如，对各类样本采用式(5.39)进行 K-L 变换，使用总类内离散度矩阵作为产生矩阵 $\boldsymbol{S}_w$，即

$$\boldsymbol{S}_w = \sum_{i=1}^{c} P_i \boldsymbol{\Sigma}_i \tag{5.40}$$

其中，样本集 $\{\boldsymbol{x}\}$ 有类别标签 $w_i, i=1,2,\cdots,c$，每个类的先验概率分别为 $P_i, i=1,2,\cdots,c$，$\boldsymbol{\Sigma}_i$ 是第 i 类样本的协方差矩阵

$$\boldsymbol{\Sigma}_i = \mathrm{E}[(\boldsymbol{x}_i - \boldsymbol{\mu}_i)(\boldsymbol{x}_i - \boldsymbol{\mu}_i)^{\mathrm{T}}] \tag{5.41}$$

现在给出一个具体数值计算的例子。

例 5-3 假设有一个二分类问题，两类的先验概率相等，类均值向量分别为 $\boldsymbol{\mu}_1 = (4,2)^{\mathrm{T}}$，$\boldsymbol{\mu}_2 = (-4,-2)^{\mathrm{T}}$，协方差矩阵分别为

$$\boldsymbol{\Sigma}_1=\begin{bmatrix}3 & 1\\1 & 3\end{bmatrix},\quad \boldsymbol{\Sigma}_2=\begin{bmatrix}4 & 2\\2 & 4\end{bmatrix}$$

解:首先求 $\boldsymbol{S}_w$

$$\boldsymbol{S}_w=\frac{1}{2}\boldsymbol{\Sigma}_1+\frac{1}{2}\boldsymbol{\Sigma}_2=\begin{bmatrix}3.5 & 1.5\\1.5 & 3.5\end{bmatrix}$$

它的特征值可求得为 5 和 2,特征向量矩阵为

$$\boldsymbol{U}=\begin{bmatrix}0.707 & 0.707\\0.707 & -0.707\end{bmatrix}$$

选取最大的特征值 5 对应的特征向量 $\boldsymbol{u}_1=(0.707,0.707)^{\mathrm{T}}$ 作为投影方向,即可得压缩到一维的样本。

5.2.4　独立成分分析

独立成分分析(independent component analysis,ICA)是信号处理领域在 20 世纪 90 年代发展起来的一项处理方法。它通常是在特征空间上寻找最能使得数据相互独立的方法。PCA 的特征分解通常保证分解出来的各分量不相关,但是却不能保证这些分量互相独立。这样就使得 PCA 分解缺少实际意义,从而降低了所提取特征的典型性。在许多电生理测量中,观察值实际上是由若干相对独立的信源的加权和组成的,因此,在这样的实际应用背景下,能够分解独立分量的 ICA 受到越来越多的关注。

假设 $\boldsymbol{X}$ 是由多个信源 $\boldsymbol{S}$ 经混合矩阵 $\boldsymbol{A}$ 组合而成的,即 $\boldsymbol{X}=\boldsymbol{AS}$。ICA 的求解思路通常可以概括为在 $\boldsymbol{S}$ 与 $\boldsymbol{A}$ 均为已知的条件下,求取一个解混矩阵 $\boldsymbol{W}(\boldsymbol{W}=\boldsymbol{A}^{-1})$,使得 $\boldsymbol{X}$ 通过它后所得输出 $\boldsymbol{Y}(\boldsymbol{Y}=\boldsymbol{WX})$ 是 $\boldsymbol{S}$ 的最优逼近。具体来说,对于一组特征样本集 $\boldsymbol{X}=\{\boldsymbol{x}_1,\boldsymbol{x}_2,\cdots,\boldsymbol{x}_N\}$,$\boldsymbol{x}_i\in\mathbf{R}^m$ $(i=1,2,\cdots,N)$,ICA 提取特征过程可以描述如下:

步骤 1:中心化训练样本。将 $\boldsymbol{X}$ 中任意 $\boldsymbol{x}_i$ 减去样本均值 $\boldsymbol{x}_0$,求得中心化后的训练样本集 $\tilde{\boldsymbol{X}}=\{\tilde{\boldsymbol{x}}_1,\tilde{\boldsymbol{x}}_2,\cdots,\tilde{\boldsymbol{x}}_N\}$,其中 $\tilde{\boldsymbol{x}}_i=\boldsymbol{x}_i-\boldsymbol{x}_0$。

步骤 2:计算训练样本 $\tilde{\boldsymbol{X}}$ 的协方差 $\boldsymbol{S}$,并求白化矩阵:

$$\boldsymbol{S}=(1/N)\sum_{i=1}^{N}\tilde{\boldsymbol{x}}_i\tilde{\boldsymbol{x}}_i^{\mathrm{T}}=(1/N)\tilde{\boldsymbol{X}}\tilde{\boldsymbol{X}}^{\mathrm{T}} \tag{5.42}$$

设 $\lambda_1,\lambda_2,\cdots,\lambda_d(\lambda_1>\lambda_2>\cdots>\lambda_d)$ 为 $\boldsymbol{S}$ 的 d 个最大的特征值,$\boldsymbol{p}_1,\boldsymbol{p}_2,\cdots,\boldsymbol{p}_d$ 为各特征值所对应的特征向量,则白化矩阵可表示为 $\bar{\boldsymbol{P}}=\boldsymbol{P}\boldsymbol{\Lambda}^{-\frac{1}{2}}$,其中 $\boldsymbol{P}$ 为 $\boldsymbol{p}_1,\boldsymbol{p}_2,\cdots,\boldsymbol{p}_d$ 所组成的矩阵,$\boldsymbol{\Lambda}$ 为 $\lambda_1,\lambda_2,\cdots,\lambda_d$ 组成的对角阵。这样白化后的数据为 $\boldsymbol{Z}=\bar{\boldsymbol{P}}^{\mathrm{T}}\tilde{\boldsymbol{X}}$。

步骤 3:求解解混矩阵 $\boldsymbol{W}$。假设经过解混矩阵 $\boldsymbol{W}$ 分解后各分量是相互独立的,则有 $\boldsymbol{Z}$ 的峰度达到最大值。将 $\boldsymbol{Z}$ 经过 $\boldsymbol{W}$ 分解后的峰度表示为

$$\mathrm{Kurt}(\boldsymbol{WZ})=\mathrm{E}[(\boldsymbol{WZ})^4]-3\,[\mathrm{E}[(\boldsymbol{WZ})^2]]^2+r[1-\mathrm{E}[(\boldsymbol{WZ})^2]] \tag{5.43}$$

其中,E(·)表示求期望操作。通过对 $\boldsymbol{W}$ 求偏导,即可得到关于 $\boldsymbol{W}$ 的方程:

$$\boldsymbol{W}=\frac{2}{r}(\boldsymbol{C}^{-1}\mathrm{E}[\boldsymbol{Z}\,(\boldsymbol{WZ})^3]-3\boldsymbol{W}) \tag{5.44}$$

其中,$\boldsymbol{C}$ 为 $\boldsymbol{Z}$ 的协方差矩阵。式(5.44)可通过快速固定点迭代法求解。

步骤 4:通过 $\boldsymbol{Y}=\boldsymbol{WX}$ 获取 ICA 特征 $\boldsymbol{Y}$。

当然，ICA 的提取也有限制条件，首先，独立成分应该是相互之间独立的。这是 ICA 成立的基本原则。另外，独立成分必须是非高斯分布的。高斯分布的高阶累计量是 0，但是高阶信息对于 ICA 的模型的估计却是十分必要的。

5.2.5 基于核的方法

核方法(kernel method)是利用 Mercer 核及其对应的再生核空间(reproduction kernel hilbert space, RKHS)定义特征空间。对于一个非线性可分问题，核方法利用一个非线性变换 ϕ 将原始空间的样本映射到一个特征空间以实现线性可分，如图 5-8 所示。为了避免直接计算这个非线性变换，核方法定义了一个核函数 $K(\boldsymbol{x},\boldsymbol{x}_i)$，这样就不必在意非线性变换的具体形式，而只要关注核函数。此外，对于映射之后的特征空间，计算复杂度没有增加，而且与维数无关，从而避免了"维数灾难"。不同的核函数和核参数会使得算法的识别性能有所不同，因此选择合适的核函数及核参数是核方法的关键所在。

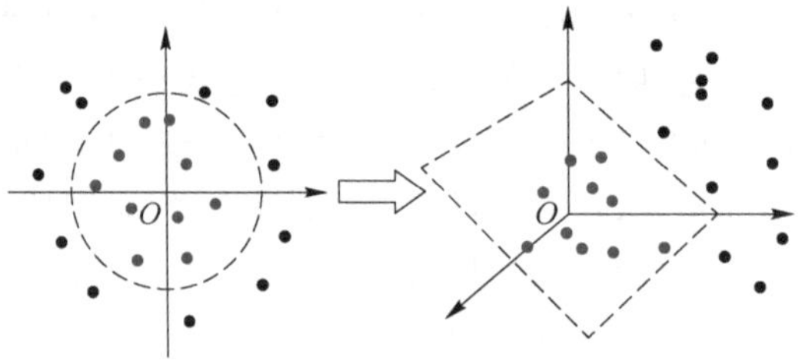

图 5-8 核方法思想

常用的核函数有线性核、多项式核、高斯核、拉普拉斯核以及 Sigmoid 核，具体形式可参考第 4 章非线性支持向量机一节。常见的用于非线性特征提取的核方法有核 Fisher 线性判别分析(KFDA)、核主成分分析(KPCA)和核独立分量分析(KICA)。在这里，以核主成分分析(KPCA)为例说明核方法在特征提取中的应用。

KPCA 的思想是首先通过一个非线性函数把观测数据映射到特征空间 F，然后在空间 F 中实施原始的 PCA。尽管特征空间 F 的维数可能非常高，但是 PCA 可以用点积形式表示，通过采用 Mercer 核函数，特征空间 F 中模式的点积可以直接在输入数据空间计算而不需要明确计算出 ϕ。通过定义核矩阵，可以把 KPCA 理解为特征分解问题。

设 $\phi(\boldsymbol{x}_i)$ 表示输入样本 $\boldsymbol{x}_i$ 在非线性映射 $\phi:\mathbf{R}^{m_0}\to\mathbf{R}^{m_1}$ 定义的特征空间中对应的映射样本，其中 m_0 是输入空间的维数，m_1 是特征空间的维数。给定一组包含 N 个样本的特征样本集 $\boldsymbol{X}=\{\boldsymbol{x}_1,\boldsymbol{x}_2,\cdots,\boldsymbol{x}_N\}$，必有一组相应的特征空间样本 $\phi(\boldsymbol{X})=\{\phi(\boldsymbol{x}_1),\phi(\boldsymbol{x}_2),\cdots,\phi(\boldsymbol{x}_N)\}$。

假设映射后的训练样本已经被中心化，即

$$\frac{1}{N}\sum_{i=1}^{N}\phi(\boldsymbol{x}_i)=0 \tag{5.45}$$

映射后训练样本的协方差矩阵 $\boldsymbol{S}$ 为

$$\boldsymbol{S}=\frac{1}{N}\sum_{i=1}^{N}\phi(\boldsymbol{x}_i)\phi(\boldsymbol{x}_i)^{\mathrm{T}} \tag{5.46}$$

求解下列特征方程：

$$\lambda\boldsymbol{v}=\boldsymbol{C}\boldsymbol{v} \tag{5.47}$$

根据再生核理论，特征向量 $\boldsymbol{v}$ 一定位于 $\phi(\boldsymbol{x}_1),\phi(\boldsymbol{x}_2),\cdots,\phi(\boldsymbol{x}_N)$ 张成的空间中，即

$$\boldsymbol{v}=\sum_{i=1}^{N}\alpha_i\phi(\boldsymbol{x}_i) \tag{5.48}$$

将式(5.45)、式(5.46)和式(5.48)代入式(5.47)，可得

$$\boldsymbol{K}\alpha=N\lambda\alpha \tag{5.49}$$

其中，矩阵 $\boldsymbol{K}$ 为核矩阵。同时，$\phi(\boldsymbol{x}_i)$ 在 $\boldsymbol{v}$ 上的投影即为核主成分特征：

$$\boldsymbol{v}^{\mathrm{T}}\phi(\boldsymbol{x})=\sum_{i=1}^{N}\alpha_i\phi(\boldsymbol{x}_i)^{\mathrm{T}}\phi(\boldsymbol{x})=\sum_{i=1}^{N}\alpha_i\boldsymbol{K}(\boldsymbol{x}_i,\boldsymbol{x}) \tag{5.50}$$

5.2.6　基于流形学习的方法

由于传统的线性特征提取算法，如 PCA 和 FLDA，以及核方法都是试图发现数据的全局结构，对于原始空间中数据可能存在的局部信息或者低维流形结构没有给予关注，而基于局部性质的流形学习(manifold learning)，旨在发现高维数据的分布规律，揭示其内在几何结构，其基本思想是：高维观测空间中的点由少数独立变量共同作用，在观测空间张成一个流形，如果能有效地展开观测空间卷曲的流形或发现内在的主要变量，就可以对该数据集进行降维或者实现数据可视化。

有关流形学习提取图像特征的文献有很多，此处介绍三种比较有代表性的基于流形学习的特征映射方法，即局部线性嵌入(local linear embedding，LLE)、局部保留投影(locality preserving projections，LPP)和边界 Fisher 分析(marginal fisher analysis，MFA)。

1. 局部线性嵌入(LLE)

LLE 认为，数据集中的全局非线性结构在局部意义下是线性的，或者说局部意义下，数据点在同一个超平面上，因而可以通过局部线性结构来揭示数据集的全局结构。基于这个思想，LLE 算法通过构造样本点和它的邻域点之间的权向量，并在低维空间保持每个邻域中的权值不变来实现。

假设在高维空间 $\mathbf{R}^m$ 中给定样本集 $\boldsymbol{X}=\{\boldsymbol{x}_1,\boldsymbol{x}_2,\cdots,\boldsymbol{x}_N\}(\boldsymbol{x}_i\in\mathbf{R}^m)$，投影之后的低维特征样本集为 $\boldsymbol{Y}=\{\boldsymbol{y}_1,\boldsymbol{y}_2,\cdots,\boldsymbol{y}_N\}(\boldsymbol{y}_i\in\mathbf{R}^d,d\ll m)$，LLE 算法通常可以概括如下：

步骤 1：求取每个特征样本 $\boldsymbol{x}_i$ 的 k 个邻域点，从而构成邻域集 $\boldsymbol{X}_i=\{\boldsymbol{x}_{i1},\boldsymbol{x}_{i2},\cdots,\boldsymbol{x}_{ik}\}$。

步骤 2：计算 $\boldsymbol{x}_i$ 与它的某个邻域点 $\boldsymbol{x}_j$ 之间的权重 $\boldsymbol{W}_{ij}$，使得把 $\boldsymbol{x}_i$ 用它的 k 个近邻点线性表示最小，即通过最小化重构误差来求出 $\boldsymbol{W}_{ij}$，重构误差如下：

$$\begin{cases}\min\sum_i\|\boldsymbol{x}_i-\sum_j\boldsymbol{W}_{ij}\boldsymbol{X}_j\|^2\\ \text{s. t. }\boldsymbol{W}_{ij}=0;\sum_j\boldsymbol{W}_{ij}=1\end{cases} \tag{5.51}$$

步骤 3：映射到低维空间 $\mathbf{R}^d$ 时，保持权值 $\boldsymbol{W}_{ij}$ 不变，即求 $\boldsymbol{x}_i$ 在低维空间的映射 $\boldsymbol{y}_i$，使得低维重构误差最小，其中重构误差为

$$\sum_i\|\boldsymbol{y}_i-\sum_j\boldsymbol{W}_{ij}\boldsymbol{y}_j\|^2=\operatorname{trace}[\boldsymbol{Y}^{\mathrm{T}}(\boldsymbol{I}-\boldsymbol{W})^{\mathrm{T}}(\boldsymbol{I}-\boldsymbol{W})\boldsymbol{Y}] \tag{5.52}$$

该优化问题可以转化为对矩阵 $\boldsymbol{M}=(\boldsymbol{I}-\boldsymbol{W})^{\mathrm{T}}(\boldsymbol{I}-\boldsymbol{W})$ 进行特征分解，求解出 $\boldsymbol{M}$ 的前 d 个最小特征值所对应的特征向量 $\boldsymbol{p}_1,\boldsymbol{p}_2,\cdots,\boldsymbol{p}_d$，从而组成投影矩阵 $\boldsymbol{P}=[\boldsymbol{p}_1\ \boldsymbol{p}_2\cdots\ \boldsymbol{p}_d]$，将样本 $\boldsymbol{X}$ 投影到矩阵 $\boldsymbol{P}$ 上即为 LLE 特征 $\boldsymbol{Y}(\boldsymbol{Y}=\boldsymbol{P}^{\mathrm{T}}\boldsymbol{X})$。

LLE 算法有解析的全局最优解，不需要迭代，低维嵌入的计算归结为稀疏矩阵特征值的计算，从而具有较小的计算复杂度。另外，LLE 算法能保证每个点的近邻权值在平移、旋转、伸缩变换下保持不变。另一方面，LLE 方法可以直接在训练样本中产生一个嵌入，但是它无法产生一个显式的变换矩阵或函数，当有新的样本数据时，很难在嵌入空间找到该样本的图像，因此需要重新学习以产生新的嵌入。

2. 局部保留投影(LPP)

LPP 是在拉普拉斯特征投影的基础上改进而来的，是一种无监督学习方法，它本质上属于一种非线性特征提取技术，其基本思想是保留样本间的局部近邻关系。LPP 通过：

$$\begin{cases}\min \sum_{ij} \| \boldsymbol{y}_i - \boldsymbol{y}_j \|^2 \boldsymbol{W}_{ij} \\ \text{s. t. } \ \mathrm{trace}(\boldsymbol{P}^{\mathrm{T}} \boldsymbol{X}\boldsymbol{D}\boldsymbol{X}^{\mathrm{T}} \boldsymbol{P}) = \boldsymbol{I}\end{cases} \tag{5.53}$$

其中，$\boldsymbol{y}_i = \boldsymbol{P}^{\mathrm{T}} \boldsymbol{x}_i$，$\boldsymbol{x}_i$ 为数据集中的第 i 个特征样本，$\boldsymbol{y}_i$ 为样本 $\boldsymbol{x}_i$ 的低维特征；矩阵 $\boldsymbol{P}$ 为 LPP 所要求解的投影矩阵；$\boldsymbol{W}$ 是一个权值矩阵；$\boldsymbol{D}$ 是一个对角矩阵，且 $\boldsymbol{D}_{ij} = \sum_j \boldsymbol{W}_{ji}$；$\boldsymbol{L} = \boldsymbol{D} - \boldsymbol{W}$ 称为拉普拉斯矩阵；$\boldsymbol{I}$ 是单位矩阵。

LPP 算法可以概括为以下几步：

步骤 1：计算每个样本点 $\boldsymbol{x}_i$ 的邻域点，得到邻接图 G。

步骤 2：利用热核法或者 0－1 法建立邻接矩阵 $\boldsymbol{W}$。

步骤 3：计算式(5.53)的 d 个最小特征值所对应的特征向量 $\boldsymbol{p}_1, \boldsymbol{p}_2, \cdots, \boldsymbol{p}_d$，作为投影矩阵 $\boldsymbol{P}$，通过投影公式 $\boldsymbol{y}_i = \boldsymbol{P}^{\mathrm{T}} \boldsymbol{x}_i$ 即可求得 LPP 的低维特征。

3. 边界 Fisher 分析(MFA)

LLE 和 LPP 属于无监督学习方法，没有使用数据集中的类别信息。Yan 等人利用“图嵌入”的思想，提出了边界 Fisher 分析(MFA)，有效地使用了数据集的类别信息，同时保持了类内的紧密性和类间的分离性。MFA 通过构造两张邻域图，即类内近邻图(intrinsic graph)和类间惩罚图(penalty graph)，类内近邻图用来描述类内的紧密性，同时连接每个样本同类近邻中的 k_1 个样本，而类间惩罚图则用来描述类间的分离性，同时连接每个样本不同类近邻中的 k_2 个样本，即所谓的“边界点”，从而在图嵌入的基础上设计一个准则函数，以寻找一组最优投影轴，使得对于数据集中的任意一个样本 $\boldsymbol{x}$ 经过投影后与类内的近邻点尽可能靠近，同时与类间的边界点相互分离。

给定一组包含 N 个样本的特征样本集 $\boldsymbol{X} = \{\boldsymbol{x}_1, \boldsymbol{x}_2, \cdots, \boldsymbol{x}_N\}$，其中 $\boldsymbol{x}_i \in \mathbf{R}^m$，$i = 1, 2, \cdots, N$，$\boldsymbol{p}$ 为所要求解的投影轴，且 $\boldsymbol{y}_i = \boldsymbol{p}^{\mathrm{T}} \boldsymbol{x}_i (i = 1, 2, \cdots, N)$。类内的紧密性和类间的分离性分别由类内散布矩阵 $\boldsymbol{S}_{\mathrm{c}}$ 和类间散布矩阵 $\boldsymbol{S}_{\mathrm{p}}$ 表示，如式(5.54)和式(5.55)所示：

$$\boldsymbol{S}_{\mathrm{c}} = \sum_i \sum_{i \in \boldsymbol{N}_{k_1}^{+}(j) \text{或} j \in \boldsymbol{N}_{k_1}^{+}(i)} \| \boldsymbol{p}^{\mathrm{T}} \boldsymbol{x}_i - \boldsymbol{p}^{\mathrm{T}} \boldsymbol{x}_j \|^2 = 2 \boldsymbol{p}^{\mathrm{T}} \boldsymbol{X}(\boldsymbol{D} - \boldsymbol{W}) \boldsymbol{X}^{\mathrm{T}} \boldsymbol{p} \tag{5.54}$$

$$\boldsymbol{S}_{\mathrm{p}} = \sum_i \sum_{(i,j) \in \boldsymbol{P}_{k_2}(c_i) \text{或} (i,j) \in \boldsymbol{P}_{k_2}(c_j)} \| \boldsymbol{p}^{\mathrm{T}} \boldsymbol{x}_i - \boldsymbol{p}^{\mathrm{T}} \boldsymbol{x}_j \|^2 = 2 \boldsymbol{p}^{\mathrm{T}} \boldsymbol{X}(\boldsymbol{D}^{\mathrm{p}} - \boldsymbol{W}^{\mathrm{p}}) \boldsymbol{X}^{\mathrm{T}} \boldsymbol{p} \tag{5.55}$$

其中，$\boldsymbol{W}$ 和 $\boldsymbol{W}^{\mathrm{p}}$ 可以定义为

$$\boldsymbol{W}_{ij} = \begin{cases} 1, \text{若 } i \in \boldsymbol{N}_{k_1}^{+}(j) \text{ 或者 } j \in \boldsymbol{N}_{k_1}^{+}(i) \\ 0, \text{其他} \end{cases} \tag{5.56}$$

$$\boldsymbol{W}_{ij}^{\mathrm{p}} = \begin{cases} 1, \text{若} (i,j) \in \boldsymbol{P}_{k_2}(c_i) \text{ 或者 } (i,j) \in \boldsymbol{P}_{k_2}(c_j) \\ 0, \text{其他} \end{cases} \tag{5.57}$$

$N_{k_1}^{+}(i)$ 表示样本 x_i 在类内的 k_1 个近邻样本集合，矩阵 D 是对角矩阵，且 $D_{ii}=\sum_j W_{ij}$。$P_{k_2}(c_i)$ 表示样本 x_i 在类间的 k_2 个近邻集合，矩阵 D^p 是对角矩阵，且 $D_{ii}^p=\sum_j W_{ij}^p$。

MFA 的判别准则函数定义如下：

$$J_{MFA}(p)=\arg\min_p \frac{S_c}{S_p}=\arg\min_p \frac{p^T X(D-W)X^T p}{p^T X(D^p-W^p)X^T p} \tag{5.58}$$

MFA 的判别准则函数 $J_{MFA}(p)$ 可以转化为求解特征方程 $S_c p=\lambda S_p p$ 的前 d 个最小特征值所对应的特征向量 $p_1, p_2, \cdots, p_d$，再将原始特征样本 X 投影到矩阵 P 上，记为 MFA 特征 $Y(Y=P^T X)$。

小　结

特征是模式识别系统的重要组成部分，特征的好坏直接关系识别系统的性能。原始特征有可能维数很大，或者存在冗余，使得后续的分类识别效果不佳，特征选择和特征提取是对原始特征的再加工，形成最终的有效特征。本章介绍了最优搜索、次优搜索以及启发式搜索等典型的特征选择方法，同时介绍了 Fisher 线性判别分析、主成分分析核流形学习等典型的特征提取方法。特征选择和特征提取在分类识别系统中并不是必需的，需要根据具体的识别任务以及对分类识别系统的分析结果来最终确定。

习　题

1. 原始特征包括哪些特征？
2. 什么是特征提取？什么是特征选择？二者有什么异同？
3. 模式识别系统中，特征选择和特征提取是必需的吗？为什么？
4. 最优搜索、次优搜索和启发式搜索有什么区别？次优搜索和启发式搜索能找到全局最优解吗？为什么？
5. 分支定界法使用的前提是什么？
6. 单独最优特征组合的假设是什么？何时可以得到最优的结果？
7. 试举例说明浮动搜索的实现步骤。
8. 试推导向量 x_i 在向量 w 方向上的投影表达式。
9. 试比较一下 FLDA 和 PCA 降维的异同点。
10. 主成分分析的基本原理是什么？包括哪几个步骤？
11. 主成分分析是如何去掉噪声特征的？
12. 假设特征样本集有 10 个二维数据(2.5,2.4)，(0.5,0.7)，(2.2,2.9)，(1.9,2.2)，(3.1,3.0)，(2.3, 2.7)，(2, 1.6)，(1, 1.1)，(1.5, 1.6)，(1.1, 0.9)，请用 PCA 降到 1 维特征。
13. 试推导 $\mathrm{var}(D)=\sigma_u^2+\mathrm{MSE}$。
14. 两个模式类的样本分别为

$\omega_1: x_1=(2,2)^T, x_2=(2,3)^T, x_3=(4,4)^T$

$\omega_2: x_4=(-2,-2)^T, x_5=(-2,-3)^T, x_6=(-4,-4)^T$

利用总体自相关矩阵作 K-L 变换，把原样本集压缩成一维样本集。

15. K-L 变换和主成分分析(PCA)的关系是什么？

16. 为什么独立成分不能是高斯变量？

17. 试述核方法与流形学习之间的联系以及优缺点。

参考文献

[1] 张学工. 模式识别[M]. 3 版. 北京：清华大学出版社，2010.

[2] (希腊)西格尔斯·西奥多里蒂斯，康斯坦提诺斯·库特龙巴斯. 模式识别[M]. 4 版. 北京：电子工业出版社，2016.

[3] Pudil P, Novovičová J, kittler J. Floating search methods in feature selection[J]. Pattern Recognition Letters, 1994, 15(11):1119-1125.

[4] Holland J H. Adaptation in Natural and Artificial Systems[M]. 张汉，译. 北京：高等教育出版社，2008.

[5] Kirkpatrick S, Vecchi M P. Optimization by simulated annealing[J]. Neurocomputing: Foundations of Research, 1987, 220(4598):551-567.

[6] Fisher R A. The use of multiple measurements in taxonomic problems[J]. Annals of Human Genetics, 1936, 7(2):179-188.

[7] 刘建平. 线性判别分析 LDA 原理总结[EB/OL]. (2017-01-03). https://www.cnblogs.com/pinard/p/6244265.html.

[8] Pearson K. LIII. On lines and planes of closest fit to systems of points in space[J]. Philosophical Magazine Series, 1901, 2(11):559-572.

[9] 刘建平. 主成分分析(PCA)原理总结[EB/OL]. (2016-12-31). https://www.cnblogs.com/pinard/p/6239403.html.

[10] 郝亚东，李聚方，唐红梅. 基于 K－L 变换的多极化 SAR 图像检索研究[J]. 测绘通报，2012(09):20-22＋25.

[11] 刘广社，唐红梅. 基于 K－L 变换的多光谱遥感图像检索方法研究[J]. 北京测绘，2012(05):56-59.

[12] Hyvärinen A, Oja E. Independent component analysis: algorithms and applications[J]. Neural Networks, 2000,13(4): 411-430.

[13] Schölkopf B, Smola A, Müller K. Nonlinear component analysis as a kernel eigenvalue problem[J]. Neural Computation, 1998, 10(5):1299-1319.

[14] Roweis S T, Lawrence K S. Nonlinear dimensionality reduction by locally linear embedding[J]. Science, 2000, 290(5500):2323-2326.

[15] He X F, Niyogi P. Locality preserving projections [J]. Advances in Neural Information Processing Systems, 2003,16(16): 153-160.

[16] Yan S,Xu D,Zhang B, et al. Graph embedding: a general framework for dimensionality reduction[C]//2005 IEEE Computer Society Conference on Computer Vision and Pattern Recognition (CVPR'05), 2005, 2:830-837.

第6章　无监督分类器

前面几章在设计分类器时，假定训练样本类别是已知的，即训练样本带“标签”，此时的分类问题统称为监督分类，相应的分类器设计和模式分类方法称为监督方法。在实际应用中，很多情况下无法预先知道样本的类别，只能利用没有类别标签的样本集进行分类器的设计，称为无监督分类，相应的分类方法统称为无监督方法。由于训练样本类别标签未知，无监督分类算法和系统具有一定的学习能力——从无标签样本集学习模式的相关知识，因此，在很多场合被称为无监督学习。

无监督学习方法实际上就是寻找数据集中体现出来的规律性，它可以揭示观测数据的一些内部结构和性质，从中获得一些有价值的信息，从而能够更有效地设计分类器。聚类(clustering)分析是最典型的无监督学习方法，该方法基于样本之间的相似和靠近程度，对无标签的样本进行逐步聚合，实现样本子集的划分。本章主要讨论聚类的基本原理和基本方法。

6.1　聚类的基本原理

6.1.1　聚类定义

当对未知类别样本集根据样本间相似程度进行分类时，相似的样本(通常相互靠近)归为一类，不相似的样本(通常相互远离)归为不同类。基于样本间相似程度对样本集进行迭代判别，这一过程称为聚类分析。衡量样本间相似性程度的数学度量或测度称为相似性测度，过程中采用的迭代判别方法称为聚类算法。

在对数据进行聚类的过程中，通过相似性度量定义了样本间靠近和远离程度；通过聚类准则定义了优化准则函数，使“类别”的划分达到最佳；设计迭代聚类算法，使准则函数取极值，从而获得最佳聚类结果；将聚类结果进行检验，检验聚类算法的正确性；最后人为判定聚类结果，做出正确结论。

简单来讲，聚类的目的在于把相似的东西聚在一起，比如针对数字 1～10 的分类过程，按照奇数偶数分类可分为 1,3,5,7,9 和 2,4,6,8,10 两类，但当按照是否为 3 的整数倍来分类时，又可分为 3,6,9 和 1,2,4,5,7,8,10 两类，由此可见不同聚类准则可能会产生不同的聚类结果。

6.1.2　相似性度量

一种典型的相似性度量方式是根据不同样本在特征空间中的距离，利用“同类样本相互靠近、异类样本相互远离”的策略进行聚类。

设 $\boldsymbol{x}$ 和 $\boldsymbol{x}'$ 为两个样本的特征向量，d 为样本空间维数，可采用欧氏距离、马氏距离、明氏距离等作为相似性测度。

(1) 欧氏距离

欧氏距离是最常见的两点之间或者多点之间的距离表示方法，在聚类中多采用该距离测

度，又称为欧几里得度量(Euclidean metric)，定义于欧几里得空间中，可表示为

$$D = \|\boldsymbol{x} - \boldsymbol{x}'\|_2 = \sqrt{\sum_{i=1}^{d} (x_i - x'_i)} \tag{6.1}$$

其中，x_i 和 x'_i分别表示特征向量 $\boldsymbol{x}$ 和 $\boldsymbol{x}'$在第 i 维度上的特征值。

(2) 马氏距离

马氏距离(Mahalanobis distance)是由马哈拉诺比斯(P. C. Mahalanobis)提出的，表示数据的协方差距离。它是一种有效的计算两个未知样本集的相似度的方法，可表示为

$$M(\boldsymbol{x},\boldsymbol{x}') = [(\boldsymbol{x}-\boldsymbol{x}')^{\mathrm{T}}\boldsymbol{\Sigma}^{-1}(\boldsymbol{x}-\boldsymbol{x}')]^{\frac{1}{2}} \tag{6.2}$$

其中，$\boldsymbol{\Sigma}$ 为样本集的协方差矩阵。当协方差矩阵为单位矩阵时，马氏距离可简化为欧氏距离；当协方差矩阵为对角阵时，各特征完全相互独立。

(3) 明氏距离

明氏距离可表示为

$$M'(\boldsymbol{x},\boldsymbol{x}') = \left(\sum_{i=1}^{d} |x_i - x'_i|^q\right)^{1/q} \tag{6.3}$$

其中，$q \geqslant 1$。当 $q=2$ 时，明氏距离等价于欧氏距离。

除了可以利用不同样本在特征空间中的距离进行相似性度量，还可以直接计算不同样本相似性函数，其中互相关函数可作为聚类的相似性测度。互相关函数是以样本特征向量方向是否相近作为依据，而不是向量的长度。可以采用的互相关函数包括角度相关系数、皮尔逊相关系数等。

(4) 角度相关系数

$$\cos(\boldsymbol{x},\boldsymbol{x}') = \frac{\boldsymbol{x}\cdot\boldsymbol{x}'}{|\boldsymbol{x}|\,|\boldsymbol{x}'|} = \frac{\sum_{i=1}^{n} x_i x'_i}{\sqrt{\sum_{i=1}^{d} x_i^2}\sqrt{\sum_{i=1}^{d} (x'_i)^2}} \tag{6.4}$$

角度相关系数表征两个向量的夹角余弦。当两个向量越相似，该值越接近于1；当两个向量越不相似，该值越接近－1。

(5) 皮尔逊相关系数

$$r(\boldsymbol{x},\boldsymbol{x}') \frac{(\boldsymbol{x}-\bar{\boldsymbol{x}})^{\mathrm{T}}(\boldsymbol{x}'-\bar{\boldsymbol{x}})}{[(\boldsymbol{x}-\bar{\boldsymbol{x}})^{\mathrm{T}}(\boldsymbol{x}-\bar{\boldsymbol{x}})(\boldsymbol{x}'-\bar{\boldsymbol{x}})^{\mathrm{T}}(\boldsymbol{x}'-\bar{\boldsymbol{x}})]^{\frac{1}{2}}} \tag{6.5}$$

其中，$\bar{\boldsymbol{x}}$ 和 $\bar{\boldsymbol{x}}'$和分别为这两个样本集的平均向量。当相关系数的绝对值越大，相关性越强；当相关系数为 0 时，两向量之间不相关(不存在线性关系)。

6.1.3 聚类准则函数

前面讨论了如何衡量样本之间的相似性，现在来讨论如何衡量样本集划分结果的好坏。设有样本集合 $\boldsymbol{Z}=\{\boldsymbol{x}_1,\boldsymbol{x}_2,\cdots,\boldsymbol{x}_n\}$，要划分成 c 个不相交的子集 $\boldsymbol{Z}_1,\boldsymbol{Z}_2,\cdots,\boldsymbol{Z}_c$。其中每个子集代表一个聚类，且同类中的样本比不同类中的样本更相似。通过定义准则函数可以将聚类问题更加明确地表达出来，即找到一种划分使得准则函数最优。

1. 误差平方和准则

误差平方和准则函数是一种简单且应用广泛的准则函数。令 n_i 表示子集 $\boldsymbol{Z}_i$ 中样本的数

量，$\boldsymbol{m}_i$ 表示 $\boldsymbol{Z}_i$ 样本的均值向量，即

$$\boldsymbol{m}_i=\frac{1}{n_i}\sum_{x\in\boldsymbol{Z}_i}\boldsymbol{x}_i \tag{6.6}$$

误差平方和准则定义为

$$J_e=\sum_{i=1}^{c}\sum_{x\in\boldsymbol{Z}_i}\|\boldsymbol{x}-\boldsymbol{m}_i\|^2 \tag{6.7}$$

该准则函数可以解释为：对于一个给定的聚类 $\boldsymbol{Z}_i$，均值向量 $\boldsymbol{m}_i$ 是最能代表 $\boldsymbol{Z}_i$ 中所有样本的一个向量。

一个好的聚类方法应能使每个子集中的所有向量与这个均值向量的“误差向量”长度平方之和最小。因此，J_e 度量中用 c 个均值向量 $\boldsymbol{m}_1,\boldsymbol{m}_2,\cdots,\boldsymbol{m}_c$ 分别代表 c 类的标准样本与当前相应子集 $\boldsymbol{Z}_1,\boldsymbol{Z}_2,\cdots,\boldsymbol{Z}_c$ 中样本所产生的总的误差的平方。J_e 的值取决于类别的数目和样本的分布情况，使得 J_e 最小的划分为最优聚类，也称为最小方差聚类。

误差平方和准则适用于各类样本比较密集且样本数目差异不大的情况，如图 6－1 所示。该图中的样本共有 3 个类型，每个类型的样本数目差异不大，分别为 7、8、9 个样本。类内样本分布较密集，误差平方和很小，且类别之间距离较远，此时由公式(6.7)定义的误差平方和准则适用于该情况。当不同类型的样本数量相差很大时，如果采用误差平方和准则，有可能会把样本数目多的类型分开，以使得总的 J_e 最小，如图 6－2 所示。

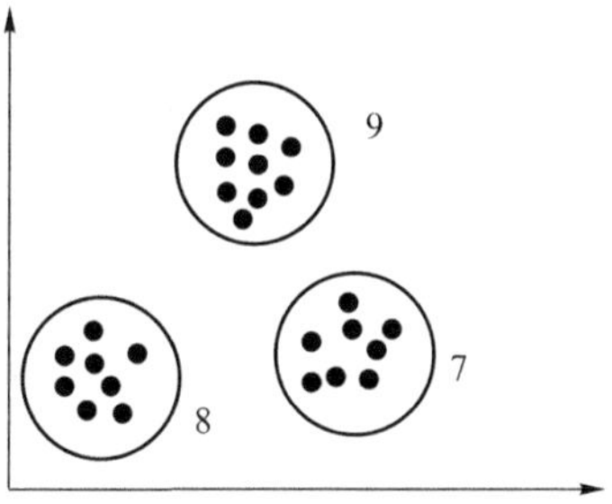

图 6－1　误差平方和准则适用情况

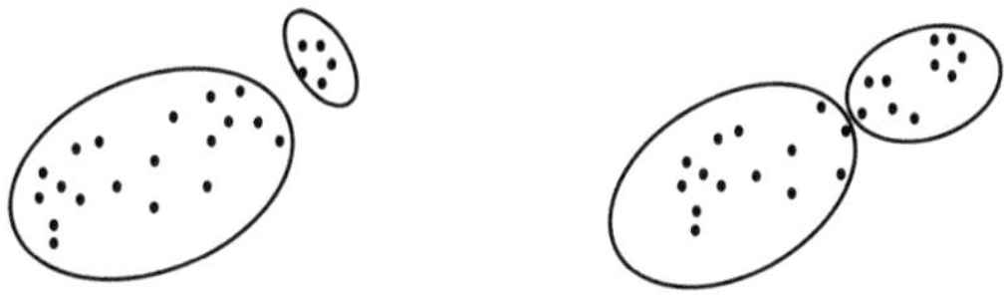

图 6－2　误差平方和准则不适用情况

2. 离散度准则

离散度矩阵不仅可以反映同类样本的聚合程度，而且也可以反映不同类之间的分离程度。因此，可以利用离散度矩阵来定义离散度准则，对聚类质量进行全面的描述和评价。

聚类 $\boldsymbol{Z}_i$ 的离散度矩阵 $\boldsymbol{S}_i$ 定义为

$$\boldsymbol{S}_i=\sum_{x\in\boldsymbol{Z}}(\boldsymbol{x}-\boldsymbol{m}_i)(\boldsymbol{x}-\boldsymbol{m}_i)^{\mathrm{T}} \tag{6.8}$$

其中，$\boldsymbol{m}_i$ 是聚类 $\boldsymbol{Z}_i$ 的均值向量。

总的类内离散度矩阵 $\boldsymbol{S}_w$ 定义为

$$\boldsymbol{S}_w = \sum_{i=1}^{c} \boldsymbol{S}_i \tag{6.9}$$

类间离散度矩阵 $\boldsymbol{S}_b$ 定义为

$$\boldsymbol{S}_b = \sum_{i=1}^{c} (\boldsymbol{m}_i - \boldsymbol{m})(\boldsymbol{m}_i - \boldsymbol{m})^{\mathrm{T}} \tag{6.10}$$

其中,$\boldsymbol{m}$ 为样本总均值向量:

$$\boldsymbol{m} = \frac{1}{n} \sum_{\boldsymbol{x} \in \boldsymbol{Z}} \boldsymbol{x} = \frac{1}{n} \sum_{i=1}^{c} n_i \boldsymbol{m}_i \tag{6.11}$$

全部样本的总离散度矩阵 $\boldsymbol{S}_T$ 定义为

$$\boldsymbol{S}_T = \sum_{\boldsymbol{x} \in \boldsymbol{Z}_i} (\boldsymbol{x}_i - \boldsymbol{m})(\boldsymbol{m}_i - \boldsymbol{m})^{\mathrm{T}} \tag{6.12}$$

为了更准确地度量类内离散度和类间离散度,可以引入一个标量来衡量离散度矩阵的"大小"——矩阵的迹和矩阵的行列式。

(1) 离散度矩阵迹准则

矩阵的迹是度量离散度矩阵大小最简单的标量方法,它是离散半径的平方和,正比于数据在各个坐标轴方向上的方差之和。所以,最小化类内离散度矩阵 $\boldsymbol{S}_w$ 的迹 $\mathrm{tr}\boldsymbol{S}_w$ 可以作为一种准则函数。$\mathrm{tr}\boldsymbol{S}_w$ 定义为

$$\mathrm{tr}\boldsymbol{S}_w = \sum_{i=1}^{c} \mathrm{tr}\boldsymbol{S}_i = \sum_{i=1}^{c} \sum_{\boldsymbol{x} \in \boldsymbol{Z}_i} \| \boldsymbol{x} - \boldsymbol{m}_i \|^2 \tag{6.13}$$

因为全部样本的总离散度矩阵 $\boldsymbol{S}_T$ 的迹可表示为类内离散度矩阵 $\boldsymbol{S}_w$ 和均值离散度矩阵 $\boldsymbol{S}_b$ 迹之和的形式,即 $\mathrm{tr}\boldsymbol{S}_T = \mathrm{tr}\boldsymbol{S}_w + \mathrm{tr}\boldsymbol{S}_b$,而 $\boldsymbol{S}_T$ 与样本如何划分无关,所以在最小化类内离散度矩阵的迹 $\mathrm{tr}\boldsymbol{S}_w$ 准则函数的同时,也最大化了类间离散度矩阵的迹 $\mathrm{tr}\boldsymbol{S}_b$ 准则函数:

$$\mathrm{tr}\boldsymbol{S}_b = \sum_{i=1}^{c} n_i \| \boldsymbol{m}_i - \boldsymbol{m} \|^2 \tag{6.14}$$

(2) 离散度矩阵行列式准则

矩阵的行列式可以作为离散度矩阵的另一种标量度量,它度量了离散体积的平方。当类别数 c 小于或等于特征向量的维数 d 时($c \leqslant d$),类间离散度矩阵 $\boldsymbol{S}_b$ 为奇异矩阵,此时行列式为 0。而且也可以证明当 $n-c<d$ 时,$\boldsymbol{S}_b$ 也是奇异矩阵。因此不宜采用 $\|\boldsymbol{S}_b\|$ 作为准则函数。通常假定类内离散度矩阵 $\boldsymbol{S}_w$ 非奇异,得到离散度矩阵行列式准则函数:

$$\boldsymbol{J}_d = | \boldsymbol{S}_w | = \left| \sum_{i=1}^{c} \boldsymbol{S}_i \right| \tag{6.15}$$

尽管类内离散度矩阵 $\boldsymbol{S}_w$ 有时也是奇异的,比如当样本数与类别数之差小于维数时,即 $n-c<d$,但使得样本数与类别数之差大于维数的条件($n-c>d$)更易于满足。在聚类中,$\boldsymbol{S}_w$ 非奇异比 $\boldsymbol{S}_b$ 非奇异的条件更容易满足。因此,通常采用类内离散度矩阵行列式作为聚类准则函数。

6.1.4 聚类方法

目前聚类算法大体可分为五类。

(1) 基于划分的聚类方法

该方法是聚类分析最简单最基本的方法。该方法采取互斥簇的划分,即每个对象必须恰好属于一个组。基于划分的聚类方法是一种自顶向下的方法,对于给定的由 n 个样本数据组成的数据集 $\mathbf{Z}$,将该数据集划分为 c 个分区,其中每个分区代表一个簇。给定要构建的分区数 c,划分方法为首先创建一个初始划分,然后采用迭代重定位技术,通过把对象从一个组移动到另一个组来改进划分。一个好的划分准则是:同一个簇中的相关对象尽可能相互“接近”或相关,而不同簇中的对象尽可能地“远离”或不同。最经典的基于划分的聚类方法包括 K-均值(K-means)和 K-中心点(K-medoids)方法。基于划分的聚类方法收敛速度快,但是该类方法要求类别数量 c 可以合理地估计,同时聚类初始中心的选择和噪声均会对聚类结果产生较大影响。

(2) 基于层次的聚类方法

基于层次的聚类方法是指对给定的数据进行层次分解,直到满足某种条件为止。根据层次分解的顺序可分为凝聚和分裂的方法。其中,凝聚的方法也称自底向上法,首先将每个数据对象作为单独的一个簇,计算数据对象之间的距离,将距离最近的数据对象合并到同一个簇,然后计算簇与簇之间的距离,将距离最近的簇进行合并形成一个新的簇,不断迭代合并,直到合并为一个簇或者达到某个终止条件。分裂的方法又称为自顶向下法,开始将所有的数据对象置于一个簇中,在每次迭代中,一个簇被划分为更小的簇,直到最终每个数据对象在单独的一个簇中或者达到某个终止条件。

基于层次的聚类算法中的距离相似度容易定义,且不需要预先指定簇的个数。但是该类算法计算复杂度高,奇异值也能产生很大影响。

(3) 基于密度的聚类方法

基于距离的聚类算法只能发现球状簇,不适用于具有任意形状的簇。基于密度的聚类方法从数据对象分布区域的密度着手,核心思想是寻找被低密度区域分离的高密度区域。通过连接密度较大的区域,形成不同形状的簇,可消除孤立点和噪声对聚类的影响,发现任意形状的簇。聚类中心的周围都是密度比其低的点,同时这些点距离该聚类中心的距离相比于其他聚类中心来说是最近的。基于密度的聚类方法可以得到非球形的聚类结果,可以很好地描述数据分布。该算法只考虑点与点之间的距离,不需要将点映射到一个向量空间中。但是该算法需要事先计算好所有点与点之间的距离,如果样本太大,则整个距离矩阵的内存开销特别大。

(4) 基于网格的聚类方法

基于网格的聚类方法将对象空间量化为有限数量的单元,这些单元形成一个网格结构,所有的聚类操作均在此网格上进行。其基本思想是将每个属性的可能值分割成许多相邻的区间,并创建网格单元的集合。每个数据对象落入一个网格单元,网格单元对应的属性空间包含该对象的值,如图 6-3 所示。基于网格的聚类算法的方法是首先定义一个网络单元,将数据对象指派到合适的单元,并计算每个单元的密度,然后删除密度低于指定的阈值的单元,最后由邻近的稠密单元形成簇。基于网格的聚类方法处理速度快,仅依赖于量化空间中的每一维的单元数,与数据对象数量无关。在处理高维数据时,网格单元的数目会随着属性维数的增长而成指数级增长,因此该聚类方法不适用于高维数据的处理。

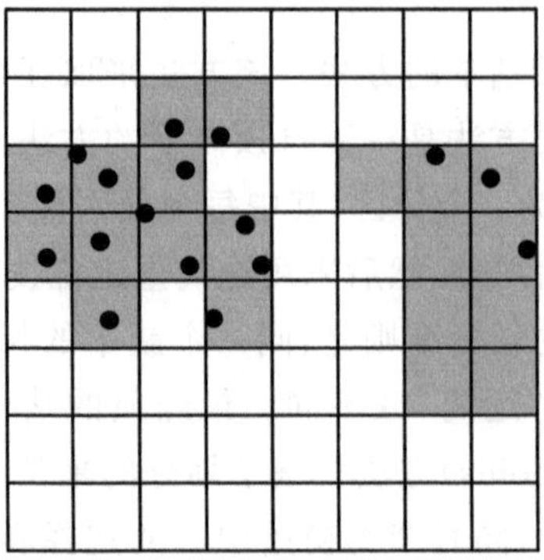

图 6-3 基于网格的聚类方法

(5) 基于模型的聚类方法

基于模型的聚类方法给每一个簇假定一个模型,假定的模型可能是数据对象在空间分布中的密度函数或者其他函数,然后寻找能够很好满足该模型的数据集。该聚类方法假定目标数据集是由一系列的概率分布所决定的。图 6-4 对比列出了基于距离的聚类结果和基于模型的聚类结果。基于距离的聚类方法将距离近的点聚集在一起,而基于模型(此图采用具有一定弧度椭圆的概率分布模型)将数据按照特定的概率分布模型进行聚类。以图中 2 个空心圆点为例,这两点距离很近,经过基于距离的聚类方法,二者聚集在一个簇中。但是基于模型的聚类方法却将二者分布在不同簇中,以满足特定的具有一定弧度椭圆的概率分布模型。

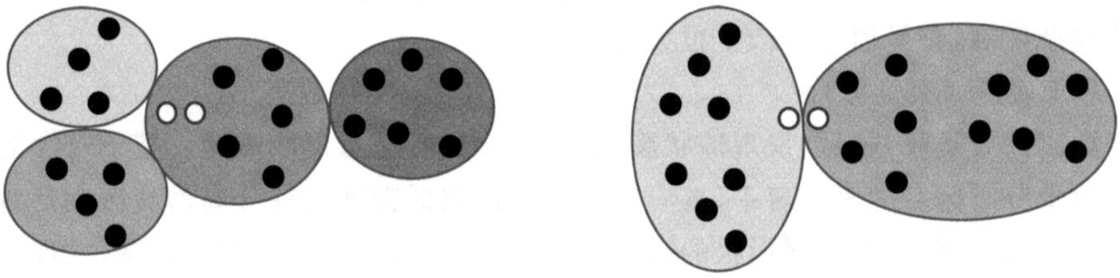

(a) 基于距离的聚类结果　　(b) 基于模型的聚类结果

图 6-4 基于距离的聚类结果和基于模型的聚类结果对比

6.2 分级聚类

6.2.1 分级聚类原理

作为最常见的聚类分析算法的一种,分级聚类(也称层次聚类)的目标不仅仅是产生聚类结果,而是创建一系列具有树状层次结构的嵌套划分。这种表示方法的优点在于不需要提前设定数据集被划分成的类别数目,树状层次结构已经反映了数据集在不同尺度下的聚类情况,因此改变所需要的聚类数目只需要选择聚类嵌套树中所对应的不同层。在此树状结构中,不同类别的原始数据点占据着树的最底层,而树的顶层则是一个聚类的根节点,因此对于具有 n 个样本点的数据集,其聚类嵌套树的底层有 n 个节点,而第 n 层有一个包含所有样本点的根节点。期望聚类数目 c 的聚类结果对应聚类嵌套树的第 $n-c-1$ 层。图 6-5 给出了分级聚类示例。

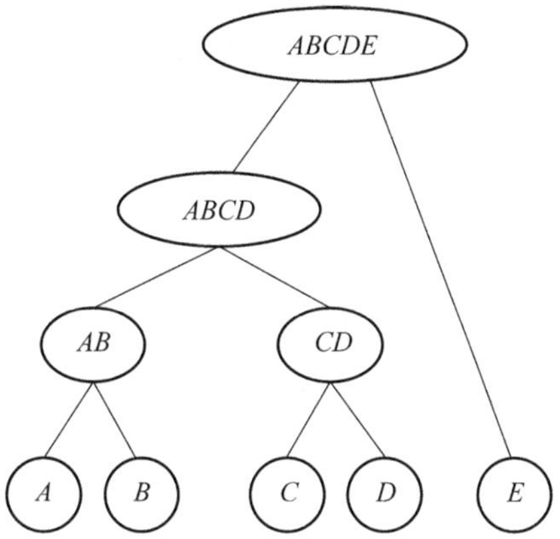

图 6-5　分级聚类示例

分级聚类算法的实现思路根据策略的不同可以分为自下而上的聚合法和自上而下的分解法。聚合法首先将样本集中所有数据点当成初始聚类，共有 n 个聚类，然后将相似性最强的两个类别合并，得到 $n-1$ 个聚类，以此类推直到所有数据点都被分为一类，或所有数据点被分为预期的聚类数目。而分解法的生成顺序则刚好相反，生成法从树的顶端开始进行聚类，首先将整个数据集看成一类，然后递归地进行划分，直至所有数据点都被分在了不同聚类中。

本节重点关注自下而上的聚合法，并对分级聚类算法进行介绍。

6.2.2　基于聚合法的分级聚类

1. 算法原理

给定 d 维特征空间中由 n 个数据点所构成的样本集 $\boldsymbol{D}=\{\boldsymbol{x}_1,\boldsymbol{x}_2,\cdots,\boldsymbol{x}_n\}$，聚类 $\Omega=\{\omega_1,\omega_2,\cdots,\omega_C\}$ 将数据集划分成 C 个类别，假设类别与类别之间没有重合的数据点。为了表示方便，将 ω_i 和 ω_j 所合并得到的新聚类表示为 ω_{ij}。类别 ω_i 和 ω_j 之间的类别相似性测度记作 $d(\boldsymbol{x},\boldsymbol{y})$。

聚合法的实现步骤如下：

① 初始化：首先将每一个数据点都看成一类，$\Omega=\{\omega_1,\omega_2,\cdots,\omega_n\}$，$\omega_i=\{\boldsymbol{x}_i\}$。

② 聚合：计算所有类别之间的相似性测度，将最相似的两个类别合并。

③ 更新：重复上述过程直至只剩下一个类别或剩下预期的类别个数。

两个类别之间的相似性测度通常采用数据点之间的欧式距离或 L_2 范数表示：

$$d(\boldsymbol{x},\boldsymbol{y})=\|\boldsymbol{x}-\boldsymbol{y}\|_2=\sqrt{\sum_{i=1}^{d}|x_i-y_i|^2} \tag{6.16}$$

但是一个聚类中通常含有不止一个数据点，接下来的问题转化为如何选取合适的点作为所在聚类的代表，下面给出一些在实际数据处理中常用的方法。

(1) 最小距离法

对于类别 ω_i 和 ω_j，最小距离法将两类别中最靠近的两个数据点作为类别的代表，将类别之间的相似性测度定义为最靠近的两个数据点之间的欧式距离：

$$d(\omega_i,\omega_j)=\min\{d(\boldsymbol{x},\boldsymbol{y})\mid \boldsymbol{x}\in\omega_i,\boldsymbol{y}\in\omega_j\} \tag{6.17}$$

把 ω_i 和 ω_j 两个类合并，相当于在两个类别中选择两个数据点并用线连接起来，如果在 ω_i

中选取一点，再到 ω_j 中选取一点，则满足长度小于等于 $d(\omega_i,\omega_j)$ 的连线是唯一的，剩下的所有两类别所组成点对的连线都长于这条线，因此最小距离法也被称为单一连接。

单一连接有适应拉长聚类的趋势，因此具有链式效应。

(2) 最大距离法

对于类别 ω_i 和 ω_j，最大距离法则是将类间相似性测度定义为相距最远两个数据点之间的距离：

$$d(\omega_i,\omega_j)=\max\{d(\boldsymbol{x},\boldsymbol{y})\mid \boldsymbol{x}\in\omega_i,\boldsymbol{y}\in\omega_j\} \tag{6.18}$$

将 ω_i 中的点与 ω_j 中的点的最大距离作为类别之间距离评价的方法称为最大距离法，在此方法中，如果将所有距离小于等于 $d(\omega_i,\omega_j)$ 的点对都连接起来，则两个类别中所有的点都可以互相进行连接，因此最大距离法也称为完全连接。通常在处理小的密集聚类的情况时，优先选取最大距离法。

(3) 均值距离法

将两个类别的均值点作为类别的代表，将均值点之间的距离作为类别相似性测度，这样的方法被称为均值距离法：

$$d(\omega_i,\omega_j)=d(\boldsymbol{m}_i,\boldsymbol{m}_j) \tag{6.19}$$

其中，$\boldsymbol{m}_i=\frac{1}{N_i}\sum_{x\in\omega_i}\boldsymbol{x}$，$N_i=|\omega_i|$ 表示类别 ω_i 中数据点的个数，即 ω_i 的模。

(4) 组平均距离法

组平均距离法是将两个类别之间所有点对距离的平均值作为类别相似性测度。相比于最小距离法和最大距离法，组平均距离法可以有效避免类内特殊点带来的不利影响：

$$d(\omega_i,\omega_j)=\frac{\sum_{x\in\omega_i}\sum_{y\in\omega_j}d(\boldsymbol{x},\boldsymbol{y})}{N_i\times N_j} \tag{6.20}$$

(5) 沃德距离法

沃德距离法又称最小方差法，是将两个类别之间的相似性测度定义为两个类别合并时的平方和误差(SSE)的增量。给定一个聚类 ω_i，其 SSE 的定义为

$$\mathrm{SSE}_i=\sum_{x\in\omega_i}\|\boldsymbol{x}-\boldsymbol{m}_i\|_2^2 \tag{6.21}$$

为了计算简便，SSE 通常可表示为

$$\begin{aligned}\mathrm{SSE}_i&=\sum_{x\in\omega_i}\boldsymbol{x}^{\mathrm{T}}\boldsymbol{x}-2\sum_{x\in\omega_i}\boldsymbol{x}^{\mathrm{T}}\boldsymbol{m}_i+\sum_{x\in\omega_i}\boldsymbol{m}_i^{\mathrm{T}}\boldsymbol{m}_i\\&=\sum_{x\in\omega_i}\boldsymbol{x}^{\mathrm{T}}\boldsymbol{x}-n_i\boldsymbol{m}_i^{\mathrm{T}}\boldsymbol{m}_j\end{aligned} \tag{6.22}$$

当沃德距离将 ω_i 和 ω_j 合并成 ω_{ij} 时，SSE 值的变化量可以作为两个类别之间的相似性测度：

$$d(\omega_i,\omega_j)=\mathrm{SSE}_{ij}-\mathrm{SSE}_i-\mathrm{SSE}_j \tag{6.23}$$

从本质上来说，沃德距离法是均值距离法的加权修正，权值大小为被合并聚类模长的调和平均数的$\frac{1}{2}$，例如 n_i 和 n_j 的调和平均数为$\frac{2}{\frac{1}{n_i}+\frac{1}{n_j}}=\frac{2n_in_j}{n_i+n_j}$，感兴趣的读者可以进行证明，在此不进行展开。

2. 算例分析

例 6－1　假设有一无标签样本集共有 5 个数据点 $\boldsymbol{A}$、$\boldsymbol{B}$、$\boldsymbol{C}$、$\boldsymbol{D}$、$\boldsymbol{E}$：$\boldsymbol{A}=(1,3,3)^{\mathrm{T}}$，$\boldsymbol{B}=(2,0,4)^{\mathrm{T}}$，$\boldsymbol{C}=(3,2,2)^{\mathrm{T}}$，$\boldsymbol{D}=(0,2,3)^{\mathrm{T}}$，$\boldsymbol{E}=(1,2,3)^{\mathrm{T}}$，现要求利用最小距离法将该样本集划分为两类。

解：起初每个数据点自成一类，即聚类为

$$\omega_1=\{\boldsymbol{A}\},\quad \omega_2=\{\boldsymbol{B}\},\quad \omega_3=\{\boldsymbol{C}\},\quad \omega_4=\{\boldsymbol{D}\},\quad \omega_5=\{\boldsymbol{E}\}$$

计算类别之间的最小距离，并将类别之间的最小距离列在表 6－1 中。

表 6－1　类间最小距离 1

$d(\omega_i,\omega_j)$	$\omega_2=\{\boldsymbol{B}\}$	$\omega_3=\{\boldsymbol{C}\}$	$\omega_4=\{\boldsymbol{D}\}$	$\omega_5=\{\boldsymbol{E}\}$
$\omega_1=\{\boldsymbol{A}\}$	$\sqrt{11}$	$\sqrt{6}$	$\sqrt{2}$	1
$\omega_2=\{\boldsymbol{B}\}$		3	3	$\sqrt{6}$
$\omega_3=\{\boldsymbol{C}\}$			$\sqrt{10}$	$\sqrt{5}$
$\omega_4=\{\boldsymbol{D}\}$				1

当计算结果中有多个相同的相似性测度值时，以从左到右，从上到下的顺序选取。在本例题中将 $\omega_1=\{\boldsymbol{A}\}$ 与 $\omega_5=\{\boldsymbol{E}\}$ 合并为一类，得到新的聚类结果：

$$\omega_1=\{\boldsymbol{A},\boldsymbol{E}\},\quad \omega_2=\{\boldsymbol{B}\},\quad \omega_3=\{\boldsymbol{C}\},\quad \omega_4=\{\boldsymbol{D}\}$$

利用最小距离法，重新计算类间最小距离。以 $d(\omega_i,\omega_j)$ 为例，ω_1 中含有两个样本点，ω_1 与 ω_2 的类间距离为

$$d(\omega_1,\omega_2)=\min\{d(\boldsymbol{A},\boldsymbol{B}),\quad d(\boldsymbol{E},\boldsymbol{B})\}=\sqrt{6}$$

同理可依次计算其他类间距离，得到新的类间最小距离，如表 6－2 所列。

表 6－2　类间最小距离 2

$d(\omega_i,\omega_j)$	$\omega_2=\{\boldsymbol{B}\}$	$\omega_3=\{\boldsymbol{C}\}$	$\omega_4=\{\boldsymbol{D}\}$
$\omega_1=\{\boldsymbol{A},\boldsymbol{E}\}$	$\sqrt{6}$	$\sqrt{5}$	$\sqrt{1}$
$\omega_2=\{\boldsymbol{B}\}$		3	3
$\omega_3=\{\boldsymbol{C}\}$			$\sqrt{10}$

ω_1 与 ω_4 类间距离最小，因此合并 ω_1 和 ω_4，得到新的聚类结果：

$$\omega_1=\{\boldsymbol{A},\boldsymbol{E},\boldsymbol{D}\},\quad \omega_2=\{\boldsymbol{B}\},\quad \omega_3=\{\boldsymbol{C}\}$$

利用最小距离法，重新计算类间最小距离，得到新的类间最小距离如表 6－3 所列。

表 6－3　类间最小距离 3

$d(\omega_i,\omega_j)$	$\omega_2=\{\boldsymbol{B}\}$	$\omega_3=\{\boldsymbol{C}\}$
$\omega_1=\{\boldsymbol{A},\boldsymbol{E},\boldsymbol{D}\}$	$\sqrt{6}$	$\sqrt{5}$
$\omega_2=\{\boldsymbol{B}\}$		3

ω_1 与 ω_3 类间距离最小，因此合并 ω_1 和 ω_3，得到新的聚类结果：

$$\omega_1=\{\boldsymbol{A},\boldsymbol{E},\boldsymbol{D},\boldsymbol{C}\},\quad \omega_2=\{\boldsymbol{B}\}$$

由于已知条件要求聚成两类，聚类过程结束。为了更直观地理解上述聚类过程，图 6－6

所示用树图的形式给出了整个聚类过程。

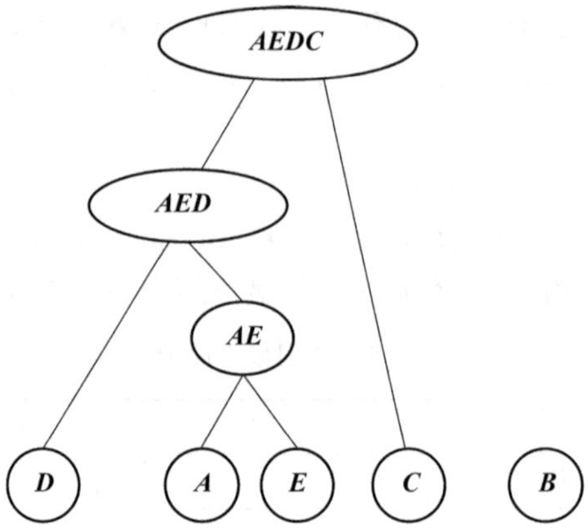

图 6-6　最小距离法分层聚类

3. 聚合法的矩阵更新算法

在将类别 ω_i 和 ω_j 进行合并时，需要更新表格(相似度矩阵)，重新计算所合并的新聚类 ω_{ij} 与剩下所有聚类的相似性测度。类间相似性测度更新方程可表示为

$$d(\omega_{ij},\omega_r)=a_i\cdot d(\omega_i,\omega_r)+a_j\cdot d(\omega_j,\omega_r)+b\cdot d(\omega_i,\omega_j)+ d\cdot\left|d(\omega_i,\omega_r)-d(\omega_j,\omega_r)\right| \tag{6.24}$$

公式(6.24)适用于 6.2.2 节中最小距离法、最大距离法、均值距离法、组平均距离法、沃德距离法。当方程中参数选取不同数值时，可以对以上五种实现算法进行有效更新，具体数值选取如表 6-4 所列。

表 6-4　聚合法矩阵更新方程参数设置

	a_i	a_j	b	d
最小距离法	$\frac{1}{2}$	$\frac{1}{2}$	0	$-\frac{1}{2}$
最大距离法	$\frac{1}{2}$	$\frac{1}{2}$	0	$\frac{1}{2}$
均值距离法	$\frac{n_i}{n_i+n_j}$	$\frac{n_i}{n_i+n_j}$	$\frac{-n_i\cdot n_j}{(n_i+n_j)^2}$	0
组平均距离法	$\frac{n_i}{n_i+n_j}$	$\frac{n_i}{n_i+n_j}$	0	0
沃德距离法	$\frac{n_i+n_r}{n_i+n_j+n_r}$	$\frac{n_j+n_r}{n_i+n_j+n_r}$	$\frac{-n_r}{n_i+n_j+n_r}$	0

接下来对其中的三种情况进行说明，剩下的两种情况请读者自行证明。

① 最小距离法：

$$\begin{aligned} d(\omega_{ij},\omega_r)&=\min\{d(\boldsymbol{x},\boldsymbol{y})\mid \boldsymbol{x}\in\omega_{ij},\boldsymbol{y}\in\omega_r\}\\ &=\min\{d(\boldsymbol{x},\boldsymbol{y})\mid \boldsymbol{x}\in\omega_i\cup\omega_j,\boldsymbol{y}\in\omega_r\}\\ &=\frac{1}{2}\cdot d(\omega_i,\omega_r)+\frac{1}{2}\cdot d(\omega_j,\omega_r)-\frac{1}{2}\cdot\left|d(\omega_i,\omega_r)-d(\omega_j,\omega_r)\right| \end{aligned} \tag{6.25}$$

② 最大距离法：

$$
\begin{aligned}
d(\omega_{ij},\omega_r) &= \max\{d(\boldsymbol{x},\boldsymbol{y}) \mid \boldsymbol{x}\in\omega_{ij},\boldsymbol{y}\in\omega_r\} \\
&= \max\{d(\boldsymbol{x},\boldsymbol{y}) \mid \boldsymbol{x}\in\omega_i\cup\omega_j,\boldsymbol{y}\in\omega_r\} \\
&= \frac{1}{2}\cdot d(\omega_i,\omega_r)+\frac{1}{2}\cdot d(\omega_j,\omega_r)-\frac{1}{2}\cdot\left|d(\omega_i,\omega_r)-d(\omega_j,\omega_r)\right|
\end{aligned}
\tag{6.26}
$$

③ 组平均距离法：

$$
\begin{aligned}
d(\omega_{ij},\omega_r) &= \frac{\sum\limits_{x\in\omega_{ij}}\sum\limits_{y\in\omega_r} d(\boldsymbol{x},\boldsymbol{y})}{(n_i+n_j)\cdot n_r} \\
&= \frac{\sum\limits_{x\in\omega_i}\sum\limits_{y\in\omega_r} d(\boldsymbol{x},\boldsymbol{y})+\sum\limits_{x\in\omega_j}\sum\limits_{y\in\omega_r} d(\boldsymbol{x},\boldsymbol{y})}{(n_i+n_j)\cdot n_r} \\
&= \frac{n_i\cdot n_r\cdot d(\omega_i,\omega_r)+n_j\cdot n_r\cdot d(\omega_j,\omega_r)}{(n_i+n_j)\cdot n_r}
\end{aligned}
\tag{6.27}
$$

6.2.3　基于分解法的分级聚类

1. 算法原理

分解算法与聚合算法的处理方式相反。给定 d 维特征空间中由 n 个数据点所构成的样本集 $\boldsymbol{D}=\{\boldsymbol{x}_1,\boldsymbol{x}_2,\cdots,\boldsymbol{x}_n\}$，假设类别与类别之间没有重合的数据点。首先将所有数据点置于同一个类中，然后逐渐细分为越来越小的类，直到每个数据自成一类，或者达到了某个终结的条件。第 t 次聚类得到 $t+1$ 个类，用 C_{tj} 表示第 t 次聚类 $\boldsymbol{R}_t$ 中的第 j 个类，其中 $t=0,1,\cdots,n-1,j=1,2,\cdots,t+1$。令 $g(C_i,C_j)$ 是所有可能聚类对定义的不相似函数或相似函数，初始聚类 $\boldsymbol{R}_0$ 仅包含集合 $\boldsymbol{D}$，即 $\boldsymbol{R}_{01}=\boldsymbol{D}$。为了确定下一个聚类，考虑 $\boldsymbol{D}$ 划分形成的所有可能的聚类对，当 g 为不相似函数时，选择使函数取得最大值的聚类对 (C_{11},C_{12})，当 g 为相似函数时，选择使函数取得最小值的聚类对 (C_{11},C_{12})。这两个聚类形成下一个聚类 $\boldsymbol{R}_1=\{C_{11},C_{12}\}$。接着考虑 C_{11} 中所有的聚类对，对 C_{12} 重复相同的方法。假定从两个聚类对中得到了新的聚类对，且从 C_{11} 中得到的聚类使不相似函数 g 值最大(或相似函数 g 值最小)，用 (C_{11}^1,C_{11}^2) 描述此聚类对。这样，新聚类 $\boldsymbol{R}_2$ 包括 C_{11}^1,C_{11}^2,C_{12}，分别用 C_{21},C_{22},C_{23} 重新标记这些聚类，得到 $\boldsymbol{R}_2=\{C_{21},C_{22},C_{23}\}$。

分解法的实现步骤如下：

① 初始化：首先选择 $\boldsymbol{R}_0$ 作为初始聚类，$\boldsymbol{R}_0=\{\boldsymbol{D}\},t=0$。

② 重复分解聚类：$t=t+1,i=1,2,\cdots,t$，在由 $C_{t-1,i}$ 划分形成的所有可能的聚类对 (C_r,C_s) 中，搜索使得不相似函数/相似函数 g 取最大值/最小值的聚类对 $(C_{t-1,i}^1,C_{t-1,i}^2)$。从以上 t 个聚类对中得到使不相似函数/相似函数 g 取最大值/最小值的聚类对 $(C_{t-1,j}^1,C_{t-1,j}^2)$，形成新聚类 t，$\boldsymbol{R}_t=(\boldsymbol{R}_{t-1}-\{C_{t-1,j}\})\cup\{C_{t-1,j}^1,C_{t-1,j}^2\}$，并重新标识聚类 $\boldsymbol{R}_t$ 中的聚类。

③ 分解聚类结束：直到每一个数据都在各自不同的聚类中或者到达设置的某个终止条件。

选择不同的 g 将得到不同的算法。容易看出分解方法的计算量很大，即使对于中等的 n 值也是如此。与合并算法比较，这是它的主要缺点。

2. 算例分析

例 6-2　假设有一无标签样本集共有 5 个数据点 $\boldsymbol{A}$、$\boldsymbol{B}$、$\boldsymbol{C}$、$\boldsymbol{D}$、$\boldsymbol{E}$：$\boldsymbol{A}=(1,3,3)^{\mathrm{T}}$，$\boldsymbol{B}=(2,0,$

$4)^T$，$\boldsymbol{C}=(3,2,2)^T$，$\boldsymbol{D}=(0,2,3)^T$，$\boldsymbol{E}=(1,2,3)^T$，现要求利用欧氏距离作为相似性度量，通过分解法将该样本集划分为三类。

解：起初所有数据点划分成一类，即聚类为

$$\boldsymbol{R}_0=\{\boldsymbol{A},\boldsymbol{B},\boldsymbol{C},\boldsymbol{D},\boldsymbol{E}\}$$

首先，令 $C_{11}^1=\varnothing$，C_{11}^2 则包含所有的数据点，然后计算 C_{11}^2 中每个保留数据点与 C_{11}^2 中的其他数据点的平均不相似性 $g(x,C_{11}^2-\{x\})$，将 C_{11}^2 中与其他数据点的平均不相似性最大的数据点移到 C_{11}^1 中。类间距离计算结果如表 6－5 所列。

表 6－5　类间距离计算结果

$d(\omega_i,\omega_j)$	$\omega_2=\{\boldsymbol{B}\}$	$\omega_3=\{\boldsymbol{C}\}$	$\omega_4=\{\boldsymbol{D}\}$	$\omega_5=\{\boldsymbol{E}\}$
$\omega_1=\{\boldsymbol{A}\}$	$\sqrt{11}$	$\sqrt{6}$	$\sqrt{2}$	1
$\omega_2=\{\boldsymbol{B}\}$		3	3	$\sqrt{6}$
$\omega_3=\{\boldsymbol{C}\}$			$\sqrt{10}$	$\sqrt{5}$
$\omega_4=\{\boldsymbol{D}\}$				1

如表 6－6 所列，这里数据点 $\boldsymbol{B}$ 与其他数据点的不相似性最大，因此将数据点 $\boldsymbol{B}$ 移到 C_{11}^1 中。

表 6－6　不相似度计算结果

	$x=\boldsymbol{A}$	$x=\boldsymbol{B}$	$x=\boldsymbol{C}$	$x=\boldsymbol{D}$	$x=\boldsymbol{E}$
$g(x,C_{11}^2-\{x\})$	2.045 1	2.941 5	2.712 0	2.144 1	1.671 4

接着，对于 C_{11}^2 中每个保留的数据点，依次计算它们与 C_{11}^1 中数据点的平均不相似性 $g(x,C_{11}^1)$，以及与 C_{11}^2 中的其他数据点的平均不相似性 $g(x,C_{11}^2-\{x\})$。

如表 6－7 所列，因为均有 $x\in C_{11}^2$，$g(x,C_{11}^2-\{x\})<g(x,C_{11}^1)$，则 $t=1$ 次的分解完成，得到 $\boldsymbol{R}_1=\{C_{11},C_{12}\}$，其中 $C_{11}=\{\boldsymbol{B}\}$，$C_{12}=\{\boldsymbol{A},\boldsymbol{C},\boldsymbol{D},\boldsymbol{E}\}$。

表 6－7　分类后与其他数据点的不相似度计算结果

	$x=\boldsymbol{A}$	$x=\boldsymbol{C}$	$x=\boldsymbol{D}$	$x=\boldsymbol{E}$
$g(x,C_{11}^1)$	2.045 1	2.712 0	2.144 1	1.671 4
$g(x,C_{11}^2-\{x\})$	1.621 2	2.615 7	1.858 8	1.412 0

继续，令 $C_{21}=C_{11}$，$C_{22}^1=\varnothing$，C_{22}^2 则包含 C_{12} 中所有的数据点，然后计算 C_{22}^2 中每个保留数据点与 C_{22}^2 中的其他数据点的平均不相似性 $g(x,C_{22}^2-\{x\})$，将 C_{22}^2 中与其他数据点的平均不相似性最大的数据点移到 C_{22}^1 中。类间距离计算结果如表 6－8 所列。

表 6－8　类间距离计算结果

$d(\omega_i,\omega_j)$	$\omega_3=\{\boldsymbol{C}\}$	$\omega_4=\{\boldsymbol{D}\}$	$\omega_5=\{\boldsymbol{E}\}$
$\omega_1=\{\boldsymbol{A}\}$	$\sqrt{6}$	$\sqrt{2}$	1
$\omega_3=\{\boldsymbol{C}\}$		$\sqrt{10}$	$\sqrt{5}$
$\omega_4=\{\boldsymbol{D}\}$			1

如表 6－9 所列，这里数据点 $\boldsymbol{C}$ 与其他数据点的不相似性最大，因此将数据点 $\boldsymbol{C}$ 移到 C_{22}^{1} 中。

表 6－9　不相似度计算结果

	$x=\boldsymbol{A}$	$x=\boldsymbol{C}$	$x=\boldsymbol{D}$	$x=\boldsymbol{E}$
$g(x,C_{22}^{2}-\{x\})$	1.621 2	2.615 7	1.858 8	1.412 0

接着，对于 C_{22}^{2} 中每个保留的数据点，依次计算它们与 C_{22}^{1} 中数据点的平均不相似性 $g(x,C_{22}^{1})$，以及与 C_{22}^{2} 中的其他数据点的平均不相似性 $g(x,C_{22}^{2}-\{x\})$。

如表 6－10 所列，因为均有 $x\in C_{22}^{2}$，$g(x,C_{22}^{2}-\{x\})<g(x,C_{22}^{1})$，则 $t=2$ 次的分解完成，得到 $\boldsymbol{R}_2=\{C_{21},C_{22},C_{23}\}$，其中 $C_{21}=\{\boldsymbol{B}\}$，$C_{22}=\{\boldsymbol{C}\}$，$C_{23}=\{\boldsymbol{A},\boldsymbol{D},\boldsymbol{E}\}$。

表 6－10　分类后与其他数据点的不相似度计算结果

	$x=\boldsymbol{A}$	$x=\boldsymbol{D}$	$x=\boldsymbol{E}$
$g(x,C_{22}^{1})$	1.621 2	1.858 8	1.412 0
$g(x,C_{22}^{2}-\{x\})$	1.407 1	1.407 1	1.000 0

6.3　动态聚类

6.3.1　动态聚类的基本思路

聚类的相似性测度和准则函数确定后，聚类过程实际是求一个最优的聚类划分，使得准则函数取极值。样本数目有限，可能的划分仅有有限种，理论上可以采用穷举法求解，但是穷举法计算量很大。在实际问题中，通常采用迭代最优化方法求解最优的聚类划分，这就是所谓的动态聚类。动态聚类的基本思路是：首先选择一批有代表性的样本作为初始聚类中心，将样本集进行初始分类；然后根据聚类准则重新计算聚类中心，不断调整不合适的聚类样本，进行重新聚类，直到满足给定的结束条件为止。这种迭代最优化过程从初始的随意性划分到“最优”划分，是一个动态迭代过程，因此称为动态聚类方法。

动态聚类算法的原理流程图如图 6－7 所示。

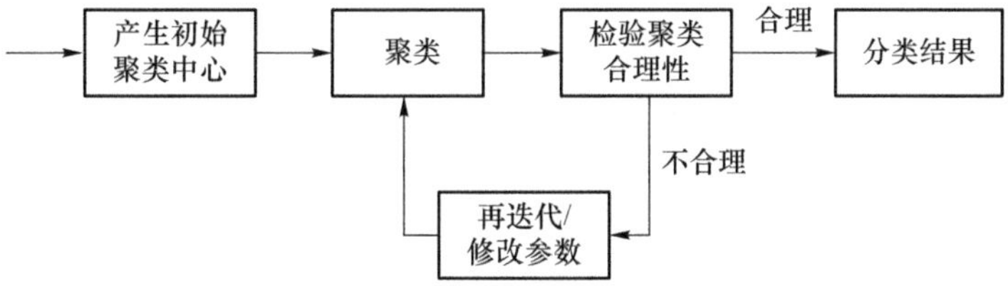

图 6－7　动态聚类的基本流程图

初始聚类中心的选择方法有多种，比如：

① 任意取前 c 个样本点作为初始聚类中心；

② 采用经验法确定类别数和初始聚类中心；

③ 将全部数据随机地分为 c 类，计算各类随机样本数据的重心作为初始聚类中心；

④ 采用“密度”法选择初始聚类中心。“密度”指样本统计密度。

初始聚类中心确定后，再确定初始划分，一般采用距离最近的原则将样本划分到各聚类中心所在聚类。需要指出的是，初始聚类中心的选择往往会影响后续迭代的结果，因此应该根据实际情况慎重选择。例如，动态聚类方法有时只能得到局部最优解，而不是全局最优解，有可能需要尝试不同的初始聚类划分，根据得到的聚类结果分析得到最优解。

6.3.2 K-均值聚类

1. K-均值聚类的原理

K-均值算法(K-means)也称为 C-均值算法(C-means)，是典型的动态聚类算法，采用误差平方和准则函数指导聚类迭代过程。其基本思想是，通过迭代寻找 c 个聚类的划分方案，使得用这 c 个聚类的均值来表达相应各类样本时所得到的总体误差最小。

假设已知样本集合 $\boldsymbol{Z}=\{\boldsymbol{x}_1,\boldsymbol{x}_2,\cdots,\boldsymbol{x}_n\}$，类别数 c 事先已知，选择误差平方和准则函数为目标函数：

$$J_e=\sum_{i=1}^{C}\sum_{x\in\omega_i}\|\boldsymbol{x}-\boldsymbol{m}_i\|_2^2 \tag{6.28}$$

式中，$\boldsymbol{m}_i$ 代表第 i 个类别的聚类中心，J_e 代表各聚类样本与其所属聚类中心的距离或误差的平方和，因此称为 K-均值算法或 C-均值算法。从公式(6.28)可见，J_e 随着聚类中心的变化而变化，因此使 J_e 取得极小值的聚类策略就是在误差平方和准则函数下的最优聚类结果。

K-均值算法通过将样本不断重新划分，从而调整相应聚类中心，优化聚类结果，最终使得误差平方和极小，具体算法流程如下：

① 对样本集进行初始分类，将 N 个样本分成 c 类 $\{\omega_1,\omega_2,\cdots,\omega_c\}$，计算相应类别的聚类中心 $\boldsymbol{m}_i$ 和 J_e；

② 任选一个样本 $\boldsymbol{x}$，设 $\boldsymbol{x}\in\omega_i(i\in[1,c])$，若 ω_i 中样本数量 $N_i=1$，则重选。否则转到步骤③；

③ 计算将样本 $\boldsymbol{x}$ 移入到第 j 个类别所引起的误差平方和变化：

$$d_j=\begin{cases}\dfrac{N_j}{N_j+1}\|\boldsymbol{x}-\boldsymbol{m}_j\|_2^2, & j\neq i\\[2ex] \dfrac{N_j}{N_j-1}\|\boldsymbol{x}-\boldsymbol{m}_i\|_2^2, & j=i\end{cases} \tag{6.29}$$

④ 若样本 $\boldsymbol{x}$ 到第 k 个类别聚类中心所产生的误差平方和变化最小，即 $d_k=\min d_j(j\in[1,c],k\in[1,c],k\neq i)$，则把 $\boldsymbol{x}$ 从 ω_i 移到 ω_k 中，重新计算 $\boldsymbol{m}_i$ 和 $\boldsymbol{m}_k$ 的值，并修改 J_e；否则不进行处理；

⑤ 重复②③④直至所有样本均不能移动，J_e 不发生变化。

以上聚类算法不断计算和修改准则函数，会导致计算量较大，为进一步优化算法可采用更为简单的计算方法。其基本思想是：取类的数目为 c 类，并任意选取 c 个初始的聚类中心，按照最小距离原则将各样本分配到 c 类中的某一类，之后不断地计算新的聚类中心，并调整样本所属的类别，最终使各样本到其所属类别中心的距离平方之和最小。算法步骤如下：

① 任意选取 c 个样本作为初始的聚类中心：$\boldsymbol{m}_1(0),\boldsymbol{m}_2(0),\cdots,\boldsymbol{m}_c(0)$；

② 遍历所有待分类的样本 $\boldsymbol{x}_i$，计算该样本与每个聚类中心样本的距离，按照最小距离原则将样本划分到 c 类中的某一类；

③ 计算新分类后的聚类中心：$\boldsymbol{m}_1(1),\boldsymbol{m}_2(1),\cdots,\boldsymbol{m}_c(1)$；

④ 如果任意一个类的聚类中心都不再发生变化，则结束；否则转步骤②。

在上述算法中，通过计算和修改聚类中心，没有直接运用准则函数式(6.28)进行分类，减少了计算量。

2. K-均值算例分析

例 6-3　已知无标签样本集：$\boldsymbol{x}_1=\begin{bmatrix}0\\0\end{bmatrix},\boldsymbol{x}_2=\begin{bmatrix}1\\1\end{bmatrix},\boldsymbol{x}_3=\begin{bmatrix}1\\0.5\end{bmatrix},\boldsymbol{x}_4=\begin{bmatrix}0.5\\1\end{bmatrix},\boldsymbol{x}_5=\begin{bmatrix}2\\0.5\end{bmatrix}$，$\boldsymbol{x}_6=\begin{bmatrix}6\\2\end{bmatrix},\boldsymbol{x}_7=\begin{bmatrix}7\\1\end{bmatrix},\boldsymbol{x}_8=\begin{bmatrix}6\\1\end{bmatrix},\boldsymbol{x}_9=\begin{bmatrix}7\\2\end{bmatrix},\boldsymbol{x}_{10}=\begin{bmatrix}8\\3\end{bmatrix}$。试用 K-均值算法将这些样本聚成两类。

解：① 初始点可以任意选取，在这里选 $\boldsymbol{m}_1(0)=\boldsymbol{x}_1=\begin{bmatrix}0\\0\end{bmatrix},\boldsymbol{m}_2(0)=\boldsymbol{x}_2=\begin{bmatrix}1\\1\end{bmatrix}$。

② 因为 $\|\boldsymbol{x}_1-\boldsymbol{m}_1(0)\|_2<\|\boldsymbol{x}_1-\boldsymbol{m}_2(0)\|_2$，所以 $\boldsymbol{x}_1\in\omega_1(1)$；因为 $\|\boldsymbol{x}_2-\boldsymbol{m}_1(0)\|_2>\|\boldsymbol{x}_2-\boldsymbol{m}_2(0)\|_2$，所以 $\boldsymbol{x}_2\in\omega_2(1)$；因为 $\|\boldsymbol{x}_3-\boldsymbol{m}_1(0)\|_2>\|\boldsymbol{x}_3-\boldsymbol{m}_2(0)\|_2$，所以 $\boldsymbol{x}_3\in\omega_2(1)$。得到：

$$\omega_1(1)=\{\boldsymbol{x}_1\},\quad N_1=1$$
$$\omega_2(1)=\{\boldsymbol{x}_2,\boldsymbol{x}_3,\cdots,\boldsymbol{x}_{10}\},\quad N_2=9$$

③ 计算新的聚类中心：

$$\boldsymbol{m}_1(1)=\frac{1}{N_1}\sum_{\boldsymbol{x}_i\in\omega_1(1)}\boldsymbol{x}_i=\boldsymbol{x}_1=\begin{bmatrix}0\\0\end{bmatrix}$$

$$\boldsymbol{m}_2(1)=\frac{1}{N_2}\sum_{\boldsymbol{x}_i\in\omega_2(1)}\boldsymbol{x}_i=\frac{1}{9}(\boldsymbol{x}_2+\boldsymbol{x}_3+\cdots+\boldsymbol{x}_{10})=\begin{bmatrix}4.28\\1.33\end{bmatrix}$$

④ 因为 $\boldsymbol{m}_1(1)\neq\boldsymbol{m}_1(0),\boldsymbol{m}_2(1)\neq\boldsymbol{m}_2(0)$，所以转到②。

⑤ 得到：

$$\omega_1(2)=\{\boldsymbol{x}_1,\boldsymbol{x}_2,\boldsymbol{x}_3,\boldsymbol{x}_4,\boldsymbol{x}_5\},\quad N_1=5$$
$$\omega_2(2)=\{\boldsymbol{x}_6,\boldsymbol{x}_7,\boldsymbol{x}_8,\boldsymbol{x}_9,\boldsymbol{x}_{10}\},\quad N_2=5$$

⑥ 计算新的聚类中心：

$$\boldsymbol{m}_1(2)=\frac{1}{N_1}\sum_{\boldsymbol{x}_i\in\omega_1(2)}\boldsymbol{x}_i=\frac{1}{5}(\boldsymbol{x}_1+\boldsymbol{x}_2+\boldsymbol{x}_3+\boldsymbol{x}_4+\boldsymbol{x}_5)=\begin{bmatrix}0.9\\0.6\end{bmatrix}$$

$$\boldsymbol{m}_2(2)=\frac{1}{N_2}\sum_{\boldsymbol{x}_i\in\omega_2(2)}\boldsymbol{x}_i=\frac{1}{5}(\boldsymbol{x}_6+\boldsymbol{x}_7+\boldsymbol{x}_8+\boldsymbol{x}_9+\boldsymbol{x}_{10})=\begin{bmatrix}6.8\\1.8\end{bmatrix}$$

⑦ 因为 $\boldsymbol{m}_1(2)\neq\boldsymbol{m}_1(1),\boldsymbol{m}_2(2)\neq\boldsymbol{m}_2(1)$，所以转到②。

⑧ 求得的分类结果与前一次的结果相同，即 $\omega_1(3)=\omega_1(2),\omega_2(3)=\omega_2(2)$。

⑨ 各聚类中心也与前一次的相同，即 $\boldsymbol{m}_1(3)=\boldsymbol{m}_1(2),\boldsymbol{m}_2(3)=\boldsymbol{m}_2(2)$。

因为 $\boldsymbol{m}_1(3)=\boldsymbol{m}_1(2),\boldsymbol{m}_2(3)=\boldsymbol{m}_2(2)$，不会再出现新的类别划分，至此分类过程结束。

图 6-8 所示是经过 K-均值聚类后的分类结果。

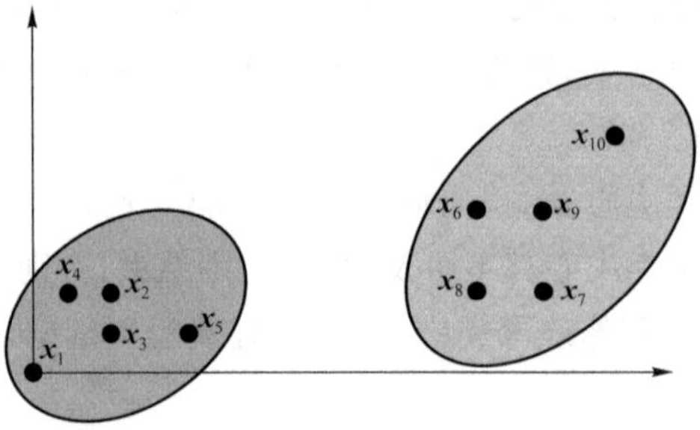

图 6-8　K-均值聚类后的分类结果

3. K-均值算法关键问题

在 K-means 算法中，需要注意以下几个关键问题：

(1) 样本集初始划分

在进行样本集初始划分时，第一步需要确定代表点。可以通过三种方式来确定：方式一是凭借经验选择代表点，即从数据中找出从直观上看来是比较合适的代表点；方式二是将全部数据随机地分成 C 类，计算每类中心，将这些中心作为每类代表点；方式三是用前 C 个样本点作为代表点。以上这三种选择代表点的方法都是带有启发性的，不同的方法得到不同的初始代表点，最终也将影响到聚类的结果。

确定代表点后就可以进行样本集的初始划分，可分为两种划分方式：方式一是将其余样本点按照与代表点距离最近原则，划分到相应类中（代表点保持不变）；方式二是将每个代表点自成一类，将样本依顺序归入与其最近的代表点那一类，并立即重新计算该类的重心以代替原来的代表点（代表点进行动态更新），然后再计算下一个样本的归类，直至所有的样本都归到相应的类为止。由以上各种方法获得的初始划分只能作为一个迭代过程的初始条件，需按准则函数极值化的方向对初始划分进行修正。

(2) 相似性测度的选择

在利用 K-means 算法进行样本集分类时，距离测度的选择直接影响分类的结果。可选择欧氏距离、明氏距离、马氏距离或相关性测度（例如角度相关系数、皮尔逊相关系数等）。

(3) 类别数的确定

在利用 K-means 算法进行样本集分类时，可通过两种方式来确定：方式一是根据经验确定分类数；方式二是通过算法自动产生，例如 J_e-C 曲线、聚类有效性评价函数。其中 J_e-C 曲线描述了准则函数 J_e 随类别数 C 的变化，可以根据曲线选择使得 J_e 取值最小的类别数 C，如图 6-9 所示。

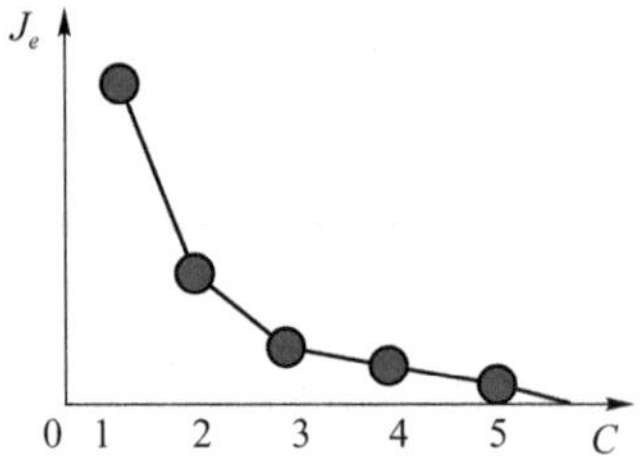

图 6-9　J_e-C 曲线

对于聚类有效性评价函数，到目前为止，已提出了多种聚类有效性标准，其共同目标是使分类结果达到类内紧密、类间远离。如 2000 年提出 SD 有效性函数的，是基于聚类平均散布性和聚类间总体分离性的一种相对度量方法。

① 聚类平均散布性：

$$\mathrm{Scat}(C)=\frac{1}{C}\sum_{i=1}^{C}\|\sigma(\omega_i)\|/\|\sigma(\Omega)\| \tag{6.30}$$

其中，$\sigma(\Omega)$表示样本集Ω的方差，$\sigma(\omega_i)$表示聚类ω_i的方差。

② 聚类总体分离性：

$$\mathrm{Dis}(C)=\frac{D_{\max}}{D_{\min}}\sum_{i=1}^{C}\left(\sum_{i=1}^{C}\|\boldsymbol{m}_i-\boldsymbol{m}_j\|\right)^{-1} \tag{6.31}$$

其中，$D_{\max}$和$D_{\min}$分别表示聚类中心间的最大和最小距离，即

$$D_{\max}=\max(\|\boldsymbol{m}_i-\boldsymbol{m}_j\|),D_{\min}=\min(\|\boldsymbol{m}_i-\boldsymbol{m}_j\|) \tag{6.32}$$

③ SD 聚类有效性函数：

$$\mathrm{SD}(C)=\alpha\mathrm{Scat}(C)+\mathrm{Dis}(C) \tag{6.33}$$

具有最小 SD 值所对应的C即是最佳的类别数。

6.3.3 模糊 C 均值聚类

K-均值算法是一种硬聚类算法，算法的依据是类内误差平方和最小化准则，给集合中的每个样本赋予一个明确的类别。但在实际应用中，有时样本在性态和类属方面存在中介性，不存在严格的属性划分。为了更好地解决这类问题，将模糊理论引入 K-均值算法（也称 C-均值算法），将其从硬聚类推广到模糊聚类，即本节要介绍的模糊 C 均值算法（fuzzy C-means，FCM）。

模糊 C 均值聚类融合了模糊理论的精髓，相较于 K-均值的硬聚类，模糊 C 均值聚类提供了更加灵活的聚类结果。因为在大部分情况下，数据集中的对象不能划分成为明显分离的类，指派一个对象到一个特定的类有些生硬，也可能会出错。因此对每个对象和每个类赋予一个权值，指明对象属于该类的程度。基于概率的方法也可以给出这样的权值，但是有时候很难确定一个合适的统计模型，因此使用具有自然的、非概率特性的模糊 C 均值是一个比较好的选择。

假设$\{\boldsymbol{x}_1,\boldsymbol{x}_2,\cdots,\boldsymbol{x}_n\}$是包含$n$个样本的集合，待划分的类别数目为$c$，$\{\boldsymbol{u}_1,\boldsymbol{u}_2,\cdots,\boldsymbol{u}_c\}$是每个聚类的中心，$\mu_j(\boldsymbol{x}_i)$是第$i$个样本对第$j$类的隶属度函数，则有

$$J_f=\sum_{j=1}^{c}\sum_{i=1}^{n}[\mu_j(\boldsymbol{x}_i)]^b\|\boldsymbol{x}_i-\boldsymbol{u}_j\|^2,\quad b\geqslant 1 \tag{6.34}$$

式中，b是一个可以控制聚类结果隶属程度的常数，$\|*\|$可以是任意表示距离的度量。

模糊 C 均值算法就是一个不断迭代计算隶属度$\mu_j(\boldsymbol{x}_i)$和中心$\boldsymbol{u}_i$直至达到最优的过程。它要求集合中的每个样本对每个类的隶属度之和为 1，即

$$\sum_{j=1}^{c}\mu_j(\boldsymbol{x}_i)=1,\quad i=1,2,\cdots,c \tag{6.35}$$

在公式(6.35)的条件下求公式(6.34)的极小值，将J_f对$\boldsymbol{u}_i$和$\mu_j(\boldsymbol{x}_i)$分别求偏导，并令其偏导值为 0，可以得到

$$u_j=\frac{\sum_{i=1}^{n}[\mu_j(\boldsymbol{x}_i)]^b\boldsymbol{x}_i}{\sum_{i=0}^{n}[\mu_j(\boldsymbol{x}_i)]^b},\quad j=1,2,\cdots,c \tag{6.36}$$

$$\mu_j(\boldsymbol{x}_i)=\frac{[1/\|\boldsymbol{x}_i-\boldsymbol{u}_j\|^2]^{1/(b-1)}}{\sum_{k=1}^{c}[1/\|\boldsymbol{x}_i-\boldsymbol{u}_k\|^2]^{1/(b-1)}},\quad i=1,2,\cdots,n,\quad j=1,2,\cdots,c \tag{6.37}$$

模糊 C 均值算法就是使用迭代法求解公式(6.36)和公式(6.37)的过程。依据以上描述，算法步骤总结如下：

① 对样本集合设定聚类数目 c 和参数 b；

② 初始化聚类中心 $\boldsymbol{u}_i$；

③ 使用初始的聚类中心，根据公式(6.37)计算各样本的隶属度函数。

④ 利用③得到的隶属度函数依据公式(6.36)更新各聚类中心。

⑤ 重复③④直到各样本的隶属度数值趋于稳定。

经过循环迭代算法最终收敛，完成了对集合的模糊聚类划分，得到了各样本对于不同类别的隶属度以及各类别的聚类中心。后续还可根据实际需求对模糊聚类的结果进一步处理，如对结果进行去模糊，可以将模糊聚类划分转化为确定性分类。

6.3.4 ISODATA 聚类算法

ISODATA(iterative self-organizing data analysis techniques algorithm)算法，中文称为迭代自组织数据分析方法，它在 K-均值算法基础上增加对聚类结果的“合并”和“分裂”操作：当两个聚类中心之间距离值小于某个阈值时，将两个聚类中心合并成一个；当某个聚类的样本方差(描述样本分散程度)大于一定的阈值且该聚类内样本数量超过一定阈值时，将该聚类分裂为两个聚类。经过以上两个操作，可有效解决聚类数量需要设定的问题。

ISODATA 算法的输入如下：

① 预期的聚类中心数目 C。

虽然在 ISODATA 运行过程中聚类中心数目是可变的，但还是需要由用户指定一个参考标准。事实上，该算法的聚类中心数目变动范围也由 C 决定。具体地，最终输出的聚类中心数目范围是$[C/2,\ 2C]$。

② 每个类所包含的最少样本数目 $N_{\min}$。

用于判断当某个类别所包含样本分散程度较大时是否可以进行分裂操作。如果分裂后会导致某个子类别所包含样本数目小于 $N_{\min}$，就不会对该类别进行分裂操作。

③ 最大方差 Sigma。

用于衡量某个类别中样本的分散程度。当样本的分散程度超过这个值时，则有可能进行分裂操作(注意同时需要满足②中所述的条件)。

④ 两个类别对应的聚类中心之间所允许最小距离 $d_{\min}$。

如果两个类别靠得非常近(即这两个类别对应聚类中心之间的距离非常小)，则需要对这两个类别进行合并操作。是否进行合并的阈值由 $d_{\min}$决定。

ISODATA 算法基本流程如下：

① 从数据集中随机选取 C_0(可以不等于 C)个样本作为初始聚类中心$\{\boldsymbol{m}_1,\ \boldsymbol{m}_2,\ \cdots,\ \boldsymbol{m}_C\}$；

② 针对数据集中每个样本 $\boldsymbol{x}_i$，计算它到 C_0 个聚类中心的距离，并将该样本分到与其距离最小的聚类中心所对应的类中；

③ 判断上述每个类中的样本数量是否小于 $N_{\min}$。如果小于 $N_{\min}$，则需要删除该类，令

$C_0=C_0-1$，并将该类中的样本重新分配到剩下与其距离最小的类中；

④ 针对每个类别，重新计算它的聚类中心；

⑤ 如果当前类别数 $C_0 \geqslant 2C$，则表明当前类别数 C_0 太多，需进行合并操作。合并操作具体过程为：

a. 计算当前所有类别聚类中心两两之间的距离，用矩阵 $\boldsymbol{D}$ 表示；

b. 将 $D(i,j)<d_{\min}(i \neq j)$ 的两个类别 ω_i 和 ω_j 进行合并操作，形成一个新的类，该类的聚类中心为

$$\boldsymbol{m}_{\text{new}}=\frac{1}{N_i+N_j}(N_i\boldsymbol{m}_i+N_j\boldsymbol{m}_j) \tag{6.38}$$

其中，N_i 和 N_j 为两个类别 ω_i 和 ω_j 中的样本个数，新的聚类中心可看作是对这两个类别进行加权求和。

⑥ 如果当前类别数 $C_0 \leqslant C/2$，则表明当前类别数 C_0 太少，需进行分裂操作。分裂操作具体过程为：

a. 计算每个类别下所有样本在每个维度下的方差；

b. 从每个类别的所有维度方差中挑选出最大的方差 $\sigma_{\max}$；

c. 如果某个类别的 $\sigma_{\max}>\text{Sigma}$，并且该类别中所包含的样本数量 $N_i \geqslant 2N_{\min}$，则进行分裂操作，前往步骤④。如果不满足上述条件，则退出分裂操作；

d. 将满足步骤③条件的类分裂成两个子类，并令 $C_0=C_0+1$。

⑦ 如果达到最大迭代次数则终止，否则回到第②步继续执行。

综上所述，ISODATA 算法能够在聚类过程中根据各个类所包含样本的实际情况动态调整聚类中心的数目。如果某个类中样本分散程度较大（通过方差进行衡量），并且样本数量较大（$N_i \geqslant 2N_{\min}$），则对该类进行分裂操作；如果某两个类别靠得比较近（通过聚类中心的距离衡量，$D(i,j)<d_{\min}(i \neq j)$），则对它们进行合并操作。

6.4　基于密度的聚类

基于密度的聚类（density-based clustering）假设聚类结构能通过样本分布的紧密程度确定。通常情形下，基于密度聚类的算法从样本密度的角度来考察样本之间的可连接性，并基于可连接样本不断扩展聚类簇以获得最终的聚类结果。

6.4.1　DBSCAN 算法

DBSCAN（density-based spatial clustering of applications with noise）是比较有代表性的基于密度的聚类算法。DBSAN 与划分（K-均值，ISODATA 算法）和层次聚类算法（分级聚类）不同，它将簇（类）定义为组成各个密集区域的点的集合，能够把具有足够高密度的区域划分为簇，并可在有噪声的空间数据集中发现任意形状的聚类。该算法不需要确定聚类的数量，而是基于数据推测聚类的数目，能够针对任意形状产生聚类。

1. DBSCAN 算法的相关概念

Epsilon 邻域：与点的距离小于等于 Epsilon（简写为 Eps）的所有点的集合。

密度值：以每个数据点为圆心，以 Eps 为半径画个圈（称为邻域，Eps-neighbourhood），然

后计算有多少个点在这个圈内，点的数量就是该点密度。

核心点（或称为核心对象，core object）：如果一个对象在其半径 Eps 内含有超过 MinPts 数目的点，则该对象为核心点。MinPts 为定义核心点时的阈值。

边界点：如果一个对象在其半径 Eps 内含有数量小于 MinPts 的点，但是该对象落在核心点的邻域内，则该对象为边界点。

噪声点：既不是核心点，也不是边界点的点。

下面通过示例图对以上概念进行说明。如图 6－10 所示，假设 MinPts＝5，Eps 如图中箭头线所示。点 A：在其 Eps 邻域内含有 7 个点，为核心点；点 B：在其 Eps 邻域内含有 4 个点，少于 MinPts，但是 4 个点落在了点 A 的 Eps 邻域内，因此为边界点；点 C：在其 Eps 邻域内含有 3 个点，少于 MinPts，但是 3 个点没有落在任何核心点邻域内，因此为噪声点。

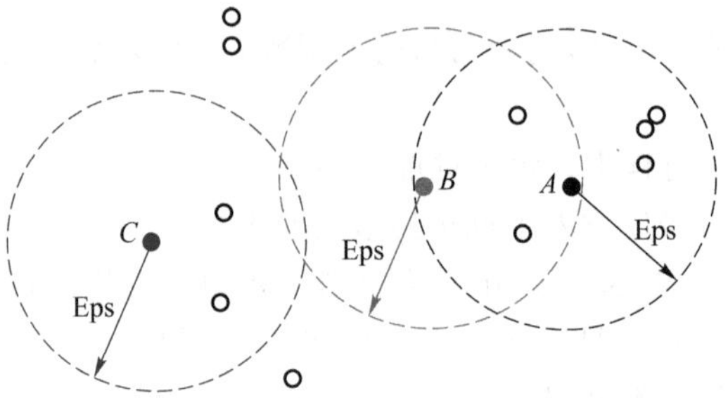

图 6－10　核心点、边界点、噪声点示意图

密度直达（directly density-reachable）：假设有样本点 p、q。其中 p 是核心点，q 在 p 的 Eps 邻域内，则 p 密度直达 q。

密度可达（density-reachable）：对于对象链 $p_1,p_2,\cdots,p_n$，且 $p_{(i+1)}$ 由 p_i 密度直达，则 p_n 由 p_i 密度可达。

密度相连（density-connected）：对于样本点 p、q，若存在样本点 k 使得 p、q 均由 k 密度可达，则称 p、q 密度相连。

密度聚类簇：核心点和与其密度可达的所有对象构成一个密度聚类簇。

下面通过示例图对以上概念进行说明。如图 6－11 所示，假设 MinPts＝5，Eps 如图中箭头线所示，图(a)中，点 A 为核心点，点 B 为边界点。A 密度直达 B，但 B 不密度直达 A（因为 B 不是一个核心点）；图(b)中，点 C 和 A 为核心点，C 密度直达 A，A 密度直达 B，所以 C 密度可达 B，A 密度直达 C，但是 B 不密度直达 A，所以 B 不密度可达 C，但是 B 和 C 密度相连（A 密度直达 B，A 密度直达 C）。

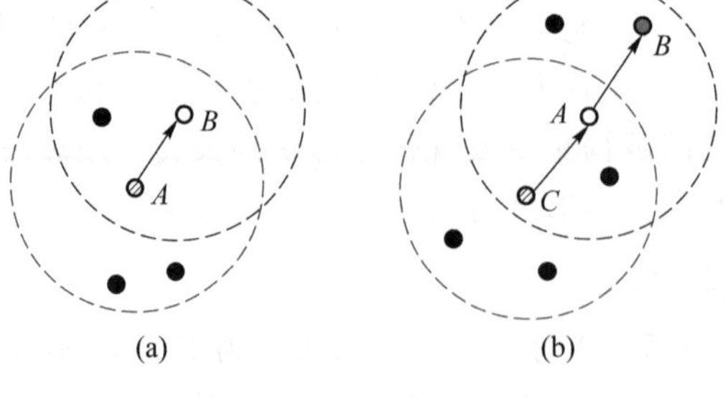

图 6－11　密度直达、密度可达、密度相连示意图

2. DBSCAN 算法实现流程

DBSCAN 算法输入：数据集 Ω，邻域半径 Eps，邻域中数据对象数量阈值 MinPts；

DBSCAN 算法输出：密度联通簇。

DBSCAN 算法基本流程如下：

① 找寻数据集中的核心点，形成集合 Ω_1；

② while Ω_1 != null：

a. 从 Ω_1 中任意选取核心点作为种子点，找出由该核心点密度可达的所有样本点，形成一个簇；

b. 将在该簇中的核心点从 Ω_1 中清除；

c. 再从更新后的 Ω_1 中随机选取一个核心点作为种子点，找出由该核心点密度可达的所有样本点，生成下一个簇；

d. 重复以上步骤，直至 Ω_1 为空。

3. DBSCAN 算法算例分析

例 6-4　已知样本集为

$$\boldsymbol{x}_1=\begin{bmatrix}1\\2\end{bmatrix},\boldsymbol{x}_2=\begin{bmatrix}2\\1\end{bmatrix},\boldsymbol{x}_3=\begin{bmatrix}2\\4\end{bmatrix},\boldsymbol{x}_4=\begin{bmatrix}4\\3\end{bmatrix},\boldsymbol{x}_5=\begin{bmatrix}5\\8\end{bmatrix},\boldsymbol{x}_6=\begin{bmatrix}6\\7\end{bmatrix},\boldsymbol{x}_7=\begin{bmatrix}6\\9\end{bmatrix},\boldsymbol{x}_8=\begin{bmatrix}7\\9\end{bmatrix},\boldsymbol{x}_9=\begin{bmatrix}9\\5\end{bmatrix},$$

$$\boldsymbol{x}_{10}=\begin{bmatrix}1\\12\end{bmatrix},\boldsymbol{x}_{11}=\begin{bmatrix}3\\12\end{bmatrix},\boldsymbol{x}_{12}=\begin{bmatrix}5\\12\end{bmatrix},\boldsymbol{x}_{13}=\begin{bmatrix}3\\3\end{bmatrix}$$

试用 DBSCAN 算法对样本集进行聚类，取 Eps=3，MinPts=3。

解：样本集空间分布如图 6-12 所示。

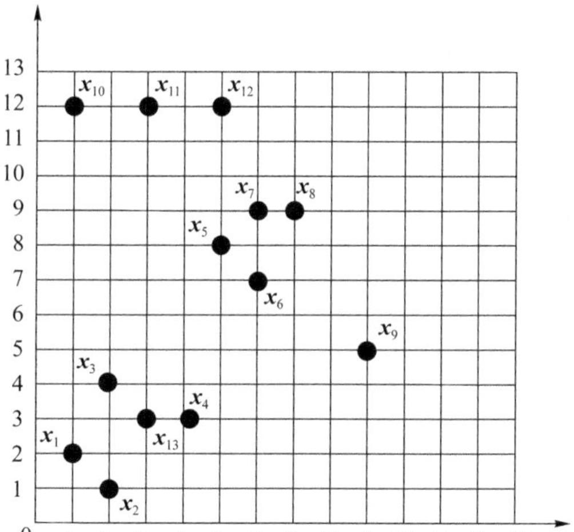

图 6-12　样本集空间分布

根据核心点定义，计算得到样本集中的所有核心点：核心点 $\boldsymbol{x}_1$ 的 Eps 邻域为 $\{\boldsymbol{x}_1,\boldsymbol{x}_2,\boldsymbol{x}_3,\boldsymbol{x}_{13}\}$；核心点 $\boldsymbol{x}_2$ 的 Eps 邻域为 $\{\boldsymbol{x}_1,\boldsymbol{x}_2,\boldsymbol{x}_3,\boldsymbol{x}_4,\boldsymbol{x}_{13}\}$；核心点 $\boldsymbol{x}_3$ 的 Eps 邻域为 $\{\boldsymbol{x}_1,\boldsymbol{x}_2,\boldsymbol{x}_3,\boldsymbol{x}_4,\boldsymbol{x}_{13}\}$；核心点 $\boldsymbol{x}_4$ 的 Eps 邻域为 $\{\boldsymbol{x}_3,\boldsymbol{x}_4,\boldsymbol{x}_{13}\}$；核心点 $\boldsymbol{x}_5$ 的 Eps 邻域为 $\{\boldsymbol{x}_5,\boldsymbol{x}_6,\boldsymbol{x}_7,\boldsymbol{x}_8\}$；核心点 $\boldsymbol{x}_6$ 的 Eps 邻域为 $\{\boldsymbol{x}_5,\boldsymbol{x}_6,\boldsymbol{x}_7,\boldsymbol{x}_8\}$；核心点 $\boldsymbol{x}_7$ 的 Eps 邻域为 $\{\boldsymbol{x}_5,\boldsymbol{x}_6,\boldsymbol{x}_7,\boldsymbol{x}_8\}$；核心点 $\boldsymbol{x}_8$ 的 Eps 邻

域为$\{\boldsymbol{x}_5,\boldsymbol{x}_6,\boldsymbol{x}_7,\boldsymbol{x}_8\}$；核心点$\boldsymbol{x}_{11}$的Eps邻域为$\{\boldsymbol{x}_{11},\boldsymbol{x}_{10},\boldsymbol{x}_{12}\}$；核心点$\boldsymbol{x}_{13}$的Eps邻域为$\{\boldsymbol{x}_1,\boldsymbol{x}_2,\boldsymbol{x}_3,\boldsymbol{x}_4,\boldsymbol{x}_{13}\}$。

建立核心点集合$\Omega_1=\{\boldsymbol{x}_1,\boldsymbol{x}_2,\boldsymbol{x}_3,\boldsymbol{x}_4,\boldsymbol{x}_{13},\boldsymbol{x}_5,\boldsymbol{x}_6,\boldsymbol{x}_7,\boldsymbol{x}_8,\boldsymbol{x}_{11}\}$，如图6－13所示，将核心点用空心圆圈进行标记。

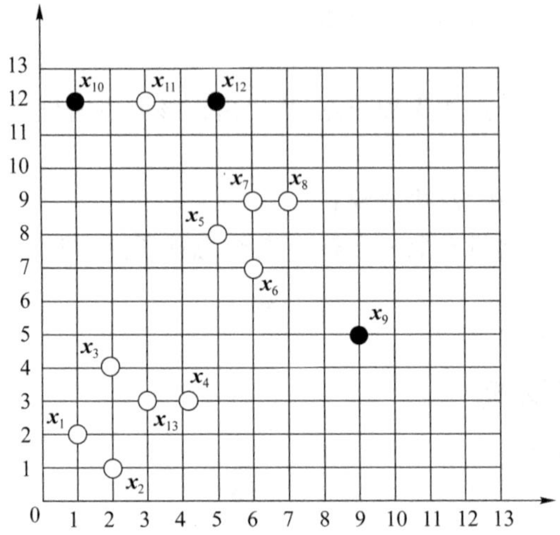

图6－13 核心点分布

从核心点集合Ω_1依顺序选取核心点，首先取$\boldsymbol{x}_1(1,2)^{\mathrm{T}}$。以$\boldsymbol{x}_1$为核心点建立簇$\boldsymbol{C}_1$，即找出所有从$\boldsymbol{x}_1$密度可达的点：

① $\boldsymbol{x}_1$邻域内的点都是$\boldsymbol{x}_1$密度直达的点，所以$\{\boldsymbol{x}_1,\boldsymbol{x}_2,\boldsymbol{x}_3,\boldsymbol{x}_{13}\}$都属于$\boldsymbol{C}_1$。

② 寻找$\boldsymbol{x}_1$密度可达的点。其中核心点$\boldsymbol{x}_2$的邻域为$\{\boldsymbol{x}_1,\boldsymbol{x}_2,\boldsymbol{x}_3,\boldsymbol{x}_4,\boldsymbol{x}_{13}\}$，因为$\boldsymbol{x}_1$密度直达$\boldsymbol{x}_2$，$\boldsymbol{x}_2$密度直达$\boldsymbol{x}_4$，所以$\boldsymbol{x}_1$密度可达$\boldsymbol{x}_4$。因此$\boldsymbol{x}_4$也属于$\boldsymbol{C}_1$。

③ 核心点$\boldsymbol{x}_3$的邻域为$\{\boldsymbol{x}_1,\boldsymbol{x}_2,\boldsymbol{x}_3,\boldsymbol{x}_4,\boldsymbol{x}_{13}\}$，核心点$\boldsymbol{x}_{13}$的邻域为$\{\boldsymbol{x}_1,\boldsymbol{x}_2,\boldsymbol{x}_3,\boldsymbol{x}_4,\boldsymbol{x}_{13}\}$，它们邻域的点均已经在$\boldsymbol{C}_1$中。

④ 核心点$\boldsymbol{x}_4$的邻域为$\{\boldsymbol{x}_3,\boldsymbol{x}_4,\boldsymbol{x}_{13}\}$，其邻域内的所有点均已经被处理。

⑤ 此时，以$\boldsymbol{x}_1$为核心点出发的那些密度可达的对象全部处理完毕，得到簇$\boldsymbol{C}_1$，包含点$\{\boldsymbol{x}_1,\boldsymbol{x}_2,\boldsymbol{x}_3,\boldsymbol{x}_{13},\boldsymbol{x}_4\}$。

⑥ 将在簇$\boldsymbol{C}_1$中的核心点从核心点集合Ω_1中清除，得到新的$\Omega_1=\{\boldsymbol{x}_5,\boldsymbol{x}_6,\boldsymbol{x}_7,\boldsymbol{x}_8,\boldsymbol{x}_{11}\}$。图6－14所示给出了簇$\boldsymbol{C}_1$。

从新的核心点集合$\Omega_1=\{\boldsymbol{x}_5,\boldsymbol{x}_6,\boldsymbol{x}_7,\boldsymbol{x}_8,\boldsymbol{x}_{11}\}$中继续遍历核心点，取到$\boldsymbol{x}_5(5,8)$；

① 核心点$\boldsymbol{x}_5$的Eps邻域为$\{\boldsymbol{x}_5,\boldsymbol{x}_6,\boldsymbol{x}_7,\boldsymbol{x}_8\}$。

② $\boldsymbol{x}_5$邻域内的点都是$\boldsymbol{x}_5$密度直达的点，所以$\{\boldsymbol{x}_5,\boldsymbol{x}_6,\boldsymbol{x}_7,\boldsymbol{x}_8\}$都属于$\boldsymbol{C}_2$。

③ 寻找$\boldsymbol{x}_5$密度可达的点。其中核心点$\boldsymbol{x}_6$的邻域为$\{\boldsymbol{x}_5,\boldsymbol{x}_6,\boldsymbol{x}_7,\boldsymbol{x}_8\}$，邻域的点均已经在$\boldsymbol{C}_2$中。核心点$\boldsymbol{x}_7$的邻域为$\{\boldsymbol{x}_5,\boldsymbol{x}_6,\boldsymbol{x}_7,\boldsymbol{x}_8\}$，邻域的点均已经在$\boldsymbol{C}_2$中。核心点$\boldsymbol{x}_8$的邻域为$\{\boldsymbol{x}_5,\boldsymbol{x}_6,\boldsymbol{x}_7,\boldsymbol{x}_8\}$，邻域的点也均已经在$\boldsymbol{C}_2$中。

④ 此时，以x_5为核心点出发的那些密度可达的对象全部处理完毕，得到簇$\boldsymbol{C}_2$，包含点$\{\boldsymbol{x}_5,\boldsymbol{x}_6,\boldsymbol{x}_7,\boldsymbol{x}_8\}$。

⑤ 将在簇$\boldsymbol{C}_2$中的核心点从核心点集合Ω_1中清除，得到新的$\Omega_1=\{\boldsymbol{x}_{11}\}$。图6－15所示

给出了簇 C_2。

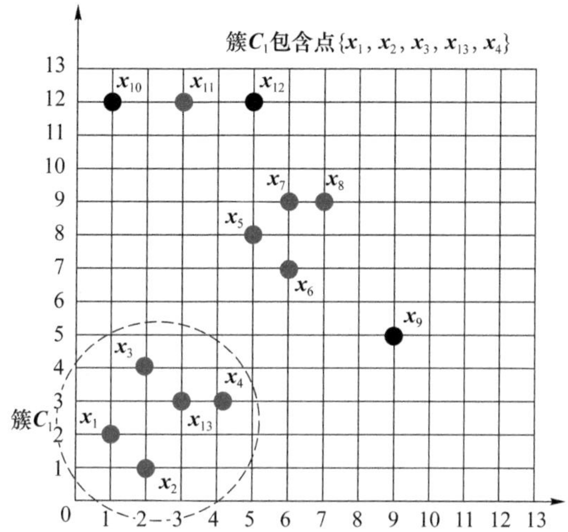

图 6-14　簇 C_1 建立

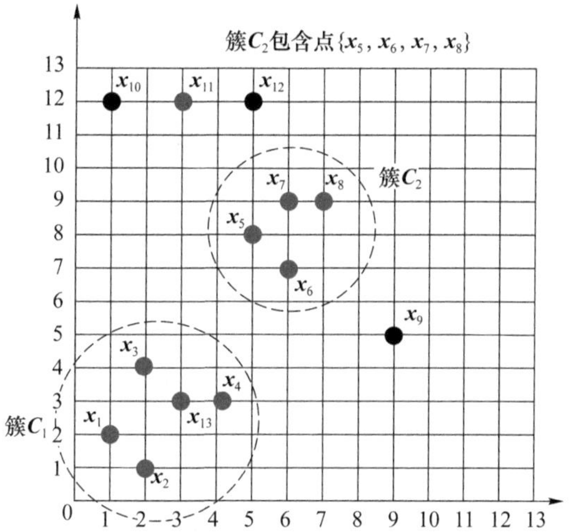

图 6-15　簇 C_2 建立

从新的核心点集合 $\Omega_1=\{\boldsymbol{x}_{11}\}$ 中继续遍历核心点，仅有 $\boldsymbol{x}_{11}(3,12)^{\mathrm{T}}$：

① 核心点 $\boldsymbol{x}_{11}$ 的 Eps 邻域为 $\{\boldsymbol{x}_{11},\boldsymbol{x}_{10},\boldsymbol{x}_{12}\}$。

② $\boldsymbol{x}_{11}$ 邻域内的点都是 $\boldsymbol{x}_{11}$ 密度直达的点，所以 $\{\boldsymbol{x}_{11},\boldsymbol{x}_{10},\boldsymbol{x}_{12}\}$ 都属于 C_3。

③ 寻找 $\boldsymbol{x}_{11}$ 密度可达的点。没有更多的核心点，所有无密度可达的点。

④ 此时，以 $\boldsymbol{x}_{11}$ 为核心点出发的那些密度可达的对象全部处理完毕，得到簇 $\boldsymbol{C}_3$，包含点 $\{\boldsymbol{x}_{11},\boldsymbol{x}_{10},\boldsymbol{x}_{12}\}$。

⑤ 将在簇 $\boldsymbol{C}_3$ 中的核心点从核心点集合 Ω_1 中清除，得到新的 $\Omega_1=$ null，至此遍历结束，得到最终聚类结果。

最终，样本聚为 3 类。簇 $\boldsymbol{C}_1$ 包含点 $\{\boldsymbol{x}_1,\boldsymbol{x}_2,\boldsymbol{x}_3,\boldsymbol{x}_{13},\boldsymbol{x}_4\}$；簇 $\boldsymbol{C}_2$ 包含点 $\{\boldsymbol{x}_5,\boldsymbol{x}_6,\boldsymbol{x}_7,\boldsymbol{x}_8\}$；簇 $\boldsymbol{C}_3$ 包含点 $\{\boldsymbol{x}_{11},\boldsymbol{x}_{10},\boldsymbol{x}_{12}\}$；$\boldsymbol{x}_9$ 为异常点，如图 6-16 所示。

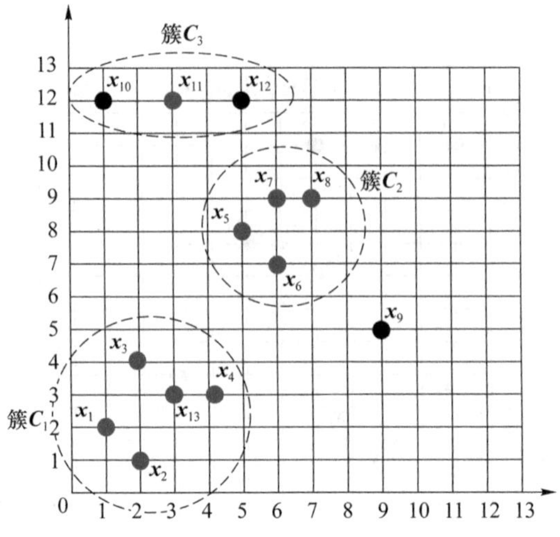

图 6-16 簇 C_3 建立

6.4.2 Mean-Shift 聚类

Mean-Shift(均值漂移)是基于密度的非参数聚类算法,其算法思想是假设不同簇类的数据集符合不同的概率密度分布,找到任一样本点密度增大的最快方向(最快方向的含义就是Mean-Shift),样本密度高的区域对应于该分布的最大值,这些样本点最终会在局部密度最大值处收敛,且收敛到相同局部最大值的点被认为是同一簇类的成员。Mean-Shift 算法是一种核密度估计方法,用来分析复杂多模特征空间,确定特征聚类的非参数密度估计,被广泛应用于图像处理和视觉任务中。

1. 核估计

核密度估计法又称 Parzen 窗法,其含义可理解为将以每个采样点为中心的局部函数的平均效果作为该采样点概率密度函数的估计值。对于 d 维空间 $\mathbf{R}^d$ 中的 n 个数据点 $\boldsymbol{x}_i$,样本 $\boldsymbol{x}$ 的多维核密度估计公式为

$$\hat{f}_{h,K}(\boldsymbol{x}) = \frac{1}{nh^d}\sum_{i=1}^{n} K\left(\frac{\boldsymbol{x}-\boldsymbol{x}_i}{h}\right) \tag{6.39}$$

其中,$K(\boldsymbol{x})$为核函数(又称窗函数),h 为核函数的大小(又称核函数的带宽)。

在所有实际应用中,核函数 $K(\boldsymbol{x})$均采用径向对称核函数,它满足:

$$K(\boldsymbol{x})=ck(\|\boldsymbol{x}\|^2) \tag{6.40}$$

其中,c 是令 $K(\boldsymbol{x})$积分为 1 的严格为正的常数。两种典型的核函数包括正态核 $K_N(\boldsymbol{x})$(也称高斯核)和 Epanechnikov 核 $K_E(\boldsymbol{x})$。

正态核函数定义如下:

$$K_N(\boldsymbol{x})=c\exp\left(-\frac{1}{2}\|\boldsymbol{x}\|^2\right) \tag{6.41}$$

该核函数的轮廓函数 $k_N(x)$为

$$k_N(x)=\exp\left(-\frac{1}{2}x\right),\quad x\geqslant 0 \tag{6.42}$$

为了得到具有紧支撑特点的核函数，正态核函数通常进行对称截取。

Epanechnikov 核函数定义如下：

$$K_E(\boldsymbol{x})=\begin{cases}c(1-\|\boldsymbol{x}\|^2), & \|\boldsymbol{x}\|\leqslant 1\\ 0, & \|\boldsymbol{x}\|>1\end{cases} \tag{6.43}$$

该核函数的轮廓函数 $k_E(x)$ 为

$$k_E(x)=\begin{cases}1-x, & 0\leqslant x\leqslant 1\\ 0, & x>1\end{cases} \tag{6.44}$$

并且其在边界不可微。

2. 密度梯度估计

求出 $\hat{f}_{h,K}(\boldsymbol{x})$梯度的零点，即确定满足$\nabla\hat{f}_{h,K}(\boldsymbol{x})=0$ 的 $\boldsymbol{x}$，这样问题就可以从对密度的估计转化为对密度梯度的估计，即

$$\hat{\nabla}f_{h,K}(\boldsymbol{x})=\nabla\hat{f}_{h,K}(\boldsymbol{x})=\frac{1}{nh^d}\sum_{i=1}^{n}\nabla K\left(\frac{\boldsymbol{x}-\boldsymbol{x}_i}{h}\right) \tag{6.45}$$

由式(6.40)，有

$$\hat{\nabla}f_{h,K}(\boldsymbol{x})=\frac{2c_k}{nh^{(d+2)}}\sum_{i=1}^{n}(\boldsymbol{x}-\boldsymbol{x}_i)k'\left(\left\|\frac{\boldsymbol{x}-\boldsymbol{x}_i}{h}\right\|^2\right) \tag{6.46}$$

其中，c_k 是规范化的常数。

令$-k'(x)=g(x)$，假设除有限点外，对于所有 $x\in[0,\infty)$，轮廓函数 $k(x)$的导数均存在，则式(5.46)可重写为

$$\begin{aligned}\hat{\nabla}f_{h,K}(\boldsymbol{x})&=\frac{2c_k}{nh^{(d+2)}}\sum_{i=1}^{n}(\boldsymbol{x}-\boldsymbol{x}_i)g\left(\left\|\frac{\boldsymbol{x}-\boldsymbol{x}_i}{h}\right\|^2\right)\\&=\frac{2c_k}{nh^{(d+2)}}\sum_{i=1}^{n}g_i\left(\frac{\sum_{i=1}^{n}\boldsymbol{x}_i g_i}{\sum_{i=1}^{n}g_i}-\boldsymbol{x}\right)\end{aligned} \tag{6.47}$$

其中，$g_i=g(\|(\boldsymbol{x}-\boldsymbol{x}_i)/h\|^2)$。

将 $g(x)$看作一个轮廓函数，仿照式定义核函数 $G(\boldsymbol{x})=c_g g(\|\boldsymbol{x}\|^2)$，则由核函数 G 计算的密度估计 $\hat{f}_{h,G}$为

$$\hat{f}_{h,G}(\boldsymbol{x})=\frac{c_g}{nh^d}\sum_{i=1}^{n}g\left(\left\|\frac{\boldsymbol{x}-\boldsymbol{x}_i}{h}\right\|\right)^2 \tag{6.48}$$

对比式(6.47)和式(6.48)可知，式(6.47)等号右边的第一项$\frac{2c_k}{nh^{(d+2)}}\sum_{i=1}^{n}g_i$ 与 $\hat{f}_{h,G}$ 成比例，第二项$\frac{\sum_{i=1}^{n}\boldsymbol{x}_i g_i}{\sum_{i=1}^{n}g_i}-\boldsymbol{x}$ 表示 Mean-Shift 向量 $\boldsymbol{m}_{h,G}(\boldsymbol{x})$：

$$\boldsymbol{m}_{h,G}(\boldsymbol{x})=\frac{\sum_{i=1}^{n}\boldsymbol{x}_i g\left(\left\|\frac{\boldsymbol{x}-\boldsymbol{x}_i}{h}\right\|^2\right)}{\sum_{i=1}^{n}g\left(\left\|\frac{\boldsymbol{x}-\boldsymbol{x}_i}{h}\right\|^2\right)}-\boldsymbol{x} \tag{6.49}$$

由此，式(6.47)可重写为

$$\hat{\nabla} f_{h,K}(\boldsymbol{x})=\hat{f}_{h,G}(\boldsymbol{x})\frac{2c_k}{h^2 c_g}\boldsymbol{m}_{h,G}(\boldsymbol{x}) \tag{6.50}$$

进而

$$\boldsymbol{m}_{h,G}(\boldsymbol{x})=\frac{1}{2c_k}h^2 c_g \frac{\hat{\nabla} f_{h,K}(\boldsymbol{x})}{\hat{f}_{h,G}(\boldsymbol{x})} \tag{6.51}$$

式中，核 $G(\boldsymbol{x})$ 的密度估计 $\hat{f}_{h,G}(\boldsymbol{x})$ 是一个正数，因此，$\boldsymbol{m}_{h,G}(\boldsymbol{x})$ 与梯度 $\hat{\nabla} f_{h,K}(\boldsymbol{x})$ 的方向是一致的，也就是说，Mean-Shift 向量同梯度一样，始终指向密度值增大的方向。

假设初始点 $\boldsymbol{x}$ 所在的窗口有 n 个样本 $\boldsymbol{x}_i$，初始点 $\boldsymbol{x}$ 的核函数为 $G(\boldsymbol{x})$，误差阈值为 ε，则 Mean-Shift 算法寻找密度最大的过程可总结如下：

步骤 1：根据式(6.49)计算 Mean-Shift 向量 $\boldsymbol{m}_{h,G}(\boldsymbol{x})$。

步骤 2：如果 $\|\boldsymbol{m}_{h,G}(\boldsymbol{x})\|<\varepsilon$，则表示 Mean-Shift“爬”到局部的概率密度最大处，算法终止，否则执行步骤 3。

步骤 3：以新的质心 $\boldsymbol{m}_{h,G}(\boldsymbol{x})+\boldsymbol{x}$ 为中心点赋予 $\boldsymbol{x}$，以新的 $\boldsymbol{x}$ 所在窗口为当前窗口，执行步骤 1。

从上述步骤中可以看出，Mean-Shift 算法是一个迭代寻找局部模式（即概率密度最大处）的过程，该迭代过程可以用下式表示：

$$\boldsymbol{y}_{j+1} = \sum_{i=1}^{n} \boldsymbol{x}_i g\left(\left\|\frac{\boldsymbol{y}_j-\boldsymbol{x}_i}{h}\right\|^2\right) \Big/ \sum_{i=1}^{n} g\left(\left\|\frac{\boldsymbol{y}_j-\boldsymbol{x}_i}{h}\right\|^2\right) \tag{6.52}$$

其中，$\boldsymbol{y}_1$ 即为初始位置 $\boldsymbol{x}$。$\boldsymbol{y}_{j+1}$ 序列最终收敛于密度最大处，它可用图 6－17 形象地表示。图 6－17(a)是随机地选取一个感兴趣区域作为初始位置，计算它的质心，质心与感兴趣区域的偏移称为 Mean-Shift，表示密度增大的方向；图 6－17(b)得到以质心为中心的新的感兴趣区域，计算新区域的质心；图 6－17(c)和图 6－17(d)为迭代地重复上述过程，最终收敛到密度最大的区域。

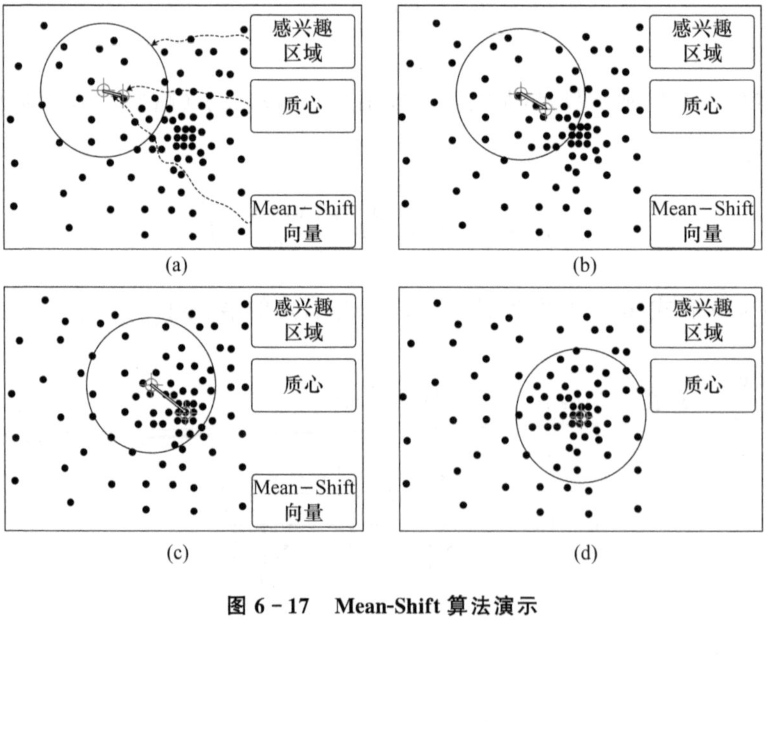

图 6－17　Mean-Shift 算法演示

3. 基于 Mean-Shift 算法的图像聚类分割

一幅图像由 p 维像素构成的 d 维网格(空间域)表示，其中，p 代表图像的频带数量(颜色域)，$p=1$ 表示灰度图像，$p=3$ 表示彩色图像，对于一幅静态图像，$d=2$。为两个域假设一个欧氏距离，空间域和颜色域的向量可结合成一个空间-颜色联合域。联合域的核函数 $K_{h_s,h_r}(\boldsymbol{x})$ 由两个径向对称的核函数组成，h_s 和 h_r 分别表示空间域和颜色域中的核函数的大小，p 和 d 表示空间的维数。

$$K_{h_s,h_r}(\boldsymbol{x})=\frac{c}{h_s^d h_r^p}k\left(\left\|\frac{\boldsymbol{x}^s}{h_s}\right\|^2\right)k\left(\left\|\frac{\boldsymbol{x}^r}{h_r}\right\|^2\right) \tag{6.53}$$

其中，$\boldsymbol{x}^s$ 和 $\boldsymbol{x}^r$ 是特征向量的空间域部分和颜色域部分，$k(x)$是应用在两个域中的通用的轮廓函数，c 是一个规范化的常数。

Mean-Shift 图像分割算法采取不连续性保护滤波和 Mean-Shift 聚类这两步程序。设原始 d 维图像的像素用 $\boldsymbol{x}_i$ 表示，滤波后图像的像素用 z_i 表示，并且这些像素是在空间-颜色联合域中表示的，则 Mean-Shift 滤波的步骤如下：

步骤 1：对每个像素 $\boldsymbol{x}_i$，初始化为起始步，令 $j=1$，$\boldsymbol{y}_{i,1}=\boldsymbol{x}_i$；

步骤 2：根据式(6.52)计算 $\boldsymbol{y}_{i,j+1}$，直到收敛于 $\boldsymbol{y}_{i,\mathrm{con}}$；

步骤 3：滤波后的像素赋值为 $\boldsymbol{z}_i=(\boldsymbol{x}_i^s,\boldsymbol{y}_{i,\mathrm{con}}^r)$。

上标 s 和 r 分别表示滤波结果的空间域和颜色域，即滤波后 $\boldsymbol{x}_i$ 处像素的值为收敛于 $\boldsymbol{y}_{i,\mathrm{con}}^r$ 的像素的值。在空间-颜色联合域中，Mean-Shift 向密度最大的方向运动。

图像滤波之后，在空间-颜色联合域中定义像素 $\boldsymbol{x}_i$ 和 $\boldsymbol{z}_i$，并令 L_i 表示分割图像中像素 i 的分割标记，则 Mean-Shift 分割的步骤如下：

步骤 1：运行 Mean-Shift 滤波算法，存储 d 维收敛点 $\boldsymbol{y}_{i,\mathrm{con}}$ 的全部信息；

步骤 2：通过对全部的 $\boldsymbol{z}_i$ 进行归类，即在空间域上距离小于 h_s，且在颜色域上距离小于 h_r，确定聚类 $\{C_p\}_{p=1,K,m}$，即合并这些收敛点的吸聚盆；

步骤 3：对每一个像素 $i=1,2,\cdots,n$，令 $L_i=\{p\,|\,\boldsymbol{z}_i\in C_p\}$；

步骤 4：必要时，可以消除像素个数小于 S 的区域。

6.5　基于网格的聚类

基于网格的聚类算法利用多分辨率形式的网格结构将数据空间划分为一个个的网格单元，并在网格单元上进行类簇划分。这类算法通常与基于密度的聚类算法结合从而提高聚类准确度，代表算法有 STING 算法、CLIQUE 算法和 WAVE - CLUSTER 算法等。本节以 STING 算法为例，对网格聚类算法进行介绍。

1. STING 算法原理

STING 是一个基于网格的多分辨率聚类技术，它将空间区域划分为矩形单元。针对不同级别的分辨率，通常存在多个级别的矩形单元，这些单元形成了一个层次结构：高层的每个单元被划分为多个低一层的单元。每个网格单元属性的统计信息(例如平均值、最大值和最小值)被预先计算和存储。这些统计变量可以方便下面描述的查询处理使用。高层单元的统计变量可以很容易地从低层单元的变量计算得到。这些统计变量包括：网格中对象数目 n，平均

值 m，标准偏差 s，最小值 min，最大值 max，以及该单元中属性值遵循的分布类型 dist，例如正态的、均衡的、指数的，或无(如果分布未知)。当数据被装载进数据库，最底层单元的变量 n，m，s，min 和 max 可以直接进行计算。如果分布的类型事先知道，dist 的值可以由用户指定，也可以通过假设检验来获得。一个高层单元的分布类型可以基于它对应的低层单元多数的分布类型，用一个阈值过滤过程来计算。如果低层单元的分布彼此不同，阈值检验失败则，则高层单元的分布类型被置为 none。

2. STING 网格建立

STING 网格建立流程如下：

① 先划分一些层次，按层次划分网格，如图 6-18 所示。

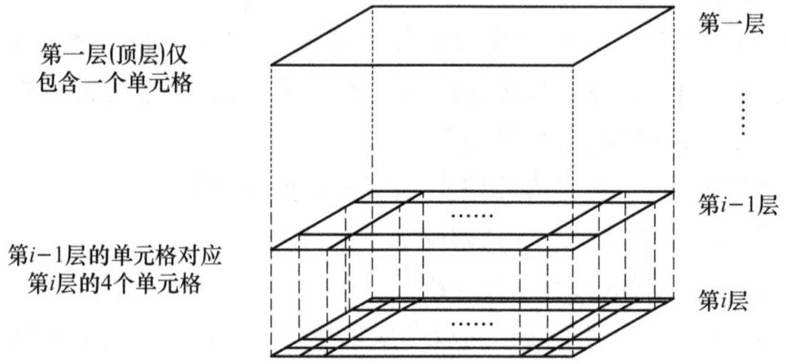

图 6-18　STING 层次结构示意图

② 计算最底层单元格的统计信息(如均值、最大值和最小值)。

最底层的单元参数直接由数据计算，父单元格统计信息由其对应的子单元格计算，设 n，m，s，min，max，dist 为当前层的参数，n_i，m_i，s_i，$\min_i$，$\max_i$，dist_i 为对应低层单元格的参数。

父单元格计算公式如下：

$$n = \sum_i n_i \tag{6.54}$$

$$m = \frac{\sum_i m_i n_i}{n} \tag{6.55}$$

$$s = \sqrt{\frac{\sum_i (s_i^2 + m_i^2) n_i}{n} - m^2} \tag{6.56}$$

$$\min = \min_i (\min_i) \tag{6.57}$$

$$\max = \max_i (\max_i) \tag{6.58}$$

父单元格 dist 计算方式如下：

设 dist 为对应子单元格多数的分布类型，根据以下规则估计与 dist、m 和 s 确定的分布相冲突的点的数量：

① 若 $\mathrm{dist}_i \neq \mathrm{dist}$，$m_i \neq m$，$s_i \neq s$，则 $\mathrm{confl} = \mathrm{confl} + n_i$；

② 若 $\mathrm{dist}_i \neq \mathrm{dist}$，但不满足 $m_i \approx m$ 或 $s_i \approx s$，则 $\mathrm{confl} = n$；

③ 若 $\mathrm{dist}_i = \mathrm{dist}$，$m_i \approx m$，$s_i \approx s$，则 $\mathrm{confl} = \mathrm{confl} + 0$；

④ 若 $\text{dist}_i = \text{dist}$，但不满足 $m_i \approx m$ 或 $s_i \approx s$，则 $\text{confl} = n$；

⑤ 若 $\text{confl}/n > t$（t 为阈值，设为 0.05），则 dist=none，否则保留原始类型 dist。

3. STING 查询

STING 查询算法步骤如下：

① 从一个层次开始。

② 对于这一个层次的每个单元格，计算查询相关的属性值。

③ 在计算的属性值以及约束条件下，将每一个单元格标记成相关或者不相关（不相关的单元格不再考虑，下一个较低层的处理就只检查剩余的相关单元）。

④ 如果这一层是底层，则转到⑥，否则转到⑤。

⑤ 由层次结构转到下一层，依照步骤②进行。

⑥ 查询结果得到满足，转到⑧，否则⑦。

⑦ 恢复数据到相关的单元格进一步处理以得到满意的结果，转到⑧。

⑧ 停止。

6.6　基于模型的聚类

基于模型的聚类算法主要包括基于概率的模型聚类和基于神经网络的模型聚类。基于概率的模型主要采用了概率生成方法，即假定同一聚类簇中的数据按照同一种概率分布，最常用的即为高斯混合模型（Gaussian mixture models，GMM）。基于神经网络的模型聚类最常见的是自组织映射（self-organizing map，SOM）模型，其可以保持原始数据的拓扑特征，把相似的数据分配到同一类。本节以 GMM 算法为例，对模型聚类算法进行介绍。SOM 模型将在后续章节中进行介绍。

GMM 可以看作是由 K 个单高斯模型组合而成的模型，这 K 个子模型是混合模型的隐变量（hidden variable）。它是通过选择成分最大化后验概率来完成聚类的，各数据点的后验概率表示属于各类的可能性，而不是判定它完全属于某个类，所以称为软聚类。

GMM 的概率密度函数：

$$p_M(x) = \sum_{k=1}^{K} p(k)p(x \mid k) = \sum_{k=1}^{K} \alpha_k p(x \mid \boldsymbol{\mu}_k, \boldsymbol{\Sigma}_k) \tag{6.59}$$

其中，α_k 为属于第 k 个高斯的概率，也称为先验分布，其需要满足大于零，且对一个 x 而言 α_k 之和等于 1，$p(x|k)$ 为第 k 个高斯的概率密度，其均值向量为 $\boldsymbol{\mu}_k$，协方差矩阵为 $\boldsymbol{\Sigma}_k$。K 是由人工给定的，其他参数都需要通过期望最大化（expectation-maximum，EM）算法进行估计。

GMM 聚类算法的过程如下：

① 设置 K 的个数，即初始化高斯混合模型的成分个数。随机初始化每个簇的高斯分布参数（均值和方差）。也可观察数据给出一个相对精确的均值和方差。

② 计算每个数据点属于每个高斯模型的概率，即计算后验概率。

③ 计算 α_k，$\boldsymbol{\mu}_k$，$\boldsymbol{\mu}_k$ 参数使得数据点的概率最大化，使用数据点概率的加权来计算这些新的参数，权重就是数据点属于该簇的概率。

④ 重复迭代②和③直到收敛。

小　结

本章对无监督分类器进行了较为详细的介绍。首先介绍聚类相关基本概念，包括聚类的定义、相似性度量、聚类准则函数以及聚类方法。其次介绍了经典的分级聚类算法，并详细介绍了基于聚合法、分解法的分级聚类。接着介绍了动态聚类算法，其中包括经典的 K-均值聚类算法、模糊 C 均值聚类算法等。然后介绍了基于密度的聚类算法，其中包括 DBSCAN 算法和 Mean-Shift 算法。最后分别以 STING 算法和 GMM 算法为例介绍了基于网格的聚类算法以及基于模型的聚类算法。

习　题

1. 列举常见的几种相似性度量方法。
2. 简述聚类方法分类。
3. 针对 6.2.2 节第 2 小节的算例，请分别利用最大距离法、均值距离法，将样本集划分为两类。
4. 已知无标签样本集：

$$\boldsymbol{x}_1=\begin{bmatrix}1\\1\end{bmatrix},\boldsymbol{x}_2=\begin{bmatrix}1\\2\end{bmatrix},\boldsymbol{x}_3=\begin{bmatrix}2\\1\end{bmatrix},\boldsymbol{x}_4=\begin{bmatrix}2\\2\end{bmatrix},\boldsymbol{x}_5=\begin{bmatrix}2\\0\end{bmatrix},$$

$$\boldsymbol{x}_6=\begin{bmatrix}7\\1\end{bmatrix},\boldsymbol{x}_7=\begin{bmatrix}8\\1\end{bmatrix},\boldsymbol{x}_8=\begin{bmatrix}7\\2\end{bmatrix},\boldsymbol{x}_9=\begin{bmatrix}8\\3\end{bmatrix},\boldsymbol{x}_{10}=\begin{bmatrix}8\\0\end{bmatrix}$$

试用 K-均值算法将这些样本聚成两类。

5. K-means 初始类簇中心点如何选取？
6. 假设有一个二维正态总体，它的分布为 $N_2\left[\begin{pmatrix}0\\0\end{pmatrix},\begin{pmatrix}1 & 0.9\\0.9 & 1\end{pmatrix}\right]$，并且还已知有两点 $A=(1,1)$，$B=(1,-1)$，要求分别用马氏距离和欧氏距离计算这两点各自到总体均值点 $\mu=(0,0)$ 的距离。
7. 简述 FCM 算法的基本思想和流程。
8. 对比分析 K-均值与 ISODATA 算法的异同。
9. 有如表 6-11 所列的数据集，邻域半径 $\varepsilon=1$，最小点数为 4，试用 DBSCAN 算法对该数据集进行聚类。

表 6-11　题 9 数据集

序号	属性 1	属性 2	序号	属性 1	属性 2
1	1	0	7	4	1
2	4	0	8	5	1
3	0	1	9	0	2
4	1	1	10	1	2
5	2	1	11	4	2
6	3	1	12	1	3

10. 分析分级聚类法的优劣，并讨论相关的优化措施。

参考文献

[1] Lance G N, Williams W T. A general theory of classificatory sorting strategies: 1. hierarchical systems[J]. The Computer Journal, 1967, 9(4).

[2] Macqueen J. Some methods for classification and analysis of multivariate observations[J]. Berkeley Symposium on Mathematical Statistics & Probability, 1967.

[3] Dunn J C. A fuzzy relative of the ISODATA process and its use in detecting compact well-separated clusters[J]. Taylor & Francis Group, 2008, 3(3).

[4] Bezdek J C, Ehrlich R, Full W. FCM: The fuzzy C－means clustering algorithm[J]. Computers & Geosciences, 1984, 10(2-3):191-203.

第 7 章　经典神经网络分类器

人工神经网络(artificial neural network,ANN)是由大量节点(神经元)互相连接形成的复杂网络结构,是为模拟人脑神经网络而设计的一种计算模型,从组织结构、运行机制和功能上模拟人脑神经网络。ANN 用抽象出的数学模型来模拟神经元,可以对数据之间的复杂关系进行建模。ANN 分为单层和多层结构,每层包含一定数量的节点(神经元),不同节点之间用可变权重进行连接,该权重代表一个节点对连接节点的影响程度。网络通过反复学习训练,逐步调整不同节点连接权重,最终达到任务需要。

早期人工神经网络不具备学习能力,其中感知器是最早的具有机器学习思想的神经网络,但是其学习方法无法扩展到多层的神经网络,即没有确定隐含层神经元连接权值调整的有效算法。直到 20 世纪 80 年代中期,误差反向传播算法(error back propagation training, 简称 BP 算法)的提出,系统解决了多层神经网络隐含层神经元连接权值学习的问题,并在数学上给出了完整推导。基于误差反向传播算法进行误差校正的多层前馈网络被称为 BP 网络,是最为经典的神经网络学习算法。

以上神经网络属于有监督学习方式,自组织神经网络是早期无监督学习网络模型的代表。在生物神经系统中,存在着一种侧抑制现象,即一个神经细胞兴奋以后,会对周围其他神经细胞产生抑制作用。这种抑制作用会使神经细胞之间出现竞争,竞争获胜的神经细胞兴奋,失败的神经细胞被抑制。自组织神经网络就是模拟上述生物神经系统功能的人工神经网络。

本章分别从神经元、激活函数、感知器、BP 网络、自组织神经网络几个方面进行介绍。

7.1　神经元模型

7.1.1　生物神经元

神经元是神经系统的基本组成单位,一个神经元就是一个神经细胞。人类大脑有 860 亿个神经元,几乎所有的神经元都是相互联系在一起的,从而组成一个复杂的网络。一个典型的生物神经元结构如图 7-1 所示,由以下几部分组成:①细胞体(cell body),是神经细胞的主体,是神经细胞进行信息加工的主要场所;②树突(dendrites),是细胞体外围的大数量微小分支,主要负责从外界获得输入信号,然后将输出信号传给轴突;③轴突(axon),是细胞的输出装置,通过突触将信号传递给其他神经细胞,通常一个神经元有一个轴突;④突触(synapse),是一个神经元的轴突与另一个神经元的树突相连接的部位,这种连接不是物理意义上的相连,而是细胞膜充分靠近,通过细胞膜之间的微小缝隙传递带电离子。大量神经元通过突触连接,构成了神经网络系统。

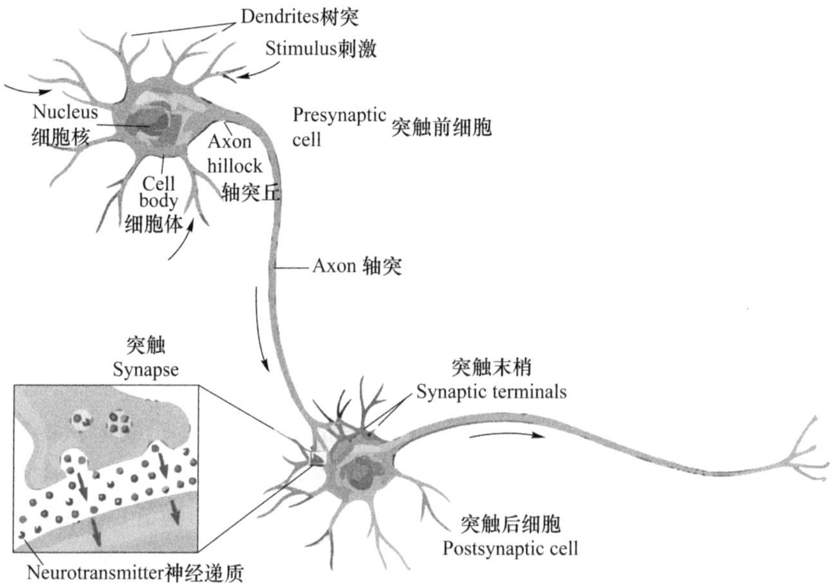

图 7-1　生物神经元

7.1.2　人工神经元

1943 年，W. S. McCulloch 和 W. H. Pitts 将神经元工作的过程进行简化，提出了著名的 McCulloch-Pitts 模型(简称 MP 模型)，后续在此基础上不断改进。经典人工神经元对应的数学模型如图 7-2 所示，来自外界的信号 x 通过突触传递给神经元，突触的强弱不一，假设以 w 表示，那么传到下一个神经元树突处的信号就变成了 wx。突触强弱(参数 w)是可学的，它控制了一个神经元对另一个神经元影响的大小和方向(正负)。树突接收到的信号(w_1x_1)传递到神经元内部(cell body)，与其他树突传递过来的信号(w_2x_2，…，w_nx_n)进行加和，当加和数值大于某一个固定阈值，神经元就会被激活，然后传递冲激信号给树突。将是否激活神经元的函数称为激活函数(activation function)，用来限制神经元输出的振幅，将输出信号限制在允许范围内的一定值，通常为闭区间[0,1]或[-1,1]。神经元模型还包括一个偏置量(bias)，根据偏置为正或为负，可以相应增加或降低激活函数的网络输入。

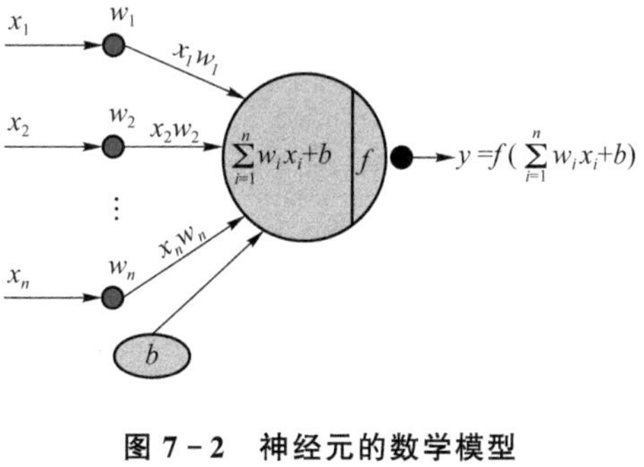

图 7-2　神经元的数学模型

可以用数学公式对 MP 模型进行表示，有 n 个输入 $x_1, x_2, \cdots, x_n$，对应的权值为 w_1，$w_2, \cdots, w_n$，b 为偏置量，f 为激活函数。则经过该神经元的输出 y 可表示为

$$y = f\left(\sum_{i=1}^{n} x_i w_i + b\right) \tag{7.1}$$

7.1.3 激活函数

神经网络中激活函数的主要作用是提供网络的非线性建模能力，激活函数一般而言是非线性函数。在神经网络中，如果不使用激活函数，无论网络有多少层，每一层输出都是上层输入的线性组合。而引入激活函数后，神经元具有了非线性能力，使得神经网络可以任意逼近任何非线性函数，这样神经网络就可以应用到众多的非线性模型中。本节介绍在神经网络中常用的几种激活函数。

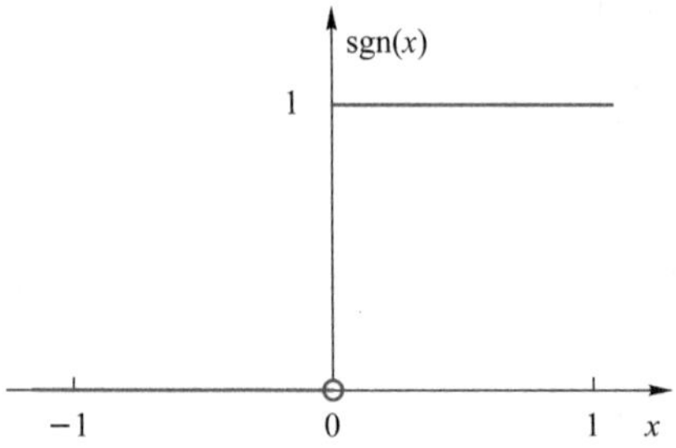

图 7-3 阈值激活函数

(1) 阈值激活函数

阈值激活函数又称二进制阶跃函数，如果输入高于设置的阈值，则神经元被激活，将相同信号发送，反之低于阈值时则不激活。其曲线如图 7-3 所示，在 0 处不可导，也可用符号函数 sgn(·)表示：

$$f(x) = \mathrm{sgn}(x) = \begin{cases} 0, & x \leqslant 0 \\ 1, & x > 0 \end{cases} \tag{7.2}$$

当神经元激活函数为阈值函数时，其输出为

$$y = \mathrm{sgn}\left(\sum_{i=1}^{n} w_i x_i - \theta\right) \tag{7.3}$$

其中，θ 是阈值。为简化以上公式，设阈值 $\theta = -w_0$。此时权值向量和输入向量可分别表示为

$$\boldsymbol{w} = (w_0, w_1, w_2, \cdots, w_n)^{\mathrm{T}} \tag{7.4}$$

$$\boldsymbol{x} = (1, x_1, x_2, \cdots, x_n)^{\mathrm{T}} \tag{7.5}$$

公式(7.2)可进一步简化为

$$y = \mathrm{sgn}(\boldsymbol{w}^{\mathrm{T}} \boldsymbol{x}) \tag{7.6}$$

这样的表达式可以将阈值合并到权向量中处理。

(2) Sigmoid 型激活函数

Sigmoid 型激活函数，也叫 Logistic 函数，是一类 S 型曲线函数，两端饱和，严格单调递增。当输入值在 0 附近时，Sigmoid 型激活函数近似为线性函数，当输入靠近两端时，对输入进行抑制，在线性和非线性之间显现出较好的平衡。

Sigmoid 函数定义为

$$f(x) = \sigma(x) = \frac{1}{1 + \mathrm{e}^{-x}} \tag{7.7}$$

如图 7-4 所示，该激活函数将一个实数输入映射到(0,1) 范围内。与阈值激活相比，Sigmoid 函数连续可导，具有较好的数学性质，其导数为

$$\begin{aligned} f'(x) &= \frac{\exp(-x)}{(1 + \exp(-x))^2} \\ &= \frac{1}{1 + \exp(-x)}\left(1 - \frac{1}{1 + \exp(-x)}\right) \\ &= f(x)(1 - f(x)) \end{aligned} \tag{7.8}$$

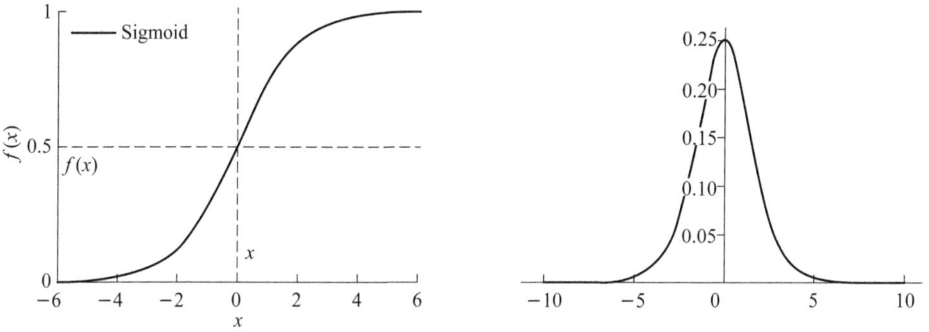

(a) Sigmoid激活函数　　(b) Sigmoid激活函数导数

图 7-4　Sigmoid 激活函数及其导数

此外，Sigmoid 激活函数的输出可以看作概率分布，能够更好地与统计学习模型进行结合。

（3）Tanh 激活函数

Tanh 函数（正切三角函数）定义为

$$\tanh(x)=\frac{\exp(x)-\exp(-x)}{\exp(x)+\exp(-x)} \tag{7.9}$$

Tanh 函数可以看作放大平移的 Sigmoid 函数，将一个实数输入映射到[−1,1]范围内：

$$\tanh(x)=2\sigma(2x)-1 \tag{7.10}$$

如图 7-5 所示，Tanh 函数的输出是 0 中心化的，它允许激活函数取负值，有时会产生比 Logistic 函数更好的实际利益。

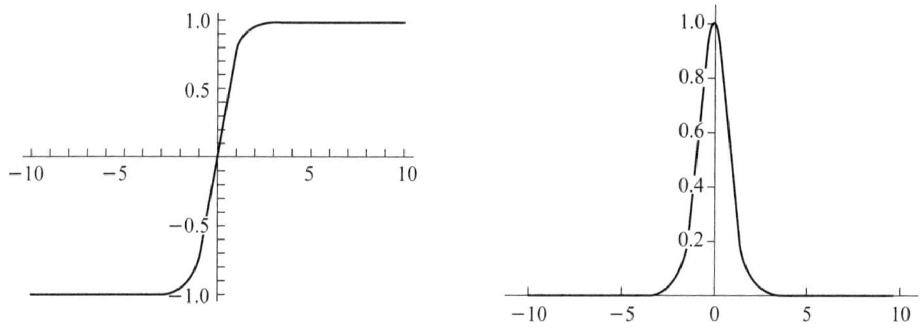

(a) Tanh激活函数　　(b) Tanh激活函数导数

图 7-5　Tanh 激活函数及其导数

7.2　人工神经网络基本结构

人工神经元按照一定的拓扑结构连接，形成人工神经网络模型（artificial neural network）。从神经元连接方式的角度，人工神经元网络可以分为前馈神经网络、反馈神经网络等。

7.2.1　前馈神经网络

前馈神经网络（feedforward neural network，FNN）是最早发明的简单的人工神经网络，也常被称为多层感知器(multi-layer perceptron,MLP)。前馈神经网络中包含输入层、隐含层、输出层。整个网络中无反馈,信号从输入层向输出层进行单向传播。网络中的各个神经元(节点)接收前一级的输入,加权叠加后输入到下一级,网络中没有反馈,网络的拓扑结构可以用一个有向无环图表示。这种网络实现信号从输入空间到输出空间的变换,它的信息处理能力来自于简单非线性函数的多次复合。网络结构简单,易于实现。图 7-6 给出了一个多层前馈神经网络示例。

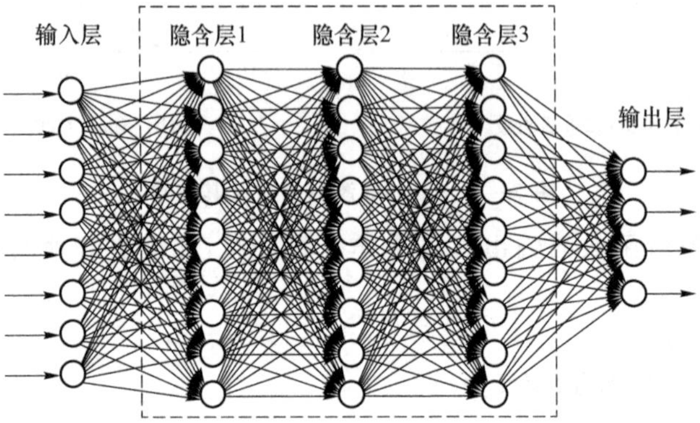

图 7-6　多层前馈神经网络

7.2.2　反馈神经网络

网络中的神经元不仅可以接收其他神经元的信息,还可以接收自己的历史信息。与前馈神经网络相比,反馈神经网络中的神经元具有记忆功能,在不同时刻具有不同的状态。循环神经网络(recurrent neural network,RNN)、Hopfield 网络(HNN)、波尔兹曼机均属于这种类型。反馈神经网络是一种反馈动力学系统,每个神经元同时将自身的输出信号作为输入信号反馈给其他神经元,需要工作一段时间才能达到稳定。图 7-7 给出了一个多层反馈神经网络示例。

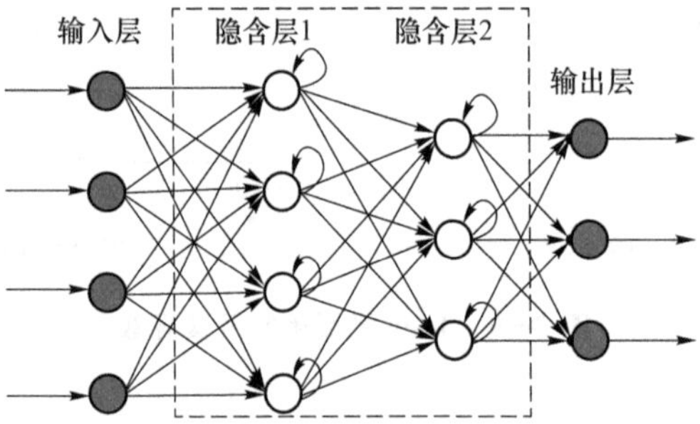

图 7-7　多层反馈神经网络

7.3　感知器

感知器,也称为感知机,是 Frank Rosenblatt 在 1957 年所提出的一种人工神经网络。它是一种最简单的前馈式人工神经网络,是一种二元线性分类器,只有一个人工神经元。感知器是生物神经细胞的简单抽象，有着与生物神经元相对应的部件，例如权重（突触）、偏置（阈值）和激活函数（细胞体）。

一个感知器有以下组成部分：

① 输入：一个感知器可以接收多个输入：

$$(x_1, x_2, \cdots, x_n \mid x_i \in \mathbf{R}) \tag{7.11}$$

每个输入对应一个权值：$w_i \in \mathbf{R}$，此外还有一个偏置项：$b \in \mathbf{R}$。

② 激活函数：感知器通常选择阶跃函数作为激活函数：

$$\operatorname{sgn}(x) = \begin{cases} -1(\text{或 } 0), & x \leqslant 0 \\ 1, & x > 0 \end{cases} \tag{7.12}$$

③ 输出：感知器模型的输出可以表示为

$$y = \operatorname{sgn}\left(\sum_{i=1}^{n} w_i x_i + b\right) \tag{7.13}$$

求感知器模型的过程，就是求解模型参数 $\boldsymbol{w}$ 和 b 的过程。感知器预测，就是通过学习得到的感知器模型，对新的输入实例给出其对应的输出类别 1 或者 -1（或 0）。假设训练数据集是线性可分的，感知器学习的目标是获得一个能够将训练数据集中正、负实例完全分开的分类超平面 S。以二维为例，如图 7-8 所示，其中，$\boldsymbol{w}$ 是超平面的法向量，b 是超平面的截距。该超平面将特征空间划分为两个部分，分别对应正、负两类。因此超平面 S 被称为分离超平面（separating hyperplane）。

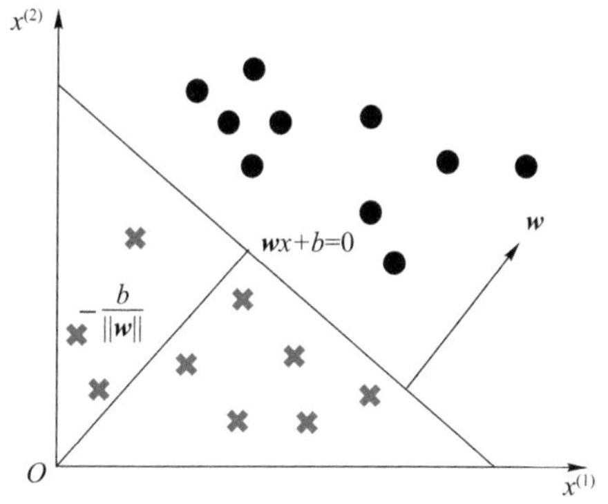

图 7-8　感知器模型分类示例

为了找到分离超平面，即确定感知器模型中的参数 $\boldsymbol{w}$ 和 b，需要定义一个损失函数并通过对损失函数最小化获得 $\boldsymbol{w}$ 和 b。感知器中损失函数通常定义为误分类点到分离超平面 S 的总距离。感知器学习算法是一种经典的线性分类器参数学习算法。

7.3.1　感知器参数学习

首先，给出输入空间 $\mathbf{R}^n$ 中任一点 x_0 到分离超平面 S 的距离：

$$\frac{1}{\|\boldsymbol{w}\|}\left|\boldsymbol{w}x_0 + b\right| \tag{7.14}$$

这里 $\|\boldsymbol{w}\|$ 是 $\boldsymbol{w}$ 的 L_2 范数。

其次，对于误分类的数据 (x_i, y_i)，$-y_i(\boldsymbol{w}x_i + b) > 0$ 成立。这是因为当 $\boldsymbol{w}x_i + b > 0$ 时，$y_i = -1$，当 $\boldsymbol{w}x_i + b < 0$ 时，$y_i = +1$。因此，误分类点 x_i 到分离超平面 S 的距离是

$\frac{1}{\|\boldsymbol{w}\|}|\boldsymbol{w}x_i+b|$。

给定 N 个样本的训练数据集：

$$T=\{(x_1,y_1),(x_2,y_2),\cdots,(x_N,y_N)\} \tag{7.15}$$

其中，$y_i\in\{+1,-1\}$。假设分离超平面 S 的误分类点集合为 M，那么所有误分类点到超平面 S 的总距离为

$$\frac{1}{\|\boldsymbol{w}\|}\sum_{x_i\in M}y_i(\boldsymbol{w}x_i+b) \tag{7.16}$$

如果不考虑 $\|\boldsymbol{w}\|$，此时得到感知器学习的损失函数。感知器学习的算法是通过学习找到一组参数 (w^*,b^*)，使得以下损失函数 $L(\boldsymbol{w},b)$ 最小：

$$\min_{w,b}L(\boldsymbol{w},b)=-\sum_{x_i\in M}y_i(w_ix_i+b) \tag{7.17}$$

感知器学习算法是误分类驱动的在线学习算法，采用随机梯度下降法(stochastic gradient descent)。首先，任意选取一个具有参数 (w_0,b_0) 的分离超平面，然后利用梯度下降法不断极小化损失函数。在极小化损失函数的过程中不是一次使 M 中所有误分类点的梯度下降，而是一次随机选取一个误分类点使其梯度下降，即每分错一个样本，就利用该错分类的样本对权值进行一次更新。经过多次迭代，训练得到感知器参数 (w^*,b^*)。

如上所述，假设错误分类的样本集合为 M，则损失函数的梯度可以表示为

$$\nabla_w L(\boldsymbol{w},b)=-\sum_{x_i\in M}y_ix_i \tag{7.18}$$

$$\nabla_b L(\boldsymbol{w},b)=-\sum_{x_i\in M}y_i \tag{7.19}$$

随机选择一个错误分类样本 (x_i,y_i)，对权值 $(\boldsymbol{w},b)$ 进行更新：

$$\boldsymbol{w}\leftarrow\boldsymbol{w}+\eta y_ix_i \tag{7.20}$$

$$b\leftarrow b+\eta y_i \tag{7.21}$$

其中，η 为学习步长，也称为学习率，用于控制每一步调整权值的幅度。经过不断迭代，损失函数 $L(\boldsymbol{w},b)$ 不断减小，直到训练完成。感知器参数学习流程如表 7-1 所列。

表 7-1 感知器参数学习流程

算法：两类感知器参数学习算法
输入：训练数据集 $T=\{(x_1,y_1),(x_2,y_2),\cdots,(x_N,y_N)\}$，最大迭代次数 T，学习率 η； 输出：(w^*,b^*) 步骤 1：将参数 (w,b) 均初始化为 0； 步骤 2：在训练数据集中选择数据 (x_i,y_i)，如果 $y_i(\boldsymbol{w}x_i+b)\leqslant 0$，则 (x_i,y_i) 为误分类样本。利用误分类样本，进行参数更新： $\boldsymbol{w}\leftarrow\boldsymbol{w}+\eta y_ix_i$ $b\leftarrow b+\eta y_i$ 步骤 3：重复步骤 2，直到达到最大迭代次数 T

以上感知器学习算法可以从更直观的角度进行阐述：当一个样本被误分类，即该样本位于分离超平面 S 错误的一侧，则利用梯度下降法对权值 $\boldsymbol{w},b$ 进行调整，使得分离超平面向误分类样本点移动，从而减少该误分类点与分离超平面间的距离，直至分离超平面越过该误分类点，实现该样本点的正确分类。

感知器适合解决简单的模式分类问题。F. Roseblatt 已经证明，如果两类模式是线性可分的（指存在一个超平面将它们分开），则算法一定收敛。

例 7-1　某个训练数据集如图 7-9 所示，其正实例点为 $\boldsymbol{x}_1=(3,3)^{\mathrm{T}}$，$\boldsymbol{x}_2=(4,3)^{\mathrm{T}}$，负实例点为 $\boldsymbol{x}_3=(1,1)^{\mathrm{T}}$。试用感知器学习算法求感知器模型 $g(\boldsymbol{x})=f(\boldsymbol{w}\boldsymbol{x}+b)$。其中 $\boldsymbol{w}=(w^{(1)},w^{(2)})^{\mathrm{T}}$。

解：求解过程如下：

① 构建最优化问题：

$$\min_{\boldsymbol{w},b} L(\boldsymbol{w},b)=-\sum_{x_i\in M} y_i(\boldsymbol{w}x+b)$$

② 根据感知器学习算法求解 $\boldsymbol{w},b$。设学习率 $\eta=1$：

a. 给出权值的初始值 $\boldsymbol{w}_0=(0,0)^{\mathrm{T}}$，$b_0=0$；

b. 对于 $\boldsymbol{x}_1=(3,3)^{\mathrm{T}}$，得到 $y_1(\boldsymbol{w}_0\boldsymbol{x}_1+b_0)=0$，则判定 $\boldsymbol{x}_1$ 未被正确分类，利用该点更新 $\boldsymbol{w},b$：

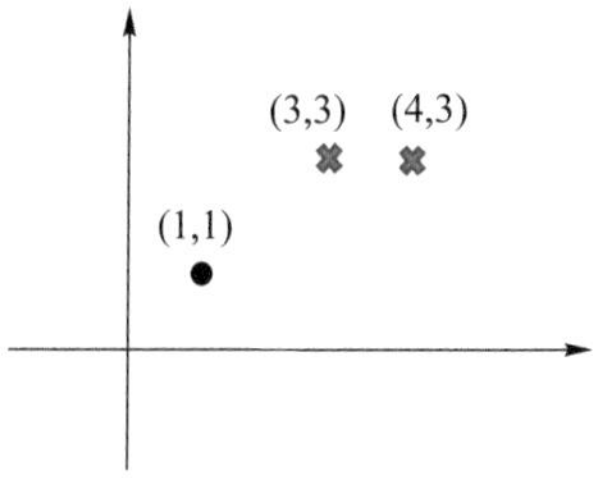

图 7-9　感知器算例

$$\boldsymbol{w}_1=\boldsymbol{w}_0+y_1\boldsymbol{x}_1=(3,3)^{\mathrm{T}},\quad b_1=b_0+y_1=1$$

得到线性模型：

$$\boldsymbol{w}_1\boldsymbol{x}+b_1=3x^{(1)}+3x^{(2)}+1$$

c. 对于 $\boldsymbol{x}_1$ 和 $\boldsymbol{x}_2$，得到 $y_1(\boldsymbol{w}_1\boldsymbol{x}_1+b_1)>0$，则判定 $\boldsymbol{x}_1$ 和 $\boldsymbol{x}_2$ 被正确分类，此时不更新 $\boldsymbol{w},b$；

d. 对于 $\boldsymbol{x}_3=(1,1)^{\mathrm{T}}$，得到 $y_3(\boldsymbol{w}_1\boldsymbol{x}_3+b_1)<0$，则判定 $\boldsymbol{x}_3$ 被错误分类，利用该点更新 $\boldsymbol{w},b$：

$$\boldsymbol{w}_2=\boldsymbol{w}_1+y_3\boldsymbol{x}_3=(2,2)^{\mathrm{T}},\quad b_2=b_1+y_3=0$$

得到线性模型：

$$\boldsymbol{w}_2\boldsymbol{x}+b_2=2x^{(1)}+2x^{(2)}$$

e. 不断输入实例点，判定该实例点是否为误分类点，若是，则利用该点更新权值，直至：

$$\boldsymbol{w}_7=(1,1)^{\mathrm{T}},\quad b_7=-3$$

$$\boldsymbol{w}_7\boldsymbol{x}+b_7=x^{(1)}+x^{(2)}-3$$

对所有数据点 $y_i(\boldsymbol{w}_7\boldsymbol{x}_i+b_7)>0$，没有误分类点，损失函数达到极小。此时得到的分离超平面为 $x^{(1)}+x^{(2)}-3=0$，在图 7-10 中用黑色实线表示，感知器模型为

$$g(\boldsymbol{x})=f(x^{(1)}+x^{(2)}-3)$$

迭代过程如表 7-2 列。

表 7-2　算例求解迭代过程

迭代次数	误分类点	$\boldsymbol{w}$	b	$\boldsymbol{w}\boldsymbol{x}+b$
0		0	0	0
1	$\boldsymbol{x}_1$	$(3,3)^{\mathrm{T}}$	1	$3x^{(1)}+3x^{(2)}+1$
2	$\boldsymbol{x}_3$	$(2,2)^{\mathrm{T}}$	0	$2x^{(1)}+2x^{(2)}$
3	$\boldsymbol{x}_3$	$(1,1)^{\mathrm{T}}$	-1	$x^{(1)}+x^{(2)}-1$
4	$\boldsymbol{x}_3$	$(0,1)^{\mathrm{T}}$	-2	$x^{(2)}-2$
5	$\boldsymbol{x}_1$	$(3,3)^{\mathrm{T}}$	-1	$3x^{(1)}+3x^{(2)}-1$
6	$\boldsymbol{x}_3$	$(2,2)^{\mathrm{T}}$	-2	$2x^{(1)}+2x^{(2)}-2$
7	$\boldsymbol{x}_3$	$(1,1)^{\mathrm{T}}$	-3	$x^{(1)}+x^{(2)}-3$
8	0	$(1,1)^{\mathrm{T}}$	-3	$x^{(1)}+x^{(2)}-3$

这是在计算中误分类点先后取 $\boldsymbol{x}_1,\boldsymbol{x}_3,\boldsymbol{x}_3,\boldsymbol{x}_3,\boldsymbol{x}_1,\boldsymbol{x}_3,\boldsymbol{x}_3$ 得到的分离超平面和感知器模型。如果在计算中误分类点依次取 $\boldsymbol{x}_1,\boldsymbol{x}_3,\boldsymbol{x}_3,\boldsymbol{x}_3,\boldsymbol{x}_2,\boldsymbol{x}_3,\boldsymbol{x}_3,\boldsymbol{x}_3,\boldsymbol{x}_1,\boldsymbol{x}_3,\boldsymbol{x}_3$，则得到的分离超平面是 $2x^{(1)}+x^{(2)}-5=0$（见图 7-10 中黑色虚线）。可见，对于感知器学习算法，可以获取多个分离超平面。

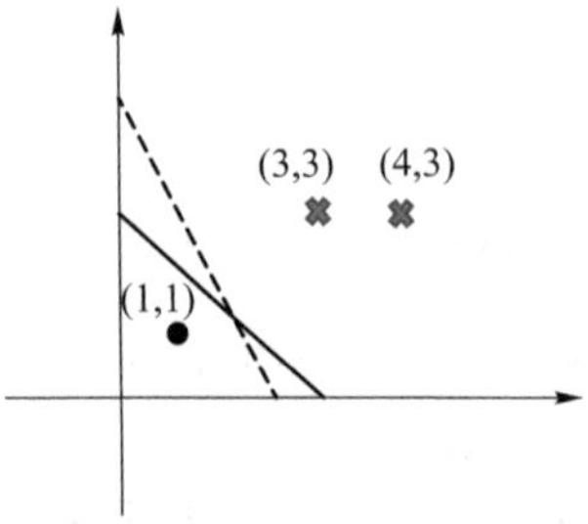

图 7-10 感知器学习得到的不同分离超平面

7.3.2 感知器的收敛性

对于线性可分数据集，感知器学习算法可以在有限次迭代后收敛，得到可将训练数据集完全正确划分的分离超平面及感知器模型。

为了后续推导方便，将偏置 b 并入到权值向量 $\boldsymbol{w}$ 中，记作 $\hat{\boldsymbol{w}}=(\boldsymbol{w}^{\mathrm{T}},b)^{\mathrm{T}}$，将输入样本向量转换为增广特征向量，即增加常数 1，记作 $\hat{\boldsymbol{x}}=(\boldsymbol{x}^{\mathrm{T}},1)^{\mathrm{T}}$。此时，$\hat{\boldsymbol{x}}\in\mathbf{R}^{n+1}$，$\hat{\boldsymbol{w}}\in\mathbf{R}^{n+1}$，$\hat{\boldsymbol{w}}\hat{\boldsymbol{x}}=\boldsymbol{w}\boldsymbol{x}+b$。

定理（Novikoff）：设训练数据集 $T=\{(x_1,y_1),(x_2,y_2),\cdots,(x_N,y_N)\}$ 是线性可分的，其中 $\boldsymbol{x}_i\in X=\mathbf{R}^n$，$y_i\in Y=-1,+1$，则：

① 存在满足条件 $\|\hat{\boldsymbol{w}}_{\mathrm{opt}}\|=1$ 的超平面 $\hat{\boldsymbol{w}}_{\mathrm{opt}}\hat{\boldsymbol{x}}=\boldsymbol{w}_{\mathrm{opt}}\boldsymbol{x}+b_{\mathrm{opt}}=0$ 将训练数据集完全分开；并且存在 $\gamma>0$，对所有 $i=1,2,\cdots,N$ 都存在如下情况：

$$y_i(\hat{\boldsymbol{w}}_{\mathrm{opt}}\hat{\boldsymbol{x}})=y_i(\boldsymbol{w}_{\mathrm{opt}}\boldsymbol{x}_i+b_{\mathrm{opt}})\geqslant\gamma \tag{7.22}$$

② 令 $R=\max\limits_{1\leqslant i\leqslant N}\|\hat{\boldsymbol{x}}_i\|$，则感知器算法在训练数据集上的误分类次数 k 满足不等式：

$$k\leqslant\left(\frac{R}{\gamma}\right)^2 \tag{7.23}$$

证明：① 由于训练数据集是线性可分的，存在超平面可将训练数据集完全正确分开，假定该超平面为 $\hat{\boldsymbol{w}}_{\mathrm{opt}}\hat{\boldsymbol{x}}=\boldsymbol{w}_{\mathrm{opt}}\boldsymbol{x}+b_{\mathrm{opt}}=0$，使得 $\|\hat{\boldsymbol{w}}_{\mathrm{opt}}\|=1$。由于对有限的 $i=1,2,\cdots,N$，有

$$y_i(\hat{\boldsymbol{w}}_{\mathrm{opt}}\hat{\boldsymbol{x}})=y_i(\boldsymbol{w}_{\mathrm{opt}}\boldsymbol{x}_i+b_{\mathrm{opt}})>0 \tag{7.24}$$

则存在一个 $\gamma>0$：

$$\gamma=\min_i\{y_i(\boldsymbol{w}_{\mathrm{opt}}\boldsymbol{x}_i+b_{\mathrm{opt}})\} \tag{7.25}$$

使得

$$y_i(\hat{\boldsymbol{w}}_{\mathrm{opt}}\hat{\boldsymbol{x}})=y_i(\boldsymbol{w}_{\mathrm{opt}}\boldsymbol{x}_i+b_{\mathrm{opt}})\geqslant\gamma$$

② 感知器算法从 $\hat{w}_0=0$ 开始，如果样本被误分类，则更新权重。令 $\hat{\boldsymbol{w}}_{k-1}$ 是第 k 个误分类样本之前的权重向量 $\hat{\boldsymbol{w}}_{k-1}=(\boldsymbol{w}_{k-1}^{\mathrm{T}},b_{k-1})^{\mathrm{T}}$，则第 k 个误分类样本的条件是

$$y_i(\hat{\boldsymbol{w}}_{k-1},\hat{\boldsymbol{x}}_i)=y_i(\boldsymbol{w}_{k-1}\boldsymbol{x}_i+b_{k-1})\leqslant 0 \tag{7.26}$$

假设$(\boldsymbol{x}_i, y_i)$是被$\hat{\boldsymbol{w}}_{k-1}=(\boldsymbol{w}_{k-1}^{\mathrm{T}}, b_{k-1})^{\mathrm{T}}$误分类的数据，则 w 和 b 进行如下更新：

$$\boldsymbol{w}_k \leftarrow \boldsymbol{w}_{k-1}+\eta y_i \boldsymbol{x}_i \tag{7.27}$$

$$b_k \leftarrow b_{k-1}+\eta y_i \tag{7.28}$$

下面推导不等式：

$$\hat{\boldsymbol{w}}_k \hat{\boldsymbol{w}}_{\mathrm{opt}} \geqslant k\eta\gamma$$

根据公式$\hat{\boldsymbol{w}}_k=\hat{\boldsymbol{w}}_{k-1}+\eta y_i \hat{\boldsymbol{x}}_i$以及$y_i(\hat{\boldsymbol{w}}_{\mathrm{opt}} \hat{\boldsymbol{x}})=y_i(\boldsymbol{w}_{\mathrm{opt}} \boldsymbol{x}_i+b_{\mathrm{opt}}) \geqslant \gamma$，得到

$$\hat{\boldsymbol{w}}_k \hat{\boldsymbol{w}}_{\mathrm{opt}}=\hat{\boldsymbol{w}}_{k-1} \hat{\boldsymbol{w}}_{\mathrm{opt}}+\eta y_i \hat{\boldsymbol{w}}_{\mathrm{opt}} \hat{\boldsymbol{x}}_i \geqslant \hat{\boldsymbol{w}}_{k-1} \hat{\boldsymbol{w}}_{\mathrm{opt}}+\eta\gamma \tag{7.29}$$

由此递推得到如下不等式：

$$\hat{\boldsymbol{w}}_k \hat{\boldsymbol{w}}_{\mathrm{opt}} \geqslant \hat{\boldsymbol{w}}_{k-1} \hat{\boldsymbol{w}}_{\mathrm{opt}}+\eta\gamma \geqslant \hat{\boldsymbol{w}}_{k-2} \hat{\boldsymbol{w}}_{\mathrm{opt}}+2\eta\gamma \geqslant \cdots \geqslant k\eta\gamma \tag{7.30}$$

再推导不等式：

$$\|\hat{\boldsymbol{w}}_k\|^2 \leqslant k\eta^2 R^2$$

根据公式$\hat{\boldsymbol{w}}_k=\hat{\boldsymbol{w}}_{k-1}+\eta y_i \hat{\boldsymbol{x}}_i$和$y_i(\hat{\boldsymbol{w}}_{k-1}, \hat{\boldsymbol{x}}_i)=y_i(\boldsymbol{w}_{k-1} \boldsymbol{x}_i+b_{k-1}) \leqslant 0$，得到如下关系：

$$\begin{aligned}
\|\hat{\boldsymbol{w}}_k\|^2 &= \|\hat{\boldsymbol{w}}_{k-1}\|^2+2\eta y_i \hat{\boldsymbol{w}}_{k-1} \boldsymbol{x}_i+\eta^2\|\hat{\boldsymbol{x}}_i\|^2 \\
&\leqslant \|\hat{\boldsymbol{w}}_{k-1}\|^2+\eta^2\|\hat{\boldsymbol{x}}_i\|^2 \\
&\leqslant \|\hat{\boldsymbol{w}}_{k-1}\|^2+\eta^2 R^2 \\
&\leqslant \|\hat{\boldsymbol{w}}_{k-1}\|^2+2\eta^2 R^2 \\
&\vdots \\
&\leqslant k\eta^2 R^2
\end{aligned} \tag{7.31}$$

结合不等式$\hat{\boldsymbol{w}}_k \hat{\boldsymbol{w}}_{\mathrm{opt}} \geqslant k\eta\gamma$和$\|\hat{\boldsymbol{w}}_k\|^2 \leqslant k\eta^2 R^2$，得到

$$\begin{gathered}
k\eta\gamma \leqslant \hat{\boldsymbol{w}}_k \hat{\boldsymbol{w}}_{\mathrm{opt}} \leqslant \|\hat{\boldsymbol{w}}_k\|\|\hat{\boldsymbol{w}}_{\mathrm{opt}}\| \leqslant \sqrt{k}\eta R \\
k^2\gamma^2 \leqslant kR^2
\end{gathered} \tag{7.32}$$

于是

$$k=\frac{R^2}{\gamma}$$

以上定理表明，误分类的次数 k 是有上界的，经过有限次搜索可以找到将训练数据集完全分开的分离超平面，即当训练数据集是线性可分时，感知器学习算法迭代是收敛的。

虽然感知器在线性可分的数据集上能够收敛，但仍然存在如下问题：

① 在数据集线性可分时，感知器可以找到一个超平面将两类数据分开，但是不能保证其泛化能力；

② 感知器对样本顺序比较敏感，每次迭代的顺序不一致时，找到的分离超平面往往也不一致。为了得到唯一的超平面，需要对分离超平面增加约束条件，也就是线性支持向量机的思想；

③ 当训练数据集线性不可分时，感知器学习算法不收敛，迭代结果发生振荡。

7.3.3 多层感知器

单层感知器可以很好地解决线性分类问题，但不适用于解决非线性问题，例如简单的异或

问题。通过将多个神经元分层组合，即构建多层感知器，可以很好地解决非线性可分问题，通常将多层感知器称为神经网络。图 7-11 给出了多个感知器组成的两层结构，前一层神经元的输出是后一层神经元的输入，最后一层只有一个神经元，用于接收来自前一层的 n 个输入，给出作为决策的一个输出结果。从图 7-11 可以看到，多层感知器层与层之间是全连接的，因此也叫全连接网络。多层感知器最底层是输入层，中间是隐藏层，最后是输出层。

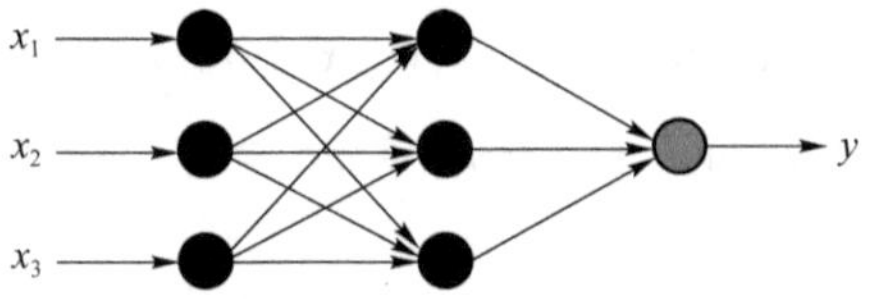

图 7-11　多层感知器示例

在 20 世纪 60 年代，学者发现感知器学习算法不能直接应用到这种多层感知器模型参数学习中，因为感知器学习算法的核心思想是梯度下降法，即以训练样本被错分的程度作为目标函数，训练过程中每次出现错分，就对权值进行修改使其朝着目标函数相对于权值的负梯度方向更新，直到目标函数取得极小值，此时没有训练样本被错分。在采用多层感知器结构时，由于神经元的传递函数为阶跃函数，输出端的误差只能对最后一个神经元的系数求梯度，无法对其他神经元权值求梯度，因此无法使用梯度下降法训练其他神经元的权值。Rosenblatt 提出如下解决方案：除了最后一个神经元之外，提前固定其他所有神经元的权值，学习过程中只用感知器学习算法确定最后一个神经元的权值。此操作相当于利用第一层神经元将原始特征空间变换到了一个新的特征空间，第一层的每个神经元组成新空间的一维；然后再在此新空间中利用感知器学习算法构建一个线性分类器。由于第一层神经元的权值需要人为给定，但是没有找到能够针对任意问题求解第一层神经元参数的方法，因此对感知器多层模型参数学习的研究停滞了，直到 1986 年出现了反向传播(back propagation，BP)算法，该算法用 Sigmoid 激活函数替代了阶跃函数。

7.4　BP 网络

7.4.1　基本原理

在人工神经网络发展的历史中，很长一段时间没有确定隐含层神经元连接权值调整的有效算法。直到 20 世纪 80 年代中期，误差反向传播算法(error back propagation training，简称 BP 算法)的提出，系统解决了多层神经网络隐含层神经元连接权值学习的问题，并在数学上给出了完整推导。基于误差反向传播算法进行误差校正的多层前馈网络称为 BP 网络。BP 神经网络模型拓扑结构包括输入层(input layer)、隐含层(hidden layer)和输出层(output layer)。图 7-12 给出了一个 BP 网络示例，该多层神经网络由 L 层神经元组成，其中第 1 层称为输入层，最后一层(第 L 层)称为输出层，其他各层均称为隐含层(第 2～L-1 层)。

BP 算法的基本思想是梯度下降法，利用梯度搜索技术，以期使网络的实际输出值和期望输出值的误差均方差为最小。BP 算法包括信号前向传播和误差反向传播两个过程。在计算误差输出时按从输入到输出的方向进行，而在调整权值时则从输出到输入的方向进行。前向传播时，输入信号通过隐含层作用于输出节点，经过非线性变换，产生输出信号。若实际输出与期望输出不相符，则转入误差反向传播过程。误差反传是将输出误差通过隐含层向输入层逐层反传，并将误差分摊给各层所有单元，以从各层获得的误差信号作为调整各单元权值的依据。通过调整输入节点与隐含层节点的连接强度和隐含层节点与输出节点的连接强度，使误差沿梯度方向下降，经过反复学习训练，确定与最小误差相对应的网络参数，训练停止。

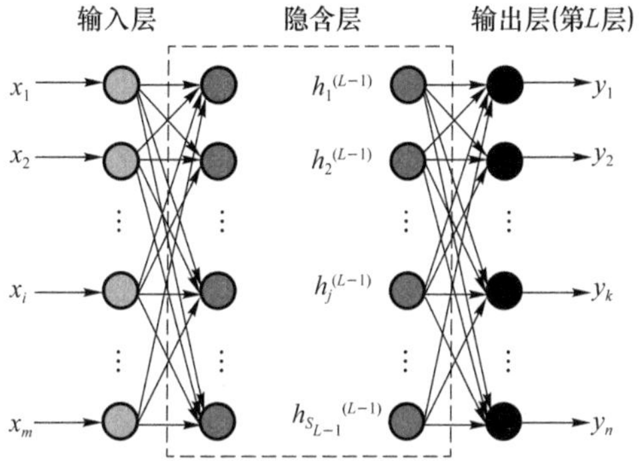

图 7-12　多层 BP 网络示意图

BP 神经网络是典型的有监督学习，其过程可以总结为利用输出后的误差来估计输出层到前一层的误差，再用这个误差估计更前一层的误差，如此一层一层地反传下去，获得了所有层的误差估计。BP 算法实质是求取误差函数的最小值问题，利用非线性规划中的最速下降方法，按误差函数的负梯度方向修改网络权值。

7.4.2　BP 算法

下面以图 7-11 为例，详细阐述 BP 网络算法的整体流程。

(1) 参量设置

令输入向量为

$$\boldsymbol{x}=(x_1,x_2,\cdots,x_i,\cdots,x_m),\quad i=1,2,\cdots,m \tag{7.33}$$

输出向量为

$$\boldsymbol{y}=(y_1,y_2,\cdots,y_k,\cdots,y_n),\quad k=1,2,\cdots,n \tag{7.34}$$

第 l 隐含层各神经元的输出为

$$\boldsymbol{h}^{(l)}=(h_1^{(l)},h_2^{(l)},\cdots,h_j^{(l)},\cdots,h_{s_l}^{(l)}),\quad j=1,2,\cdots,s_l \tag{7.35}$$

其中，s_l 为第 l 层神经元的个数。

设 $W_{ij}^{(l)}$ 为 l-1 层第 j 个神经元与 l 层第 i 个神经元之间的连接权值，$b_i^{(l)}$ 为第 l 层第 i 个神经元的偏置，则

$$h_i^{(l)}=f(\text{net}_i^{(l)}) \tag{7.36}$$

$$\text{net}_i^{(l)}=\sum_{j=1}^{s_{l-1}}W_{ij}^{(l)}h_j^{(l-1)}+b_i^{(l)} \tag{7.37}$$

其中，$\text{net}_i^{(l)}$ 为第 l 层第 i 个神经元的输入，$f(\cdot)$ 为神经元激活函数。BP 神经网络通常采用 Sigmoid 型激活函数。

(2) BP 算法推导过程

假设有 M 个训练样本 $\{(x(1),d(1)),(x(2),d(2)),\cdots,(x(M),d(M))\}$，其中 $d(i)$

是对应样本 $x(i)$ 的期望输出。BP 算法通过最优化各层神经元的输入权值以及偏置量，使得 BP 网络输出尽可能接近期望输出。

这里采用批量样本更新算法，即对于给定的 M 个训练样本，定义误差函数为所有样本的误差均值：

$$E=\frac{1}{M}\sum_{i=1}^{M}E(i) \tag{7.38}$$

其中，$E(i)$ 为样本 $x(i)$ 的训练误差。采用均方误差损失函数：

$$E(i)=\frac{1}{2}\sum_{k=1}^{n}(d_k(i)-y_k(i))^2 \tag{7.39}$$

将 $E(i)$ 代入 E，得到给定 M 个样本的误差均值：

$$E=\frac{1}{2M}\sum_{i=1}^{M}\sum_{k=1}^{n}(d_k(i)-y_k(i))^2 \tag{7.40}$$

其中，n 代表输出的维度。在采用 BP 算法每次迭代时，按照如下方式对权值和偏置量进行更新：

$$W_{ij}^{(l)}\leftarrow W_{ij}^{(l)}-\eta\frac{\partial E}{\partial W_{ij}^{(l)}} \tag{7.41}$$

$$b_i^{(l)}\leftarrow b_i^{(l)}-\eta\frac{\partial E}{\partial b_i^{(l)}} \tag{7.42}$$

其中，η 为学习率，取值范围为(0,1)。由此可见，BP 网络权值和偏置更新的关键是计算误差损失函数关于权值和偏置的偏导数 $\frac{\partial E}{\partial W_{ij}^{(l)}}$ 和 $\frac{\partial E}{\partial b_i^{(l)}}$。以下对其计算过程进行详细阐述。

对于单个训练样本 $x(i)$，隐含层到输出层权值偏导数为

$$\begin{aligned}\frac{\partial E(i)}{\partial W_{kj}^{(L)}}&=\frac{\partial}{\partial W_{kj}^{(L)}}\left(\frac{1}{2}\sum_{k_1=1}^{n}(d_{k_1}(i)-y_{k_1}(i))^2\right)\\&=\frac{\partial}{\partial W_{kj}^{(L)}}\left(\frac{1}{2}(d_k(i)-y_k(i))^2\right)\\&=-(d_k(i)-y_k(i))\frac{\partial y_k(i)}{\partial W_{kj}^{(L)}}\\&=-(d_k(i)-y_k(i))\frac{\partial y_k(i)}{\partial \mathrm{net}_k^{(L)}}\frac{\partial \mathrm{net}_k^{(L)}}{\partial W_{kj}^{(L)}}\\&=-(d_k(i)-y_k(i))f(x)'\big|_{x=\mathrm{net}_k^{(L)}}\frac{\partial \mathrm{net}_k^{(L)}}{\partial W_{kj}^{(L)}}\\&=-(d_k(i)-y_k(i))f(x)'\big|_{x=\mathrm{net}_k^{(L)}}h_j^{(L-1)}\end{aligned} \tag{7.43}$$

同理，得到隐含层到输出层偏置的偏导数：

$$\frac{\partial E(i)}{\partial b_k^{(L)}}=-(d_k(i)-y_k(i))f(x)'\,|\,x=\mathrm{net}_k^{(L)} \tag{7.44}$$

令 $\delta_k^{(L)}=-(d_k(i)-y_k(i))f(x)'\,|\,x=\mathrm{net}_k^{(L)}$，则隐含层到输出层的权值和偏置的偏导数可进一步简化为

$$\frac{\partial E(i)}{\partial W_{kj}^{(L)}}=\delta_k^{(L)}h_j^{(L-1)} \tag{7.45}$$

$$\frac{\partial E(i)}{\partial b_k^{(L)}}=\delta_k^{(L)} \tag{7.46}$$

对于隐含层 L-1 层，该层关于权值的偏导数为

$$\begin{aligned}\frac{\partial E(i)}{\partial W_{ji}^{(L-1)}} &= \frac{\partial}{\partial W_{ji}^{(L-1)}}\left(\frac{1}{2}\sum_{k=1}^{n}(d_k(i)-y_k(i))^2\right)\\ &=-\sum_{k=1}^{n}(d_k(i)-y_k(i))\frac{\partial y_k(i)}{\partial W_{ji}^{(L-1)}}\\ &=-\sum_{k=1}^{n}(d_k(i)-y_k(i))\frac{\partial f(\mathrm{net}_k^{(L)})}{\partial W_{ji}^{(L-1)}}\\ &=-\sum_{k=1}^{n}(d_k(i)-y_k(i))\frac{\partial f(\mathrm{net}_k^{(L)})}{\partial \mathrm{net}_k^{(L)}}\frac{\partial \mathrm{net}_k^{(L)}}{\partial W_{ji}^{(L-1)}}\\ &=-\sum_{k=1}^{n}(d_k(i)-y_k(i))f(x)'\big|_{x=\mathrm{net}_k^{(L)}}\frac{\partial \mathrm{net}_k^{(L)}}{\partial W_{ji}^{(L-1)}}\end{aligned} \tag{7.47}$$

其中

$$\begin{aligned}\mathrm{net}_k^{(L)} &= \sum_{j=1}^{s_{L-1}}W_{kj}^{(L)}h_j^{(L-1)}+b_k^{(L)}\\ &=\sum_{j=1}^{s_{L-1}}W_{kj}^{(L)}f\left(\sum_{i=1}^{s_{L-2}}W_{ji}^{(L-1)}h_i^{(L-2)}+b_j^{(L-1)}\right)+b_k^{(L)}\\ &=\sum_{j=1}^{s_{L-1}}W_{kj}^{(L)}f(\mathrm{net}_j^{(L-1)})+b_k^{(L)}\end{aligned} \tag{7.48}$$

将其代入隐含层 L-1 层关于权值的偏导数，得到

$$\begin{aligned}\frac{\partial E(i)}{\partial W_{ji}^{(L-1)}} &=-\sum_{k=1}^{n}(d_k(i)-y_k(i))f(x)'\big|_{x=\mathrm{net}_k^{(L)}}\frac{\partial \mathrm{net}_k^{(L)}}{\partial W_{ji}^{(L-1)}}\\ &=-\sum_{k=1}^{n}(d_k(i)-y_k(i))f(x)'\big|_{x=\mathrm{net}_k^{(L)}}\frac{\partial \mathrm{net}_k^{(L)}}{\partial f(\mathrm{net}_j^{(L-1)})}\frac{\partial f(\mathrm{net}_j^{(L-1)})}{\partial \mathrm{net}_j^{(L-1)}}\frac{\partial \mathrm{net}_j^{(L-1)}}{\partial W_{ji}^{(L-1)}}\\ &=-\sum_{k=1}^{n}(d_k(i)-y_k(i))f(x)'\big|_{x=\mathrm{net}_k^{(L)}}W_{kj}^{(L)}f(x)'\big|_{x=\mathrm{net}_j^{(L-1)}}h_i^{(L-2)}\end{aligned} \tag{7.49}$$

同理，得到隐含层 $L-1$ 层关于偏置的偏导数：

$$\frac{\partial E(i)}{\partial b_j^{(L-1)}}=-\sum_{k=1}^{n}(d_k(i)-y_k(i))f(x)'\,|\,x=\mathrm{net}_k^{(L)}W_{kj}^{(L)}f(x)'\,|\,x=\mathrm{net}_j^{(L-1)} \tag{7.50}$$

令

$$\begin{aligned}\delta_j^{(L-1)} &=-\sum_{k=1}^{n}(d_k(i)-y_k(i))f(x)'\big|_{x=\mathrm{net}_k^{(L)}}W_{kj}^{(L)}f(x)'\big|_{x=\mathrm{net}_j^{(L-1)}}\\ &=\sum_{k=1}^{n}\delta_k^{(L)}W_{kj}^{(L)}f(x)'\big|_{x=\mathrm{net}_j^{(L-1)}}\end{aligned} \tag{7.51}$$

此时，隐含层 $L-1$ 层关于权值和偏置的偏导数可进一步简化为

$$\frac{\partial E(i)}{\partial W_{ji}^{(L-1)}}=\delta_j^{(L-1)}h_i^{(L-2)} \tag{7.52}$$

$$\frac{\partial E(i)}{\partial b_j^{(L-1)}}=\delta_j^{(L-1)} \tag{7.53}$$

依次类推，得到第 l 层 $(2\leqslant l\leqslant L-1)$ 关于权值和偏置的偏导数：

$$\frac{\partial E(i)}{\partial W_{ji}^{(l)}}=\delta_j^{(l)}h_i^{(l-1)} \tag{7.54}$$

$$\frac{\partial E(i)}{\partial b_j^{(l)}}=\delta_j^{(l)} \tag{7.55}$$

其中，$\delta_j^{(l)} = \sum_{k=1}^{s_{l+1}} W_{kj}^{(l+1)}\delta_k^{(l+1)}f\ (x)'\,|\,x = \mathrm{net}_j^{(l)}$

(3) BP 算法实现步骤

若采用批量样本更新算法对 BP 神经网络的权值和偏置进行更新，则 BP 算法步骤如下：

步骤 1：网络初始化。初始化各连接权值，给定学习速率。

步骤 2：输入 M 个样本

$$\boldsymbol{x}=(x_1,x_2,\cdots,x_i,\cdots,x_m),\quad i=1,2,\cdots,m$$

其中，m 表示每个样本的维度。对应的期望输出为

$$\boldsymbol{y}=(y_1,y_2,\cdots,y_k,\cdots,y_n),\quad k=1,2,\cdots,n$$

对所有层 $2\leqslant l\leqslant L$，设定权值和偏置增量分别为 $\Delta\boldsymbol{W}^{(l)}=0$，$\Delta\boldsymbol{b}^{(l)}=0$。

步骤 3：遍历所有样本，训练执行如下操作：

① 对样本 x_i，计算误差损失函数 $E(i)$；

② 利用 BP 算法计算每个样本误差损失函数关于各层权值和偏置的偏导数 $\frac{\partial E(i)}{\partial W_{ji}^{(l)}}$ 和 $\frac{\partial E(i)}{\partial b_j^{(l)}}$，得到梯度矩阵 $\nabla\boldsymbol{W}^{(l)}(i)$ 和向量 $\nabla\boldsymbol{b}^{(l)}(i)$；

③ 计算 $\Delta\boldsymbol{W}^{(l)}=\Delta\boldsymbol{W}^{(l)}+\nabla\boldsymbol{W}^{(l)}(i)$，$\Delta\boldsymbol{b}^{(l)}=\Delta\boldsymbol{b}^{(l)}+\nabla\boldsymbol{b}^{(l)}(i)$。

步骤 4：进行权值和偏置的更新：

$$\boldsymbol{W}^{(l)}=\boldsymbol{W}^{(l)}+\frac{1}{M}\Delta\boldsymbol{W}^{(l)}$$

$$\boldsymbol{b}^{(l)}=\boldsymbol{b}^{(l)}+\frac{1}{M}\Delta\boldsymbol{b}^{(l)}$$

步骤 5：利用更新后的权值和偏置，重新进行前向传输计算，计算网络输出。

步骤 6：重复步骤 3、4、5，直至网络输出与期望输出损失函数小于某个设定的阈值或者迭代到某次数，算法结束。

BP 神经网络中误差从输出层反向传播时，在每一层都要乘以该层激活函数的导数。由于 Sigmoid 型函数的饱和性，饱和区的导数接近于 0，误差经过每一层时都会不断衰减，因此当网络层数很深时，梯度就会不停衰减，甚至消失，使得网络难以训练，导致梯度消失问题(vanishing gradient problem)，也称为梯度弥散问题。

7.5 自组织神经网络

自组织神经网络是一种无监督学习网络，它模拟了神经细胞之间由于侧抑制现象而产生的竞争，即一个神经细胞兴奋后，其周围的其他神经细胞被抑制。自组织神经网络一般的用法是将高维输入数据在低维空间进行表示，因此该网络是一种降维方法。此外，还可以用于数据

可视化及聚类等应用中。

本节分别介绍两种自组织神经网络：自组织竞争神经网络和自组织特征映射神经网络。其中自组织竞争神经网络是一种基于竞争性学习的网络模型，输出神经元之间相互竞争激活，在任意时刻只有一个神经元被激活，被激活的神经元称为胜利者神经元(winner-takes-all neuron)。与自组织竞争神经网络不同，自组织特征映射网(self-organizing feature map，简称 SOM，又称 Kohonen 网)中被激活神经元及其邻域神经元协同作用，通过在输出层引入网络的拓扑结构，从而更好地模拟生物学中的侧抑制现象。

7.5.1 自组织竞争神经网络

自组织竞争神经网络一般是由输入层和竞争层构成的两层网络，两层之间各神经元双向连接，而且网络没有隐含层。有时竞争层各神经元之间还存在横向连接。与经典多层神经网络采取网络误差作为网络学习算法的准则不同，自组织竞争神经网络通过模拟生物神经元之间的兴奋、协调与抑制、竞争原理来指导网络学习。

一种自组织竞争神经网络的典型结构如图 7－13 所示，包含输入层和竞争层。其中输入层用于接收外界信息，将输入模式向竞争层传递。竞争层对输入模型进行分析比较，寻找规律，并进行归类处理。

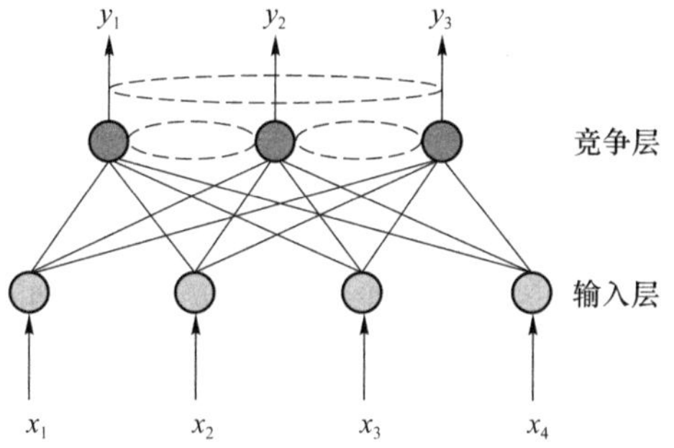

图 7－13　自组织竞争神经网络

自组织竞争神经网络采用竞争学习规则，该规则的生理学基础是神经细胞的侧抑制现象：当一个神经元被激活后，会对其周围的神经元产生抑制作用。也就是说，该网络的输出神经元之间通过相互竞争的方式被激活，在每一时刻只有一个输出神经元被激活。这个被激活的神经元称为竞争获胜神经元，而其他神经元的状态被抑制，故称为 Winner Take All(简称 WTA)。WTA 竞争学习过程如下：

① 向量归一化：

对网络当前输入向量 $\boldsymbol{X}$ 和竞争层中各神经元对应的权重向量 $\boldsymbol{W}_j$(对应 j 神经元)全部进行归一化，使得 $\boldsymbol{X}$ 和 $\boldsymbol{W}_j$ 模为 1，得到 $\hat{\boldsymbol{X}}$ 和 $\hat{\boldsymbol{W}}_j$：

$$\hat{\boldsymbol{X}}=\frac{\boldsymbol{X}}{\|\boldsymbol{X}\|},\quad \hat{\boldsymbol{W}}_j=\frac{\boldsymbol{W}_j}{\|\boldsymbol{W}_j\|} \tag{7.56}$$

② 寻找获胜神经元：

将 $\hat{\boldsymbol{X}}$ 与竞争层所有神经元对应的权向量 $\hat{\boldsymbol{W}}_j$ $(j=1,2,\cdots,m)$进行相似性比较。将最相似的神经元判为竞争获胜神经元：

$$\|\hat{\boldsymbol{X}}-\hat{\boldsymbol{W}}_{j^*}\|=\min_{j\in\{1,2,\cdots,n\}}\{\|\hat{\boldsymbol{X}}-\hat{\boldsymbol{W}}_j\|\} \tag{7.57}$$

经过归一化后,相似度最大可认为是在单位圆(2D 情况)中找到夹角最小的点。

③ 网络输出与权值调整:

按 WTA 学习规则,获胜神经元输出为 1,其他神经元输出为 0,即

$$y_j(t+1)=\begin{cases}1, & j=j^*\\0, & j\neq j^*\end{cases} \tag{7.58}$$

只有获胜神经元的权值才能进行调整更新,得到 $\hat{\boldsymbol{W}}_{j^*}$:

$$\begin{cases}\boldsymbol{W}_{j^*}(t+1)=\hat{\boldsymbol{W}}_{j^*}(t)+\Delta\boldsymbol{W}_{j^*}=\hat{\boldsymbol{W}}_{j^*}(t)+\eta(\hat{\boldsymbol{X}}-\hat{\boldsymbol{W}}_{j^*}), & j=j^*\\ \boldsymbol{W}_{j^*}(t+1)=\hat{\boldsymbol{W}}_{j^*}(t), & j\neq j^*\end{cases} \tag{7.59}$$

其中学习率 $0<\eta\leqslant 1$,一般随着学习的进展而减小,即调整的程度越来越小,神经元(权重)趋于聚类中心。

④ 重新归一化处理:

归一化后的权向量经过调整后,得到的新向量不再是单位向量,因此需要对学习调整后的向量重新进行归一化。

例 7-2 利用竞争学习算法将下列模式分为两类(学习率 $\eta=0.5$):

$$\boldsymbol{X}_1=(0.8,0.6)^{\mathrm{T}},\quad \boldsymbol{X}_2=(0.173\,6,-0.984\,8)^{\mathrm{T}},$$
$$\boldsymbol{X}_3=(0.707,0.707)^{\mathrm{T}},\quad \boldsymbol{X}_4=(0.342,-0.939\,7)^{\mathrm{T}},\quad \boldsymbol{X}_5=(0.6,0.8)^{\mathrm{T}}$$

解:求解过程如下:

将上述输入量转换为极坐标形式,如图 7-14 所示:$\boldsymbol{X}_1=1\angle 36.89°$,$\boldsymbol{X}_2=1\angle -80°$,$\boldsymbol{X}_3=1\angle 45°$,$\boldsymbol{X}_4=1\angle -70°$,$\boldsymbol{X}_5=1\angle 53.13°$。要求将如上模式分为两类,则竞争层为两个神经元(对应两个权向量),两个权向量被随机初始化为单位向量:$\boldsymbol{W}_1(\boldsymbol{0})=(1,0)^{\mathrm{T}}=1\angle 0°$,$\boldsymbol{W}_2(\boldsymbol{0})=(-1,0)=1\angle -180°$。

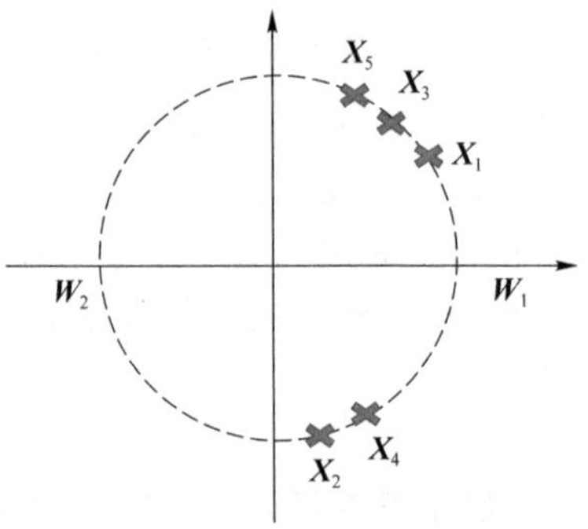

图 7-14 自组织竞争神经网络算例

竞争学习过程如下:

步骤 1:对输入 $\boldsymbol{X}_1$,与两个神经元所对应的权向量 $\boldsymbol{W}_1(\boldsymbol{0})$ 和 $\boldsymbol{W}_2(\boldsymbol{0})$ 进行相似性比较:

$$d_1=\|\boldsymbol{X}_1-\boldsymbol{W}_1(\boldsymbol{0})\|=1\angle 36.89°,\quad d_2=\|\boldsymbol{X}_1-\boldsymbol{W}_2(\boldsymbol{0})\|=1\angle 216.89°$$

因为 $d_1<d_2$,神经元 1 为获胜神经元,对其权值 $\boldsymbol{W}_1$ 进行调整:

$$\boldsymbol{W}_1(1)=\boldsymbol{W}_1(0)+\alpha(\boldsymbol{X}_1-\boldsymbol{W}_1(0))=0+0.5(36.89-0)=1\angle 18.45°$$

神经元 2 对应的权值 $\boldsymbol{W}_2$ 不变,即 $\boldsymbol{W}_2(1)=\boldsymbol{W}_2(0)=1\angle -180°$。

步骤 2：对输入 $\boldsymbol{X}_2$，与两个神经元所对应的权向量 $\boldsymbol{W}_1(1)$ 和 $\boldsymbol{W}_2(1)$ 进行相似性比较：

$$d_1=\|\boldsymbol{X}_2-\boldsymbol{W}_1(1)\|=1\angle 98.43^\circ,\quad d_2=\|\boldsymbol{X}_2-\boldsymbol{W}_2(1)\|=1\angle 100^\circ$$

因为 $d_1<d_2$，神经元 1 为获胜神经元，对其权值 $\boldsymbol{W}_1$ 进行调整：

$$\boldsymbol{W}_1(2)=\boldsymbol{W}_1(1)+\alpha(\boldsymbol{X}_2-\boldsymbol{W}_1(1))=18.45+0.5(-80-18.45)=1\angle -30.8^\circ$$

神经元 2 对应的权值 $\boldsymbol{W}_2$ 不变，即 $\boldsymbol{W}_2(2)=\boldsymbol{W}_2(1)=1\angle -180^\circ$。

步骤 3：对输入 $\boldsymbol{X}_3$，与两个神经元所对应的权向量 $\boldsymbol{W}_1(2)$ 和 $\boldsymbol{W}_2(2)$ 进行相似性比较：

$$d_1=\|\boldsymbol{X}_3-\boldsymbol{W}_1(2)\|=1\angle 75.8^\circ,\quad d_2=\|\boldsymbol{X}_3-\boldsymbol{W}_2(2)\|=1\angle 225^\circ$$

因为 $d_1<d_2$，神经元 1 为获胜神经元，对其权值 $\boldsymbol{W}_1$ 进行调整：

$$\boldsymbol{W}_1(3)=\boldsymbol{W}_1(2)+\alpha(\boldsymbol{X}_3-\boldsymbol{W}_1(2))=-30.8+0.5(45+30.8)=1\angle 7^\circ$$

神经元 2 对应的权值 $\boldsymbol{W}_2$ 不变，即 $\boldsymbol{W}_2(3)=\boldsymbol{W}_2(2)=1\angle -180^\circ$。

步骤 4：对输入 $\boldsymbol{X}_4$，与两个神经元所对应的权向量 $\boldsymbol{W}_1(3)$ 和 $\boldsymbol{W}_2(3)$ 进行相似性比较：

$$d_1=\|\boldsymbol{X}_4-\boldsymbol{W}_1(3)\|=1\angle 77^\circ,\quad d_2=\|\boldsymbol{X}_4-\boldsymbol{W}_2(3)\|=1\angle 110^\circ$$

因为 $d_1<d_2$，神经元 1 为获胜神经元，对其权值 $\boldsymbol{W}_1$ 进行调整：

$$\boldsymbol{W}_1(4)=\boldsymbol{W}_1(3)+\alpha(\boldsymbol{X}_4-\boldsymbol{W}_1(3))=7+0.5(-70-7)=1\angle -31.5^\circ$$

神经元 2 对应的权值 $\boldsymbol{W}_2$ 不变，即 $\boldsymbol{W}_2(4)=\boldsymbol{W}_2(3)=1\angle -180^\circ$。

步骤 5：对输入 $\boldsymbol{X}_5$，与两个神经元所对应的权向量 $\boldsymbol{W}_1(4)$ 和 $\boldsymbol{W}_2(4)$ 进行相似性比较：

$$d_1=\|\boldsymbol{X}_5-\boldsymbol{W}_1(4)\|=1\angle 84.63^\circ,\quad d_2=\|\boldsymbol{X}_5-\boldsymbol{W}_2(4)\|=1\angle 126.87^\circ$$

因为 $d_1<d_2$，神经元 1 为获胜神经元，对其权值 $\boldsymbol{W}_1$ 进行调整：

$$\boldsymbol{W}_1(5)=\boldsymbol{W}_1(4)+\alpha(\boldsymbol{X}_5-\boldsymbol{W}_1(4))=-31.5+0.5(53.13+31.5)\approx 1\angle 11^\circ$$

神经元 2 对应的权值 $\boldsymbol{W}_2$ 不变，即 $\boldsymbol{W}_2(5)=\boldsymbol{W}_2(4)=1\angle -180^\circ$。

步骤 6：至此形成一个循环，再依次输入 $\boldsymbol{X}_1,\boldsymbol{X}_2,\boldsymbol{X}_3,\boldsymbol{X}_4,\boldsymbol{X}_5$，分别对权向量 $\boldsymbol{W}_1$ 和 $\boldsymbol{W}_2$ 进行调整更新，直至收敛或迭代至特定循环次数。

表 7-3 给出了学习 20 次后的权值向量 $\boldsymbol{W}_1$ 和 $\boldsymbol{W}_2$ 变化情况，可见 $\boldsymbol{W}_1$ 和 $\boldsymbol{W}_2$ 逐渐稳定于两类聚类中心：$(\boldsymbol{X}_1,\boldsymbol{X}_3,\boldsymbol{X}_5)$ 属于同一类，中心向量为 $\frac{1}{3}(\boldsymbol{X}_1+\boldsymbol{X}_3+\boldsymbol{X}_5)=1\angle 45^\circ$；$\boldsymbol{X}_2$ 和 $\boldsymbol{X}_4$ 属于同一类，中心向量为 $\frac{1}{2}(\boldsymbol{X}_2+\boldsymbol{X}_4)=1\angle -75^\circ$，即 $\boldsymbol{W}_1\rightarrow 45^\circ$，$\boldsymbol{W}_2\rightarrow -75^\circ$。

表 7-3　竞争学习结果

学习次数	$\boldsymbol{W}_1$	$\boldsymbol{W}_2$	学习次数	$\boldsymbol{W}_1$	$\boldsymbol{W}_2$
1	18.45°	−180°	11	40.5°	−100°
2	−30.8°	−180°	12	40.5°	−90°
3	7°	−180°	13	43°	−90°
4	−32°	−180°	14	43°	−81°
5	11°	−180°	15	47.5°	−81°
6	24°	−180°	16	42°	−81°
7	24°	−130°	17	42°	−80.5°
8	34°	−130°	18	43.5°	−80.5°
9	34°	−100°	19	43.5°	−75°
10	44°	−100°	20	48.5°	−75°

7.5.2 自组织特征映射神经网络

1981年芬兰Helsink大学的T. Kohonen教授提出了一种自组织特征映射网，简称SOM网，又称Kohonen网。SOM网络是无导师学习网络，具有良好的自组织性和可视化等特性。Kohonen认为一个神经网络接受外界输入模式时，将会分为不同的对应区域，各区域对输入模式具有不同的响应特征，而且这个过程是自动完成的，这与人脑的自组织特性相类似。与自组织竞争神经网络非常相似，自组织特征映射网络的神经元也具有竞争性，采用无监督学习方式，它们的主要区别在于自组织特征映射网络除了能学习输入样本的分布外，还能够识别输入向量的拓扑结构。

典型SOM网共有两层：输入层和输出层。其中输入层模拟感知外界输入信息的视网膜，通过权向量将外界信息汇集到输出层各神经元。输入层的形式与BP网络相同，节点数与样本维度相同。输出层模拟做出响应的大脑皮层，也称为竞争层，其神经元的排列分为一维线阵、二维平面阵和三维栅格阵。图7-15所示是一维和二维的SOM网络示意图。输出层按照一维阵列组织的SOM网是最简单的自组织神经网络，图7-15(a)中的输出层只标出相邻神经元间的侧向连接。对于二维平面排列，如图7-15(b)所示，输出为二维平面，输出层的每个神经元同它周围的其他神经元侧向连接，排列成棋盘状平面，是SOM网最典型的组织方式。

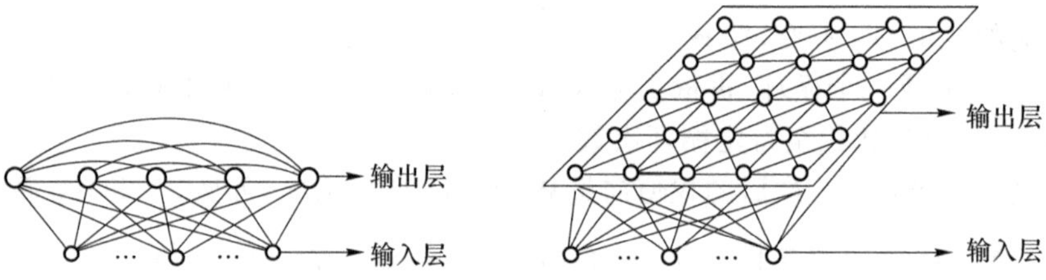

(a) 一维线阵　　(b) 二维平面阵

图7-15 典型SOM网络结构

SOM网络通过学习输入空间中的数据，生成一个低维、离散的映射(map)，从某种程度上可看作是一种降维算法。SOM网络是一种无监督人工神经网络，不同于一般神经网络基于损失函数的反向传递来训练，SOM网络运用竞争学习策略，依靠神经元之间互相竞争逐步优化网络，利用近邻关系函数来维持输入空间的拓扑结构。

SOM网络训练的目的是为每个输出层神经元找到合适的权向量，以达到保持拓扑结构的目。SOM网络权值调整策略采用经典的Kohonen算法，该算法是在WTA算法基础上改进形成的，主要区别在于调整权向量与侧抑制的方式不同。在WTA中，只有竞争获胜神经元才能调整权向量，而SOM网络获胜神经元对其邻近神经元也产生影响(影响由近及远，由兴奋逐渐转变为抑制)，因此其学习算法不仅要对获胜神经元本身调整权向量，也要对其周围神经元不同程度地调整权向量。常见的调整方式有如下几种：

① 墨西哥草帽函数：获胜神经元有最大的权值调整量，邻近神经元距离获胜神经元越远，权值调整量越小，直到在某一距离 d_0，权值调整量为零；当距离再远一些时，权值调整量为负

数，更远又回到零，如图 7-16(a)所示。

② 大礼帽函数：该函数是墨西哥草帽函数的简化形式，如图 7-16(b)所示。

③ 厨师帽函数：该函数是大礼帽函数的简化形式，如图 7-16(c)所示。

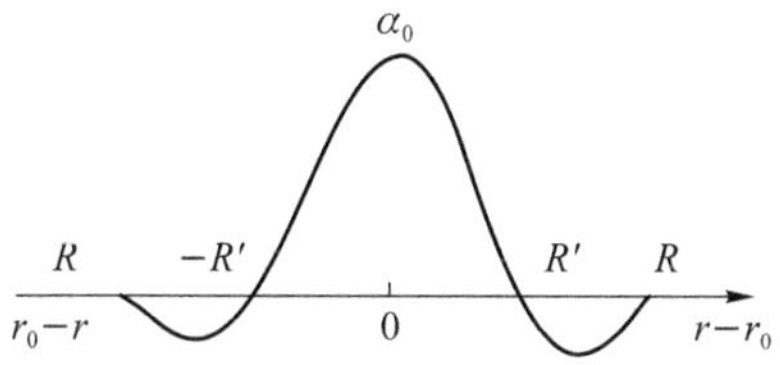

(a) 墨西哥草帽函数

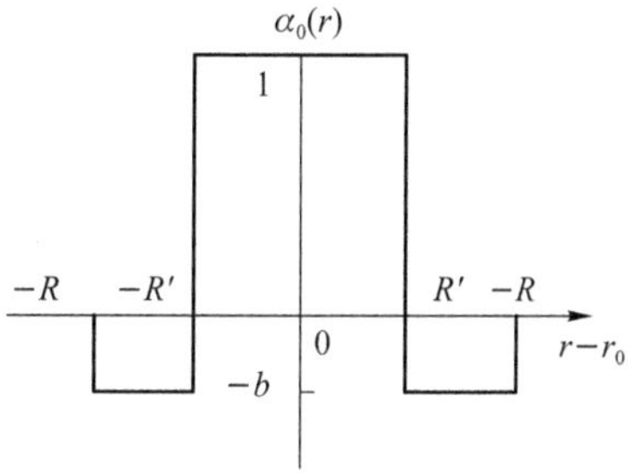

(b) 大礼帽函数

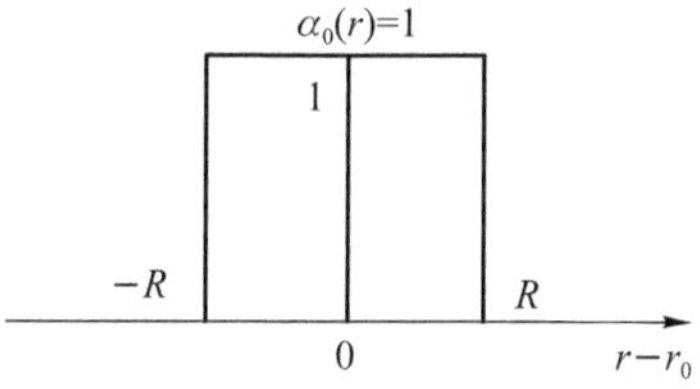

(c) 厨师帽函数

图 7-16　SOM 网络权值调整函数

以获胜神经元为中心设定一个邻域半径 R，该半径圈定的范围称为优胜邻域。在 SOM 网络学习算法中，优胜邻域内的所有神经元均会进行权值调整，且权值调整的程度与其距离获胜神经元的距离相关。优胜邻域开始被设为较大范围，随着训练次数的增加，范围不断收缩，最终收缩到半径为零。

SOM 网络 Kohonen 学习算法步骤如下：

步骤 1：确定 SOM 网络拓扑结构，根据样本类型和经验确定网络竞争层维度、神经元数量和神经元的拓扑结构。

① 设定输出层神经元的数量。

输出层神经元的数量和训练集样本的类别数相关。若不清楚类别数，尽可能地设定较多的节点数，以便较好地映射样本的拓扑结构，如果分类过细，再适当减少输出节点。

② 设计输出层节点的排列。

输出层节点的排列与实际应用需求相关。一般根据预估的聚类簇数进行设置。比如要分成 4 类，那么可以将输出层(竞争层)设计为 2×2，1×4，4×1。

步骤 2：初始化。

① 对竞争层(也是输出层)各神经元的权值赋小的随机数初值，该操作可使权向量充分分散在样本空间中。对权值进行归一化处理，得到 $\hat{\boldsymbol{W}}_j$ ($j=1,2,\cdots,m$，m 为输出层神经元数量)。

② 设定初始优胜邻域 $N_{j^*}(0)$。

邻域形状可以是正方形、六边形等。

③ 设定学习率初始值 η。

在训练开始时，学习率可以选取较大的值，之后以较快的速度下降。

步骤 3：从训练数据中随机选取一个输入数据，并对其进行归一化，得到$\hat{\boldsymbol{X}}^p$（$p=1,2,\cdots,n$，n 为输入层神经元数量）。

步骤 4：寻找获胜神经元。计算$\hat{\boldsymbol{X}}^p$与 $\hat{\boldsymbol{W}}_j$ 内积，找到内积最大的获胜神经元 j^*。

步骤 5：定义优胜邻域 $N_{j^*}(t)$。以 j^* 为中心确定 t 时刻的权值调整域，一般选择初始邻域 $N_{j^*}(0)$较大，训练时 $N_{j^*}(t)$随训练时间逐渐收缩。优胜邻域的这种设计原则使得输出平面上相邻神经元对应的权向量之间既有区别又有一定的相似性，从而保证当获胜神经元对某一类模式产生最大响应时，其邻近神经元也能产生较大响应。邻域的形状可以是正方形、六边形、圆形。图 7-17 给出了具有 8 个邻点的方形邻域和具有 6 个邻点的六边形邻域。从图中可看出，随着 t 增大，邻域逐渐缩小。

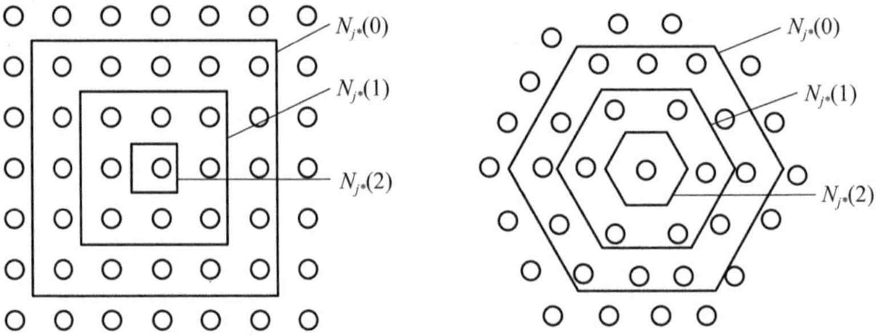

图 7-17　邻域 $N_{j^*}(t)$随 t 增加而逐渐缩减

步骤 6：调整权重。对优胜邻域 $N_{j^*}(t)$内的所有神经元进行权重调整，调整公式为

$$\boldsymbol{W}_{ij}(t+1)=\boldsymbol{W}_{ij}(t)+\eta(t,N)[\boldsymbol{X}_i^p-\boldsymbol{W}_{ij}(t)],\quad i=1,2,\cdots,n,N_{j^*}(t) \tag{7.60}$$

其中，下标 i 表示输入层神经元索引，$i=1,2,\cdots,n$，n 为输入层神经元总数量；下标 j^* 表示输出层获胜神经元索引；下标 j 表示获胜神经元优胜邻域内的神经元索引，$j\in N_{j^*}(t)$；t 表示训练时间或者训练次数；N 表示获胜神经元 j^* 邻域内第 j 个神经元与获胜神经元 j^* 之间的拓扑距离；$\eta(t,N)$表示训练时间为 t、邻域内第 j 个神经元与获胜神经元 j^* 之间拓扑距离为 N 的情况下的学习率函数：

$$\eta(t,N)=\eta(t)\mathrm{e}^{-N} \tag{7.61}$$

其中，$\eta(t)$可采用 t 的单调递减函数（也称退火函数）。通常随着时间 t（训练迭代次数）变长和拓扑距离 N 增大，学习率 η 逐渐减小。学习率 η 在开始时取值较大，之后以较快的速度下降，这样有利于快速捕捉到输入向量的大致结构，然后学习率 η 又在较小的值上缓慢降至 0 值。

步骤 7：结束判定。查看学习率是否减小到 0 或者小于某个阈值。不满足条件时，转至步骤 3 继续训练。

下面对 SOM 自组织过程进行可视化展示，如图 7-18 所示，蓝色斑点是训练数据的分布，而小白色斑点是从该分布中抽取到的当前训练数据。首先 SOM 节点被任意地定位在数据空间中，并选择最接近训练数据的节点作为获胜节点（用黄色突出显示），如图 7-18(a)所示。然后该获胜节点及其邻域节点被移向训练数据，如图 7-18(b)所示。经过多次迭代后，网格趋于接近数据分布，如图 7-18(c)所示。

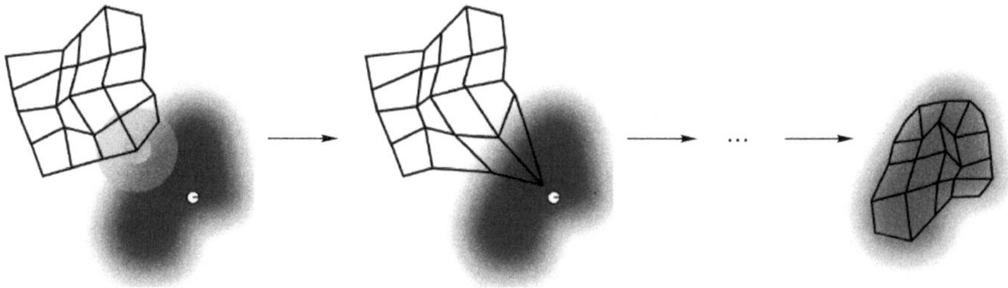

(a) 初始分布　　(b) 训练过程　　(c) 迭代结束

图 7-18　SOM 网络学习过程示意图(彩图见封三)

小　结

本章首先介绍了人工神经网络中神经元的概念以及几种典型的激活函数，并在此基础上介绍了最早的前馈式人工神经网络——感知器，较为详细地介绍了感知器参数学习算法。针对感知器学习算法无法使用多层神经网络的问题，引入了最为经典的 BP 神经网络，并对其基本原理、BP 详细推导算法进行了阐述。最后详细介绍了自组织神经网络，包括自组织竞争神经网络和 SOM 神经网络。

习　题

1. 简述自组织竞争神经网络与自组织映射神经网络的异同。

2. 简述 BP 神经网络参数更新的基本过程。

3. 感知器不能用于解决异或问题的原因是什么？

4. 简述多层感知器与 BP 神经网络的异同。

5. 简述 BP 神经网络为什么只能处理浅层结构，即网络层数较少的原因。

6. 对比分析聚类算法与自组织神经网络。

7. 自组织竞争神经网络由输入层和竞争层组成，假设初始权值向量已被归一化为 $\boldsymbol{W}_1=(1,0)$，$\boldsymbol{W}_2=(0,-1)$。4 个输入模式均为归一化后的单位向量：$\boldsymbol{X}_1=1\angle 30°$，$\boldsymbol{X}_2=1\angle -160°$，$\boldsymbol{X}_3=1\angle 90°$，$\boldsymbol{X}_4=1\angle -180°$。利用 WTA 学习算法对权值进行调整，并给出前 10 次的权值学习结果。

8. 对于图 7-19 所示的 BP 神经网络，设定学习率 $\alpha=1$，各点偏置量均为 0，激活函数采用 Sigmoid 函数。输入样本 $x_1=1$，$x_2=0$，输出节点 y 的期望输出为 1。第 k 次学习得到的权值分别为 $w_{11}^{(1)}(k)=0$，$w_{12}^{(1)}(k)=2$，$w_{21}^{(1)}(k)=1$，$w_{22}^{(1)}(k)=1$，$w_{11}^{(2)}(k)=1$，$w_{21}^{(2)}(k)=1$。

求解：① 第 k 次学习得到的节点输出 $y(k)$；

② 第 $k+1$ 次学习得到的各点权值 $w_{11}^{(1)}(k+1)$，$w_{12}^{(1)}(k+1)$，$w_{21}^{(1)}(k+1)$，$w_{22}^{(1)}(k+1)$，$w_{11}^{(2)}(k+1)$，$w_{21}^{(2)}(k+1)$；

③ 第 $k+1$ 次学习得到的节点输出 $y(k+1)$。

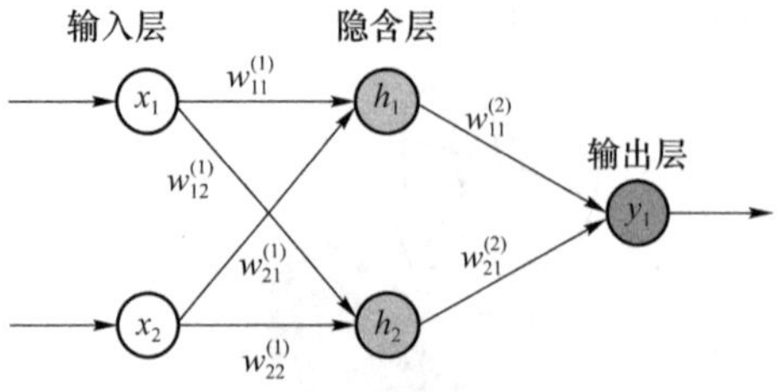

图 7-19　题 8 图

参考文献

[1] Nair V, Hinton G E. Rectified linear units improve restricted Boltzmann machines[C]// Proceedings of the International Conference on Machine Learning, 2010.

[2] Maas A L, Hannun A Y, Ng A Y. Rectified nonlinearities improve neural network acoustic models[C]// Proceedings of the International Conference on Machine Learning, 2013.

[3] He K, Zhang X, Ren S, et al. Delving deep into rectifiers: surpassing human-level performance on imagenet classification[C]//Proceedings of the International Conference on Computer Vision, 2015.

[4] Clevert D A, Unterthiner T, Hochreiter S. Fast and accurate deep network learning by exponential linear units[J]. Computer Science, 2015.

[5] Ramachandran P, Zoph B, Le Q V. Searching for activation functions[J]. arXiv preprint arXiv: 1710.05941, 2017.

[6] Googfellow I J, Warde-Farley D, Mirza M, et al. Maxout networks[C]// Proceedings of the International Conference on Machine Learning, 2013.

[7] Rosenblatt F. The perceptron: a probabilistic model for information storage and organization in the brain[J]. Psychological review, 65(6): 386, 1958.

[8] Rosenblatt F. Principles of Neurodinamics: Preceptron and Theory of Brain Mechanisms[M]. Washington: Spartan Books, 1962.

[9] Rumelhart D, Hinton G, Williams R. Learning Internal Representations by Error Propagation[M]. Cambridge: MIT Press, 1986.

第 8 章　卷积神经网络

卷积神经网络(convolutional neural networks, CNN)是一类包含卷积计算且具有深度结构的前馈神经网络,具有表征学习(representation learning)能力,能够按其阶层结构对输入信息进行平移不变分类(shift-invariant classification),已被广泛应用于图像识别、计算机视觉、自然语言处理等领域。

本章介绍卷积神经网络的基本组成,分析卷积神经网络的特性,并且给出卷积神经网络的损失函数和训练方法。在卷积神经网络的发展过程中,存在一些经典的卷积网络结构,如AlexNet、GoogLeNet、ResNet 等,其设计思想对卷积神经网络的发展起到了重要作用,本章会对这些网络进行介绍。本章的最后对当前卷积网络的主要设计思路进行介绍,并用一个遥感图像去雾网络作为例子介绍卷积网络的具体设计方法。

另外,卷积网络的输入信号可以是任何的多通道二维数据,但在实际应用中,卷积网络通常是对多通道的二维图像数据进行处理的,因此为了便于理解,本章以图像数据作为卷积网络的输入信号进行后续的讲解。

8.1　卷积神经网络的基本结构

如图 8-1 所示,一个卷积神经网络通常包括若干个卷积层(convolution layer)、激活函数、池化层、全连接层,其中卷积层是其最重要的组成部分。原始图像数据输入网络后,卷积层通过使用一组称为卷积核(convolutional kernel)的滤波器对输入图像进行卷积操作,从而提取出输入图像的特征。卷积核可以识别输入图像中的局部模式,如边缘、线条、形状等。然后通过池化层对特征图进行降采样,从而减小特征图的尺寸,并提高模型的鲁棒性。最后,全连接层将特征图转换为最终的输出结果。本节分别介绍卷积神经网络的这些组成部分及其作用。

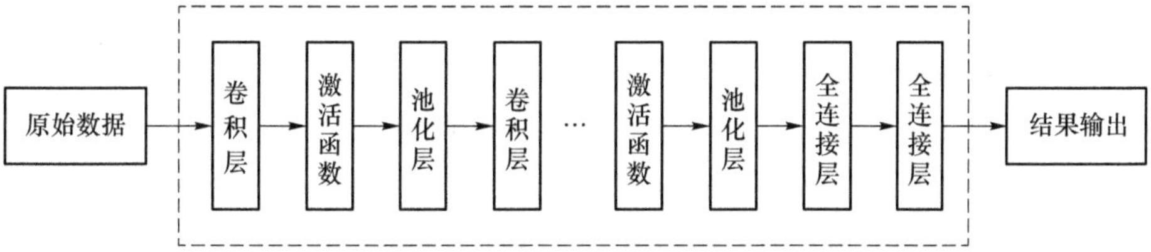

图 8-1　卷积网络的基本结构

8.1.1　卷积层

1. 卷积核

卷积(convolution)是信号分析与处理中一种重要的运算,通常用于处理两个函数或者信号之间的关系。

对于一维信号 $f(x)$和 $g(x)$,定义两者的卷积表征函数 $f(x)$与 $g(x)$经过翻转和平移的重叠部分函数值乘积对重叠长度的积分为

$$(f*g)(x)=\int_{-\infty}^{\infty}f(u)g(x-u)\mathrm{d}u \tag{8.1}$$

其中,符号“$*$”代表卷积运算。其离散形式为

$$(f*g)(n)=\sum_{u=-\infty}^{\infty}f(u)g(n-u) \tag{8.2}$$

卷积神经网络中的卷积操作是二维离散的,且不考虑信号翻转。参与卷积的两个信号,一个是输入数据(输入图像),记为 $I(i,j)$,另一个称为卷积核(也称滤波器),记为 $K(i,j)$,则用 K 对 I 进行卷积,可表示为

$$(I*K)(i,j)=\sum_{m=1}^{M}\sum_{n=1}^{N}I(i+m,j+n)K(m,n) \tag{8.3}$$

卷积核对于输入图像的卷积,相当于神经元对信号的加工。与人工神经元数学模型相同(参见第 7 章的图 7-2),每个卷积核对应一个偏置参数 b。偏置是对神经元激活状态的控制,当神经元的信号大于偏置时,神经元被激活,当信号小于偏置时,神经元被抑制。因此卷积操作公式还可以进一步写为

$$(I*K)(i,j)=\sum_{m=1}^{M}\sum_{n=1}^{N}I(i+m,j+n)K(m,n)+b \tag{8.4}$$

以图 8-2 为例,卷积核尺寸是 3×3,并且给定了卷积核的 9 个参数(也叫权重),被卷积对象是 5×5 的输入数据,将卷积核以步长 1 在输入数据的每一个位置进行滑动,卷积核与输入数据对应位置相乘并累加,就可以得到每一个位置的输出。

1	2	3	4	5
6	7	8	9	0
9	8	7	6	5
4	3	2	1	0
1	2	3	4	5

(a) 输入数据(图像)

1	0	1
0	1	0
1	0	1

(b) 卷积核

27	28	29
28	27	16
23	22	21

(c) 卷积输出

图 8-2 卷积操作示意图

卷积核尺寸一般是大于 1×1 的,导致卷积的输出数据尺寸小于输入数据。解决的办法就是对数据进行填充操作(padding),也叫补全操作。常用的填充方法包括:

① 0 填充,即用于填充的数据均为 0;

② 重复填充,即填充的数据为距离当前位置最近的像素原始数据;

③ 常数填充,即直接指定填充的数据值。

图 8-3 给出了输入数据最外侧进行补 0 的操作,采用 3×3 卷积核进行卷积后,得到图 8-3(c)所示的输出。

2. 卷积层

在卷积神经网络中,卷积操作用于提取输入数据的局部特征,经过卷积得到的结果称为特征图(feature map)。如图 8-4 所示,不同的卷积核提取不同的特征。为了提高卷积网络的表示能力,可以在每个卷积层采用多个不同的卷积核,得到多个不同的特征图,以更好地表征图像特征。

0	0	0	0	0	0	0
0	1	2	3	4	5	0
0	6	7	8	9	0	0
0	9	8	7	6	5	0
0	4	3	2	1	0	0
0	1	2	3	4	5	0
0	0	0	0	0	0	0

(a) 输入数据

1	0	1
0	1	0
1	0	1

(b) 卷积核

8	16	19	12	14
16	27	28	29	10
19	28	27	16	15
14	23	22	21	10
4	8	7	6	6

(c) 卷积结果

图 8-3　边界扩充示意图

卷积核

0	−4	0
−4	−16	−4
0	−4	0

−1	−2	−1
0	0	0
1	2	1

−1	0	1
−2	0	2
−1	0	1

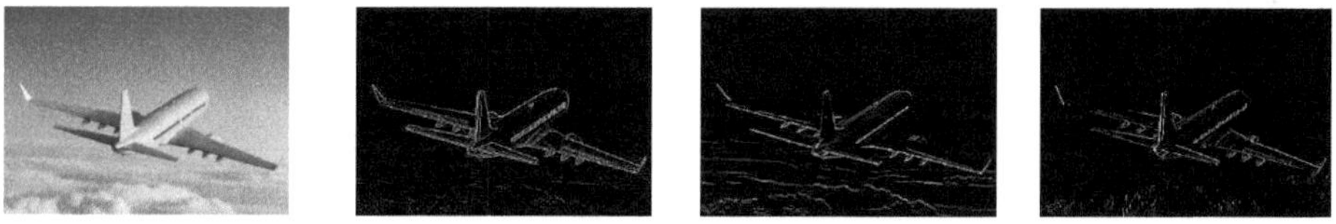

整体边缘滤波　　横向边缘滤波　　纵向边缘滤波

图 8-4　卷积操作提取输入数据的边缘特征

卷积核的初始值设为随机数，其具体的功能（提取的特征，如边缘、角点、颜色等）以及卷积核各元素最终的值均由网络学习来决定，这一点会在 8.4 节进行介绍。

3. 卷积层的参数

卷积层的参数主要由卷积核的大小、数量和步幅等决定。

（1）卷积核通道数

在卷积层中，每个卷积核的通道数与前一层特征图的通道数一致。在该卷积层的前一层有多少个特征图，当前卷积层中卷积核的通道数就有多少个。如图 8-5 所示，进入到该卷积层的特征图共有 4 个，因此该卷积层中每个卷积核的通道数均为 4。

（2）特征图数目

在卷积层中，经过卷积核卷积之后得到的输出即为相应的特征图，特征图的数量等于该卷积层中卷积核的数目。在图 8-5 中，该卷积层共包含 6 个卷积核，因此经过该卷积层得到的特征图数量为 6。

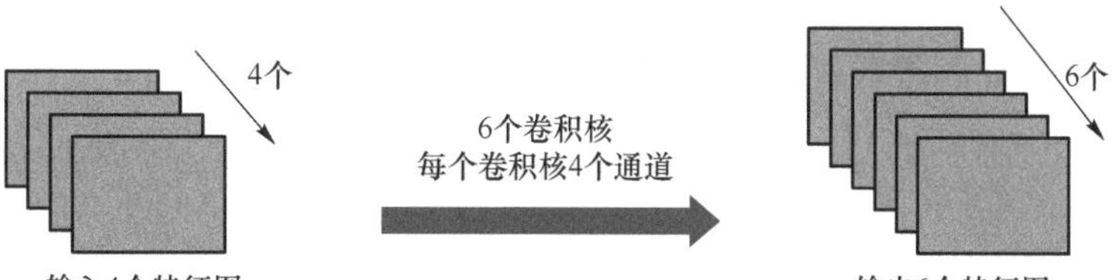

图 8-5 一个具体卷积层示例

(3) 特征图大小

对于卷积网络中的某一个卷积层,假设输入为 $N*N$ 大小,卷积核(滤波器)大小为 $F\times F$,移动步长(stride)为 S,则经过卷积操作后得到的特征图大小为

$$\left\lfloor\frac{(N-F)}{S}\right\rfloor+1 \tag{8.5}$$

如果 $S=1$,并且想保持卷积前后输入和输出的尺寸不变,则需要进行边界扩充(padding),边界扩充尺寸为 $(F-1)/2$。

由此,表 8-1 给出了卷积层参数量的具体计算。

表 8-1 卷积层参数计算

卷积层参数计算
输入:大小为 $W_1\times H_1\times D_1$,其中 $W_1\times H_1$ 为输入特征图尺寸,D_1 为通道数 该卷积层滤波器参数如下: ① K 个卷积核(滤波器) ② 卷积核尺寸为 $F\times F$ ③ 移动步长为 S ④ 边界扩充尺寸为 P
输出:大小为 $W_2\times H_2\times D_2$,其中 $W_2\times H_2$ 为输出特征图尺寸,D_2 为通道数 $W_2=(W_1-F+2P)/S+1$ $H_2=(H_1-F+2P)/S+1$ $D_2=K$ 该卷积层参数总量:对于每个滤波器需要确定的参数个数为 $F\times F\times D_1$,该卷积层共需要确定的参数总量为 $(F\times F\times D_1)\times K+K$

8.1.2 激活函数

在 CNN 中,卷积层和池化层可以提取图像的局部特征,但是它们都是线性变换,无法处理非线性特征。激活函数通过对卷积层和池化层的输出进行非线性变换,使得 CNN 可以学习到更加复杂的特征,增强网络的表达能力。

1. 梯度消失问题

卷积神经网络是利用反向传播算法来实现参数更新的,其原理是根据复合函数求导的链式法则来实现梯度的传播。如图 8-6 所示的一个多层神经网络,每层只有一个神经元,对于每一层,可以用公式表示如下:

$$y_i=\sigma(z_i)=\sigma(w_i x_i+b_i),\quad x_i=y_{i-1} \tag{8.6}$$

其中,σ 为激活函数,w_i 为神经元 i 的连接权值,b_i 为偏置。

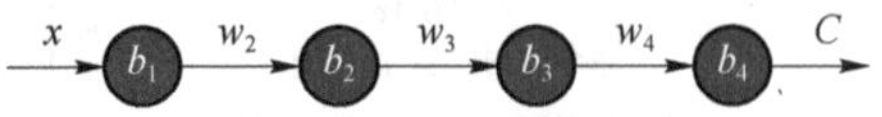

图 8-6 多层神经网络反向传播

假设目标函数为 C，则根据公式(8.6)，C 对 b_1 的导数为

$$\begin{aligned}\frac{\partial C}{\partial b_1}&=\frac{\partial C}{\partial y_4}\frac{\partial y_4}{\partial z_4}\frac{\partial z_4}{\partial x_4}\frac{\partial x_4}{\partial z_3}\frac{\partial z_3}{\partial x_3}\frac{\partial x_3}{\partial z_2}\frac{\partial z_2}{\partial x_2}\frac{\partial x_2}{\partial z_1}\frac{\partial z_1}{\partial b_1}\\&=\frac{\partial C}{\partial y_4}\sigma'(z_4)w_4\sigma'(z_3)w_3\sigma'(z_2)w_2\sigma'(z_1)\end{aligned}\tag{8.7}$$

可以看到，梯度从网络末端传递到前端，经历了激活函数导数和各层网络参数的连乘。网络越深，传递链路越长。如果 $\sigma'(z)w<1$，那么经过层层传递，梯度会急剧下降，直至计算机无法有效表示，这种现象称为梯度消失(gradient vanishing)问题。梯度消失会导致网络无法有效进行学习，因此在设计神经网络时必须考虑参数的分布及激活函数导数的特性，从而避免上述问题的出现。

关于网络参数的设置将在 8.4 节进行介绍，此处对激活函数导致的梯度消失问题进行一些讨论。激活函数的梯度消失问题通常发生在某些饱和性激活函数中，如 Sigmoid 型函数(Logistic 函数)，其函数形状如图 8－7 所示。可以看到，Sigmoid 型函数的导数值最大为 0.25，且当大于 6(或小于－6)的部分梯度接近 0。这意味着对于较深的神经网络，网络的前端(浅层)往往无法接收到足够的梯度信号来更新其权重和偏置，从而导致这些层无法充分学习，进而降低整个网络的性能。

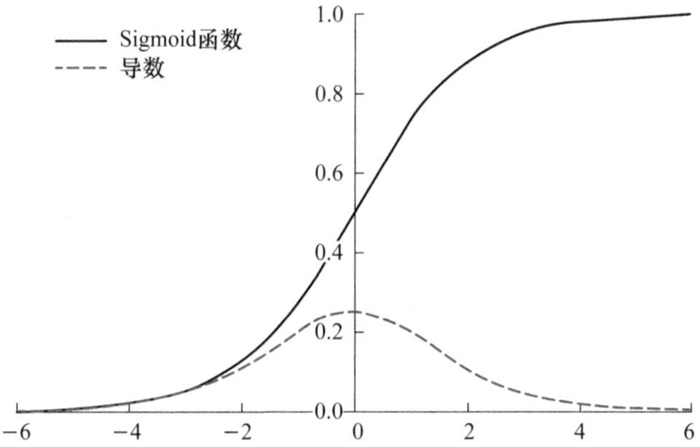

图 8－7　Sigmoid 型函数及其导数

2. 卷积网络中常用的激活函数

第 7 章经典神经网络中介绍了 Sigmoid 型函数和双曲正切(tanh)函数，它们都存在梯度消失问题。在卷积神经网络中，为了缓解激活函数导致的梯度消失问题，通常使用 ReLU、Leaky ReLU、ELU 等激活函数。

(1) ReLU 激活函数

ReLU(rectified linear unit，修正线性单元)激活函数于 2012 年首次提出，其本质上是分段线性模型，是目前深度学习中使用最为广泛的一种激活函数，其公式为

$$f(x)=\max(0,x)\tag{8.8}$$

由上述公式可知，当输入信号＜0 时，输出都是 0；当输入信号＞0 时，输出等于输入。ReLU 激活函数的导数为

$$f'(x)=\begin{cases}0, & x<0\\ 1, & x\geqslant 0\end{cases} \tag{8.9}$$

ReLU 函数曲线及其导数如图 8-8 所示，该函数具有如下优点：

① ReLU 激活函数可以缓解梯度消失问题。这主要是因为 ReLU 在 $x<0$ 时硬饱和，在 $x>0$ 时导数为 1，所以 ReLU 能够在 $x>0$ 时保持梯度不衰减。而 Sigmoid 和 tanh 函数在两端的导数易趋近于零，多级连乘后梯度约等于零。

② ReLU 激活函数计算速度快。在网络进行正向传播时，Sigmoid 和 tanh 函数计算激活值时需要计算指数，而 ReLU 函数仅需要设置阈值就可以得到激活值，加快了正向传播的计算速度。在网络进行反向传播时，偏导也很简单，反向传播梯度无需指数或者除法等操作。

③ ReLU 激活函数具有稀疏表达能力。ReLU 特定的表示形式会使得一部分神经元的输出为 0，即网络变得稀疏，可以在一定程度缓解过拟合。

需要注意的是，ReLU 函数存在“神经元死亡”问题，也称为“ReLU 死区”问题，即当输入为负的时候，ReLU 的梯度为 0，在反向传播时，无法将梯度传播到该神经元上，导致神经元永远不会被激活，产生的主要原因是不合适的权值初始化或者过大的学习率。另外，ReLU 函数输出是非零中心，给下一层神经元引入了偏置偏移，会导致模型训练收敛速度变慢。

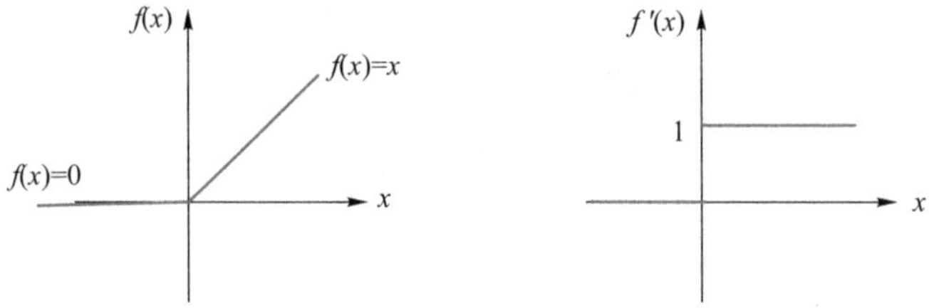

(a) ReLU激活函数　　(b) ReLU激活函数导数

图 8-8　ReLU 激活函数及其导数

(2) ReLU 激活函数的多种变形

LeakyReLU 激活函数用于缓解 ReLU“神经元死亡”问题。与 ReLU 不同的是，Leaky ReLU 激活函数在输入 $x<0$ 区间给出一个很小的负数梯度值 σ，其公式为

$$f(x)=\max(\sigma x, x) \tag{8.10}$$

其中，σ 是一个很小的常数，通过先验知识人工赋值，例如赋值为 0.01。Leaky ReLU 激活函数修正了数据分布，保留了一些负轴的值，使得负轴信息不会全部丢失，从而避免了在负输入区间网络不能学习的情况。图 8-9 给出了 Leaky ReLU 激活函数及其导数的曲线形式。

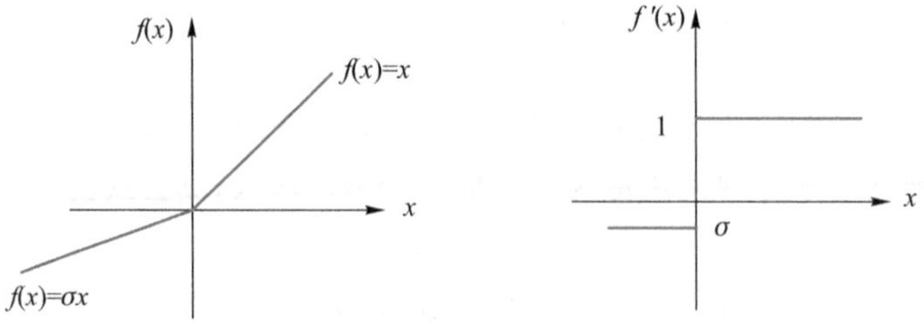

(a) Leaky ReLU激活函数　　(b) Leaky ReLU激活函数导数

图 8-9　Leaky ReLu 激活函数及其导数

PReLU(parameterized ReLu，参数化的 ReLU)激活函数是 ReLU 和 Leaky ReLU 的改进版本，具有非饱和性，其公式表达如下：

$$f(x)=\begin{cases}x, & x>0\\ ax, & x\leqslant 0\end{cases} \tag{8.11}$$

其中，a 为 $x\leqslant 0$ 时函数的斜率，该参数是可学习的参数，可由梯度下降法求解获得。

ELU(exponential linear unit，指数线性单元)激活函数融合了 Sigmoid 和 ReLU，该函数左侧具有软饱和性，右侧无饱和性。右侧线性部分使得 ELU 能够缓解梯度消失，而左侧软饱和能够让 ELU 对输入变化或噪声更鲁棒。ELU 的输出均值接近于零(相比 ReLU)，所以收敛速度更快。ELU 的表达式如下：

$$f(x)=\begin{cases}x, & x>0\\ a(\mathrm{e}^{x}-1), & x\leqslant 0\end{cases} \tag{8.12}$$

其中，a 为一个较小的正数，用于控制小于 0 部分的斜率，通常取 0.1 或 0.01。

图 8－10 给出了 ELU 激活函数及其导数的曲线。

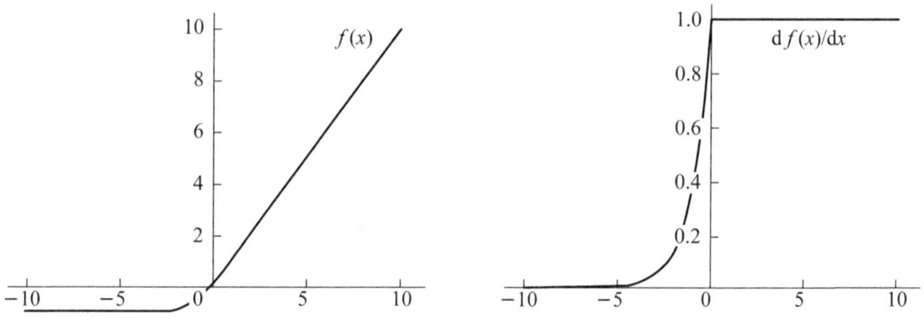

(a) ELU激活函数　(b) ELU激活函数导数

图 8－10 ELU 激活函数及其导数

(3) Swish 激活函数

Swish 激活函数是一种自门控(self-gated)激活函数，在设计过程中受到 LSTM(long short-term memory)中使用 sigmoid 函数进行门控的启发。自门控的优势是它仅需要一个简单的标量输入，而正常的门控需要多个标量输入。该特性使得 Swish 激活函数能够容易替换以单个标量作为输入的激活函数(如 ReLU)，而无需改变参数数量。该激活函数在深层模型上的效果一般会优于 ReLU。Swish 激活函数的公式为

$$f(x)=x\cdot \mathrm{sigmoid}(\beta x)=x\cdot \frac{1}{1+\mathrm{e}^{-\beta x}} \tag{8.13}$$

其中，β 为常数或可训练的参数。由公式(8.12)可知，当 $\mathrm{sigmoid}(\beta x)$ 接近 1 时，门处于“开”的状态，激活函数的输出接近于输入 x。当 $\mathrm{sigmoid}(\beta x)$ 接近 0 时，门处于“关闭”状态，激活函数的输出接近于 0。

Swish 函数可以看作是介于线性函数与 ReLU 函数之间的平滑函数，具体可由参数 β 确定。当 $\beta=0$ 时，Swish 变为线性函数：

$$f(x)=\frac{x}{2} \tag{8.14}$$

当 $\beta\to\infty$ 时，Swish 激活函数中 $\mathrm{sigmoid}(\beta x)=\frac{1}{1+\mathrm{e}^{-\beta x}}$ 等于 1 或者 0，此时 Swish 激活函数

变为 ReLU 激活函数。

图 8-11 给出了 Swish 激活函数图，三条线分别对应了 β=0.1、1.0 和 10.0，从图中可以看出，随着 β 从 0 到∞，Swish 激活函数也在从线性向 ReLU 激活函数变化。

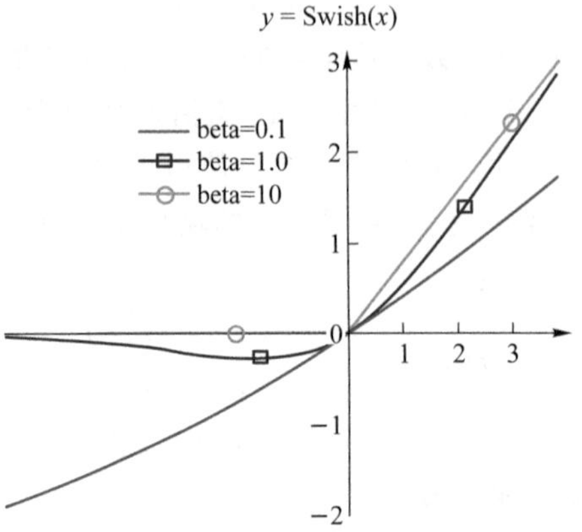

图 8-11　Swish 激活函数

(4) MaxOut 激活函数

MaxOut 激活函数是 ReLU 和 Leaky ReLU 的推广，也是一种分段线性函数。图 8-12 给出了常规网络和具有 Maxout 激活函数的网络的对比，其中图 8-12(a)是常规网络，输入层节点的个数为 d，隐含层节点的个数 m，图 8-12(b)是具有 Maxout 激活函数的网络。可以看到，相比常规网络结构，具有 Maxout 激活函数的网络相当于在每个隐含层节点处增加了 k 个"隐隐含层"节点。

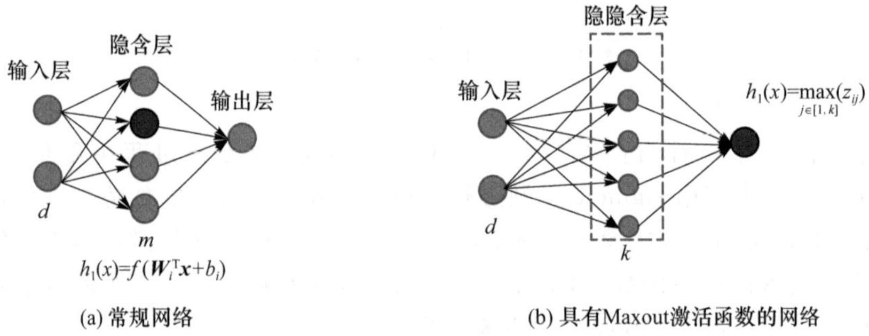

图 8-12　常规网络和具有 Maxout 激活函数的网络结构

对于常规网络，隐含层节点输出可以表示为

$$h_i(x)=f(\mathbf{W}_i^{\mathrm{T}}\boldsymbol{x}+b_i) \tag{8.15}$$

而对于具有 Maxout 激活函数的网络，隐含层节点输出则可表示为

$$\begin{cases} h_i(x)=\max\limits_{j\in[1,k]}(z_{ij}) \\ z_{ij}=\mathbf{W}_{ij}^{\mathrm{T}}\boldsymbol{x}+b_{ij}, \quad \mathbf{W}\in\mathbf{R}^{d\times m\times k} \end{cases} \tag{8.16}$$

其中，权值矩阵 $\mathbf{W}$ 为 $d\times m\times k$ 的 3 维矩阵，这 k 个"隐隐含层"节点都是线性输出($z_{ij}=\mathbf{W}_{ij}^{\mathrm{T}}\boldsymbol{x}+b_{ij}$)。Maxout 的每个节点就是取这 k 个"隐隐含层"节点输出值中最大的那个值。

Maxout 激活函数中有了 max 操作，整个 Maxout 网络也是一种非线性的变换，可以看作任意凸函数的分段线性近似。Maxout 单元不单是输入到输出之间的非线性映射，而是整体学习输入到输出之间的非线性映射。通过引入 Maxout，隐式地增加了隐隐含层，相比常规网络结构，参数个数增加了 k 倍。

8.1.3　池化层

在池化层采用非线性降采样方法对卷积特征进行降维，可以减小计算复杂度。对于池化层，池化单元具有平移不变性，即使图像有小的位移，提取到的特征依然会保持不变。该特性增强了对位移的鲁棒性，是一个高效的降低数据维度的采样方法。常见的池化操作包含以下几种：

① 最大池化(max pooling)：对于一个区域，选择这个区域内所有神经元的最大值作为这个区域的表示。

② 平均池化(mean pooling)：取区域内所有神经元的平均值。

③ L2 范数池化(L2-norm pooling)：在每个滑动窗口中取 L2 范数(欧几里得距离)作为输出，可以使特征更加鲁棒。

④ 重叠池化(overlapping pooling)：与传统池化相比，滑动窗口之间可以有重叠，可以提高特征提取的精度。

⑤ 均值最大化池化(mixed pooling)：在每个滑动窗口中同时取最大值和平均值的加权平均作为输出，可以同时提取最重要的特征和平滑图像。

图 8-13 给出了最大池化和平均池化的示例，其中，滤波器大小为 2×2，移动步长为 2。池化操作可以有效减少神经元数量，还可以使得网络对一些小的局部形态改变具有不变性。表图 8-2 给出了池化层的参数计算。

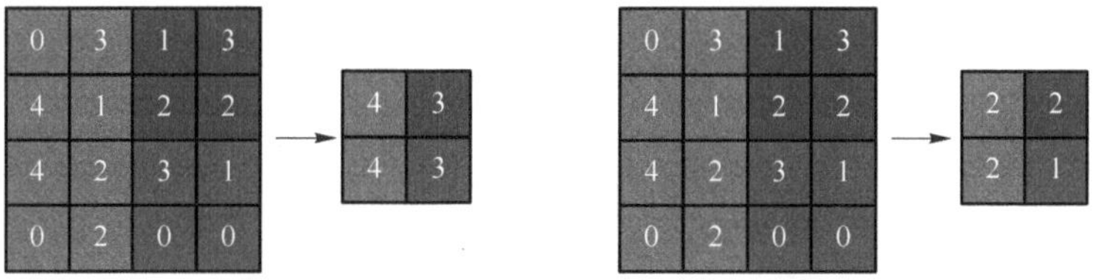

(a) 最大池化　　(b) 平均池化

图 8-13　最大池化和平均池化示例

表 8-2　池化层参数计算

池化层参数计算
输入：大小为 $W_1 \times H_1 \times D_1$，其中 $W_1 \times H_1$ 为输入特征图尺寸，D_1 为通道数 该池化层滤波器参数如下： ① 滤波器尺寸为 $F \times F$ ② 移动步长为 S
输出：大小为 $W_2 \times H_2 \times D_2$，其中 $W_2 \times H_2$ 为输出特征图尺寸，D_2 为通道数 $W_2=(W_1-F)/S+1$ $H_2=(H_1-F)/S+1$ $D_2=D_1$ 通常采用最大池化或均值池化，因此该层没有待确定参数

8.1.4 全连接层

在实际应用中,很多时候样本的真值标签往往是一维数据。假设一个分类网络包含5类目标$\{T_1,T_2,T_3,T_4,T_5\}$,那么对于数据集中的任意一个样本S,其真值表示该样本属于各类目标的概率:若样本S属于T_2,则采用独热编码(one-hot encoding)方式,其真值标签为(0,1,0,0,0)。为实现网络输出与一维标签的比较,在早期的卷积神经网络应用中采用全连接层(fully connected layer)来解决这个问题。

全连接层有m个输入和n个输出,每个输出都和所有的输入相连,相连的权值w_{mn}都是不一样的,同时每个输出还有一个偏置,如图8-14所示。该层将输入数据进行线性变换,并应用激活函数将输出传递给下一层。

一个网络可以有一个或者多个全连接层。早期用于分类的卷积网络,其前端通常采用卷积和池化提取输入数据的特征,得到二维的特征信息,网络的后端则通常连接两个全连接层,其作用是将二维的特征信息转化为一维的分类信息,实现输入特征到样本标记空间的映射。图8-15给出了从二维特征信息转化为一维的全连接输出的示例。假设输入特征图为$w\times h$,且有d个通道,则卷积核大小为$w\times h$,通道数为d,用该卷积核对输入特征图进行卷积,可输出一个点。假设有k个卷积核,则形成具有k个输出的全连接层。

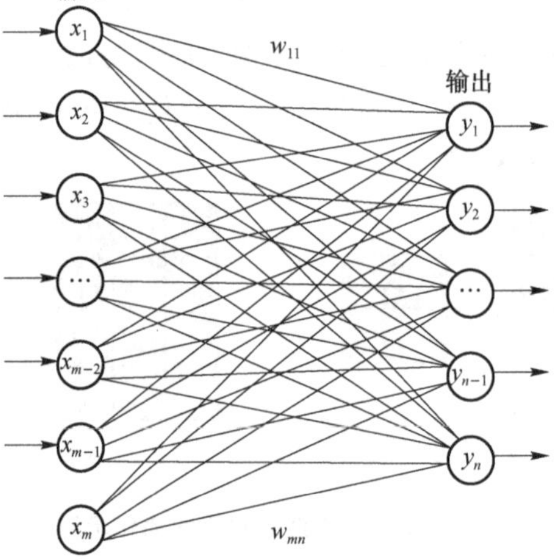

图8-14 全连接层

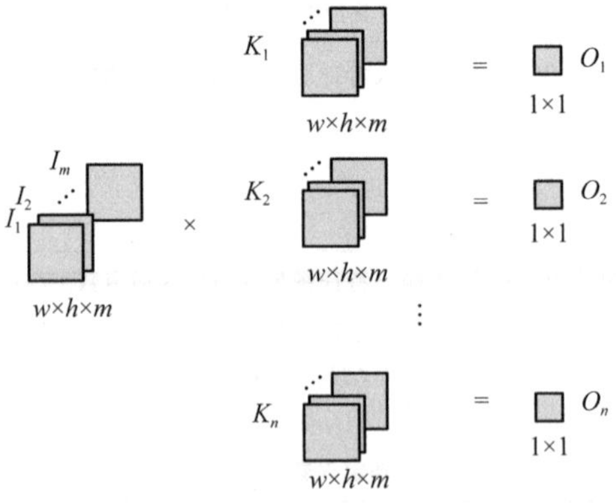

图8-15 二维特征输入到一维全连接输出的示例

8.1.5　搭建一个简单的卷积网络

本章前 4 个小节中分别介绍了卷积层、激活函数、池化层和全连接层，这些层可以看作是卷积网络中的基本组成部件。下面用这些部件搭建一个用于遥感图像云区识别的简单卷积网络，从而加深对卷积神经网络基本结构的认识。

由于天气因素的影响，遥感图像中经常有区域被云层覆盖，导致云层下面的地表信息无法被获取，从而影响了遥感数据的解译。对云区进行检测识别，可以剔除遥感图像中的云层覆盖区域，进而提高后续遥感图像解译的有效性。图 8-16 是搭建的一个遥感图像中云区域识别网络，包括 4 个卷积层和 2 个全连接层，两卷积层之间插入了激活函数(ReLU)和池化层(pooling)。网络的输入为 55×55×3，即从输入图像上截取 55×55 图像块(通道数为 3)送入卷积神经网络的第一层卷积层，经过一系列的卷积、激活、池化等操作，并且最后经过两个全连接层，网络最终输出为该图像块是云和非云的概率，由于云和非云是两类，因此最后一层全连接层的节点数也为 2。

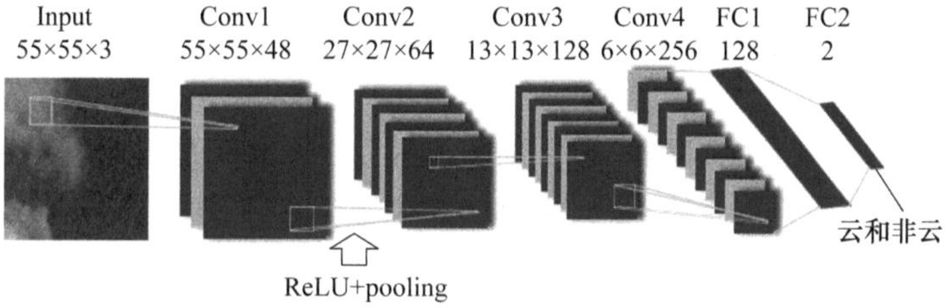

图 8-16　网络结构示意图

假设每一层卷积层中卷积核的尺寸为 3×3，步长为 1，并且进行边界扩充(Padding)，池化层滤波器尺寸为 2，步长为 2，则表图 8-3 中给出了每一层卷积层和全连接层的参数个数，例如第一层卷积层 Conv1 中，由于图像子块输入是 3 通道的，因此卷积核的通道数为 3，该层有 48 个卷积核，每个卷积核对应一个偏置，则该层参数量为(3×3×3)×48+48=1 344。在第一个卷积层和第二个卷积层之间插入了激活函数和池化层，池化层操作以后会使得第一个卷积层的特征图由 55×55×48 变为 27×27×48。在此基础上进行第二层的卷积操作，并且卷积层的通道数为 64，因此有 64 个卷积核，则第二层的参数量为(3×3×48)×64+64=27 712。类似地，可以得到第三和第四卷积层的参数量。从第四层卷积层 Conv4 到第一个全连接层 FC1，中间不再有池化层，FC1 层可以看作特征图大小为 1×1×128，则该层的卷积核尺寸为 6×6×256，每个卷积核上有个偏置，则该层的参数量为(6×6×256)×128+128=1 179 812。第二个全连接层 FC2 是网络的输出层，因为网络的输出是云和非云两类的概率，因此节点数为 2，从而该层的参数量为 128×2+2=258。

从表图 8-3 中可以看出，卷积网络的参数量是非常庞大的，而我们设计的这个网络仅仅是很简单的一个网络，如果增加卷积核大小和每一层卷积核个数，或者加深网络的层数，则网络的参数将以指数级增长。网络的这些模型参数都需要用训练数据进行训练才可以固定，这也是为什么卷积神经网络需要大样本数据进行训练的原因，希望读者能够体会。

表 8-3 网络各层参数计算

层	参数个数
Conv1	(3×3×3)×48+48=1 344
Conv2	(3×3×48)×64+64=27 712
Conv3	(3×3×64)×128+128=73 856
Conv4	(3×3×128×256)+256=295 168
FC1	(6×6×256)×128+128=1 179 812
FC2	128×2+2=258

8.2 卷积神经网络的特性

8.1 节介绍了卷积、激活、池化、全连接等操作，并且搭建了一个简单的卷积网络，本节对卷积网络的特性进行分析。

8.2.1 权值共享

在卷积神经网络中，权值共享是一种常见的技术。权值共享是指给定一张输入图像（输入数据），用一个卷积核来卷积这张图，卷积核里的值叫作权重，这张图的每个位置都被同一个卷积核进行卷积，即卷积的时候所用的权重是一样的。

卷积神经网络中的卷积层通常包含多个卷积核，用于提取不同的特征。而在权值共享的情况下，每个卷积核在处理输入数据时都使用相同的权重，从而减少了需要学习的参数数量，降低了模型复杂度，减少了过拟合的风险，并且在一定程度上可以提高模型的泛化能力。

权值共享在卷积神经网络中被广泛应用，它是卷积神经网络可以有效处理高维数据、具有平移不变性的原因之一。

8.2.2 感受野

感受野（receptive field）是指卷积神经网络中，每个输出神经元对应的输入数据区域大小。在卷积神经网络中，每个卷积层的输出都是由其前一层的输入通过卷积操作得到的，因此，输出神经元的感受野是指其在前一层输入数据上的区域大小，该区域对应到当前层的一个输出神经元。如图 8-17 所示，后层的卷积核为 7×7，则后层的每个神经元对应的感受野大小为7×7，因为它可以接收到前层中 7×7 大小的区域作为输入，并通过卷积操作得到相应的输出。

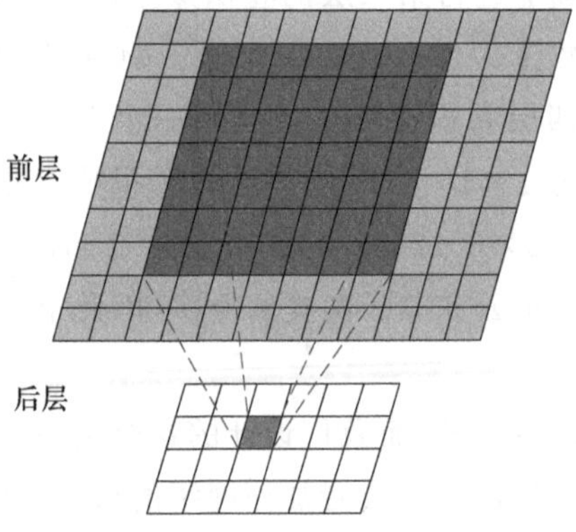

图 8-17 感受野示意图

一个小卷积核可以通过多层叠加取得与大卷积核同等规模的感受野，并能减少参数个数。如图 8-18 所示，3×3 的卷积核经过 3 次叠加可以达到 7×7 卷积核相同的感受野，假设当前输入的特征图有 D 个通道，采用 7×7 卷积核，卷积核个数为 D，则对应下一层的参数个数为$7\times7\times D\times D=49D^2$，而若采用 3×3 卷积核进行堆叠，只需要 $3\times(3\times3\times D\times D)=27D^2$ 个参数，参数减少了近一半。研究表明，小卷积核可以加深网络深度进而增大网络容量，提高网络的性能。

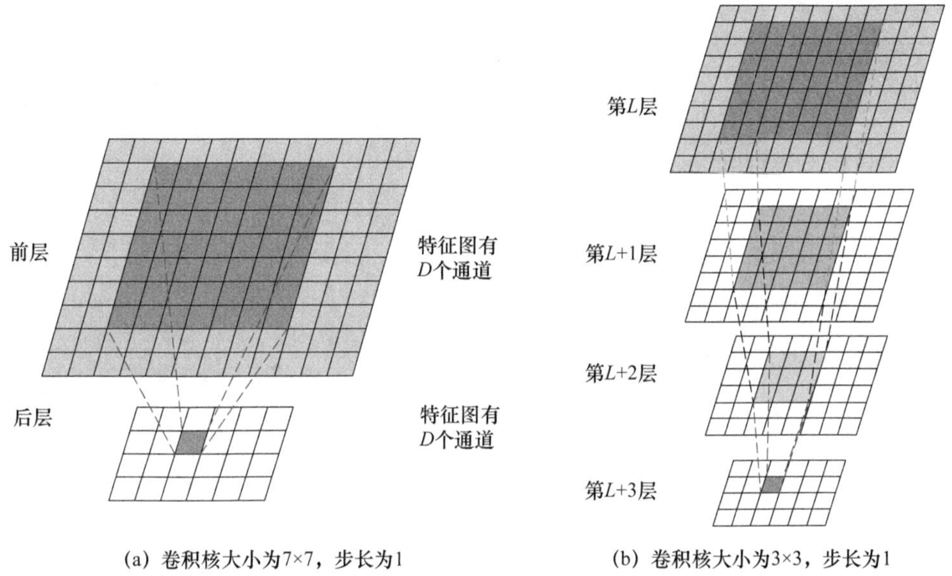

图 8-18　小卷积核经过多层叠加可得到大卷积核同等规模的感受野

8.2.3　深度特征的层次性

1. 浅层特征与深度特征的层次性

深度特征的层次性可以理解为卷积神经网络的不同层次的特征提取过程中，所涉及的语义信息的抽象程度逐渐增高的过程。通常情况下，网络的浅层提取低层次特征（浅层特征），一般是简单的局部特征，例如边缘、纹理等，这些特征对应的是图像的局部信息；网络的深层可以提取出更加复杂和抽象的高层语义特征（深层特征），例如物体的部分、对象的结构等，这些特征对应的是图像的全局信息。因此，深度特征的层次性是指通过堆叠多层卷积层，网络将局部信息逐步整合、提炼、抽象，形成更高级别的语义信息。

图 8-19 给出了 Zeiler 和 Fergus 利用反卷积技术对卷积网络 AlexNet 进行特征可视化的结果。AlexNet 具有 5 层卷积层（具体结构见 8.5.2 节），第 1 和第 2 层是网络的浅层，提取低层次特征（浅层特征），一般是简单的局部特征，例如边缘、纹理等，第 3 层是网络的中间层，提取的特征比前两层有所抽象，可以提取出轮胎或者鸟头等部件特征，第 4 和第 5 层属于网络的深层，可以提取出狗的全局或者人物全局等更加抽象的高层语义特征（深层特征）。随着网络的加深，不同层次的特征表示可以逐步提高分类精度，同时也具有更强的泛化性能，因为它们能够较好地处理在训练集中没有出现的物体变体和噪声。因此，深度特征的层次性是卷积神经网络在图像处理等领域取得成功的关键因素之一。

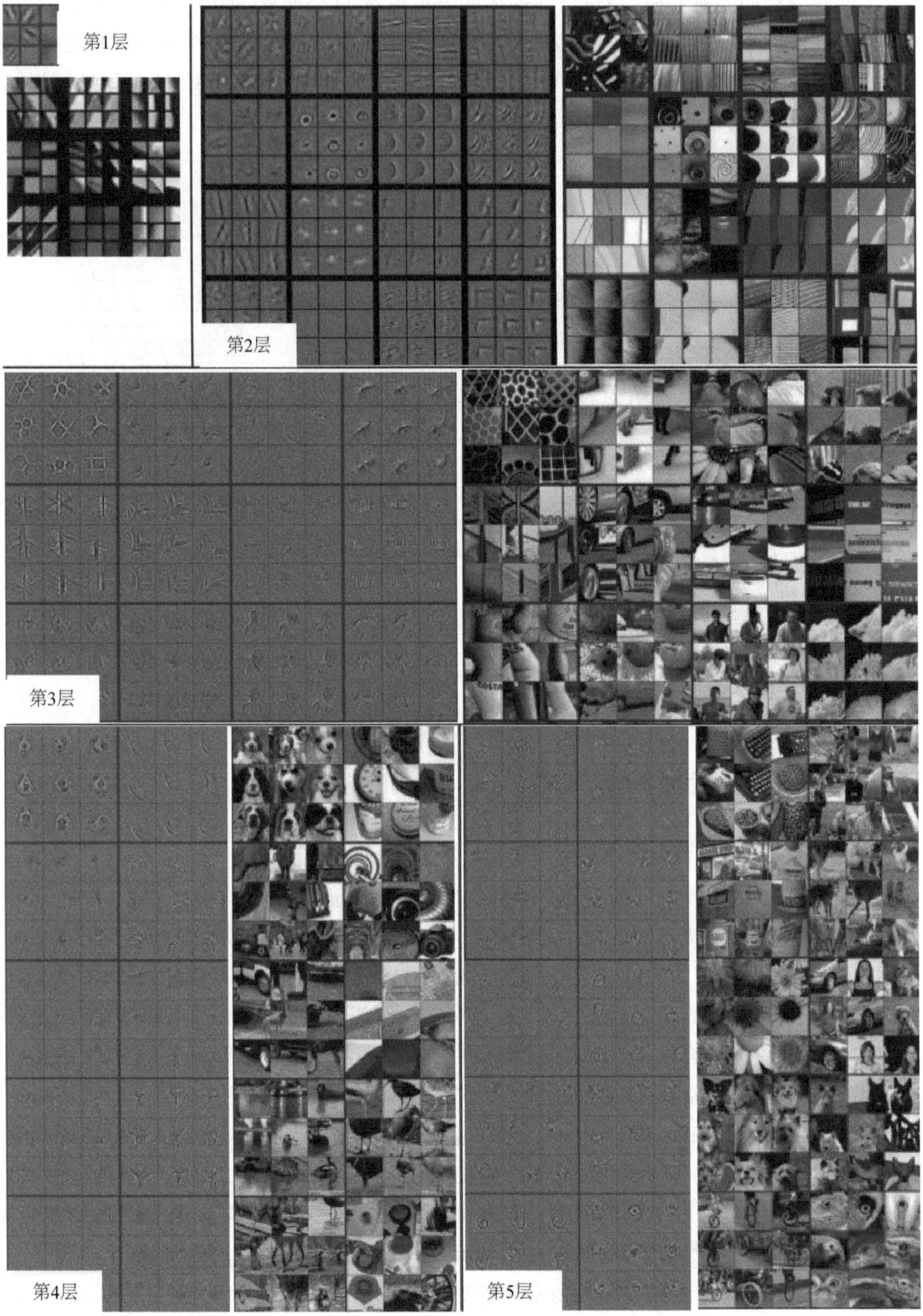

图 8-19　卷积神经网络深度特征的层次特性

2. 浅层特征与深层特征在网络中的作用

浅层特征和深层特征在深度学习网络中扮演不同的角色。浅层特征对于低级细节和局部模式敏感，适用于处理局部信息和初级任务。而深层特征更加关注高级语义和全局结构，适用于处理抽象概念和更复杂的任务。卷积网络这种层级的特征表示使得网络能够逐步提取和组合不同层次的特征，从而实现对输入数据更丰富和更准确地理解和表达。

浅层特征和深层特征在深度学习中具有不同的特点和表示能力，两者之间的主要区别在于：

(1) 语义级别和抽象层次

浅层特征：在神经网络的浅层中提取的特征通常更加局部化和细粒度。这些特征对于输入图像或数据的低级细节(如边缘、纹理等)具有较好的敏感性。浅层特征主要捕捉输入数据的低级细节和局部模式，因此它们更接近原始输入的表示形式。这些特征在初步处理和初级任务中通常非常有用，如图像的边缘检测、纹理分类等，但对于更高级的语义信息(如物体的整体结构、上下文等)的理解能力较弱。

深层特征：随着网络的深度增加，特征的语义级别逐渐提高。深层特征对于图像或数据中的抽象概念和高级语义信息(如物体的类别、位置关系等)具有更好的表示能力。这些特征更具有语义和泛化能力，可以应用于更复杂的任务，如物体识别、语义分割、目标检测等。

(2) 位置和尺度信息

浅层特征：浅层特征主要关注低级细节，对于位置和尺度变化相对敏感。这些特征在提取输入数据的局部结构和局部纹理方面非常有效。

深层特征：深层特征更加关注全局和语义信息，对于位置和尺度变化相对不变。它们能够提取输入数据的更大范围的上下文和全局结构，并且对于输入的大尺度变化具有更好的适应能力。

8.2.4 深度特征的分布式表示

卷积网络的分布式表示是指语义概念到神经元的一种多对多映射。神经网络具有分布式表示特性，也就是说，每个语义概念由许多分布在不同神经元中被激活的模式(pattern)表示，而每个神经元又可以参与到许多不同语义概念的表示中去。

例如，图 8-20 是对一个卷积网络最后一层卷积的特征进行可视化，该卷积网络的输入数据为 224×224，最后一层特征图的大小为 7×7×512，其中 512 对应最后一层卷积核的个数，即 512 个卷积核对应 512 个不同的卷积结果(特征图)，每个卷积核对应一个通道的特征图。在可视化时，对于“鸟”这组图像，分别从 512 张 7×7 的特征图中选取 4 张(包括第 108、284、375 和 468 个卷积核所对应的特征图)，并将特征图与对应原图叠加，即可得到有高亮部分的可视化结果。从图 8-20 的第 3 列可以看出，第 468 通道的神经元(第 468 个卷积核)同时参与了鸟的脚部和鸟的头部两个语义概念的表示，即同一个神经元可以参与到多个不同语义概念的表示中去。而从第 1 行可以看出，第 108 通道的神经元和第 468 通道的神经元共同参与了鸟的脚部的语义概念表示，即每个语义概念由多个分布在不同神经元中被激活的模式表示。

卷积网络的这种分布式表示的优点在于，它可以更好地处理输入数据的变异性和复杂性。因为当输入数据发生变化时，只有部分神经元的响应会发生变化，而整个深度特征向量的变化是非常平滑的，这种平滑性使得网络更加稳健和鲁棒。此外，深度特征的分布式表示也具有更强的泛化性能，因为它们能够更好地处理未知的、在训练集中未曾出现的数据。

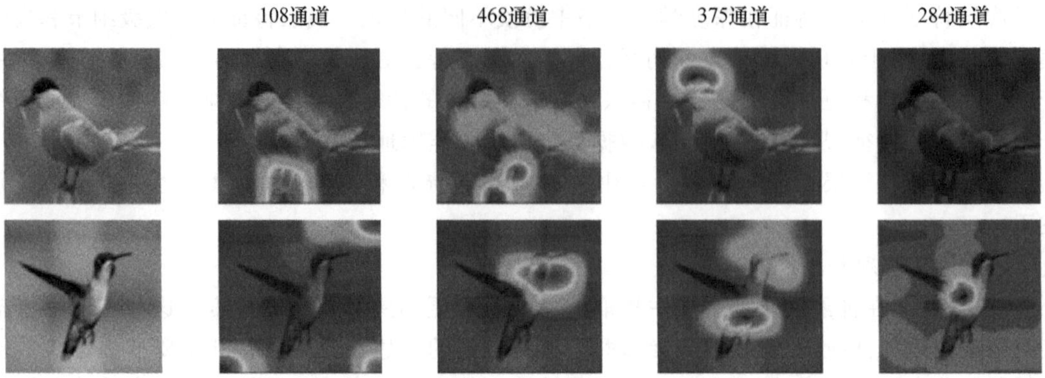

图 8-20 卷积特征可视化

8.3 卷积神经网络的目标函数

卷积网络中的目标函数在指导网络优化的过程中扮演着十分重要的角色，通过样本的预测结果与真值标签之间产生的误差反向传播来指导网络参数学习与表示学习。目标函数根据任务不同而有很多种设置方式，其中最典型的是分类和回归这两类经典预测任务中所使用的目标函数。

卷积网络用于分类任务和回归任务的最主要区别是输出变量的类型，当卷积网络对连续变量进行预测时叫回归，对离散变量进行预测时叫分类。回归的主要作用是了解两个或多个变量之间是否相关、相关的方向、相关的强度，并利用数学模型以便观察特定变量，从而预测研究者感兴趣的变量。分类模型则是将回归模型输出离散化，分类和回归模型之间存在重要差异。从根本上来说分类是关于预测标签的，而回归是关于预测数量的。

8.3.1 用于分类任务的目标函数

在分类任务中，考虑数据集 D 中共有 N 个类别，记为 C_1，C_2，…，C_N。网络最终输出的特征向量 $\boldsymbol{x}$ 的分量个数一般设置为样本的类别数 N。经过训练，通常希望对于第 i 个样本 $S_i(i=1,2,\cdots,m)$，网络输出的特征向量 $\boldsymbol{x}$ 中的第 j 个分量 $x_i^j(j=1,2,\cdots,N)$ 代表了样本 S_i 属于类别 C_j 的可能性的度量，而 S_i 对应的真实标签记为 y_i，其分量个数也等于样本类别数 N，y_i^j 代表了样本 S_i 属于 C_j 的真实概率。那么分类任务的损失函数不仅要能够评价 x_i 相对于 y_i 的误差，而且需要评价在所有 m 个样本上，模型预测结果与真实值之间的整体误差。

(1) 交叉熵损失函数

目前最常用的分类任务损失函数是交叉熵(cross entropy)损失函数。交叉熵是信息论中的一个概念，主要用于度量两个概率分布之间的差异性。交叉熵损失函数又称 Softmax 损失函数，其将预测值和实际值之间的差异转换为样本分类概率分布的距离，数学表达式为

$$\text{CrossEntropy}=-\frac{1}{N}\sum_{i=1}^{m}\sum_{j=1}^{N}y_i^j\log(x_i^j) \tag{8.17}$$

(2) 合页损失函数

合页损失(hinge loss)函数是深度学习中常用的损失函数,可以用于分类任务,也可以用于回归任务。它是一种平滑的损失函数,可以有效减少模型训练中误差的幅度,其公式描述为

$$\text{HingeLoss} = \frac{1}{m}\sum_{i=1}^{m}\max(0, 1 - y_i \cdot x_i) \tag{8.18}$$

需要指出的是,一般的分类任务中,交叉熵损失函数的分类效果略优于合页损失函数的分类效果。

8.3.2 用于回归任务的目标函数

(1) 均方误差(MSE)损失函数

当卷积网络用于回归任务时,希望网络输出与真实值之间越接近越好。均方误差(mean squared error)损失函数是最常见的回归问题损失函数,它将每个样本的预测值与实际值之间的差值平方求和,再除以样本数量,得到一个均方误差。MSE 损失函数对异常值比较敏感,其公式如下:

$$\text{MSE} = \frac{1}{N}\sum_{i=1}^{N}(y_i - \hat{y}_i)^2 \tag{8.19}$$

其中,N 表示样本数量,y_i 表示实际值,$\hat{y}_i$ 表示预测值。

(2) L1 损失函数

与 MSE 损失函数的形式类似,L1 损失函数的定义如下:

$$\text{L1} = \frac{1}{N}\sum_{i=1}^{N}|y_i - \hat{y}_i| \tag{8.20}$$

(3) SmoothL1 损失函数

SmoothL1(平滑 L1)损失函数的定义为

$$\text{SmoothL1} = \begin{cases} 0.5x^2, & |x| < 1 \\ |x| - 0.5, & |x| \geqslant 1 \end{cases} \tag{8.21}$$

其中,x 是预测值和目标值之间的差异。当 $|x|<1$ 时,SmoothL1 采用平方函数来衡量差异,这使得它比绝对值函数更平滑。而当 $|x|\geqslant 1$ 时,SmoothL1 采用绝对值函数。通过这种方式,SmoothL1 在保持一定平滑性的同时,能够减少异常值对损失的影响。

8.4 卷积神经网络的训练

卷积网络搭建好以后,需要用训练样本进行训练,使得模型中的参数固定下来,这样才能用于实际的分类识别任务。卷积网络的训练涉及数据集的处理、超参数设置、参数初始化以及网络正则化等诸多细节,本节将进行介绍。

8.4.1 数据集处理

数据在深度学习中占据着非常重要的地位,一个高质量的数据集往往能够提高模型训练的质量和预测的准确率。当前已经有许多经典的开源数据,比如 ImageNet 数据集和 COCO 数据集,当公开数据不能满足任务需求时,需要制作面向特殊应用的数据集。

(1) 数据清洗

数据清洗是指在数据集中去除掉不符合要求或者错误的数据,保留有效的数据,包括去除重复数据、去除缺失数据、去除异常值等。在训练神经网络的过程中,如果数据集中有噪声或者无效数据,会对模型的准确性造成影响。

(2) 数据预处理

数据预处理是指在训练神经网络之前对数据进行一些必要的处理,以使数据更加适合模型的训练,提高模型的准确性、训练速度和泛化能力。在神经网络中,输入数据通常需要进行归一化处理,以避免输入值过大或过小导致的权重不平衡问题。数据归一化的方法一般有两种,一种是将数据按照 z-score 进行标准化,将数据转换成标准正态分布,另一种是将数据按照 min-max 方法进行归一化,将数据缩放到 [0,1] 的范围内。公式(8.22)给出 z-score 标准化的公式:

$$(x-\mu)/\sigma \tag{8.22}$$

其中,μ 为总体数据的均值,σ 为总体数据的标准差。

(3) 数据增广

数据增广也叫数据扩充,是指在训练神经网络时对原始数据进行变换、旋转、裁剪、缩放等操作,以增加数据集的多样性和丰富性,从而提高模型的鲁棒性和泛化能力。数据增广可以有效地减少过拟合,提高模型的性能。数据增广的一些常见操作包括:

① 随机裁剪:随机裁剪可以将输入图像的一部分随机地裁剪下来,从而使模型学习到图像的不同部分。在实践中,一般随机裁剪的大小为原始图像的 70%～90%。裁剪后需要将图像缩放到模型输入的大小。

② 随机旋转:随机旋转可以使模型学习到不同角度的物体,从而增加模型的鲁棒性。在实践中,一般将图像随机旋转一个小角度,如 $-10°$ 与 $+10°$ 之间。

③ 随机翻转:随机翻转可以使模型学习到物体在不同方向上的表现。可以随机水平或垂直地翻转图像。

④ 随机缩放:随机缩放可以使模型学习到物体在不同尺度下的表现。可以随机地缩放图像,如将图像缩放到原始大小的 70%～90%。

⑤ 随机噪声:随机噪声可以模拟真实世界中的噪声情况,从而提高模型的泛化能力。可以向图像中添加随机噪声,如高斯噪声或椒盐噪声等。

图 8-21 给出了水平翻转和随机裁剪的示例,一般数据集经过扩充后数据量可达原有数据量的几十倍。

(a) 原图　　(b) 水平翻转　　(c) 随机裁剪

图 8-21　数据增广示意图

8.4.2 网络训练

1. 超参数设置

网络超参数是指在训练神经网络中需要手动设置的参数，例如学习率、批大小、卷积核尺寸、网络结构、正则化系数等，这些参数的设置对于网络的性能和训练效率都有很大的影响。

① 学习率：学习率控制着权重更新的速度，过小会导致训练速度慢，过大会导致模型不稳定。通常采用的方法是从一个较小的值开始，观察训练的损失函数值是否下降，并逐渐调整学习率的大小。

② 批大小：在深度学习中，批处理是一种训练数据的处理方式，它将一组样本一起输入到神经网络中进行前向传播和反向传播，以进行参数更新。通常情况下，将大规模的训练数据集一次性输入神经网络进行训练是低效且不可行的，因为这会占用大量的计算资源和内存。为了提高训练效率和内存利用率，批处理将训练数据集分成多个较小的批次（也称为 mini-batch），每个批次包含一定数量的样本。批大小指每次训练时使用的样本数量，通常选择的批大小为 32、64、128 等。批大小过小会导致训练过程不稳定，批大小过大会导致内存不足。

③ 正则化系数：正则化可以帮助减少过拟合，通常采用 L1、L2 正则化。正则化系数越大，对权重的惩罚也就越大，从而对网络的权重参数起到约束作用。

④ 迭代次数：在训练神经网络时，通常会设置一个迭代次数，当迭代次数达到设定值时，训练就停止。迭代次数过小会导致模型欠拟合，迭代次数过大会导致模型过拟合。

2. 参数初始化

卷积神经网络的参数初始化对于网络的训练和性能至关重要。恰当的参数初始化可以加速网络的收敛，提高网络的泛化能力和性能。以下给出两种常用的参数初始化方法：

① 随机初始化：随机初始化是最常见的参数初始化方法，它将网络参数随机初始化为一组小的随机数。这种方法通常适用于较浅的网络，如只有一层或两层的网络。随机初始化可以打破对称性，使网络参数具有不同的初始值，从而更好地探索参数空间。

② Xavier 初始化：Xavier 初始化是一种基于激活函数和网络结构的参数初始化方法，它可以使网络输出的方差保持不变。Xavier 初始化根据前一层输入的维度和激活函数的类型来初始化权重参数，使得每个神经元输入的方差为 1。具体地，对于 n 维输入，Xavier 初始化可以表示为

$$W_{i,j} \sim N\left(0, \frac{2}{n_{\text{in}} + n_{\text{out}}}\right) \tag{8.23}$$

其中，$W_{i,j}$ 表示权重参数的值，n_{in} 表示前一层的输入维度，n_{out} 表示当前层的输出维度。

3. 网络优化算法

网络优化算法用于调整神经网络中的权重和偏置，使其损失函数最小化，以提高网络的性能和泛化能力。网络优化算法有多种经典的优化方法，如梯度下降法、动量算法、AdaGrad 法、Adadelta 法、RMSProp 法、Adam 法等。

① 梯度下降法：梯度下降法是一种最基本的网络优化算法。它通过计算损失函数对于每个参数的偏导数来调整网络参数，使得损失函数逐渐减小，更新公式如下：

$$\theta_{i+1} = \theta_i - \eta \nabla J(\theta_i) \tag{8.24}$$

其中，θ_i 表示第 i 次迭代时网络参数的值，η 表示学习率，$\nabla J(\theta_i)$ 表示损失函数关于参数 θ_i 的梯度。

② 动量优化法：动量优化法是一种基于梯度下降法的优化算法，它可以加速网络的训练过程，避免梯度下降过程中出现震荡或陷入局部最优解。具体地，动量优化法在更新网络参数时不仅考虑当前梯度，还考虑之前的梯度方向，从而使得更新更加平滑，其更新公式为

$$\begin{cases} v_{i+1}=\gamma v_i+\eta\nabla J(\theta_i) \\ \theta_{i+1}=\theta_i-v_{i+1} \end{cases} \tag{8.25}$$

其中，v_i 表示第 i 次迭代时的速度，γ 表示动量因子，η 表示学习率，$\nabla J(\theta_i)$ 表示损失函数关于参数 θ_i 的梯度。

③ Adam 法：Adam(adaptive moment estimation)是一种自适应学习率的优化算法，其使用梯度的一阶和二阶矩估计来动态调整每个参数的学习率，以便更好地适应不同参数的更新需求。

记 m_i 和 V_i 分别为第 i 步梯度的一阶矩估计和二阶矩估计，β_1 和β_2 系数为对应的指数衰减率，则梯度的有偏一阶矩估计和有偏二阶矩估计更新公式为

$$m_{i+1}=\beta_1 m_i+(1-\beta_1)\nabla J(\theta_i) \tag{8.26}$$

$$V_{i+1}=\beta_2 V_i+(1-\beta_2)\nabla J(\theta_i)^2 \tag{8.27}$$

对一阶矩和二阶矩进行偏差修正：

$$\hat{m}_{i+1}=\frac{m_{i+1}}{1-\beta_1^i} \tag{8.28}$$

$$\hat{v}_{i+1}=\frac{V_{i+1}}{1-\beta_2^i} \tag{8.29}$$

则最后的 Adam 参数更新公式如下：

$$\theta_{i+1}=\theta_i-\eta\hat{m}_{i+1}(\sqrt{\hat{v}_{i+1}}+\epsilon) \tag{8.30}$$

4. 网络正则化

网络正则化是一种常用的减少过拟合的方法，通过在损失函数中加入一些额外的约束，使得网络参数的取值更加平滑或稀疏，从而避免过拟合。常用的正则化方法包括：

① L1 正则化：L1 正则化是在损失函数中加入所有权重的绝对值之和乘以一个系数，目标是让一些权重为 0，从而达到稀疏化的效果。L1 正则化的目标函数为

$$\frac{1}{N}\sum_{i=1}^{N}l(x_i,y_i)+\beta\|w\|_1 \tag{8.31}$$

其中，l 为初始的损失函数，w 为网络的参数，β 为正则项系数，较大的 β 取值将较大程度地约束模型的复杂度。

② L2 正则化：类似地，对于待正则化的网络层参数 w，采用 L2 正则化的形式为

$$\frac{1}{N}\sum_{i=1}^{N}l(x_i,y_i)+\beta\|w\|_2^2 \tag{8.32}$$

③ 随机失活(dropout)：随机失活是一种随机删除神经元的方法。具体地，在每次训练时，随机将一部分神经元的输出置为 0。在测试时，不使用随机失活，而是将每个神经元的输出乘以一个保留概率。随机失活可以有效地减少过拟合，并且不需要对权重进行额外的约束。

5. 批规范化

卷积网络在训练时，内部各隐层的输入数据和输出数据存在分布差异，并且随着网络深度增大而越来越大，它破坏了独立同分布假设。批规范化(batch normalization，BN)操作是对网络中某一结点的输出进行处理，使数据接近均值为 0、方差为 1 的正态分布，从而缓解训练中的梯度消失或爆炸现象，加快模型的训练速度。批规范化可以减少网络中参数的相关性，从而提高模型的泛化能力，使得模型更加鲁棒。

批规范化是针对卷积层后的特征图进行的操作。通常的做法是在每个 mini-batch 中，将输入数据进行标准化，使其均值为 0、方差为 1。然后将标准化后的数据乘以一个缩放因子，再加上一个平移因子。例如，并行输入 64 张图，得到 64 个参数调整的结果，然后对应位置进行减均值除方差。

批规范化的一般步骤如下：

① 计算批处理数据均值 μ。

② 计算批处理数据方差 σ。

③ 规范化。减均值除方差，即 $\hat{x}_1=\frac{x_i-\mu}{\sqrt{\sigma^2+\varepsilon}}$，其中 $\hat{x}_1$ 为规范化之后的特征，ε 为一个极小量，防止除 0。

④ 尺度变换和偏移，即 $y_i=\alpha\hat{x}_1+\beta$，其中 α 为尺度变换，即缩放因子，β 则是平移因子，这两个参数通过学习得来。

8.4.3　从头训练和迁移学习

神经网络的从头训练指的是使用未经过预训练的模型，从头开始训练模型来解决特定的任务。这种方法需要大量的数据和计算资源，并且需要从零开始训练模型。当数据集与先前的任务不同，或者是需要解决一个新的问题时，通常需要从头训练网络。

迁移学习则是指利用已经训练好的模型(通常是在大规模数据集上训练得到的模型)的部分或全部，对新的任务进行训练。迁移学习通常可以减少训练时间和数据需求，同时还可以提高模型的准确性。这种方法通常可以分为两种类型：基于特征的迁移学习和基于模型的迁移学习。

① 基于特征的迁移学习是指使用先前训练好的模型来提取数据集中的特征，并将这些特征作为新模型的输入。这种方法通常可以减少训练时间和数据需求，并且可以在小规模数据集上获得较好的性能。

② 基于模型的迁移学习是指使用先前训练好的模型作为新模型的初始状态，并在新的数据集上进行微调(fine-tune)。这种方法通常需要更多的数据和计算资源，但通常可以获得更好的性能。

8.5　经典的卷积神经网络

本节介绍一些经典的卷积神经网络，包括它们的结构、特点以及应用场景。这些经典网络在卷积网络的研究和发展中起到了非常重要的作用。学习这些经典卷积神经网络的基本原理和实现方法，有助于我们更深入地理解卷积神经网络的特性和发展思路，进而设计和实现更加高效的卷积神经网络模型。

8.5.1 LeNet

LeNet 神经网络模型是 Yann LeCun 在 1998 年设计的用于手写数字识别的卷积神经元网络，是早期卷积神经元网络中最有代表性的实验系统之一。在 20 世纪 90 年代被美国很多银行使用，用来识别支票上的手写数字。LeNet 采用的结构、部件至今仍被广泛使用。可以说，LeNet 就是学习卷积神经网络的“Hello World”，是学习其他网络结构的基础。LeNet 有几个版本，这里介绍最为熟知的 LeNet-5，为了简便，后续仍然用 LeNet 指代 LeNet-5。

LeNet 的基本结构如图 8-22 所示，其共包含 7 层，输入图像大小为 32×32，输出为对应 10 个类别(数字 0～9)的概率。LeNet 每层结构如下：

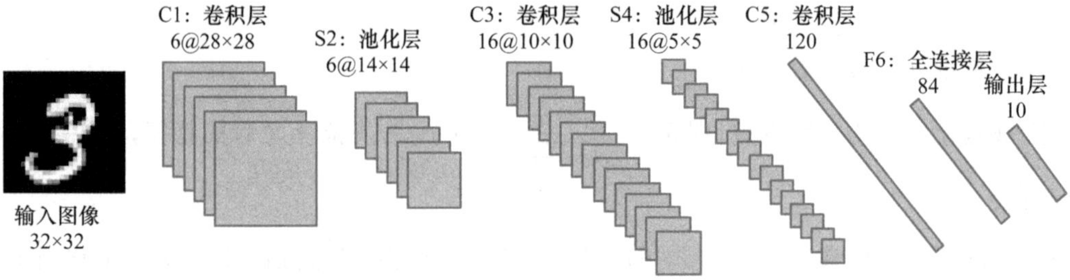

图 8-22 Lenet-5 基本结构

① C1 卷积层。如图 8-23 所示，输入图像大小为 32×32，利用 6 个 5×5 的卷积核，移动步长(stride)为 1，没有边界补零操作(padding＝0)。经过 C1 卷积层之后，输出 6 个大小为 28×28 的特征图，卷积核参数个数为 5×5×6，总的可训练参数为(5×5＋1)×6＝156 个。

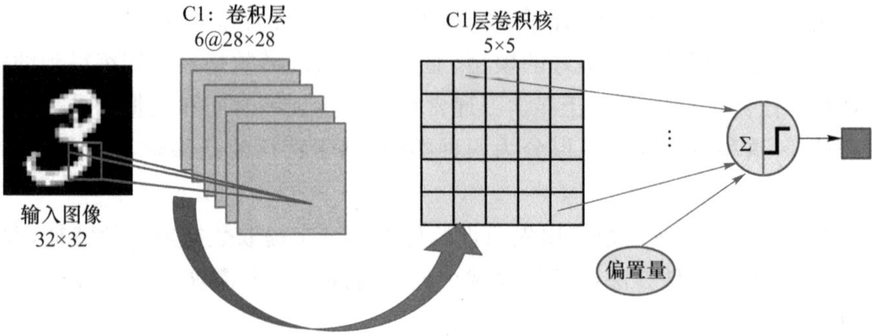

图 8-23 C1 层及对应的卷积核

② S2 下采样层。如图 8-24 所示，输入为 6 个 28×28 的特征图，采用 2×2 的下采样窗口，使用平均池化操作，接着通过一个 Sigmoid 激活函数。经过 S2 层后输出 6 个 14×14 的特征图。

③ C3 卷积层。输入为 6 个 14×14 的特征图，C3 层卷积核大小为 5×5，移动步长为 1，没有进行边界扩充。通过对 S2 层输出的 6 个特征图进行如表 8-4 所列的特殊组合计算得到 C3 层 16 个特征图。由表 8-4 可见，共包含 3×6＋4×6＋4×3＋6×1＝60 个卷积核，经过 C3 输出的特征图大小为 10×10，可训练参数为 5×5×60＋1×16＝1 516 个。

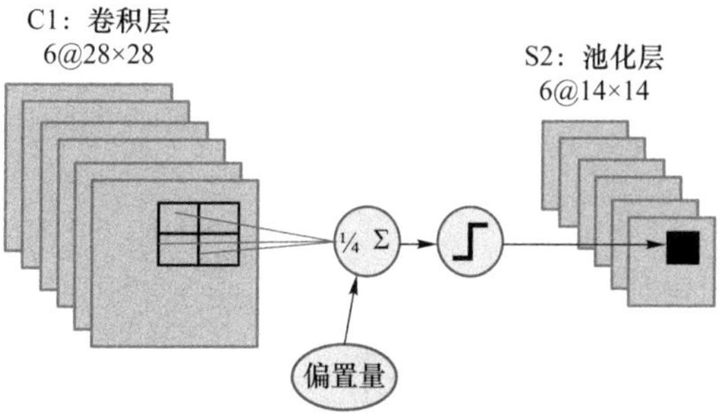

图 8－24　S2 层及对应的网络结构

表 8－4　S2 层到 C3 层组合表

	0	1	2	3	4	5	6	7	8	9	10	11	12	13	14	15
0	X				X	X	X			X	X	X	X		X	X
1	X	X				X	X	X			X	X	X	X		X
2	X	X	X				X	X	X			X		X	X	X
3		X	X	X			X	X	X	X			X		X	X
4			X	X	X			X	X	X	X		X	X		X
5				X	X	X			X	X	X	X		X	X	X

④ S4 下采样层。输入为 16 个 10×10 的特征图，S4 层下采样窗口大小为 2×2，得到 16 个 5×5大小的特征图。

⑤ C5 卷积层。输入为 16 个 5×5 的特征图，C5 层卷积核大小为 5×5，输出为 120 列向量。图 8－25 给出了如何从 S4 层的 16 个特征图得到 C5 层，即对 S4 层所有特征图使用 5×5 的卷积核进行卷积操作得到，可训练参数为(5×5×16＋1)×120＝48 1120 个。

⑥ F6 全连接层。共有 84 个神经元，可训练参数为 84×(120＋1)＝10 164。

⑦ 输出层。输出层由 10 个径向基函数(radial basis fucntion，RBF)组成，输出手写输入数字为 0～9 的概率值，实现手写输入数字的自动识别。

LeNet 中主要有 3 种连接方式：卷积层、下采样层、全连接层，它们都是现代 CNN 网络的基本组件。通过对 LeNet 网络结构的分析，可以直观地了解卷积神经元网络的构建方法，为分析、构建更复杂、更多层的卷积神经元网络做准备。

8.5.2　AlexNet

AlexNet 是第一个现代深度卷积神经网络模型，具有非常重要的历史意义。在 2012 年 ImageNet 图像分类挑战赛(ImageNet large scale visual recognition challenge，ILSVRC)上，AlexNet 网络结构模型赢得了冠军，比上一年的冠军错误率下降了十个百分点，而且远超过当年的第二名(26.2%)。

AlexNet 首次采用了多种现代深度卷积网络的方法，分别采用了 ReLU 非线性激活函数、随机失活、数据增广等防止过拟合并提高模型准确率的方法，利用百万级 ImageNet 图像数据进行模型训练，同时采用了 GPU 并行运算等。

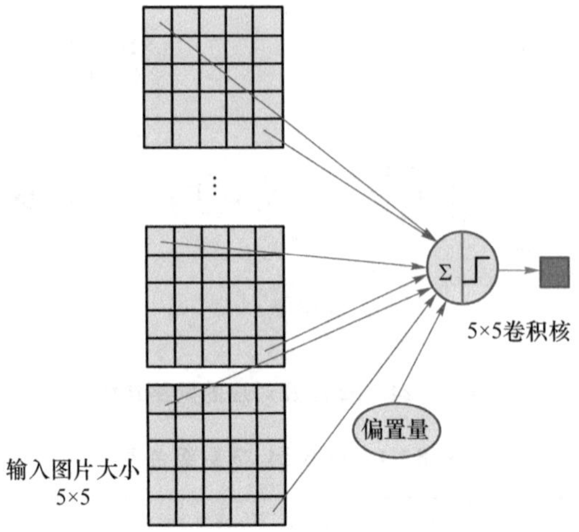

图 8-25　C5 与 S4 中所有图相连的卷积结构

AlexNet 网络结构如图 8-26 所示，共包含 5 个卷积层、3 个池化层和 3 个全连接层。由于单个 GPU 内存有限，限制了训练网络的最大规模，因此 AlexNet 将网络分布在两个 GPU 上。AlexNet 采用并行方案：在每个 GPU 中放置一半核（或神经元），GPU 间的通信只在某些层（例如第 3 层）进行。

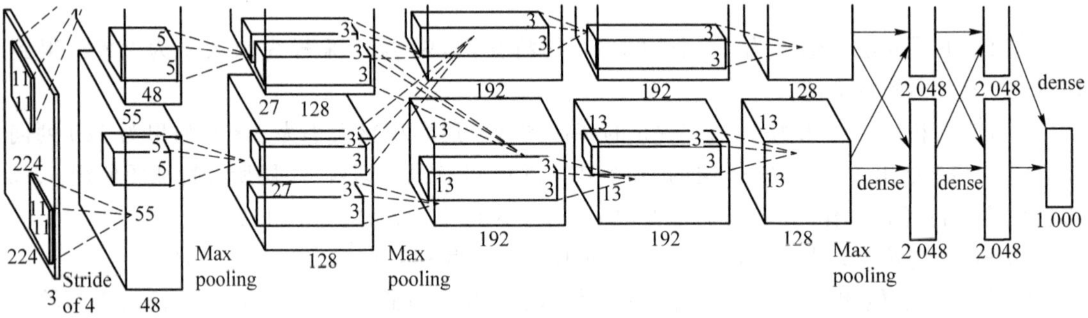

图 8-26　AlexNet 网络结构

AlexNet 网络输入为 224×224×3 的彩色图像，输出为 1 000 个类别的概率。下面对各层分别进行介绍：

① 第 1 个卷积、池化层。采用 2 组大小为 11×11×3×48 的卷积核，移动步长 $S=4$。经过该卷积层输出为 2 个大小为 55×5×48 的特征映射组（分布在 2 个 GPU 上，每个 GPU 上放置 55×55×48 的特征映射组）。然后进行下采样池化，采用大小为 3×3 的最大池化操作，步长 $S=2$，得到 2 个大小为 27×27×48 的特征映射组（分布在 2 个 GPU 上）。最后进行局部响应归一化（local response normalization，LRN），局部范围取为 5，得到局部归一化结果。

② 第 2 个卷积、池化层。采用 2 个大小为 5×5×48×128 的卷积核，步长 $S=1$，采用边界补零操作，且 $P=2$，得到 2 个大小为 27×27×128 的特征映射组（分布在 2 个 GPU 上）。然后进行下采样池化，采用大小为 3×3 的最大池化操作，步长 $S=2$，得到 2 个大小为 13×13×128

的特征映射组(分布在 2 个 GPU 上)。最后进行局部归一化操作,局部范围取为 5,得到局部归一化结果。

③ 第 3 个卷积层。采用一个大小为 3×3×256×384 的卷积核,步长 $S=1$,采用边界补零操作,且 $P=1$,得到 2 个大小为 13×13×192 的特征映射组(分布在 2 个 GPU 上)。

④ 第 4 个卷积层。使用 2 个大小为 3×3×192×192 的卷积核,步长 $S=1$,采用边界补零操作,且 $P=1$,得到 2 个大小为 13×13×192 的特征映射组(分布在 2 个 GPU 上)。

⑤ 第 5 个卷积、池化层。使用 2 个大小为 3×3×192×128 的卷积核,移动步长 $S=1$,边界零扩充 $P=1$,得到 2 个大小为 13×13×128 的特征映射组(分布在 2 个 GPU 上)。然后进行下采样操作,采用大小为 3×3 的最大池化操作,步长 $S=2$,得到 2 个大小为 6×6×128 的特征映射组(分布在 2 个 GPU 上)。

⑥ 3 个全连接层。第 1 个全连接层输入为 2 个 6×6×128 的特征映射组,经过该层全连接操作、ReLU 激活函数、随机失活操作后,输出为 4 096 列向量。然后经过第 2 个全连接层,分别经过 ReLU 激活函数、随机失活操作后,得到 4 096 列向量。最后经过 softmax 函数,输出得到 1 000 列向量,对应 1 000 类对象的概率。

在以上介绍中,用到了局部响应归一化 LRN 来增强模型的泛化能力。AlexNet 网络模型经过 ReLu 激活函数之后的数值没有了像 tanh、Sigmoid 函数那样的一个阈值区间。因此需要在 ReLu 激活函数之后进行归一化,也就是局部响应归一化。

假设经过 ReLu 激活函数之后的特征为 $a_{x,y}^i$,经过 LRN 归一化之后的特征为 $b_{x,y}^i$,则

$$b_{x,y}^i = a_{x,y}^i \Big/ \left(k + \alpha \sum_{j=\max(0,i-n/2)}^{\min(N-1,i+n/2)} (a_{x,y}^j)^2\right)^\beta \tag{8.33}$$

其中,i 是通道的位置,代表更新第几个通道的值;x 与 y 代表待更新像素的位置;n 表示通道 i 的临近通道数量,用于表示局部区域的大小,注意这里的区域指的是一维区域,区别于图像中某像素点的临近像素;N 表示总的通道数;α 为缩放因子;β 为指数项。在 AlexNet 中,$k=2$,$n=5$,$\alpha=10^{-4}$,$\beta=0.75$。

LRN 层模仿了生物神经系统的"侧抑制"机制,为局部神经元的活动创建了竞争环境,使得其中响应比较大的值变得相对更大,并抑制其他反馈较小的神经元,增强模型的泛化能力。

8.5.3 VGGNet

VGGNet 是牛津大学计算机视觉组(visual geometry group)和 DeepMind 公司共同研发的一种深度卷积网络,其在 2014 年 ILSVRC 比赛上获得了分类任务的第二名和定位任务的第一名,并被广泛应用于各种计算机视觉任务中,包括图像分类、物体检测和语义分割等。

VGGNet 的核心思想是通过堆叠多个卷积层和池化层来构建深层网络,它的基本构建块是由一系列 3×3 的卷积层组成的,后面跟随一个池化层进行空间降采样。这种小尺寸的卷积核和池化层的堆叠使得网络能够捕捉不同尺度的图像特征,同时保持网络的深度。

VGGNet 的一个重要特点是它的层数可以很灵活地进行调整。原始的 VGGNet 有 16 个

卷积层,因此也被称为 VGG16,其结构如图 8-27 所示。后来又发展出了更深的版本,如 VGG19,它有 19 个卷积层。这种深度的网络结构使得 VGGNet 能够学习到更复杂的图像特征,但也导致了更多的参数和计算量。

在训练过程中,VGGNet 通常使用较小的卷积核尺寸和更小的步幅,以更好地适应小尺寸输入,并使用 ReLU 激活函数来增加网络的非线性表示能力。在最后的全连接层之前,通常会使用一些全局平均池化层来将特征图转化为向量表示,以便进行分类或其他任务的预测。

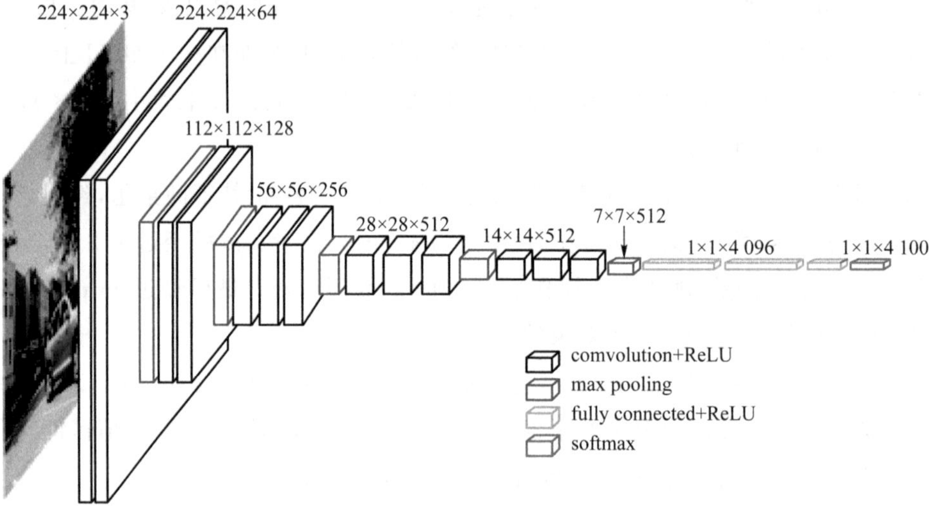

图 8-27　VGG16 网络结构(彩图见封三)

不同于 AlexNet 在第一层使用 11×11 的滤波器,VGGNet 使用 3×3 的滤波器,这是能捕捉到各个方向的最小尺寸。对于卷积神经元网络模型,第一层中往往有大量的高频和低频信息,却没有覆盖到中间的频率信息,且步长过大,容易引起大量的混叠,因此滤波器尺寸和步长要尽量小。理论上两个 3×3 的卷积层组合可以实现 5×5 的有效感受野,即一个 5×5 卷积核可以用两个 3×3 卷积核叠加来近似代替,同理一个 7×7 卷积核可以用三个 3×3 卷积核叠加来代替(见 8.2.2 节感受野的内容)。这样在保持滤波器尺寸较小的同时模拟了大尺度滤波器,不仅提升了判别函数的识别能力,而且还减少了参数。

8.5.4　GoogLeNet

2012 年 AlexNet 做出历史突破以来,直到 GoogLeNet 出来之前,主流的网络结构突破大致是网络更深(层数)、网络更宽(神经元数)。在 AlexNet 和 VGGNet 网络中,单层上的卷积核只有一种,限制了特征提取能力。与 AlexNet、VGGNet 这种单纯依靠增加网络深度而改进网络性能的思路不同,GoogLeNet 网络在加深网络的同时,也在网络结构上做了创新,引入 Inception 结构代替了单纯的卷积加激活函数的传统操作。Inception module 基本单元在单层卷积层上使用不同尺度的卷积核,提取不同尺度的特征,增加了单层卷积层宽度,强化了网络单层特征提取能力。

1. Inception v1 模块结构

图 8-28 给出了 Inception v1 模块结构。其中，Inception v1 模块采用了 4 组平行的特征提取方式，分别为 1×1、3×3、5×5 卷积核，以及 3×3 最大池化。在进行 3×3、5×5 卷积操作之前、3×3 最大池化操作之后，分别增加了 1×1 卷积。最后通过堆叠层，对 4 个分支获得的特征图在通道维度上进行拼接。在 Inception v1 模块中增加 1×1 卷积主要是为了对上一层的特征图(假设为 256 个特征图)进行降维。如果前一层输出不经任何处理直接输入到下一层卷积层，例如每个分支通道数不变，则经过堆叠之后为 256×4 个通道。如果重复该模块，则特征组维度增长得特别快，同时，经过 5×5 这种大尺寸的卷积，计算量非常大。为此，GoogLeNet 借鉴 NIN(network in network)，采用 1×1 卷积核来进行降维，减小下一层卷积的计算量。

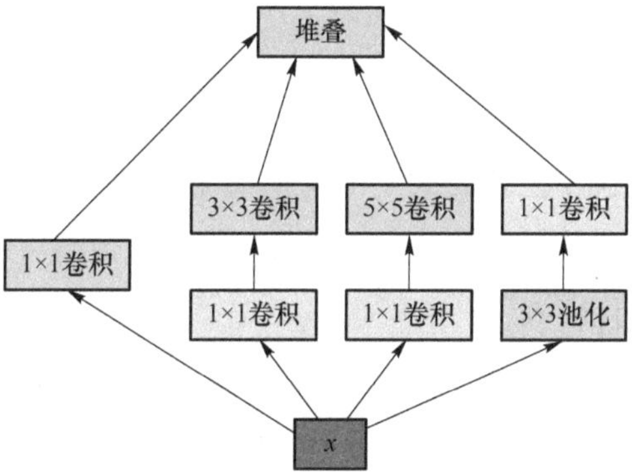

图 8-28　Inception v1 模块结构

以 5×5 卷积核为例，假设上一层的输出为(100×100)×128，经过具有 256 个输出的 5×5 卷积层之后(移动步长 $S=1$，边界补零扩充且 $P=2$)，输出数据为(100×100)×256，此时卷积层的参数为(128×5×5)×256。假如上一层输出先经过具有 32 个输出的 1×1 卷积层(用 1×1 的卷积核对特征图进行线性组合)，再经过具有 256 个输出的 5×5 卷积层，那么最终的输出数据仍为 100×100×256，但卷积参数量减少为(128×1×1)×32+(32×5×5)×256，大约减少了四分之三。

2. Inception v2 模块结构

在 Inception v1 基础上，通过用 2 个 3×3 卷积替代 Inception v1 模块中的 5×5 卷积，得到了 Inception v2，如图 8-29 所示。

在 Inception v2 模型中，除了用 2 个 3×3 卷积替代 Inception v1 模块中的 5×5 卷积，还加入了 BN(batch normalization，批规范化)层，减少了内部协方差偏移(internal covariate shift，内部神经元的数据分布发生变化)，使每一层的输出都规范化到 $N(0,1)$的高斯分布。对于常规的数据归一化方法，归一化数据具有零均值和单位方差：

$$\hat{x}^{(k)}=\frac{x^{(k)}-E[x^{(k)}]}{\sqrt{\mathrm{Var}[x^{(k)}]}} \tag{8.34}$$

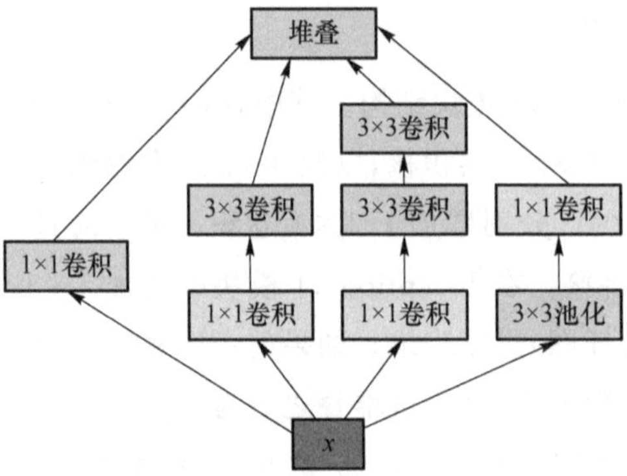

图 8-29 Inception v2 模块结构

Inception v2 中的 BN 在以上数据归一化基础上增加了 2 个参数，用于保持模型的表达能力：

$$y^{(k)}=\gamma^{(k)}\hat{x}^{(k)}+\beta^{(k)} \tag{8.35}$$

需要注意的是，理想情况下上述公式中的均值 E 和方差 Var 应该是针对整个数据集的。为了简化问题，通常用一个批次的均值和方差作为对整个数据集均值和方差的估计。

3. Inception v3 模块结构

在 Inception v2 基础上，Google 又提出了 Inception v3。相比之前的 Inception v2，最重要的改进是引入了分解(factorization)操作。如图 8-30 所示，将 3×3 的卷积分解为两步卷积(1×3 和 3×1)，这样最终可以得到相同的输出大小。这种分解操作可以加速计算，同时将 1 个卷积拆成 2 个卷积，网络深度进一步增加，增加了网络的非线性能力。

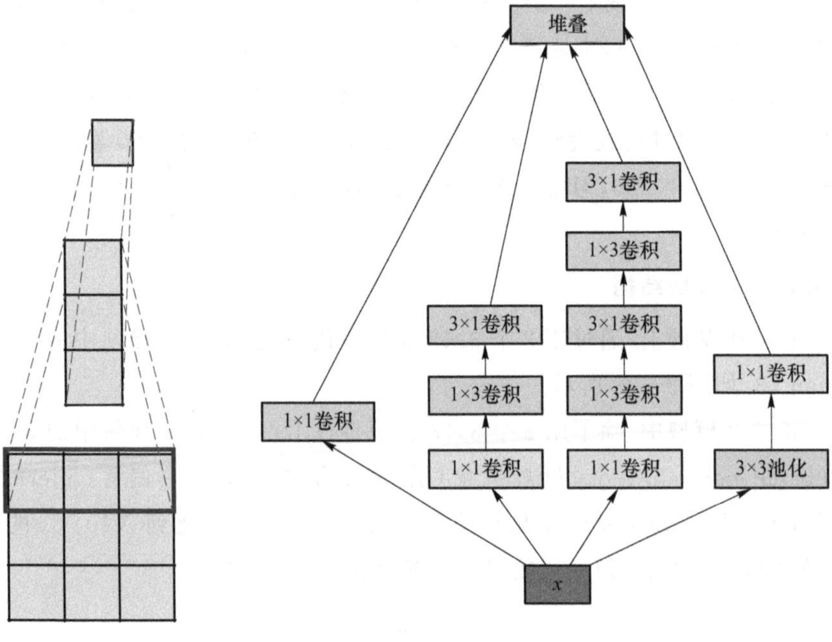

图 8-30 Inception v3 模块

4. GoogLeNet 网络结构

GoogLeNet 就是由前面的这种 Inception 模块经过堆叠构建出来的，图 8-31 所示是一个由 Inception v1 构建的网络结构。

GoogLeNet 的主要贡献是通过并行使用不同尺寸的卷积核和池化操作来构建 Inception 模块。传统的卷积层通常使用固定尺寸的卷积核(如 3×3 或 5×5)，而 Inception 模块中的卷积操作使用了多个不同尺寸的卷积核，并将它们的输出拼接在一起。这样做的好处是网络可以同时学习到不同尺度的特征，从而提高了网络对于不同大小物体的识别能力。

此外，为了减少计算复杂度，GoogLeNet 还引入了 1×1 的卷积层。1×1 的卷积核可以对通道数进行降维或增维操作，降维可以有效减少参数数量和计算量。

GoogLeNet 还采用了全局平均池化层(global average pooling)，将最后一个卷积层的特征图转化为向量表示。这种池化方式可以减少参数数量，并且具有一定的正则化效果，有助于减轻过拟合问题。

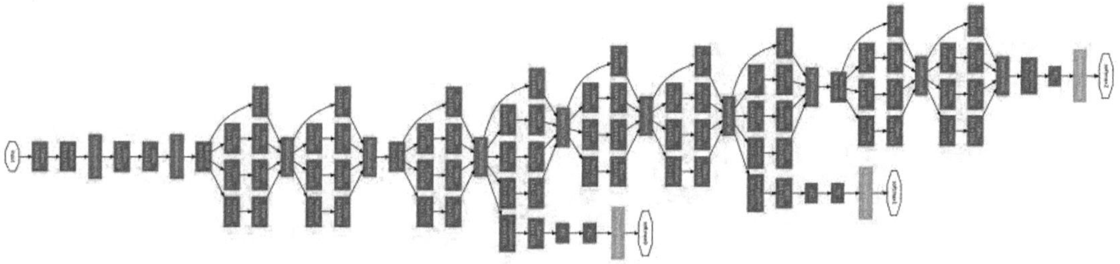

图 8-31　GoogLeNet 网络结构

8.5.5　ResNet

从 LeNet 到 AlexNet，再到 VGGNet 和 GoogLeNet，网络层级越来越深，性能越来越好。研究表明，更深的网络可以提取更加复杂的图像特征，能够更好、更全面地描述目标。但是，卷积网络在信息传递的时候会丢失信息，同时还会导致梯度消失或者梯度爆炸，从而无法训练很深的网络。

为了解决这一问题，何恺明等人于 2015 年提出了残差网络模型(residual network，ResNet)，该模型是 ILSVRC 2015 的比赛冠军，共包含 152 层。除了在层数上面创纪录，ResNet 的错误率降到了 3.6%，低于人类判别误差(人类大约在 5%～10%)。ResNet 的网络结构不再是简单的堆积层数，而是使用全新的"残差学习"原则来指导设计神经网络结构。"残差学习"最重要的突破在于重构了学习的过程，通过给非线性的卷积层增加跳跃连接(shortcut connection，也称为残差连接(residual connection))的方式来提高信息的传播效率，并重新定向了深层神经网络中的信息流。ResNet 很好地解决了常规深层神经网络层级与准确度之间的矛盾。

1. 残差模块

残差模块的设计是 ResNet 网络模型的核心。图 8－32 对比给出了常规神经网络单元和残差网络单元，可见残差模块在所增加的层次上采用恒等映射(identity mapping)，输入数据 x 经过了常规路线和跳跃连接(shortcut connection)。常规路线实现的是输入 x 的常规映射 $F(x)$，跳跃连接实现的是输入 x 的恒等映射。跳跃连接的加入使得每层的输出 $H(x)$不再是传统神经网络当中输入的映射 $F(x)$，而是映射 $F(x)$和输入 x 的叠加。在这个过程中，相比传统神经网络，跳跃连接的加入并没有引入新的参数，没有增加网络模型的计算复杂性。

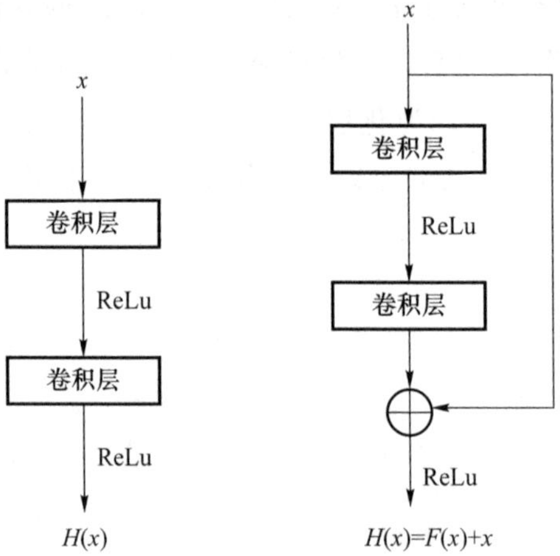

(a) 常规网络单元　　(b) 残差网络单元

图 8－32　常规神经网络单元和残差网络单元的对比

ResNet 优化学习目标为 $F(x)=H(x)-x$，这也是命名为深度残差网络的原因。学习残差 $F(x)$比直接学习 $H(x)$简单，只需要学习输入和输出的差值，由绝对量变为了相对量($H(x)-x$ 输出相对于输入变化了多少)，优化起来简单很多。

图 8－33 对比给出了两种形态的残差模块：常规残差模块和瓶颈残差模块(bottleneck residual block)。对于常规残差模块，由两个 3×3 卷积层组成，随着网络进一步加深，这种残差结构计算效率不高。瓶颈残差模块将两个 3×3 的卷积层替换为 1×1＋3×3＋1×1 三层卷积层。第 1 个 1×1 卷积用于数据降维(将输入 256 维降维至 64 维)，减少运算量，3×3 卷积在相对较低维度(64 维)的输入上进行处理，提高运算效率，第 2 个 1×1 模块用于升维(64 维升至 256 维)，实现维度还原。可见，瓶颈残差模块的设计方法既能保证精度又能减少计算量。

2. 残差模块的优点

残差模块在深度学习网络中具有很多优势，可以提高网络的训练效率、收敛速度和表达能力，同时减少参数数量和计算量，使得网络更易于设计和扩展。具体解释如下：

① 缓解梯度消失问题：在深层网络中，由于信息需要经过多层的非线性变换，所以梯度在反向传播过程中容易消失。残差模块通过引入跳跃连接，可以直接将输入信号绕过一些卷积层，使得梯度可以更轻松地传递到较浅的层，从而缓解了梯度消失问题。

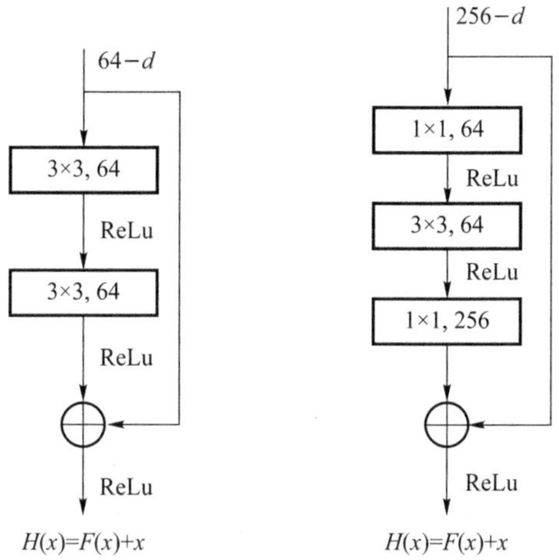

(a) 常规残差模块　　(b) 瓶颈残差模块

图 8-33　ResNet 两种残差模块

② 提高网络的收敛速度:由于残差模块中的跳跃连接使得网络的学习目标变为学习残差,故相当于学习相对较小的修正。这种学习目标相对容易实现,可以使得网络更快地收敛。

③ 提高网络的表达能力:残差模块可以学习到输入和输出之间的差异(残差),这样可以捕捉到更加细粒度的特征变化。通过将残差传递给后续层,网络可以更好地利用先前层次的特征信息,从而提高网络的表达能力。

④ 减少参数数量和计算量:跳跃连接中只涉及参数的加法操作,而不需要额外的乘法操作,因此残差模块可以引入较少的额外参数。这样不仅减少了网络的参数数量,还减少了计算量,有助于模型的训练和推断效率。

⑤ 便于网络的扩展和设计:残差模块的引入使得网络可以更容易地进行深层堆叠。增加残差单元的数量,可以轻松地增加网络的深度,从而提高网络的表达能力和性能。

3. ResNet 网络结构

ResNet 的网络结构如图 8-34 所示。图中左侧是 VGGNet 网络结构,中间是未加短路连接的 34 层网络结构,右侧是包含短路连接的 34 层 ResNet 网络结构。设计上,ResNet 网络所采用的基本部件参考了 VGGNet 网络,也采用大量 3×3 的小尺寸卷积核,只不过在网络堆叠过程中通过短路机制加入了残差单元,整个 ResNet 除最后用于分类的全连接层外都是全卷积的,大大提升了计算速度。图中的虚线表示与原始输入相比,特征图数量发生了改变,采用了填充或投影短路。ResNet 的一个重要设计原则是:当输入的特征图尺寸降低一半时,将特征图的数量增加一倍,从而保持网络的复杂度。实际上,利用残差模块,何恺明等成功将网络深度增加到 50 层、101 层、152 层甚至上千层,同时很好地控制了网络的退化。

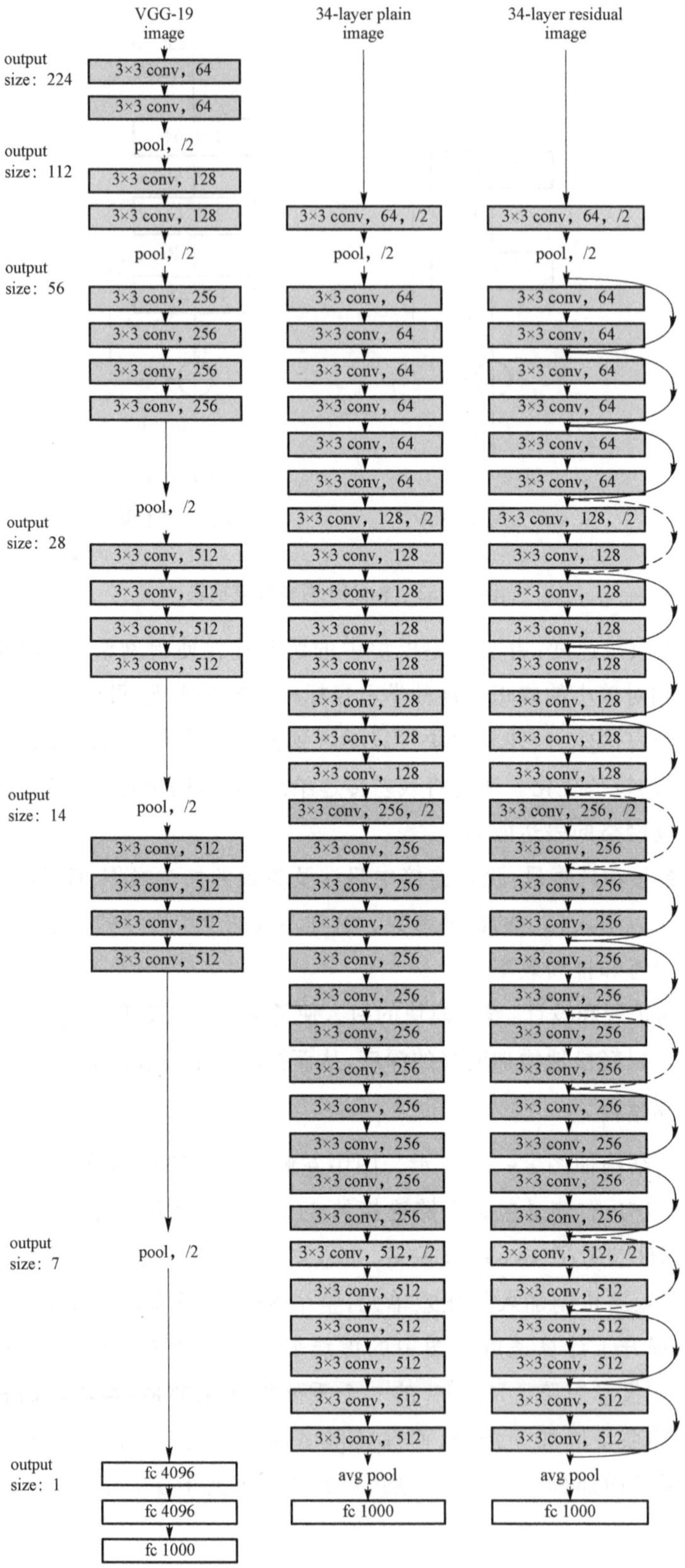

图 8－34　ResNet34 网络结构

8.5.6 DenseNet

自 ResNet 提出以后，在 ResNet 基础上的变种网络层出不穷，网络性能进一步提升。密集网络 DenseNet(dense convolutional network)借鉴了 ResNet 和 Inception 网络思想，通过构建全新的网络结构，使得网络性能进一步提升。

1. 密集块

DenseNet 是具有密集连接的卷积神经网络，由多个紧密连接的密集块组成。图 8-35 给出了一个具体密集块网络结构，每一层的输入来自前面所有层的输出。具体地，针对一个密集块内部，任何两层之间都有直接的连接：网络每一层的输入都是前面所有层输出的并集，实现特征的重复利用，而该层所学习的特征图也会被直接传给其后面所有层作为输入。

对于一个密集块的第 i 层($i=1,2,3,4$)，其输入为之前所有层的特征映射 $x_0,x_1,\cdots,x_{i-1}$，数学描述可表示为

$$x_i=H_i((x_0,x_1,\cdots,x_{i-1}))\tag{8.36}$$

$(x_0,x_1,\cdots,x_{i-1})$表示从 0 到 $i-1$ 层的输出特征图做通道合并(concatenation)，$H_i(\cdot)$表示一个由 BN(batch normalization)、ReLU 和 3×3 卷积这三个连续操作组成的组合函数。

在 ResNet 中，$x_i=H_i(x_{i-1})+x_{i-1}$，即第 i 层的输出是 $i-1$ 层输出加上对 $i-1$ 层输出的非线性变换，特征通道数不变。因此，DenseNet 与 ResNet 在网络体系结构上具有本质的不同。

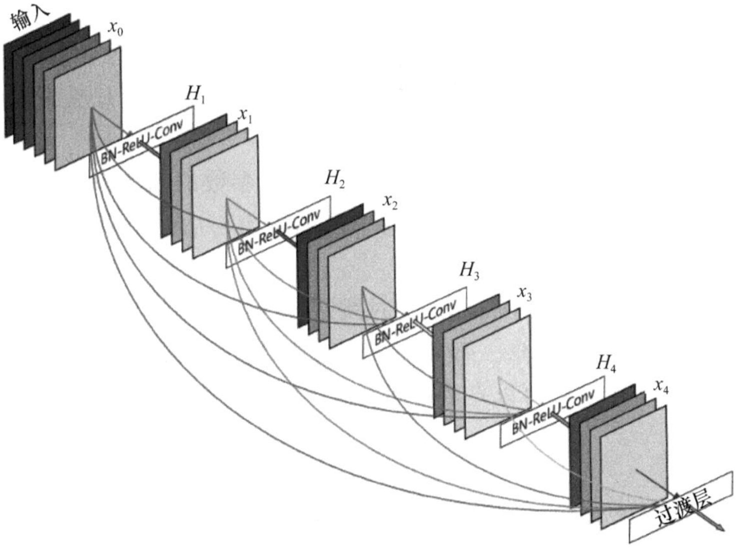

图 8-35　密集块示意图

2. DenseNet 网络结构

由公式(8.36)可见，为了实现特征图通道合并，需要不同层特征图保持相同的特征尺寸，因此直接在各个层之间加入池化层不可行。为了采用下采样，将 DenseNet 网络划分为多个紧密连接的密集块(dense block)。密集连接仅在一个密集块内进行，不同密集块之间没有密集连接。不同密集块之间增加过渡层(transition layers)实现下采样，该过渡层由 BN 层、1×1

卷积层、2×2 平均池化层组成。其中 BN 层用于进行数据归一化处理，1×1 卷积层用于网络模型参数压缩。图 8-36 给出了由 3 个密集块组成的深度 DenseNet。在一个密集块内，每一层的输入来自前面所有层的输出，假设每层输出 k 个特征图，则经过该密集块输出 $4k$ 个特征图。1×1 卷积层可以将一个密集块的参数压缩到 $4k$。

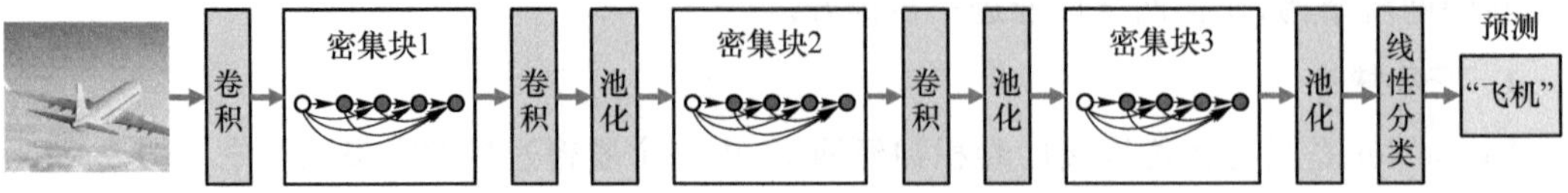

图 8-36 由 3 个密集块组成的深度 DenseNet

相比常规深度神经网络，DenseNet 网络更窄、参数更少。网络中的每一层都直接与其前面层相连，实现了特征的重复利用，不需要重新学习冗余特征图，相对于传统卷积网络需要更少的参数。此外，DenseNet 中的卷积层可以设计得非常窄(例如每层 12 个滤波器，卷积核数量少，进而生成的特征图数量少)，即只学习非常少的特征图(最极端情况就是每一层只学习一个特征图)，降低冗余性，因此 DenseNet 的参数量较其他模型大大减少，具有更高的运算效率。

3. DenseNet 与 ResNet 网络结构的对比

从图 8-32 和图 8-35 可以看出，DenseNet 与 ResNet 均在非相邻的卷积层增加了跳跃连接来提高信息的传播效率，重新定向了神经网络中的信息流。但两者又是不同的，具体表现在以下三个方面：

① 网络结构上：ResNet 的核心是残差单元，它通过跳跃连接在网络中引入了恒等映射的概念。而 DenseNet 使用稠密连接，它通过将每个层的输出与后续所有层的输入连接起来，形成一个密集的连接结构。

② 参数和特征复用上：ResNet 中的跳跃连接只涉及参数的加法操作，因此额外的参数数量相对较小。而 DenseNet 中的稠密连接将每个层的输出与后续所有层的输入连接起来，导致参数数量显著增加。

③ 特征的传递和信息流动上：ResNet 通过跳跃连接直接将信息从浅层传递到深层，使得深层可以直接获取浅层的特征信息。而 DenseNet 中的稠密连接使得信息可以在网络中的任意两层之间自由传递，每个层都可以直接访问前面所有层的特征图。

8.5.7 Unet

前边介绍的几种网络通常用于分类任务，本节介绍一种用于图像语义分割的网络——Unet 网络，Unet 网络可以认为是像素级的分类网络。

Unet 发表于 2015 年，属于全卷积网络(fully convolutional networks, FCN)的一种变体。Unet 的初衷是为了解决生物医学图像方面的问题，由于效果确实很好，后来也被广泛地应用在语义分割的各个方向，比如卫星图像分割、工业瑕疵检测等。

Unet 是一个 U 形语义分割网络，它具有收缩路径和扩展路径，即 encoder-decoder 结构。Unet 的体系结构如图 8-37 所示。一方面，收缩路径对应编码器(encoder)负责提取特征，其每一步都包含两个连续的 3×3 卷积，然后是 ReLU 非线性层和窗口为 2×2、步长为 2 的最大池化层。在收缩过程中，特征信息增加，空间信息减少，最终提取出低维的特征。另一方面，扩展路径对应解码器(decoder)，负责将低维特征恢复到目标结果，其每一步都先采用 2×2 的反卷积将特征图的尺寸放大 2 倍，然后将放大后的特征图与收缩路径中尺寸相应的特征图连接起来，最后应用两个连续的 3×3 卷积运算及 ReLU 非线性运算。这样，扩展路径结合特征和空间信息进行精确分割。

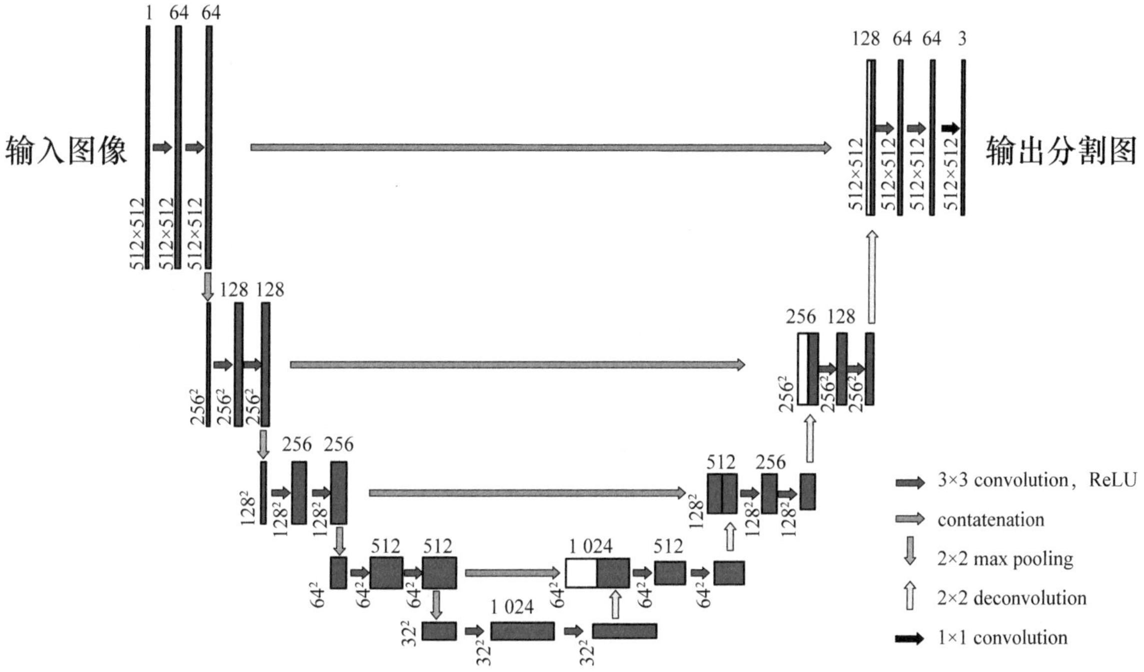

图 8-37　Unet 示意图

8.6　卷积网络的一般设计方法

卷积神经网络已被广泛应用于计算机视觉领域内，面对不同的视觉任务，网络的设计方法也各有特点。8.5 节中介绍了 7 种经典的网络结构，这些网络结构也是卷积网络设计思路的一种体现。本节进一步介绍卷积网络设计的一般思路，并通过一个实际卷积网络设计的例子来说明具体的设计过程。

8.6.1　一般的设计思路

通常，卷积网络的设计从以下三个方面考虑。

1. 网络深度

通常增加卷积网络的深度，会使得其非线性表达能力提升，从而提升模型的精度。因此，在一般的卷积神经网络的设计中，增加网络的深度是一种提升准确性简单且有效的方式。关于如何选择网络的深度，通常有以下两种做法：

① 参考一些经典的网络：例如 AlexNet、VGG 等。在应用卷积神经网络解决计算机视觉

任务时，一般会先选择一个基线(baseline)网络，以此为基础，通过不断地对比实验来进行网络结构上的调整，以选择出性能更优的网络结构，从而更好地完成该视觉任务。

② 设计一种或几种卷积模块(block)：一般设计网络多一层或者少一层，对于结果的影响区别不大。这样一层一层地改进调试，显然不是一种好的设计方法，不仅需要反复实验，而且浪费了大量的计算资源，效率低下。可以参考 VGG 或 ResNet 网络的设计方式，设计出合适的卷积模块，这些模块是由几种不同的操作组合而成的，例如卷积、激活、批量归一化(batch normalization, BN)等。然后在设计网络的过程中通过堆叠卷积模块来进行网络的性能测试。通过这样的方式可以避免逐层设计所带来的工作量大、效率低等问题。

2. 多尺度

卷积神经网络通过逐层抽象的方式来提取目标的特征，其中一个重要的概念就是感受野。如果感受野太小，则只能观察到局部的特征，如果感受野太大，则获取了过多的无效信息，因此研究人员一直都在设计各种各样的多尺度模型架构，提取多尺度特征，从而提高网络的分类性能。图像金字塔和特征金字塔是两种比较典型的多尺度方法：

① 多尺度输入网络：顾名思义，就是使用多个尺度的图像输入(图像金字塔)，然后将其结果进行融合，传统的人脸检测算法 V-J(Viola-Jones)框架就采用了这样的思路。值得一提的是，多尺度模型集成的方案在提高分类任务模型性能方面是不可或缺的，许多模型仅仅采用多个尺度的预测结果进行平均值融合，就能获得明显的性能提升。

② 多尺度特征融合：在网络处理阶段，计算不同尺度下的特征图，最后将提取到的特征融合以便进行下游任务。比如 GoogLeNet 网络中的 Inception v1 基本模块，包括有 4 个并行的分支结构，分别是 1×1 卷积、3×3 卷积、5×5 卷积、3×3 最大池化，最后对 4 个通道进行组合。

③ 以上两种的组合：在设计网络的时候，根据具体任务的特点，将各种尺度的图像输入网络进行特征提取，计算各种尺度的特征图，然后再对各种特征进行融合，从而得到多尺度融合之后的特征，融合后的特征即可用于后续的分割、分类等任务。例如在输入前构建图像金字塔，然后在网络处理阶段使用 Inception 结构进行多尺度特征融合。

应根据具体的任务要求和特点来设计网络，在网络性能遇到瓶颈的时候，可以尝试采用多尺度的方法来改进网络。

3. 注意力机制

注意力机制(attention mechanism)是被广泛应用于深度学习领域中的一种方法，该方法也符合人的认知机制。人类在观察一幅图像的时候，会对不同的区域投入不一样的关注度。将注意力机制引入卷积神经网络的设计当中，可以使得网络表现出更好的性能。常用的注意力机制主要分为空间域、通道域和混合域。

① 空间域：空间注意力机制将图像中的空间域信息做对应的空间变换，从而能将关键的信息提取出来。空间注意力机制对空间进行掩模(mask)的生成，对像素的重要程度进行打分。典型的空间注意力机制如空间注意力模块(spatial attention module)的结构如图 8-38 所示，该模块对于 $H \times W$ 尺寸的特征图学习到一个权重，对应每个像素都会学习到一个权重来表示对该像素的注意程度，增大有用的特征，弱化无用特征，从而起到特征筛选和增强的效果。

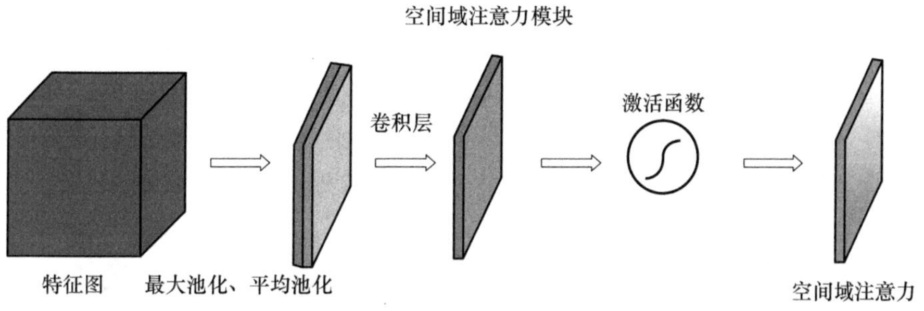

图 8－38　空间域注意力网络示意图

② 通道域:通道注意力机制(channel attention module)将全局空间信息压缩至一系列通道描述符中,相当于给每个通道上的信号都增加一个权重,来代表该通道与关键信息的相关度,这个权重越大,则表示相关度越高。SENet(squeeze-and-excitation networks)是一种典型的通道注意力机制,其结构如图 8－39 所示。

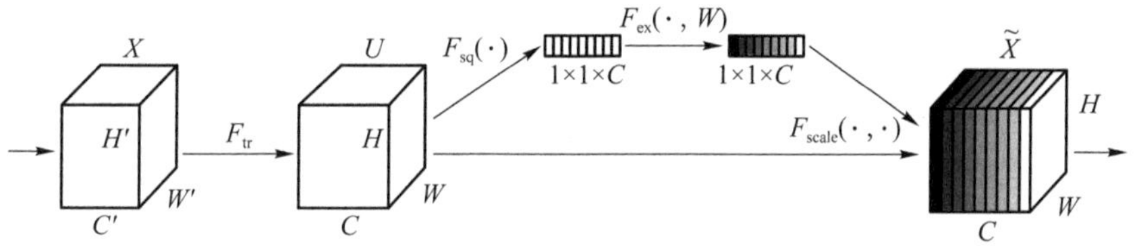

图 8－39　通道域网络示意图

③ 混合域:将空间和通道相结合的注意力机制。空间域的注意力与通道域的注意力都对网络的性能提升有影响,那么将这两者结合起来也能够起到提升网络性能的作用。代表性的网络结构如 CBAM(convolutional block attention module)、DANet(dual attention network)等,图 8－40 给出了 CBAM 的结构示意图。

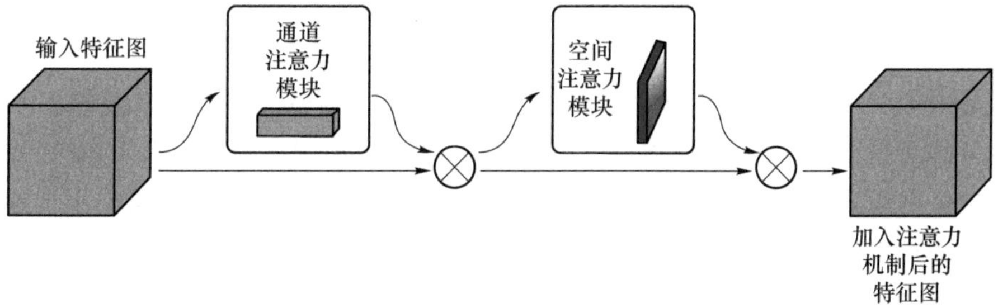

图 8－40　CBAM 结构示意图

在卷积神经网络中引入注意力机制是一种便捷有效的方式。例如 SENet 在 2017 年的 ILSVRC 大赛中获得冠军,它仅通过对特征通道间的相关性进行建模,就带来了巨大的提升,并且新引入的计算量也很少。用注意力的方式对特征加以选择,使模型更多地关注重要的特征,弱化不重要特征对模型的影响。

8.6.2 卷积网络设计举例

多光谱遥感图像容易受到雾的干扰，造成图像清晰度下降，地物信息损失。对多光谱遥感图像进行去雾，可以提高多光谱遥感图像的质量，为后续解译任务的有效进行提供保障。本节以遥感图像雾去除为例，介绍卷积神经网络的一般设计过程，如图 8-41 所示。

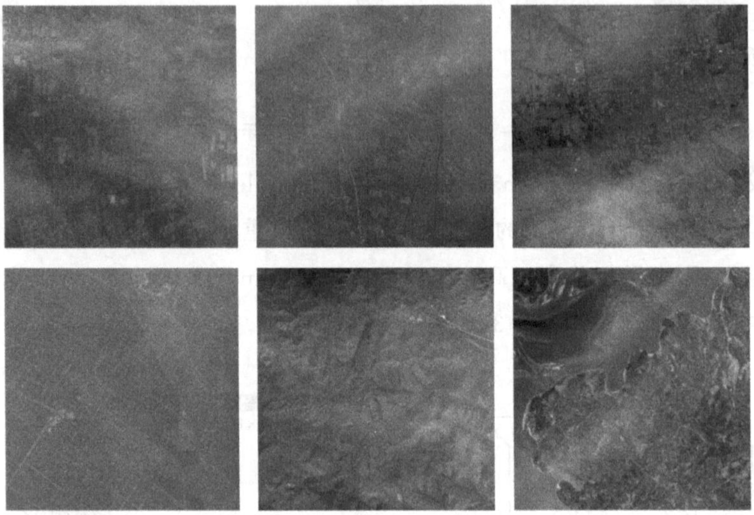

图 8-41 带有雾干扰的遥感图像

(1) 多尺度残差去雾网络结构设计

这里采用残差卷积神经网络来拟合有雾图像到清晰图像之间的映射关系。在残差网络中，大部分信息是由网络输入直接提供的，网络学习过程主要是对输入与输出之间的残差部分进行学习。而在去雾问题上，清晰图像和其对应的带雾图像具有相似的纹理和颜色，可以看作是去雾前图像的一个近似，这一点恰好与残差网络的特点相对应。当采用残差网络来学习带雾图像和清晰图像间的回归模型时，网络中的权重层只需要学习有雾图像和清晰图像之间不同的部分(雾成分)，相同的地物纹理和颜色信息可以由输入图像直接提供。

设计的去雾网络是一个具有残差结构的全卷积网络。网络的输入是带雾的多光谱图像，输出是相应的清晰图像，为了保证输入输出维度的一致性，该网络均采用带填充的卷积层。考虑到图像中每个像素点处的去雾只取决于局部信息，网络中所有的卷积层均采用小卷积核，且无需池化层进行空间信息的整合。根据雾天成像模型，清晰图像和有雾图像之间为线性关系，因此该网络不采用任何非线性激活单元。具体的网络结构如图 8-42 所示。网络的第一层为卷积层，卷积核大小为 3×3，滤波器个数为 16，用于实现图像数据的高维映射，使得后续的权重层可以在高维空间学习。网络的中间层为一个残差块结构，由两个多尺度卷积层、一个特征融合层和一个残差相减层组成，用于雾成分学习和高维空间去雾。多尺度卷积层用于提取雾的多尺度特征，每个多尺度卷积层是由 3 个不同尺度的卷积并联构成的，卷积核大小分别为 $\{1\times1, 3\times3, 5\times5\}$。每种尺度的卷积产生 16 张特征图，因此多尺度卷积层共输出 48 张特征图。特征融合层用于不同尺度的信息整合，其输出结果可表征雾成分。具体操作为在不同尺度的特征图之间进行逐元素取平均，如图 8-43 所示。经过特征融合层后，特征图个数由 48 降为 16，与升维后输入图像的维度一致。残差相减层将融合后的特征图从升维后的输入图像中减去，可看作是高维空间的去雾操作。网络的最后一层同样为卷积层，卷积核大小为 3×3，用于将特征图映射到原始图像维度，实现特征降维并输出恢复后的清晰图像。

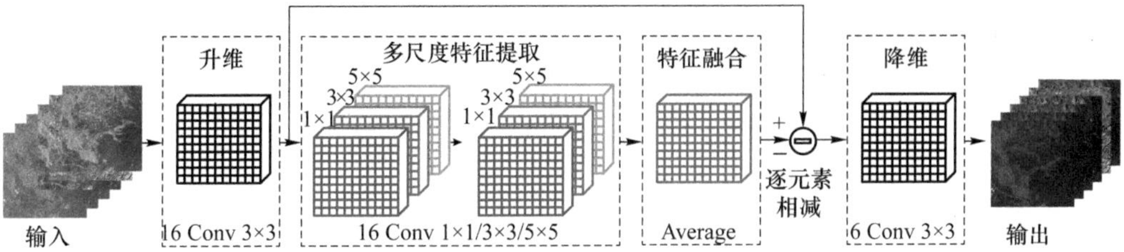

图 8-42 去雾网络结构

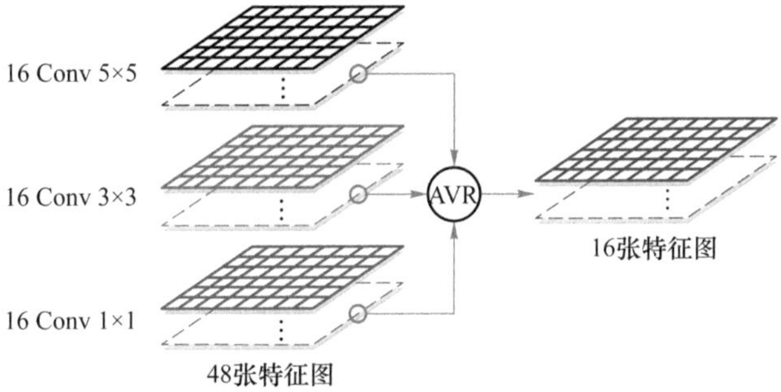

图 8-43 特征融合层结构

(2) 损失函数

在本例中，卷积神经网络的输入是带雾图像，输出是去雾以后的清晰图像，因此卷积神经网络被用来解决回归问题，这里采用欧氏距离作为损失函数：

$$L = \frac{1}{2N}\sum_{n=1}^{N} \| \hat{g}_n - g_n \|^2 \tag{8.37}$$

其中，N 为图像个数，$\hat{g}_n$ 为网络的实际输出结果，g_n 为真值图像。为了防止过拟合，损失函数以二范数的形式对参数进行正则化约束。通过最小化该损失函数进行网络训练，即可得到去雾模型。

(3) 数据集

采用的实验数据来自 Landsat 8 OLI 卫星传感器采集的多光谱遥感图像(见图 8-44)，其波段信息如表 8-5 所列。由于海岸波段(波段 1)、可见光波段(波段 2、波段 3、波段 4)、近红外波段(波段 5)以及全色波段(波段 8)容易受到雾的影响，而其他波段基本不受雾的干扰。因此，对 Landsat 8 OLI 遥感图像的以上 6 个波段进行去雾。由此，图 8-42 中输入数据的通道数为 6。

图 8-42 所设计的网络是监督型的网络，需要大样本数据集进行训练。然而，现实中难以获得有雾图像对应的真值图像，因此基于监督学习的去雾方法很难获得足够的训练样本。而多光谱遥感图像雾仿真的方法可以提供大量的、接近真实的带雾图像及其真值图像，既可以用

于基于监督学习去雾算法的研究，也可以用于去雾效果的评价。因此采用仿真的方式获得清晰图像及其对应的带雾图像来进行训练，然后将训练好的网络模型对实际带雾图像进行去雾。理论上，只要雾仿真方法符合实际的雾成像模型，则训练出的网络对实际带雾图像的处理一定是有效的。关于雾仿真方法不属于本书的重点，感兴趣的读者可以查阅相关文献。

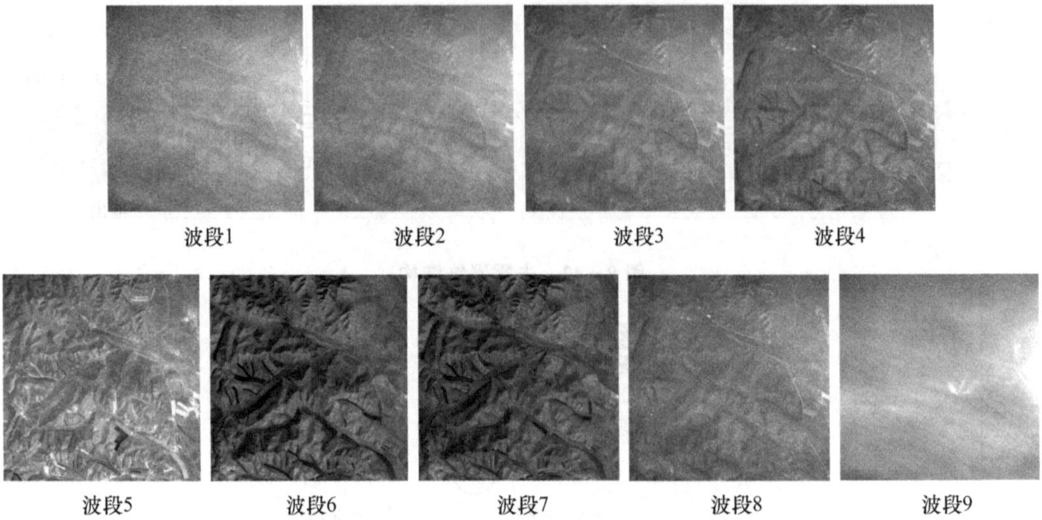

图 8-44　Landsat8 OLI 遥感图像各波段示例

表 8-5　Landsat 8 OLI 遥感图像各波段信息

波段	波长/μm
波段 1(海岸波段)	0.433～0.453
波段 2(蓝波段)	0.450～0.515
波段 3(绿波段)	0.525～0.600
波段 4(红波段)	0.630～0.680
波段 5(近红外波段)	0.845～0.885
波段 6(短波红外波段Ⅰ)	1.560～1.660
波段 7(短波红外波段Ⅱ)	2.100～2.300
波段 8(全色波段)	0.500～0.680
波段 9(卷云波段)	1.360～1.390

(4) 训练设置

梯度下降法是神经网络中常用的优化方法，其又可分为批量梯度下降法、随机梯度下降法和小批量梯度下降法等，其中小批量梯度下降法可实现在线训练，并且有效降低了变量更新的方差。因此，采用小批量梯度下降法进行目标函数的优化，批量训练集的大小为 10。

本例中，训练图像都被归一化到[0,1]的范围内。各层的卷积核权重均采用均值为 0、方差为 0.01 的高斯函数进行初始化，偏置的初始值设为 0.01。损失函数采用欧氏距离，正则化衰减项为 0.000 1。网络采用基于动量的小批量梯度下降法进行优化，动量项参数为 0.9，初始学习率为10^{-7}，并且在损失函数值达到稳定时减小为原来的一半。设计的去雾网络是端到端的，一旦训练好网络模型，只需将待去雾的多光谱图像输入到网络中，通过网络的前向传播，即可在输出端得到被恢复的清晰图像。

图 8-45 是对一组带雾图像进行雾去除的展示，其中第一行为输入的带雾图像，第二行是网络的输出，即为去雾以后的结果，可以看到图像中的雾被成功去除了。

本例中，根据去雾任务的需要和图像的特点，选择了残差结构进行网络设计，并且采用多尺度的方法进行特征提取，同时根据任务采用了回归 loss 作为目标函数。从这个例子可以看出，网络的设计是根据任务需要来进行的，任务改变或者图像特点改变，都会对网络结构和损失函数等产生影响，希望读者能够体会。

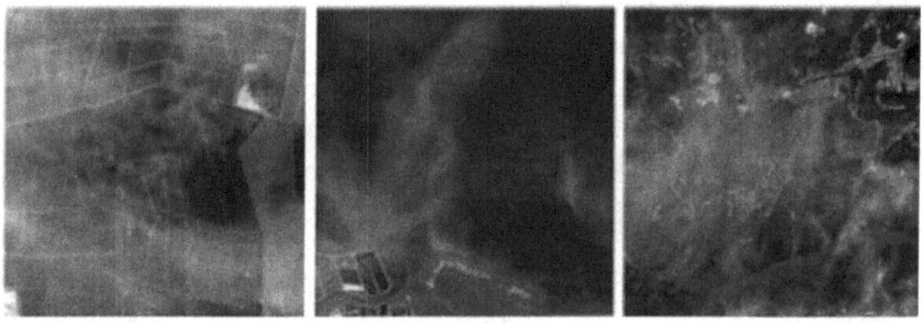

(a) 输入

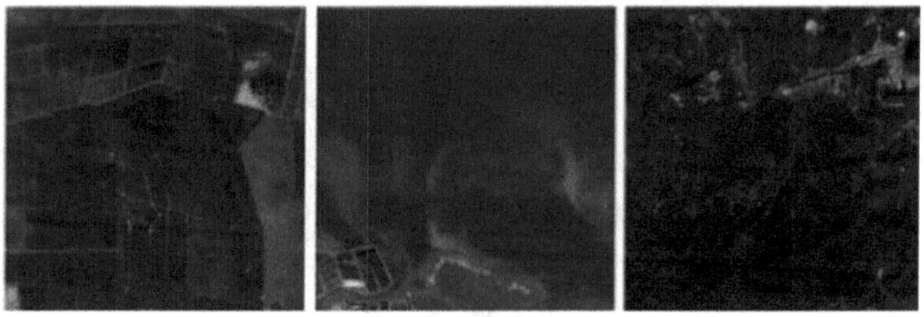

(b) 输出

图 8-45　网络输入输出的结果展示

小　结

本章较为系统地介绍了卷积神经网络模型，包括卷积神经网络的基本结构、网络特性和训练过程等内容，并介绍了七种经典的卷积神经网络结构，最后给出了卷积网络的一般设计方法。卷积神经网络是当前流行的深度学习方法，已被广泛应用于图像视觉领域，希望通过本章的学习，读者能够深入理解卷积网络的基本理论，并能够根据任务需要设计自己的卷积神经网络。

习　题

1. 分析 GoogLeNet Inception 结构中 1×1 卷积核的作用。
2. 对比 ResNet 网络残差单元与 DenseNet 稠密连接，说说二者的异同。

3. 一个 3×3 的卷积核通过几层卷积叠加可以得到与 9×9 的卷积核同等规模的感受野？假如输入特征图和输出特征图的通道个数均为 D，则采用 9×9 卷积核进行卷积操作所需要的参数个数是多少？如果采用 3×3 卷积核且得到 9×9 规模的感受野，需要的参数个数是多少？不考虑卷积核的偏置。

4. 简述网络中加入 BN 层的作用。

5. 简述网络中加入残差模块的优势。

6. 网络正则化的目的是什么？常用的正则化方法有哪些？

7. 什么是数据增广？数据增广操作有哪些？

8. 什么是数据清洗？

9. 简述网络浅层特征与深层特征的区别。

10. 卷积网络深度特征的分布式表示指的是什么？

11. 简述网络权值共享与感受野的概念。

12. 池化层的作用是什么？有哪些池化方法？

13. 什么是卷积网络中的梯度消失问题？

14. ReLU 激活函数的优点和缺点是什么？

15. 假设上一层输出 100×100×128 的特征映射组，采用 128 个大小为 3×3 的卷积核进行卷积，移动步长 $S=1$，边界补零且 $P=1$：

① 计算输出的特征映射组大小；

② 计算需要确定的参数数量；

③ 引入 1×1 卷积，即先采用 32 个大小为 1×1 的卷积核进行卷积，再采用 128 个大小为 3×3 的卷积核进行卷积，计算最终输出的特征映射组大小和需要计算的参数数量。

参考文献

[1] LeCun Y, Bottou L, Bengio Y, et al. Gradient-based learning applied to document recognition[J]. Proceedings of the IEEE, 1998, 86(11).

[2] Krizhevsky A, Sutskever I, Hinton G. ImageNet classification with deep convolution neural networks[J]. Advances in Neural Information Processing Systems, 2012, 25(2): 1106-1114.

[3] Simonyan K, Zisserman A. Very deep convolutional networks for large-scale image recognition[J]. Computer Science, 2014.

[4] Szegedy C, Liu W, Jia Y, et al. Going deeper with convolutions[C]// Proceedings of the IEEE Conference on Computer Vision and Pattern Recognition, 2015.

[5] Szegedy C, Vanhoucke V, Ioffe S, et al. Rethinking the inception architecture for computer vision[C]// Proceedings of the IEEE Conference on Computer Vision and Pattern Recognition, 2016.

[6] He K, Zhang X, Ren S, et al. Deep residual learning for image recognition[C]// Proceedings of the IEEE Conference on Computer Vision and Pattern

Recognition，2016.
[7] Dumoulin V，Visin F. A guide to convolution arithmetic for deep learning[J]. ArXiv e-prints，2016.
[8] Zeiler M D，Fergus R. Visualizing and understanding convolutional networks[C]// Computer Vision - ECCV 2014：13th European Conference，2014.
[9] Deng J，Dong W，Socher R，et al. Imagenet：a large-scale hierarchical image database[C]// 2009 IEEE conference on computer vision and pattern recognition，2009.
[10] Lin T Y，Maire M，Belongie S，et al. Microsoft coco：Common objects in context[C]// Computer Vision-ECCV 2014：13th European Conference，2014.
[11] 魏秀参. 解析深度学习 卷积神经网络原理与视觉实践[M]. 北京：电子工业出版社，2018.
[12] 周浦城，李丛利，王勇，等. 深度卷积神经网络原理与实践[M]. 北京：电子工业出版社，2020.

第 9 章　模式识别实验

本章主要是根据本书前几章的理论内容来设计实验，通过实验来验证理论，加深对理论的理解，同时加强动手实践能力。

考虑到采用图像数据进行实验会带来更好的视觉效果，帮助更好地理解理论，因此本书采用图像数据作为实验数据。另外，为了突出航空航天应用的特色，且又不失传统模式识别的经典，本书提供了 11 个数据库，其中前 10 个数据库是二维的图像数据，最后 1 个数据库是一维的信号，所涉及的分类目标包括：①天基卫星目标、遥感图像地面飞机目标等航空航天领域应用中的典型目标数据；②指纹、人脸、字符等传统目标识别数据库；③医学图像分类数据库（皮肤肿瘤数据库）；④植物分类数据库（花朵）。⑤语音识别数据库。这些数据库中，有的是作者所在实验室根据科研任务需要自己建立的，有的是从公开数据集中整理出来的，9.1 节中对 11 个数据库进行了详细的介绍。为了方便读者进行学习和使用，本书将这些数据集统一存储为本实验框架可以处理的路径设置，获取方式见封底。

对于实验内容的设计，本书从系统的角度考虑，共设计了 6 个不同的实验。其中前 5 个实验围绕“天基卫星目标识别”这一个综合项目，分别从特征提取、分类器设计、分类器超参数优化、有监督识别和无监督识别等不同的角度设计实验，对应了识别系统的各个方面。最后一个实验通过识别系统性能评估这一主题设计了一个综合的实验项目，使学生能够对识别系统的实验结果进行性能分析、对比和系统优化，最终实现对识别系统的整体设计和创新。

本书的实验内容配有完整的视频讲解，会在相应的小节中给出下载二维码，以方便教学演示和读者学习。同时提供了开放的代码（获取方式见封底），由于所涉及的代码量较大，不易放入书中以免影响阅读，因此本书仅对关键算法函数以伪代码形式进行必要的说明。

9.1　实验数据集介绍

本节介绍 10 个数据库，其中部分数据库为自建数据库，由作者所在实验室提供，包括空间目标数据库、遥感图像舰船数据库、车牌类型数据库、花朵分类数据库，其余数据库来自公开数据集。另外，本书后续的实验展示均是围绕 9.1.1 节的卫星目标数据库进行的，读者进行实验时也可以根据自己的需要，选择其他数据库作为实验数据，或者自建数据库完成实验。

9.1.1　空间卫星目标数据库

近年来，近地轨道运行的各类人造卫星数量快速增长。通过卫星目标分类识别，可以实现空间态势的自动监视，判断卫星运行状态，预防碰撞风险，保障空间安全。

空间目标数据库是空间监视系统的重要组成部分，是空间目标分类、识别的基础。研究空间目标特性，建立空间目标数据库，对于空间监视任务中的目标识别、分类研究具有重要应用价值。

BUAA-SID1.0 空间目标图像数据库是包含丰富几何信息的空间目标图像数据库。该数据库基于空间目标三维模型，利用 3ds Max 软件渲染生成空间目标全视点仿真图像序列，共包含 56 颗卫星的三维模型及其仿真图像。BUAA-SID1.0 空间目标图像数据库分为三维模型库和仿真图像库两个子库。三维模型库包含 56 颗卫星的三维模型，保存格式为 max(3ds Max 场景文件)。在三维模型库基础上，基于 3D Studio Max 软件强大的渲染功能，对不同的三维模型进行成像，通过设置摄像机参数，光源参数，摄像机、光源及三维模型的相对位置得到多种数据样本，从而得到仿真图像库。仿真图像库共包含 25 760 幅仿真图像，分辨率320×240像素，每颗卫星 460 幅，其中 230 幅为全视点 24 位彩色图像，另外 230 幅为相应的二值图像。

由于 BUAA-SID1.0 空间目标图像数据库是针对项目研究需求而建立的，其内容不宜完全公开。为了便于国内外空间目标识别领域的研究者使用 BUAA-SID1.0 空间目标图像数据库，在科学研究的前提下，BUAA-SID1.0 空间目标图像数据库制作团队发布了该数据库的共享版本 BUAA-SID-share1.0，其发布网址为 https://github.com/haopzhang/BUAASID。BUAA-SID-share1.0 共享数据库不含空间目标三维模型，只选取了 BUAA-SID1.0 中具有代表性的 20 颗卫星，发布其 9 200 幅仿真图像，每颗卫星 460 幅，涵盖全部 230 个采样视点。BUAA-SID1.0 中 20 颗卫星的 24 位彩色图像数据量超过 1 Gbyte，共享版数据库包含的仿真图像为原库中彩色图像变换后的 8 位灰度图及相应的二值图，分辨率为 320×240 像素，图像文件格式为 BMP 位图格式。BUAA-SID-share1.0 中 20 颗卫星的图像示例如图 9-1 所示。图 9-2 给出了其中一颗星所对应的 20 个不同角度和姿态的仿真数据。

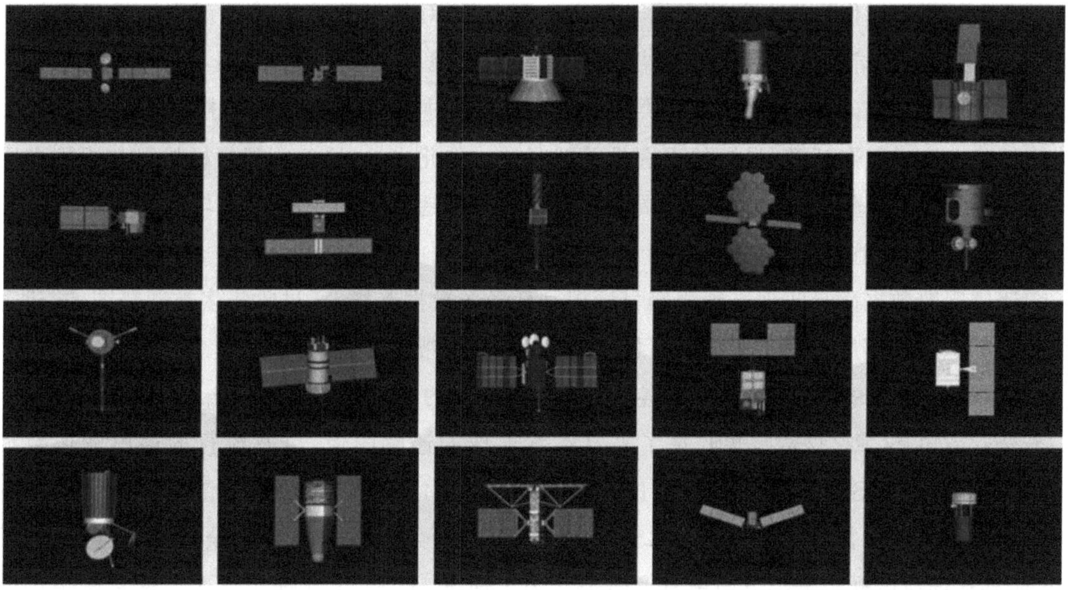

图 9-1　BUAA-SID-share1.0 图像示例

为了方便，本书从 BUAA-SID-share1.0 中抽取了其中的 400 个仿真数据进行实验，即一共 20 颗卫星，每颗星抽取 20 个不同视点。这些数据可以通过本书的二维码进行下载。后续实验内容的具体展示均是围绕这 400 个卫星图像数据进行的。

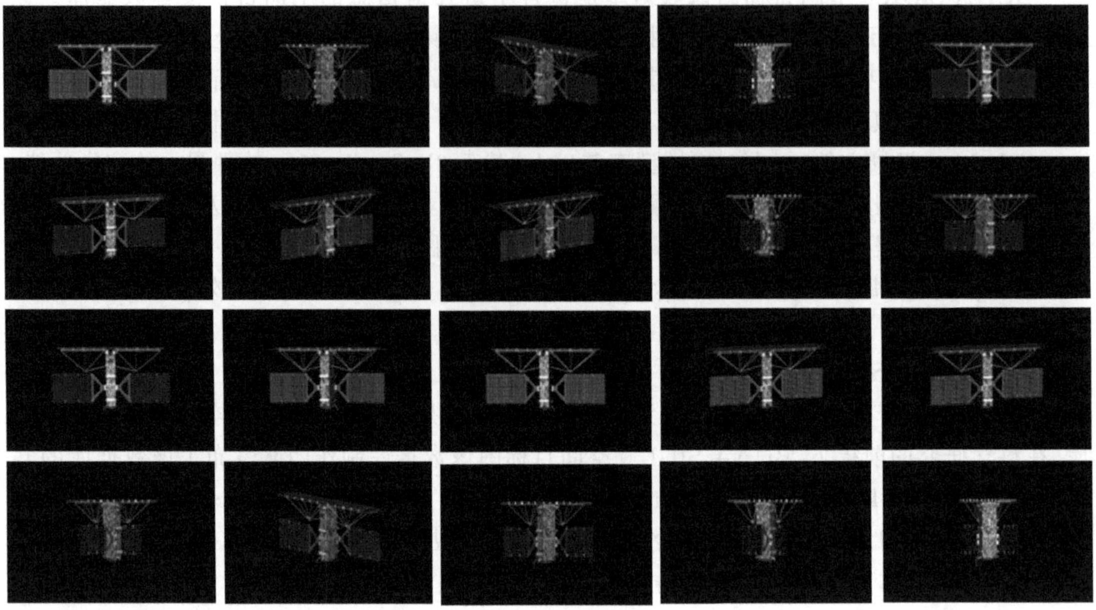

图 9-2 一颗星对应的 20 幅不同视点图像

9.1.2 遥感图像舰船数据库

海上舰船目标作为海上监测和战时打击的重点目标，能否快速准确地识别海战场舰船目标的战术意图，为指挥员决策提供支持，极大地关系到战斗成败。现代海上战争中，舰船目标作为海战场上重点的海上目标，不同类型的舰船目标在进行打击时实施打击的方式是不同的。为了精确地完成打击任务，目标的识别是关键问题。除此之外，遥感舰船目标检测与识别在民用方面也有着重要作用，我国领海广阔，海洋资源丰富，遥感舰船目标检测与识别在监视海运交通、维护海洋权益、提高海防预警能力等方面有着广阔的应用前景。

遥感舰船数据库是实现遥感舰船目标识别任务的数据支撑，通过收集多类舰船图像，建立舰船目标识别数据库，可为研究舰船目标识别任务提供帮助。

FGSCR-42 数据集是由北京航空航天大学发布的，其发布网址 https://github.com/haopzhang/FGSCR。该数据集收集了来自谷歌地球的遥感图像，以及流行的遥感图像数据集，如 DOTA，HRSC2016，NWPU VHR-10，其中包括 42 种不同规模的船只，共 9 320 张图像。为了增加图像数据的多样性，FGSCR-42 数据集回顾了过去 40 年来全球 42 个港口的图像，使其在细粒度视觉分类方面更具竞争力。为了使 FGSCR-42 数据集适用于遥感图像中的细粒度船舶分类，作者在收集图像时考虑了三个属性，即足够数量的图像总数，每个类别的平衡和足够的实例，以及足够的类别来接近实际应用。FGSCR-42 中的图像大小范围从大约 50×50 像素到大约1 500×1 500 像素，对应于遥感影像中船舶实例大小的巨大差异。图 9-3 展示了尼米兹级航空母舰不同角度的图像，图 9-4 则展示了不同种类的船只图像。

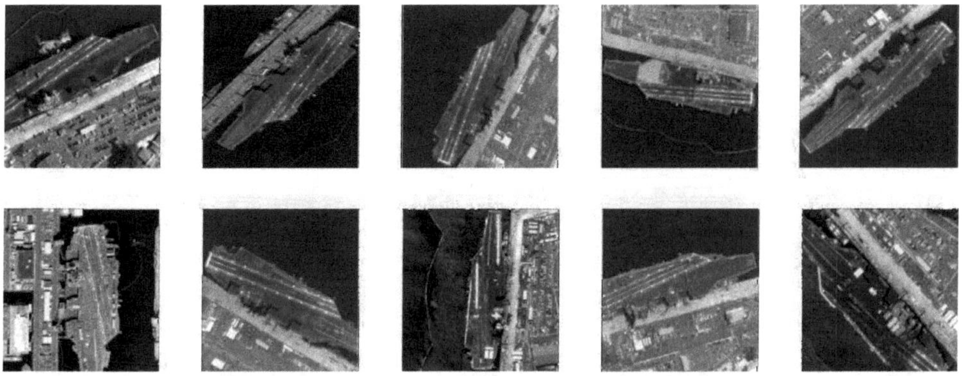

图 9-3　尼米兹级航空母舰的遥感图像

图 9-4　不同种类的船只遥感图像

9.1.3　遥感图像油罐目标数据库

原油作为一种重要的战略物资，对一个国家的经济和军事等多个领域均起到重要作用。油罐是用于短期或长期存储原油液体或压缩气体的容器，通常呈圆柱形，顶部直径从 6.1～91.5 m 不等。遥感图像中油罐目标的识别任务因其重要的战略意义而备受关注。

遥感数据集 RSOD-Dataset 由武汉大学发布，其中包含了油罐类目标数据，其发布网址为 https://github.com/RSIA-LIESMARS-WHU/RSOD-Dataset-。RSOD-Dataset 中共有 165 张油罐样本图像，包含约 1 500 个不同尺寸的油罐目标，图像背景涵盖了不同天气、不同角度和不同光照等多种状态，保证了油罐目标识别任务的场景多样性。油罐目标数据库分为两个文件夹，其中 JPEGImages 文件夹为油罐样本图像，所有图像共包含两种尺寸，分别为 1 075×923 像素和 1 083×923 像素，且均以 JPG 格式存储，部分数据集样例如图 9-5 所示。Annotation 文件夹存有油罐样本目标标注文件，标注结果分别以 xml 和 txt 两种格式存储。每张油罐样本图像对应一个 xml 和 txt 标注结果，包含每个油罐目标在该图像中的坐标信息。

为了使数据集格式符合本章提供的目标分类程序可处理的格式，这里根据标注的坐标信息对图像进行切割，并将切割的目标分为油罐目标和非油罐目标两大类，形成油罐目标识别数据库，读者可根据切割处理后的数据集开展油罐目标识别的实验。图 9-6 展示了切割处理后的油罐目标数据库示例。

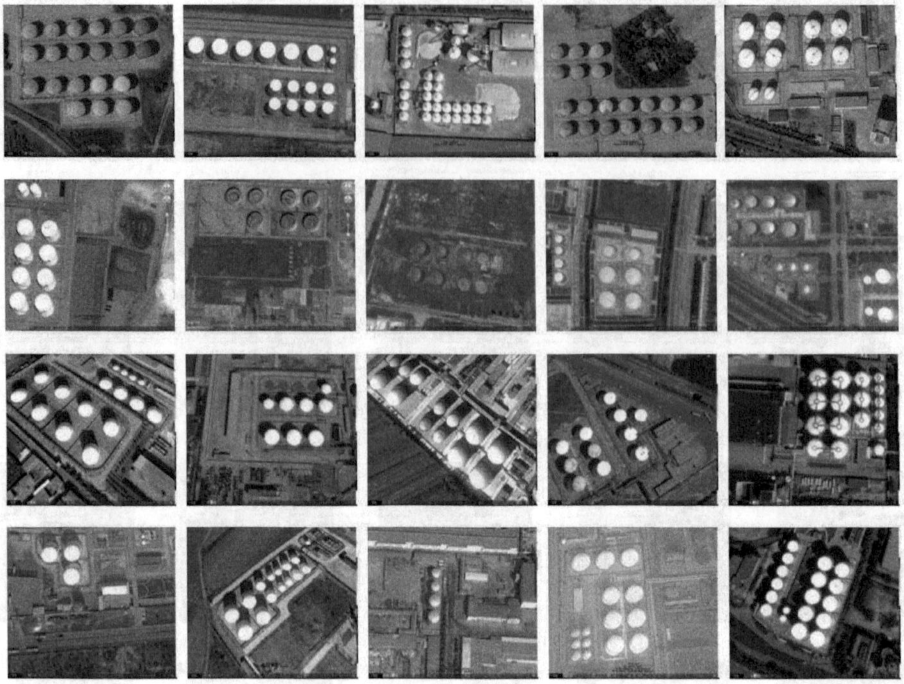

图 9-5　遥感图像油罐目标数据库示例

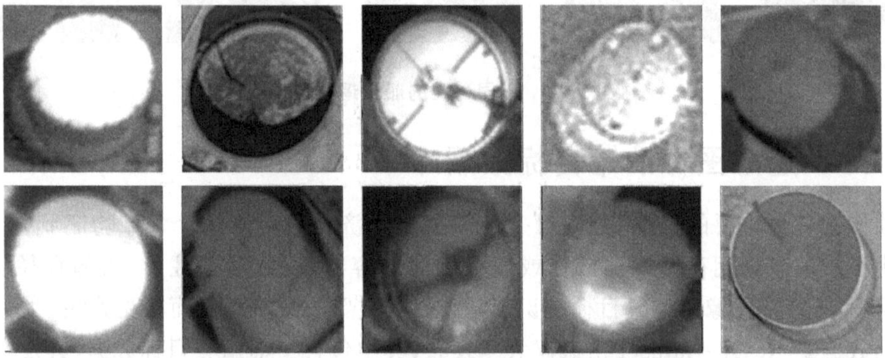

(a) 油罐目标

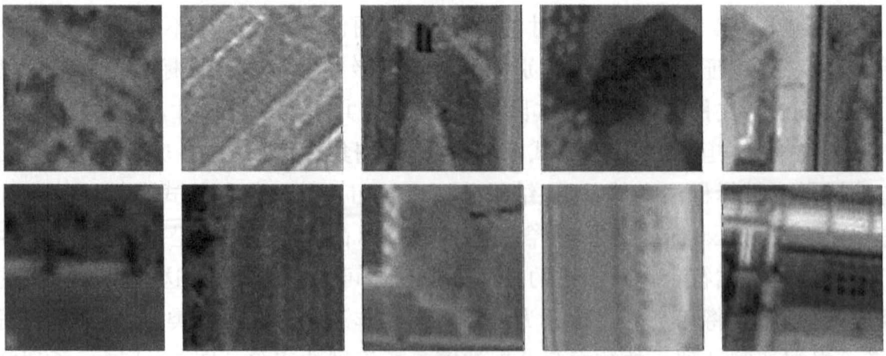

(b) 非油罐目标

图 9-6　切割处理后的油罐目标数据库示例

9.1.4　遥感图像飞机目标数据库

随着遥感技术的高速发展，遥感图像包含了越来越多的地面信息，而对遥感图像中感兴趣目标的识别已成为国内外遥感、测绘、军事应用等领域的研究热点之一。从遥感图像中检测和识别飞机目标，在军事上可以用于军事侦察和精确打击，在民用方面可以有效应用于机场管理和飞机调度。

遥感飞机识别数据库是实现遥感飞机目标识别任务的数据支撑。MAR20 数据集由西北工业大学发布，下载网址为 https://gcheng-nwpu.github.io/。其通过 Google Earth 收集了 3 842 张高分辨率遥感图像数据，建立飞机目标识别数据库。MAR20 数据集包括客机、螺旋桨式飞机、教练机、包机和战斗机五种类别，在飞机型号上，包含有 4 个波音型号、4 个空客型号、C919、ARJ21 和其他飞机等共 11 个飞机型号，各类型飞机具备不同颜色和形状特征，具有一定差异性。遥感飞机目标识别数据集标注信息为对应文件夹名。对于同一类型飞机图像，飞机在图像中的姿态呈现随机性，图像背景包括不同气候、不同季节和不同光照等多种状态，保证了飞机目标识别任务的场景多样性。图像存储的分辨率不完全相同，使用时应注意图像大小，但不同分辨率下足以保证每张图像中的飞机特征清晰可辨，图 9－7 展示了 20 种不同类型飞机的图像。

图 9－7　不同类型飞机的图像

为了使数据符合本书目标分类程序可处理的方式，读者可仿照 9.1.3 节遥感图像油罐目标数据库的处理方法，即根据标注的坐标信息对图像进行切割，根据切割出的图像对目标进行分类，以体会目标识别数据库的制作过程。

9.1.5 月面场景分类数据库

我国的嫦娥四号探测器于 2019 年 1 月 3 日着陆月球背面，是人类第一个着陆月球背面的探测器。嫦娥四号软着陆采用了“接力避障”技术，包括基于光学图像的粗避障和基于三维成像的精避障。其中粗避障过程主要利用光学图像，根据月球岩石和坑的图像特征，在较大着陆范围内采用模式识别方法避开明显危及着陆安全的大障碍物，是典型的模式识别问题。

中国探月办发布了嫦娥四号落月过程的现场视频（http://www.sastind.gov.cn/video/2018/C4jlsp2.mp4），图 9－8 是从这段视频中截取的其中一帧图像，其中 4 个虚线框分别对应了深空、临边、月面和机械机构区域。在嫦娥探测器落月过程中，如果能够区分视场中的这 4 类区域，那么就可以调整探测器的姿态，避免向深空或临边的方向飞，而是向着月面进行着陆。基于这样的思路，可以把原来对月球岩石和坑的识别问题转化为对月面场景区域进行分类的问题。由此，我们从嫦娥落月现场视频中截取深空、临边、月面和机械机构 4 类场景区域图像块来建立月面场景分类数据库，每类包括 40 个图像块，每个图像块大小为 64×64 像素，图 9－9 给出了嫦娥探测器落月的 4 类场景展示。

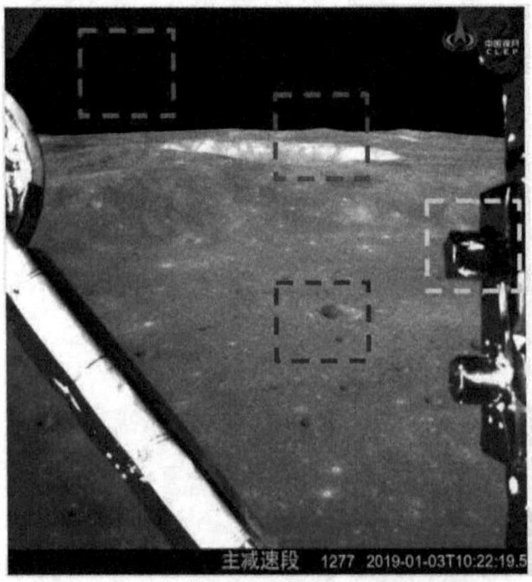

图 9－8 嫦娥探测器落月实际视频数据

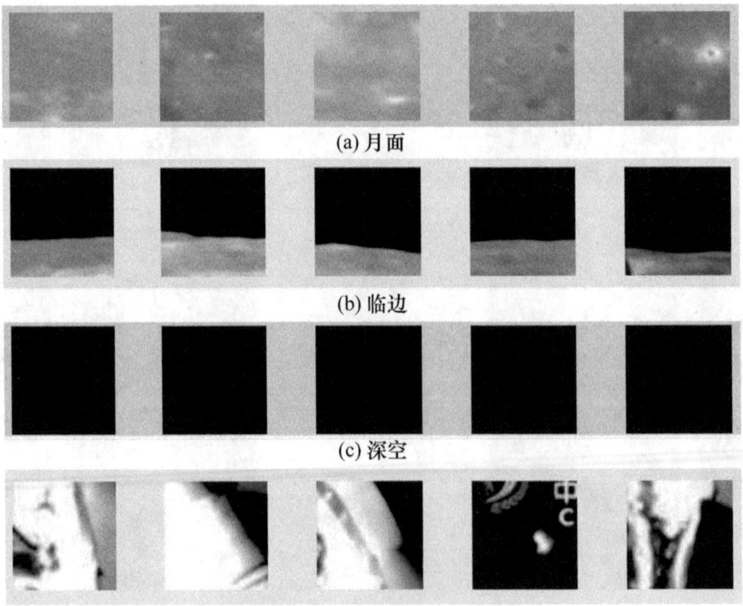

(a) 月面

(b) 临边

(c) 深空

(d) 其他（机械机构、logo等）

图 9-9 提取的月面场景图像块样本示例

9.1.6 人脸识别数据库

人脸是人类情感表达和交流的最重要、最直接载体。通过人脸可以推断出一个人的种族、地域，甚至身份等信息，还能通过人脸丰富而复杂细小的变化，得到对方的个性和情绪状态。人脸识别技术具有广泛的应用前景，在国家安全、公共安全和经济安全等领域发挥着重要作用。

人脸识别数据库是人脸分类、识别、理解的基础。研究不同人群的人脸特征，采集各种情景下的人脸数据，构建人脸识别数据库，对于提升社会生活的安全性、便捷性、科技性具有重要意义。

ORL 人脸数据库由英国剑桥的 Olivetti 实验室从 1992 年 4 月到 1994 年 4 月期间拍摄的一系列人脸图像组成，其发布网址为 https://www.kaggle.com/datasets/kasikrit/att-database-of-faces。该数据集研究对象为 Olivetti 员工或剑桥大学学生，共有 40 个不同年龄、不同性别和不同种族的人，每个人 10 幅图像，共计 400 幅灰度图像，图像尺寸是 92×112 像素，图像背景为黑色。此数据集下包含 40 个目录，每个目录下有 10 张图像，每个目录表示一个不同的人。对于某些个体，图像在不同时间拍摄并且改变拍摄角度、照明、面部表情（睁开/闭上眼睛，微笑/不微笑）和面部细节（戴眼镜/不戴眼镜），这些变化增加了识别任务的难度。图 9－10 展示了来自不同个体的人脸图像，图 9－11 展示了来自同一个体的 10 张人脸数据。

图 9－10　不同人的人脸图像

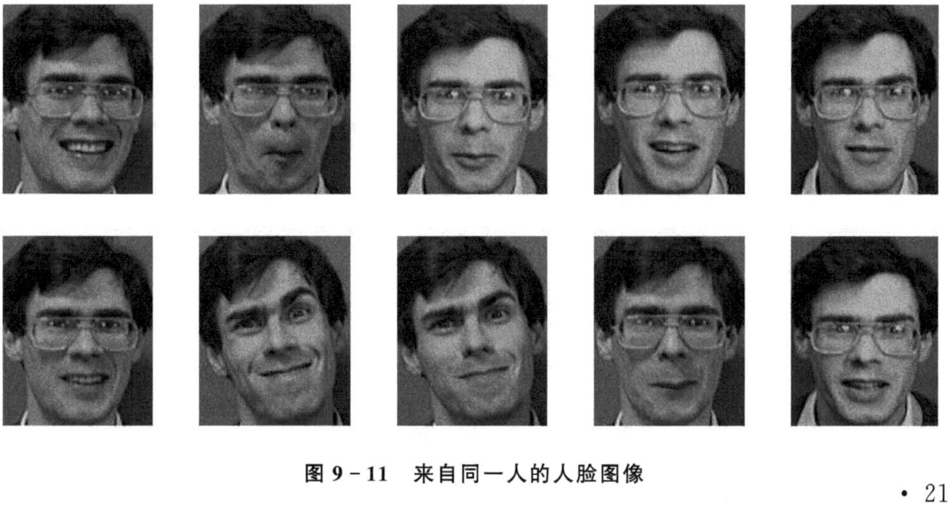

图 9－11　来自同一人的人脸图像

9.1.7 指纹识别数据库

在网络化时代的今天，我们在生活中随时都需要进行个人身份的确认和权限的认定，人们对于安全性的要求越来越高，同时希望认证的方式简单快速。指纹由于具有终身不变性、唯一性和方便性，已几乎成为生物特征识别的代名词。指纹识别作为一种直观而又易于普及的生物鉴定技术，为人类个体的定义提供了一个快捷可信的方法。

FVC2002 指纹数据集是“指纹验证竞赛”数据集，由第二届指纹验证算法国际竞赛于 2002 年发布，数据集下载地址为 http://bias.csr.unibo.it/fvc2002/databases.asp。该数据集包括 4 个不同的传感器指纹，分别是低成本光学传感器、低成本电容性传感器、光学传感器和合成发生器，每个传感器具有不同的图像大小，4 个传感器分别对应了 DB1、DB2、DB3 和 DB4 数据序列。每个传感器序列包含 A、B 两组，序列 A 中有 800 张图像，对应着 100 个手指的指纹，数据集 B 中共有 80 张图像，对应着 10 个手指的指纹，图 9－12 所示为 DB1-B 图像序列中的指纹示例，图 9－13 所示为同一指纹对应的图像。为了方便，本书将 FVC2002 指纹数据集 4 类传感器中的 B 序列作为指纹识别数据库，共 40 个指纹个体，每个指纹 8 张不同视角、按压力度的图像。

图 9－12　不同指纹对应的图像

图 9－13　同一指纹对应的图像

9.1.8 手写字符数据库

手写字符识别是一种图像识别问题，作为光学字符识别的一个重要分支，其综合了数字图像处理、计算机图形学和人工智能等多方面知识，已越来越成为计算机自动化和智能化的重要技术，它的实现会节省大量处理字符信息的人力和时间成本，在金融、邮政、财经等领域具有广泛的应用前景。

手写字符数据库是实现字符自动精准识别的数据支撑。通过收集大量字符数据，分析不同字符的特征，建立手写字符数据库，对研究精确快速手写字符识别具有重要价值。

Chars74K 数据集是一个经典的字符识别数据集，其下载网址为 http://www.ee.surrey.ac.uk/CVSSP/demos/chars74k/。数据集一共有超过 74 000 幅图像，英文数据集依据图像采集方式分为三个类别：自然环境下采集的字符图像数据集、手写字符图像数据集和计算机不同字体合成的字符图像数据集。本书只从中收集了英文字母手写体以方便实验，其包括特定的 62 种字符数据，其中包含阿拉伯数字 0～9 共计 10 类、大写英文字母 A～Z 共计26 类、小写英文字母 a～z 共计 26 类，构成手写字符数据库。每张图像的字符宽度、字符大小均有所差异。图 9－14所示为手写字符图像示例。数据库图像以 3 通道 8 位无符号整数的形式存储，图像均为 PNG 格式。

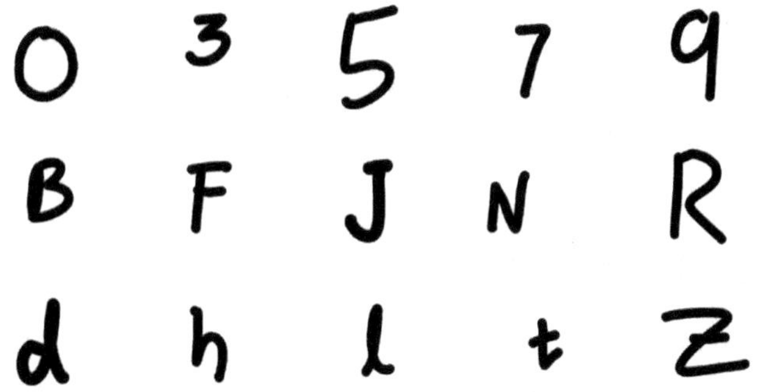

图 9－14　手写字符数据库示例

9.1.9 皮肤肿瘤数据库

皮肤病是仅次于慢性疼痛和内科杂病的第三大病种，发病率高，病种多而易混淆，部分病种迁延不愈、毁容甚至危及生命。在众多的皮肤疾病中，各类皮肤肿瘤，如基底细胞癌、皮肤鳞状细胞肿瘤、恶性黑色素瘤等，具有发病率相对较高、早期诊断困难、晚期预后差等特点。然而，皮肤肿瘤发病机理复杂，病种之间临床表现相似，临床诊断困难。采用计算机辅助技术，可以自动识别皮肤病变，具有客观、可重复的特点，能够帮助医生做出正确诊断，提高临床诊断准确率。

HAM10000 数据集由维也纳医科大学和昆士兰州 Cliff Rosendahl 皮肤癌诊所发布，是包含 10 015 张图像的复杂皮肤癌数据集。该数据集包括色素病变领域所有重要诊断类别的代表性集合 7 类：光化性角化病和上皮内癌/鲍恩氏病（AKIEC）、基底细胞癌（BCC）、良性角化病样病变（日光雀斑/脂溢性角化病和扁平苔藓样角化病，BKL）、皮肤纤维瘤（DF）、黑色素瘤

(MEL)、黑色素细胞痣(NV)和血管病变(血管瘤、血管角质瘤、化脓性肉芽肿和出血,VASC),每个类别的图像数量分别是 327、541、1 099、155、6 705、1 113 和 142,图像尺寸为 800×600 像素,图 9-15(a)~(g)展示了该数据集中一组皮肤肿瘤图像。该数据集发布网址为 https://www.kaggle.com/datasets/kmader/skin-cancer-mnist-ham10000。

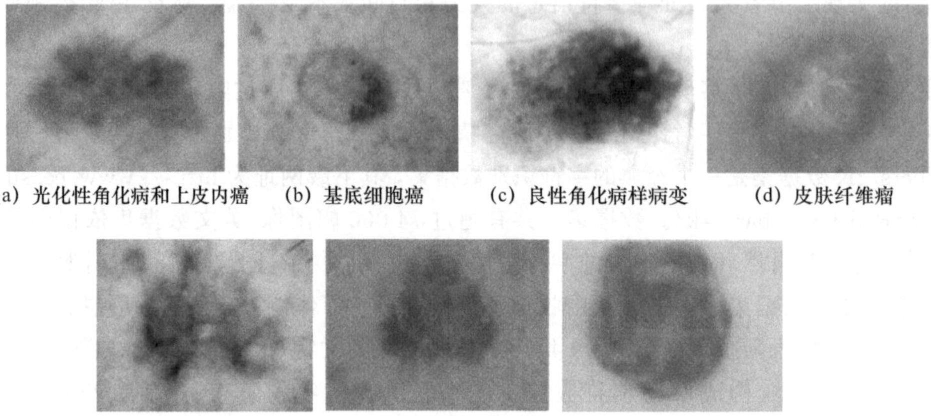

(a) 光化性角化病和上皮内癌　(b) 基底细胞癌　(c) 良性角化病样病变　(d) 皮肤纤维瘤

(e) 黑色素瘤　(f) 黑色素细胞痣　(g) 血管病变

图 9-15　HAM10000 数据集中不同类型皮肤病图像

本数据集属于医学图像病变识别的范畴,而基于影像数据对人体疾病进行自动分析和识别是模式识别的典型应用领域。本数据集的数据量较大,读者可以根据自己的分类任务,选择其中的部分图像进行实验,以体会模式识别方法在计算机辅助诊断中的应用,进而理解计算机辅助诊断的任务。

9.1.10　花朵分类数据库

花朵是我国重要的植物资源,除美化环境,调养身心外,它还具有药用价值,在医学领域为保障人们的健康起着重要的作用。我国有着成千上万种花朵,但如何能方便快捷地识别出这些花朵的种类成为了植物学领域的重要研究课题。植物分类是植物科学研究领域和农林业生产经营中重要的基础性工作,植物分类学是一项具有长远意义的基础性研究,其主要的分类依据是植物的外观特征。因此,花朵分类是植物分类学的重要部分,利用计算机进行花卉自动种类识别具有重要意义。

花朵数据集由北京航空航天大学发布,下载地址为 https://github.com/cherryfyxie/BUAAFlower18。该数据集共包含 18 种花朵类别,每类花朵包含 200~800 张图像,其中训练集包括 7 903 张图像,测试集包括 2 140 张图像,共计 10 043 张图像。数据采集时,每张图像均来自不同视场拍摄,花朵大小、背景等均有一定的差异,确保了训练集和测试集内部图像数据不交叉,训练集和测试集之间数据不交叉。图 9-16 展示了同一种类的花朵图像,图 9-17 则展示了不同种类的花朵图像。

本数据集是本书作者谢凤英课题组在研究深度学习分类方法时组织现场拍摄,并且经过裁剪得到的,数据量比较大,既可以用于传统分类方法的实验验证,也适合于深度学习方法的实验验证。当用于传统分类方法实验时,建议选择部分数据,以方便实验。

图 9-16　同一种类的花朵图像

图 9-17　不同种类的花朵图像

9.1.11　音频数字识别数据库

前面 10 个数据库都是基于图像的，本节给出一个音频信号的数据库，以拓展读者对于不同类型信号进行分类的思路。

音频识别主要包括声音分类并预测声音的类别，这类问题在许多实际场景中具有丰富的应用前景，例如，提取音乐片段的特征以确定音乐类型，对短话语进行说话内容分类，根据声音识别说话人的身份等。

FSDD (free spoken digit dataset)是一个开放的音频识别数据集，主要用于识别音频样本中的口头数字，其发布网址为 https://github.com/Jakobovski/free-spoken-digit-dataset。FSDD 包含 6 个说话人，每个说话人对于 0～9 的每个数字均录制了 50 个音频，共计包含3 000个录音，所有录音都是英语发音，且都保存为单声道 8 kHz 文件，并经过修剪以确保其具有最小的静音。图 9-18 展示了 6 个人分别读数字 0 语音的波形图和频谱图，图 9-19 展示了同一个人读 10 个数字语音的波形图和频谱图。

语音不同于二维的图像，因此采用图像的特征提取方法来提取语音特征将很难获得有效的分类结果。读者可以查阅相关语音特征提取的方法，比如梅尔倒谱系数(Mel-frequency cepstral coefficients,MFCC),对语音提取特征后,就可以应用 Bayes、支持向量机等识别方法进行语音识别了。

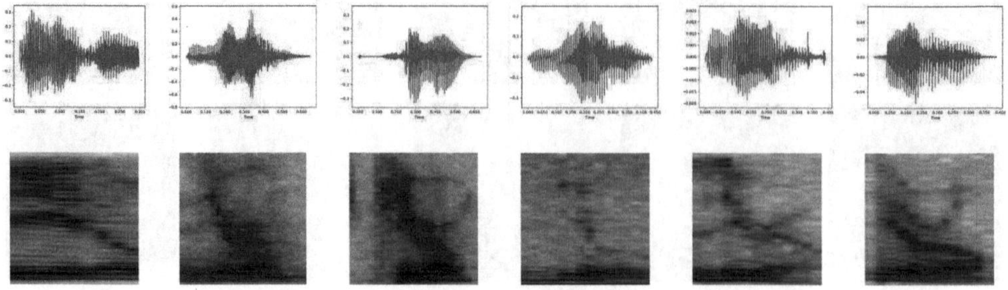

图 9-18　6 个人分别读数字 0 语音的波形图和频谱图

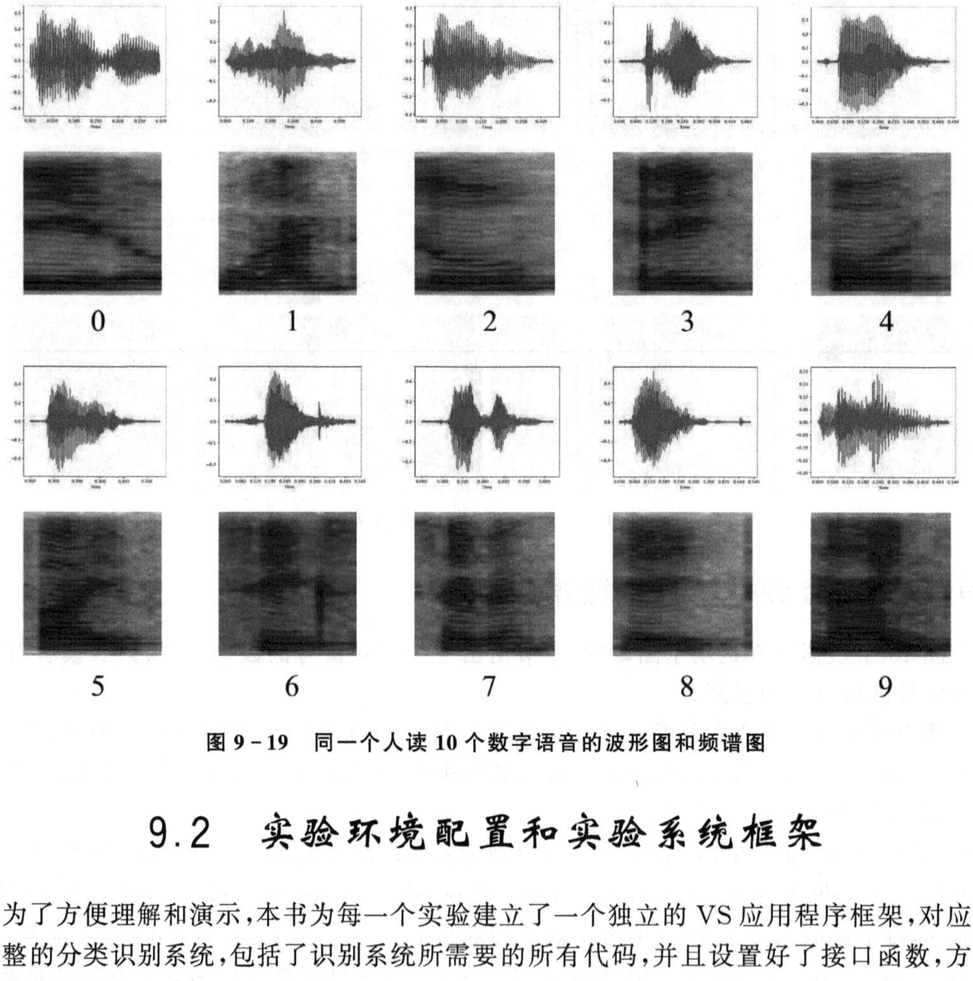

图 9-19　同一个人读 10 个数字语音的波形图和频谱图

9.2　实验环境配置和实验系统框架

为了方便理解和演示,本书为每一个实验建立了一个独立的 VS 应用程序框架,对应了一个完整的分类识别系统,包括了识别系统所需要的所有代码,并且设置好了接口函数,方便读者操作和演示。

实验系统框架是采用 Microsoft Visual Studio 2015 环境开发的,并且调用了 OpenCV 中的开放函数,本节介绍 OpenCV 的环境配置和实验系统框架的整体思路。另一方面,由于本实验代码属于比较基础的 C 编程,因此读者也可以将所提供的源代码在 CLion 等环境中运行。

9.2.1　OpenCV 实验环境配置

以下教程以 OpenCV4.5.5 版本为例。

① 在官网下载 OpenCV4.5.5 版本，并解压安装。

② 配置系统变量（见图 9－20）：此电脑→右键→属性→高级环境设置→环境变量，Path 下添加 OpenCV 路径（见图 9－21）：举例 E:\Software\opencv\build\x64\vc15\bin。

图 9－20　配置环境变量

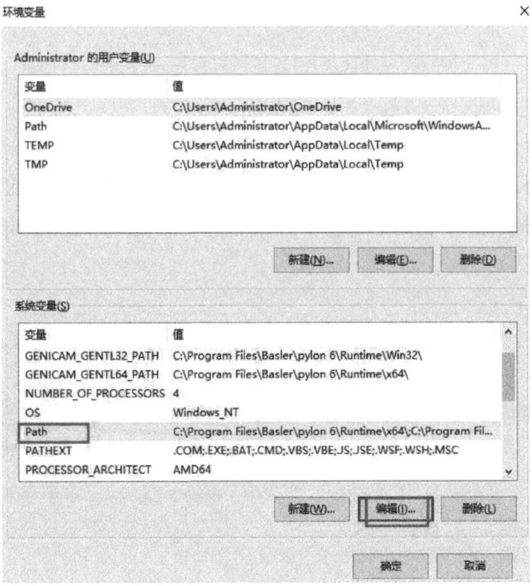

图 9－21　添加 OpenCV 路径

③ 在 VS 中配置 OpenCV。

打开属性管理器(见图 9－22):视图→其他窗口→属性管理器。

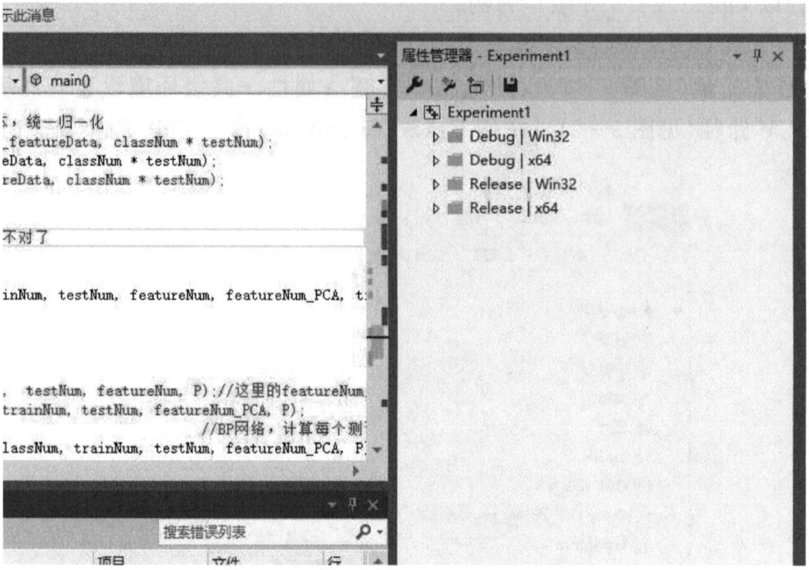

图 9－22　属性管理器

打开属性窗口(见图 9－23):右击 Debug|Win64→属性。

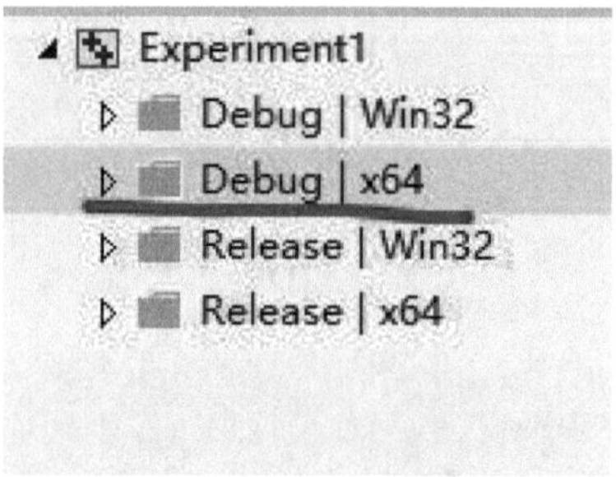

图 9－23　属性窗口

为工程配置包含目录,把 opencv 下的三个目录增加到 VC ++的包含目录属性列表,(因为 OpenCV 版本原因,如果没有 opencv 这个目录,就不添加,保证有 opencv2 就好),如图 9－24 和图 9－25 所示。

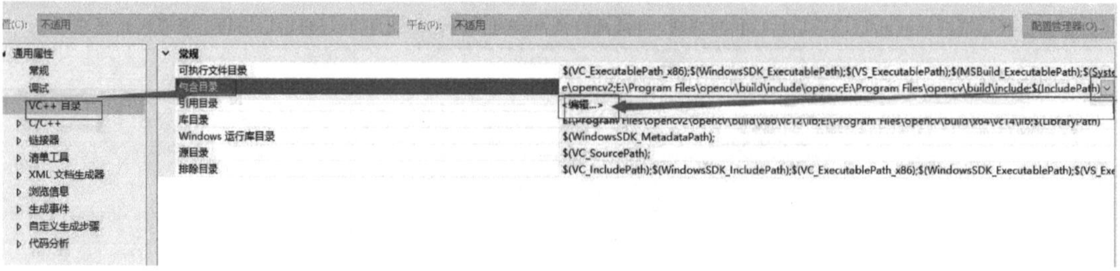

图 9－24　配置包含目录

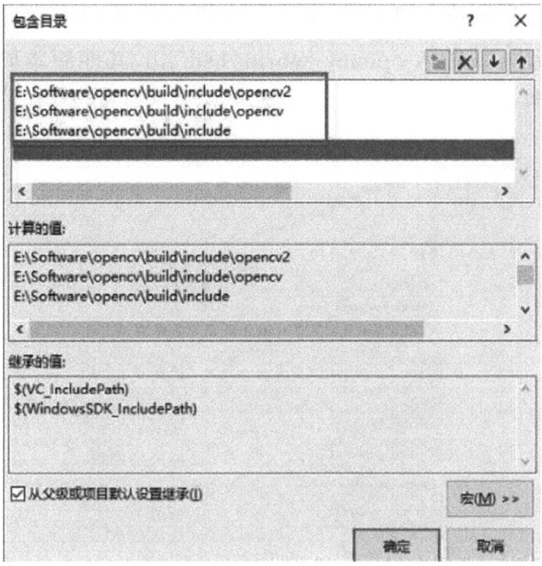

图 9-25　包含目录内容

同样的方法，将 OpenCV 库目录添加到 VC++目录的“库目录”中，如图 9-26 和图 9-27 所示。

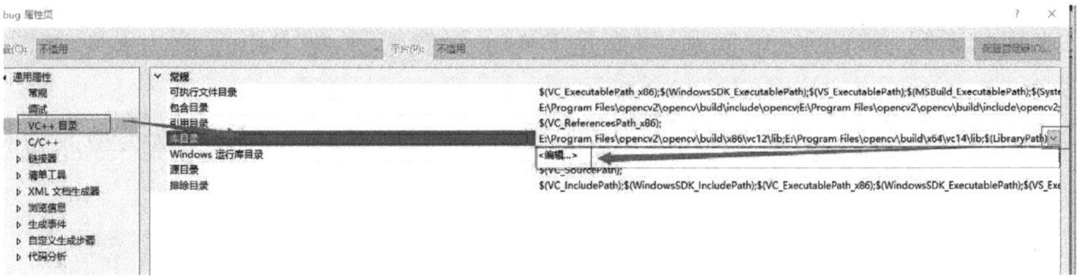

图 9-26　配置库目录

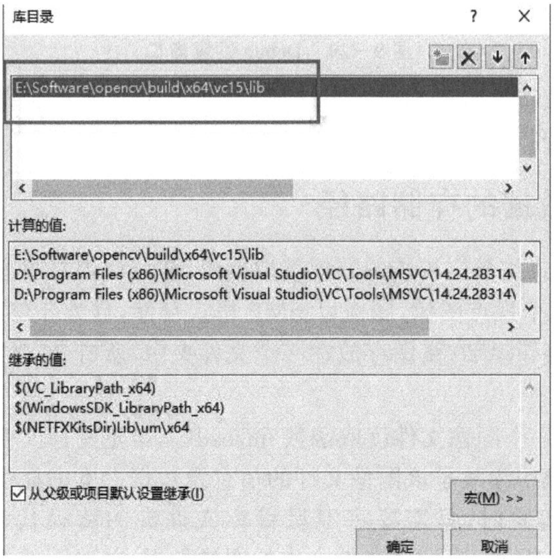

图 9-27　库目录内容

添加 OpenCV 的附加依赖库到链接器→输入→添加依赖项中，输入 opencv_world455d. lib（如果是 opencv4. 1. 1 版本，就输入 opencv_world411d. lib，其他版本同理，这个文件可以在上一步添加的库目录的文件夹下找到），如图 9－28 所示。

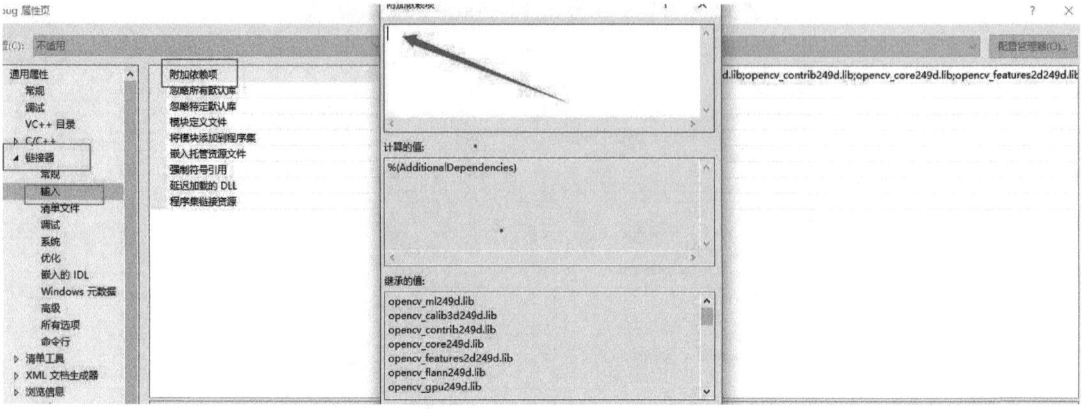

图 9－28　添加附加依赖库

④ 点击确定，即可运行程序，如出现问题，注意尝试以下操作：

a. 路径问题：把所处理的图像路径改为自己的路径，记得在最后添加斜杠。

b. 对于 fopen 等不安全问题：可以在代码开头添加＃pragma warning(disable:4996)。

c. 出现找不到 opencv. cpp 问题：可能是 Debug 设置错了，把 Debug 改为 x64，如图 9－29 所示。

d. const char* 问题：把函数里的 char* 类型改为 const char*，再把变量类型改为相同的即可。

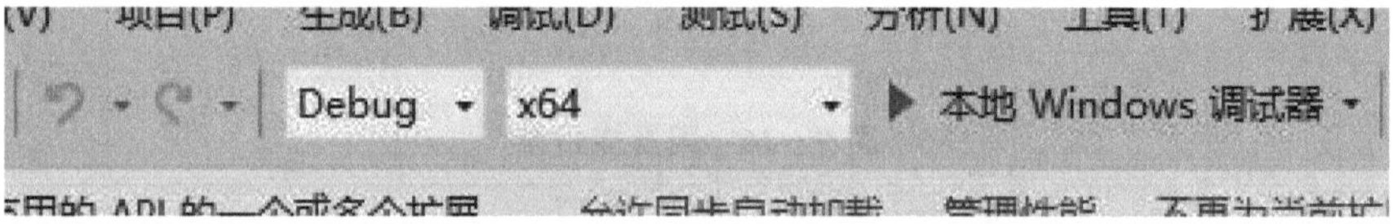

图 9－29　Debug 设置窗口

如果还有问题，建议读者自己创建一个新项目，把程序中所提供的. cpp 文件和. h 文件添加进新项目里，重新配置。

9.2.2　图像数据的存储路径

目标数据的存放方式关系到具体的数据读取代码编写，以卫星目标数据为例，实验中使用 20 颗星，每颗星对应 20 个视点图像，图像以 BMP 格式存储，且为 8 位灰度图像。图像的存储路径如图 9－30 所示，每颗星 20 张图存放在一个文件夹中，所有 20 颗星的文件夹统一存放在卫星目标文件夹中。

OpenCV 中提供了一个图像文件读取函数 imread()，给定图像文件的路径和名字，函数返回一个类对象，该类对象中存放了该图像文件的信息及数据。本书提供了实验系统框架，在对 20 颗星进行分类识别实验时，只需要将卫星目标文件夹的路径代入，程序框架即可调用 OpenCV 中的函数 imread()依次读取文件夹中的图像数据，并对图像进行特征提取。

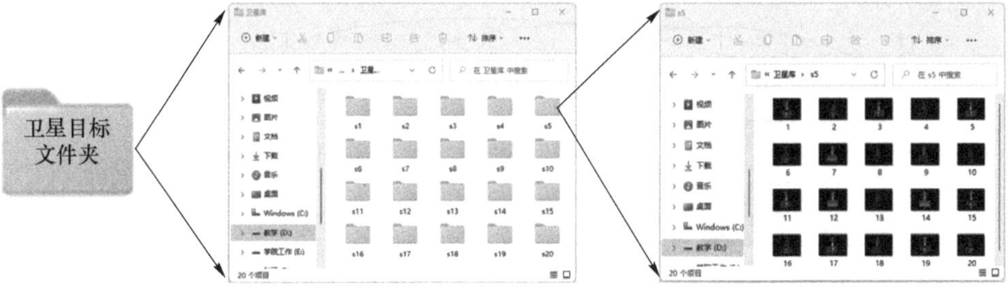

20颗星的文件夹　　每颗星文件夹存放20张图

图 9-30　卫星目标数据库的存储路径设置

另外，需要说明的是，本书给定的 10 个数据库中，有的数据集其图像路径附带了目标类别信息，也有的数据集是将所有类别存放在统一的一个文件夹内，需要读者按照图 9-30 所示的方式进行必要的处理，方可正常运行本程序框架。

9.2.3　图像数据的存储和处理方法

(1) 数字图像的存储格式

本实验数据以 BMP、JPG 和 PNG 等常见图像格式进行存储，采用 imread() 函数读入内存后，图像数据便以点阵映射的方式存在内存当中等待处理。

对于 8 位灰度图像，比如 9.1.1 节的卫星图像，每个像素占 1 个字节，像素的值在 0 到 255 的区间，0 代表黑色，255 代表白色，从 0 到 255 就是黑到白的逐渐变化。如图 9-31 所示，假设一个 3×3 像素大小的图像，其像素值由 0、100、255 三种组成，具体对应分布如图 9-31(a) 所示（图中一个方块代表的就是一个像素点），其对应的点阵数据则是图 9-31(b) 的形式，可以看到图像数据在内存中就是以矩阵的形式存储的。

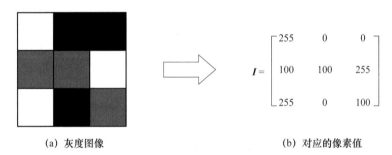

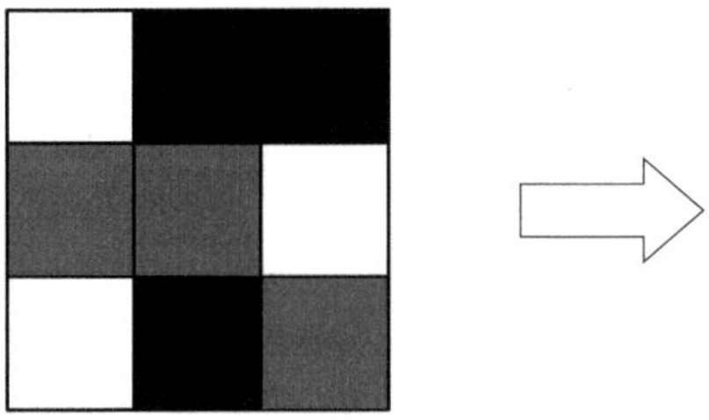

$$\boldsymbol{I}=\begin{bmatrix}255 & 0 & 0\\ 100 & 100 & 255\\ 255 & 0 & 100\end{bmatrix}$$

(a) 灰度图像　　(b) 对应的像素值

图 9-31　灰度图像的点阵数据存储

对于 24 位的彩色图像，比如 9.1.2 节的舰船数据，每个像素占三个字节，分别对应蓝、绿、红通道，每个通道的值从 0 到 255 变化，三个通道分量的值组合在一起便组成了不同的颜色。假设一个彩色图像是 3×3 像素的，其每个像素的颜色如图 9-32(a) 所示，则其对应的点阵数据则是图 9-32(b) 的形式。其中，图 9-32(a) 左上角对应的像素三个通道值为 (0,0,255)，代表蓝色和绿色分量均为 0，红色分量为 255，表现出来的就是纯红色。

需要注意的是，图像的存储格式有很多种，如 BMP、JPG、TIF、RAW 等，并且当图像以文件存储时，还会存储一个文件头，以说明该图像存储的文件格式、图像的大小、图像每个像素占多少 bit 等信息，这部分内容不属于本书的范畴，因此不做详细介绍，感兴趣的读者可以自行查阅有关数字图像处理的书籍或文献。

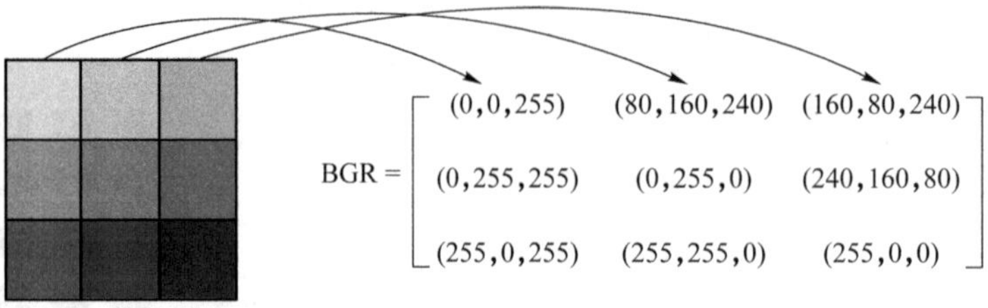

(a) 彩色图像　　(b) 对应的像素值

图 9－32　彩色图像的点阵数据存储

(2) 图像数据的处理方法

当图像数据被读入内存以后，就可以进行图像数据的处理，以得到想要的处理结果。图像数据在内存中可以看作是一个矩阵，对图像数据的处理就是对矩阵元素的处理。如图 9－33 所示，(a)是一个 5×5 像素的数字图像，其像素值由 0 和 100 组成，可以看到该图像的中间是一个灰色的方块。令 $f(i,j)$是(i,j)位置的像素值，则采用公式(9－1)和公式(9－2)对图像数据进行处理，可以分别得到图像的横向边缘及纵向边缘，并采用公式(9－3)进行处理即可得到图像的总体边缘，处理结果如图 9－34 所示；采用公式(9－4)计算出图像均值，进而利用公式(9－5)进行处理即可计算出图像的方差，用该方差值的大小即可判断图像的对比度，方差越大，图像的对比度越大，它本身也是图像特征的一种计算方式。

$$g_i(i,j)=f(i+1,j)-f(i,j) \tag{9-1}$$

$$g_j(i,j)=f(i,j+1)-f(i,j) \tag{9-2}$$

$$M(i,j)=\|\nabla f(i,j)\|=\sqrt{g_i^2(i,j)+g_j^2(i,j)} \tag{9-3}$$

$$\mu=\frac{1}{MN}\sum_{i=0}^{M-1}\sum_{j=0}^{N-1}f(i,j) \tag{9-4}$$

$$\sigma^2=\frac{1}{MN}\sum_{i=0}^{M-1}\sum_{j=0}^{N-1}(f(i,j)-\mu)^2 \tag{9-5}$$

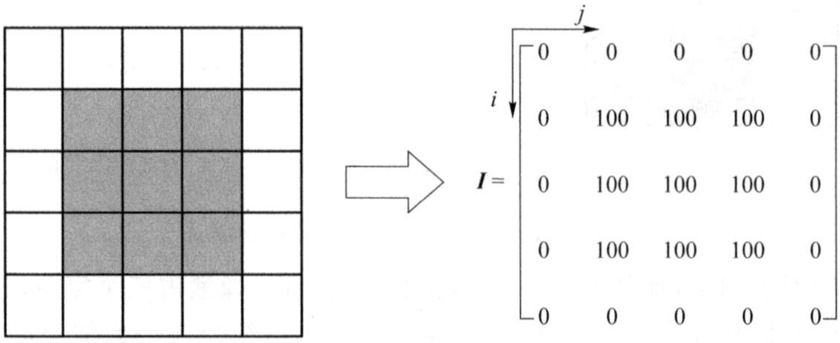

(a) 图像　　(b) 对应的像素值

图 9－33　示例图像及其对应的矩阵数据

需要注意的是，本书所提供的框架是围绕卫星目标图像进行的，仅能处理灰度图像数据，如果读者想处理彩色图像数据，则需要转化为灰度图像。而如果想利用目标的彩色信息的话，则需要读者理解彩色图像的数据存储格式，进而能够直接从彩色图像上进行特征提取和处理的操作。此处不做赘述。

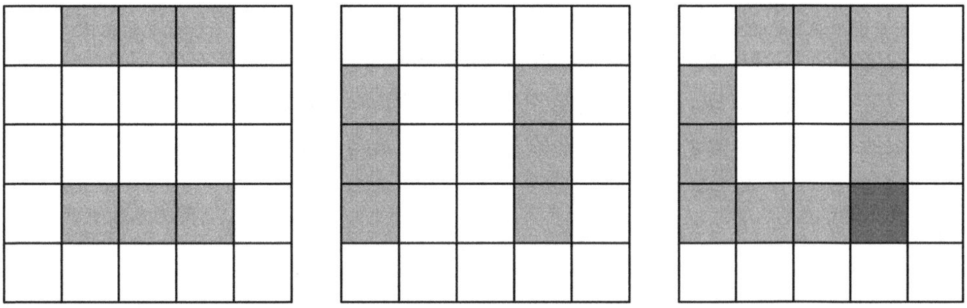

图 9-34　横向边缘、纵向边缘及总体边缘图像

9.2.4　实验系统框架

本书设计的所有实验均是围绕卫星目标识别这一综合项目展开的，因此各实验所使用的应用程序框架都是相同或类似的，不同点在于特征提取方法和分类器方法的不同。以第 9.3 节第一个实验为例，图 9-35、图 9-36 给出了应用程序的代码截图和一个运行结果输出的截图，该框架对应的代码获取方式见封底。该应用程序使用的是控制台方式，目的就是为使程序框架尽可能的简单，方便读者理解模式识别系统本身的建立过程。

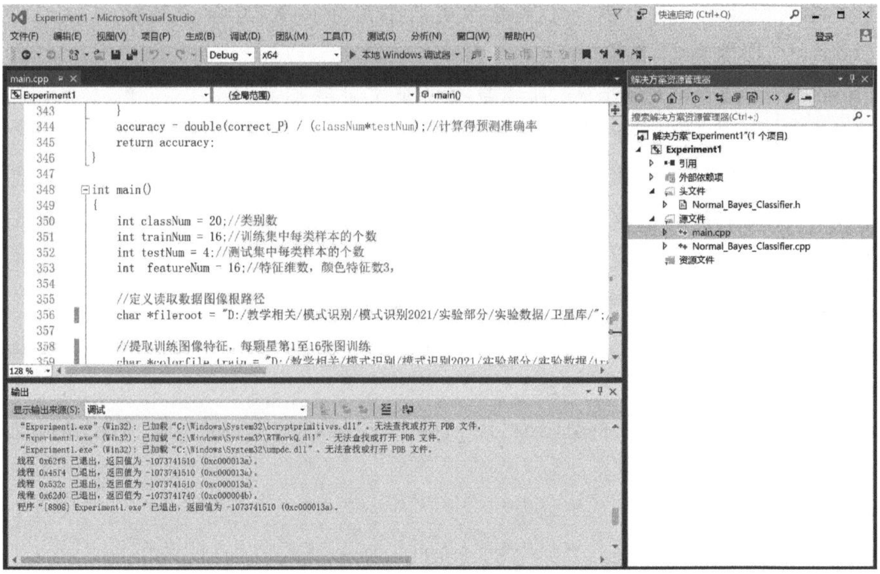

图 9-35　应用程序的代码截图

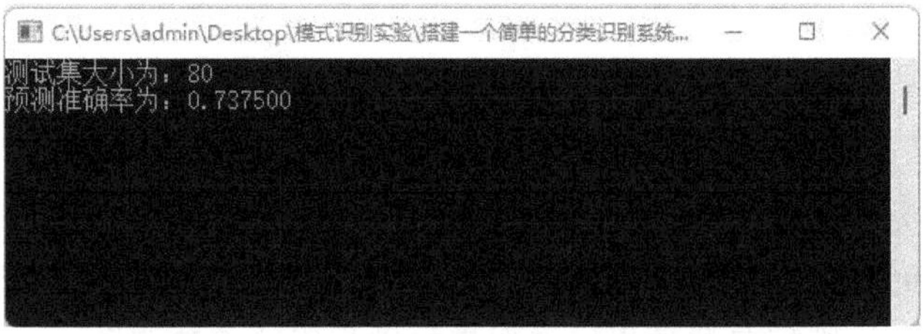

图 9-36　运行结果输出

一个典型的分类识别系统的建立，主要包括：①特征提取；②特征归一化；③用训练集训练分类器模型；④用训练好的模型对测试集进行测试；⑤对测试结果统计分析等几个过程。这些过程会在 main()函数中体现，因此我们给出第 9.3 节第一个实验中的 main 函数的伪代码，如 Algorithm 1 所示，以方便读者理解，其他实验中的 main()函数都是类似的调用，区别在于特征提取和分类器的调用函数不同。

本书的第一个实验(9.3 节)是搭建一个简单的分类识别系统用来对卫星目标识别。数据集中一共有 20 颗卫星，每颗卫星包含 20 张图，这 20 张图对应同一个类，因此一共有 20 个类。采用灰度共生矩阵提取每张图像的纹理特征，共提取到 16 维的特征，并采用 Bayes 方法对卫星进行分类。对于一颗卫星，前 16 张图用于训练，后 4 张图用于测试。由此，main()函数的伪代码如下：

Algorithm 1 Main

```
begin
classNum ← 20 //数据集中有 20 颗卫星，因此类别数 classNum 为 20
trainNum ← 16 //每颗星对应的 20 张图中，前 16 张用来训练
testNum ← 4 //每颗星对应的 20 张图中，后 4 张用来测试
featureNum ← 16 //本书第一个实验采用共生矩阵提取 16 维的特征
fileroot ← 图像数据路径
textureFeatureFile_train ← 训练数据特征文件存储路径
textureFeatureFile_test ← 测试数据特征文件存储路径
//提取训练图像特征，每颗星第 1～16 张图用于训练，第 17～20 张图用于测试
group_extractGLCMFeature(fileroot, classNum, 1, 16, textureFeatureFile_train)
group_extractGLCMFeature(fileroot, classNum, 17, 20, textureFeatureFile_test)
//读取训练集及测试集数据，特征数据 + 标签
readFeatureFile(textureFeatureFile_train, classNum * trainNum, featureNum,
    train_featureData, train_Label)
readFeatureFile(textureFeatureFile_test, classNum * testNum, featureNum, test_
    featureData, test_Label)
//特征归一化
normal(train_featureData, 20 * 16, featureNum, test_featureData, 20 * 4)
//Bayes 分类器，计算每个测试图像属于 20 类的概率
bayesClassify(train_featureData, test_featureData, classNum, trainNum,
    testNum, featureNum, P)
end
```

另外说明一点，为了实验简单并且方便说明问题，本书针对 5 个实验提供的对应程序框架中的很多数据参数都是直接给定的，因此通用性不强。读者如果需要处理不同的目标数据或者提取不同维度特征时，则需要读懂程序框架进而做相应的参数改动。

9.3　实验 1：搭建一个简单的分类识别系统

9.3.1　实验目的

基于模式识别系统框架搭建一个简单的分类识别系统，实现对卫星目标的分类识别。通过该实验，理解模式识别系统的基本框架，掌握简单的图像特征提取方法。

建议本实验在讲授完第 3 章 Bayes 分类器理论内容后进行。

9.3.2　实验要求

实验 1 视频讲解

① 采用 Bayes 分类器对卫星目标进行识别；

② 理解对图像数据集的批处理操作；

③ 理解和掌握图像数据的特征提取操作；

④ 对实验结果进行分析。

9.3.3　实验原理

本实验中，涉及卫星目标的纹理特征提取、特征归一化、Bayes 分类器实现等关键点，为方便理解，这里简述一下它们的原理。

(1) 纹理特征提取

常用的图像特征描述方法有颜色、纹理和形状特征。考虑到本数据库里的卫星都是灰度图像，没有颜色信息，且形状特征需要对图像进行二值化，提取起来比较复杂，因此我们用纹理特征对目标进行描述。

灰度共生矩阵是最常用的纹理统计分析方法之一。假设 $f(x,y)$ 为一幅 $N\times N$ 的灰度图像，$\boldsymbol{d}=(\mathrm{d}x,\mathrm{d}y)$ 是一个位移矢量，其中 $\mathrm{d}x$ 是行方向上的位移，$\mathrm{d}y$ 是列方向上的位移，L 为图像的最大灰度级数。灰度共生矩阵定义为从 $f(x,y)$ 的灰度为 i 的像素出发，统计与距离为 $\delta=(\mathrm{d}x^2+\mathrm{d}y^2)^{\frac{1}{2}}$，灰度为 j 的像素同时出现的概率 $p(i,j|\boldsymbol{d},\theta)$，如图 9 - 37 所示。用数学式表达为

$$p(i,j|\boldsymbol{d},\theta)=\{(x,y)|f(x,y)=i,f(x+\mathrm{d}x,y+\mathrm{d}y)=j\} \tag{9.6}$$

其中，(x,y) 是图像中的像素坐标，x、y 的取值范围为 $[0,N-1]$，i、j 的取值范围为 $[0,L-1]$。

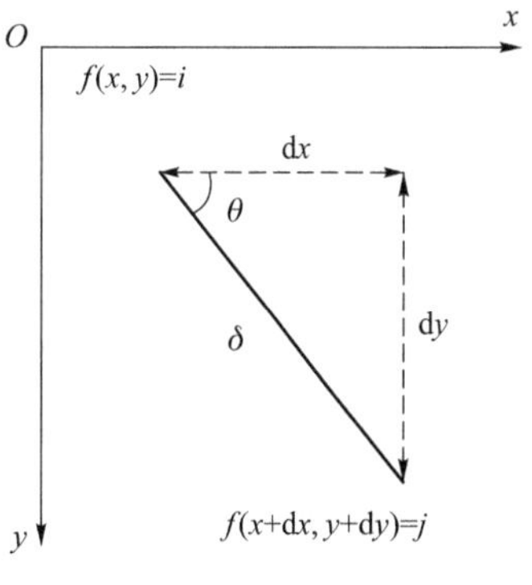

图 9 - 37　灰度共生矩阵的像素对

为了分析方便，灰度共生矩阵元素常用概率值表示，即将各元素 $p(i,j|\boldsymbol{d},\theta)$ 除以各元素之和 S，得到各元素都小于 1 的归一化值 $\hat{p}(i,j|\boldsymbol{d},\theta)$：

$$\hat{p}(i,j|\boldsymbol{d},\theta)=\frac{p(i,j|\boldsymbol{d},\theta)}{S} \tag{9.7}$$

灰度共生矩阵并不能直接提供区别纹理的特性，需要进一步从灰度共生矩阵中提取描述

图像纹理的特征。本书中，在灰度共生矩阵上统计对比度、能量、熵和逆差矩4个特征量，计算公式如下：

$$\mathrm{CON}=\sum_i\sum_j(i-j)^2\hat{p}(i,j\mid \boldsymbol{d},\theta) \tag{9.8}$$

$$\mathrm{ASM}=\sum_i\sum_j\hat{p}(i,j\mid \boldsymbol{d},\theta)^2 \tag{9.9}$$

$$\mathrm{ENT}=-\sum_i\sum_j\hat{p}(i,j\mid \boldsymbol{d},\theta)\log_2\hat{p}(i,j\mid \boldsymbol{d},\theta) \tag{9.10}$$

$$\mathrm{Hom}=\sum_i\sum_j\frac{\hat{p}(i,j\mid \boldsymbol{d},\theta)}{1+(i-j)^2} \tag{9.11}$$

实际实现时，可以将原始图像的灰度级从256级压缩到16级，以避免计算量过大和灰度级过大影响纹理变化的真实规律，统计出来的矩阵是16×16的。

实验中，求解4个方向上(0°、45°、90°和135°)的灰度共生矩阵，共得到16维的纹理特征。

(2) 特征归一化

数据库中一共有20颗卫星，每一颗卫星有20张图像，每一张图像提取16维的纹理特征。为了消除特征间单位和尺度差异的影响，需要对特征进行归一化。

本书采用线性归一化方法，该方法将输入数据进行等比缩放，将其转换到[0,1]的范围，即

$$x_{ij}=\frac{x_{ij}-\min(x_j)}{\max(x_j)-\min(x_j)} \tag{9.12}$$

其中，x_{ij}是第i个样本的第j维特征，$\min(x_j)$是第j维特征的最小值，$\max(x_j)$是第j维特征的最大值。

(3) Bayes 分类器

假定有n个类别$C=\{\omega_1,\omega_2,\cdots,\omega_n\}$，对于待分类样本$\boldsymbol{x}=\{x_1,x_2,\cdots,x_m\}$(即$m$维特征)，计算$\boldsymbol{x}$出现的条件下各类别出现的概率，即后验概率$P(\omega_1|\boldsymbol{x}),P(\omega_2|\boldsymbol{x}),\cdots,P(\omega_n|\boldsymbol{x})$，则可以判定$\boldsymbol{x}$属于后验概率最大的那个类别：

$$\boldsymbol{x}\in\max(P(\omega_i|\boldsymbol{x})),\quad i=1,2,\cdots,n \tag{9.13}$$

根据贝叶斯定理，后验概率公式如下：

$$P(\omega_i|\boldsymbol{x})=\frac{p(\boldsymbol{x}|\omega_i)P(\omega_i)}{p(\boldsymbol{x})} \tag{9.14}$$

因为分母对于所有类别为常数，所以只要分子最大，后验概率就最大。并且一般情况下，假设各个特征属性是条件独立的，所以有

$$p(\boldsymbol{x}\mid\omega_i)P(\omega_i)=p(x_1\mid\omega_i)p(x_2\mid\omega_i)\cdots p(x_m\mid\omega_i)P(\omega_i)=P(\omega_i)\prod_{j=1}^m p(x_j\mid\omega_i) \tag{9.15}$$

由此，计算所有类别的后验概率，根据最大后验概率可得待分类样本$\boldsymbol{x}$的判别结果。

Bayes 分类器的实现步骤如下：

① $P(\omega_i)$是第i类的先验概率，可以根据训练集中样本分布进行统计，本实验是卫星识别，将其认为同等概率，20颗卫星概率是1/20。

② 假定每一类样本的每一维特征服从正态分布，即第i类样本的第j个特征x_j的概率密

度函数为

$$p_i(x_j,\mu_j,\sigma_j)=\frac{1}{\sqrt{2\pi\sigma_j^2}}\exp\left\{-\frac{(x_j-\mu_j)^2}{2\sigma_j^2}\right\},\quad j=1,2,\cdots,m \tag{9.16}$$

对于训练样本数据集，计算各个类别中每一特征属性 x_j 的均值和标准差，作为该类别对应特征值分布的总体均值和总体标准差的估计，就可得该概率密度公式。

③ 对待分类样本 x，每个特征属性 x_j 代入式(9.16)得到条件概率 $p(x_j|\omega_i)$，计算 $p(x|\omega_i)P(\omega_i)$，最后对所有类取最大即是类别归属。

9.3.4 实验步骤

① 将空间目标数据库数据划分为训练集和测试集；

② 基于灰度共生矩阵提取卫星目标的纹理特征；

③ 对特征进行归一化处理；

④ 根据 Bayes 分类器原理，针对训练样本计算每类样本正态分布的均值和方差，计算待分类的测试样本的后验概率，实现卫星目标的分类识别；

⑤ 统计搭建的分类识别系统的准确率。

9.3.5 实验结果分析

① z-score 标准化，是将原数据分布标准化为标准正态分布，标准化后会使每个特征中的数值均值变为 0、标准差变为 1。采用 z-score 标准化公式(9.17)进行特征标准化，并与线性归一化公式进行对比，分析特征归一化和标准化后分类器的分类性能变化。

$$z_{ij}=\frac{\dfrac{x_{ij}-\mu_j}{3\sigma_j}+1}{2} \tag{9.17}$$

其中，x_{ij} 是第 i 个样本的第 j 维特征，μ_j 与 σ_j 分别表示第 j 维特征的均值和标准差。

② 特征归一化时，先对训练样本统计最大最小值，然后归一化到[0,1]。而对测试样本进行归一化时，也是按照训练样本的统计值进行归一化，为什么？

③ 在分类识别系统中分别使用颜色特征和形状特征对卫星目标进行分类，并将颜色、纹理、形状三种特征的分类结果进行对比分析。关于颜色和形状特征的计算方法可以查阅图像处理相关的教材或者文献，此处不做详细介绍。

9.3.6 主要函数伪代码

一个分类识别系统所涉及的代码量比较大，函数调用关系复杂。本节仅给出 group_extractGLCMFeature()、normal()和 bayesClassify()等几个关键函数的伪代码，如 Algorithm 2、Algorithm 3、Algorithm 4 所示，这些函数内部也会调用其他的函数，为了思路清晰，对于被调用的函数，仅给出注释，以帮助读者理解。

本书提供了实验部分的详细讲解视频，同时也提供了完整的应用程序代码，读者可以调试运行，并且观看讲解视频，从而完成实验。

Algorithm 2 group_extractGLCMFeature

Input:
bmpFileRoot:文件夹路径,内有 20 个卫星子目录,子目录下是一颗星的 20 个不同姿态图
classNum:类别数
begin, end:一个卫星子目录下待提取的图像序号起始值
featureOutputFile:特征文件输出

```
begin
    GLCM_ANGLE_0 ← 0°纹理特征提取标志
    GLCM_ANGLE_45 ← 90°纹理特征提取标志
    GLCM_ANGLE_90 ← 45°纹理特征提取标志
    GLCM_ANGLE_135 ← 135°纹理特征提取标志
    fp ← 特征数据输出文件路径
//依次读入每个图像的数据
    for i = 1 to classNum do
        for j = begin to end do
            Img = imread(filename) //读入图像数据
            //分别计算 0°、45°、90°和 135°方向纹理特征,并赋标签
            get_GLCMMoment(Img, GLCM_ANGLE_0, GLCMMoment0)
            get_GLCMMoment(Img, GLCM_ANGLE_45, GLCMMoment45)
            get_GLCMMoment(Img, GLCM_ANGLE_90, GLCMMoment90)
            get_GLCMMoment(Img, GLCM_ANGLE_135, GLCMMoment135)
        end for
    end for
    fprintf(fp)
end
```

Algorithm 3 normal

Input:
traindata:训练样本数据
trainSampleNum:训练样本数
featureNum:特征数
testdata:测试样本数据
testSampleNum:测试样本数

```
begin
//计算训练数据每一维上的最大最小值
```

2： **for** i = 0 to featureNum − 1 **do**

3： tmp_max = traindata[0 * featureNum + i]

4： tmp_min = traindata[0 * featureNum + i]

5： **for** j = 1 to trainSampleNum − 1 **do**

6： **if** tmp_max < traindata[j * featureNum + i] **do**

7： tmp_max = traindata[j * featureNum + i]

8： **end if**

9： **if** tmp_min > traindata[j * featureNum + i] **do**

10： tmp_min = traindata[j * featureNum + i]

11： **end if**

12： train_featureData_max_min[i * 2 + 0] = tmp_max

13： train_featureData_max_min[i * 2 + 1] = tmp_min

14： **end for**

15： **end for**

//对训练数据归一化

16： **for** j = 0 to featureNum − 1 **do**

17： **for** i = 0 to testSampleNum − 1 **do**

18： traindata[i * featureNum + j] = (traindata[i * featureNum + j] − train_featureData_max_min[j * 2 + 1])/(train_featureData_max_min[j * 2 + 0] − train_featureData_max_min[j * 2 + 1])

19： **end for**

20： **end for**

//对测试样本归一化,假定测试集与训练集有相同的分布

21： **for** j = 0 to featureNum − 1 **do**

22： for i = 0 to trainSampleNum − 1 **do**

23： testdata[i * featureNum + j] = (testdata[i * featureNum + j] − train_featureData_max_min[j * 2 + 1])/(train_featureData_max_min[j * 2 + 0]- train_featureData_max_min[j * 2 + 1]);

24： **end for**

25： **end for**

26： **end**

Algorithm 4 bayesClassify

Input：

traindata：训练样本的特征数据

trainLabel：训练样本的标号

testdata：测试样本的特征数据

```
classNum：类别数
trainNum：每类训练样本的个数
testNum：每类测试样本的个数
featureNum：特征数
P：  预测结果的二维矩阵
begin
    //计算已知样本特征均值
    calculate_mu(traindata, mu, classNum, trainNum, featureNum)
    //计算已知样本特征方差
    calculate_cov(traindata, mu, cov, classNum, trainNum, featureNum)
    //对测试样本计算后验概率
    calculate_p(testdata, mu, cov, P, classNum, testNum, featureNum)
end
```

9.4 实验2:分类器的超参数优化

9.4.1 实验目的

超参数是机器学习模型里面的框架参数,比如聚类方法里面类的个数、矩阵分解中潜在因素的数量、神经网络中的学习率等。超参数通常在开始学习过程之前手工设定,不断试错调整,或者对一系列穷举出来的参数组合进行枚举。

本实验以支持向量机作为分类模型,对卫星目标进行分类,通过这一过程学习分类器训练过程中的超参数优化方法。

建议本实验在讲授完第 4 章 4.2 节支持向量机分类器理论内容之后进行。

9.4.2 实验要求

实验 2 视频讲解

① 理解 SVM 分类器原理;

② 学会调用已有的 SVM 函数对目标进行分类;

③ 掌握分类器超参数优化的方法和过程;

④ 对实验结果进行分析。

9.4.3 实验原理

(1) 支持向量机原理

根据支持向量机理论(见第 4 章的相关内容),为处理不可分问题,将松弛变量$\{\xi_i \geqslant 0\}$引入到分离超平面的定义中:

$$y_i(\boldsymbol{w}^{\mathrm{T}}\boldsymbol{x}_i+b)\geqslant 1-\xi_i,\quad i=1,2,\cdots,n \tag{9.18}$$

其中,$\boldsymbol{x}_i$ 表示样本的第 i 个特征;$\boldsymbol{w}$ 为法向向量,决定了超平面的方向;b 为位移项,决定了超平面与原点之间的距离。

此外，还为松弛变量引入惩罚参数 $C>0$。C 值大时对误分类的惩罚增大，相反则减少。则最终的优化问题为

$$\begin{cases} \min\limits_{w,b,\xi}\left(\frac{1}{2}\|\boldsymbol{w}\|^2+C\sum\limits_{i=1}^{n}\xi_i\right) \\ \text{s.t.}\quad y_i(\boldsymbol{w}^{\mathrm{T}}\boldsymbol{x}_i+b)\geqslant 1-\xi_i,\quad i=1,2,\cdots,n \end{cases} \tag{9.19}$$

目标函数中的惩罚参数 $C>0$，就是一个超参数。需要在训练的过程中，在一个取值范围内对 C 进行优化。

9.4.6 节给出了支持向量机的分类函数 SVM_Classify()及其代码注释，该函数内部调用了 OpenCV 中自带的 SVM 分类器函数，通过设置不同的参数 C，并且选择不同的核函数，即可完成对目标的分类。

(2) 数据集划分

超参数优化时，需要把数据集划分成训练集、验证集和测试集三部分。其中训练集用于训练 SVM 分类器，验证集用于判断最优的惩罚参数 C，测试集用于测试 SVM 分类器的分类准确度。这种数据集的划分方式也是一般分类器训练过程中普遍采用的方式。

9.4.4 实验步骤

① 将空间目标数据库数据划分为训练集、验证集和测试集；

② 基于灰度共生矩阵提取卫星目标的纹理特征；

③ 对特征进行归一化处理；

④ 用训练集对 SVM 训练，用验证集对 SVM 超参数进行优化；

⑤ 在测试集上进行验证，实现卫星目标的分类识别；

⑥ 统计搭建的分类识别系统的准确率。

以上步骤中，特征提取和特征归一化等，直接使用 9.3 节的代码即可。

9.4.5 实验结果分析

① 本实验中，为什么数据集被划分成了训练集、验证集和测试集三个部分？三个部分的作用分别是什么？

② 本实验中，除了对参数 C 的调整，还有 Gamma 参数设置，见函数 SVM_Classify()中的相应代码，该参数是用于非线性支持向量机的超参数，试着单独调整 Gamma 以及同时调整 C 和 Gamma，调试出更优的分类结果。

③ 调用不同的核函数，并调整参数，观察分类准确率的变化。

④ 对错误分类的样本进行分析，说明可能造成错误分类的原因。

9.4.6 主要函数伪代码

以下给出支持向量机的分类函数的伪代码，本实验中，C 的取值范围为[1,4]，并且以 0.1 设置步长，对 C 进行优化。本实验将核函数设置为径向基函数(radical basis function)，核函数的设置还可以有：

① LINEAR：线性核函数(linear kernel)；

② POLY：多项式核函数(polynomial kernel)；

③ SIGMOID:神经元的非线性作用核函数(Sigmoid tanh);

④ PRECOMPUTED:用户自定义核函数。

```
Algorithm 5 SVM_Classify
Input:
traindata: 训练样本的特征数据
trainLabel: 训练样本的标号
testdata: 测试样本的特征数据
classNum: 类别数
trainNum: 每类训练样本的个数
testNum: 每类测试样本的个数
featureNum: 特征数
P:  预测结果的二维矩阵
1:  begin
2:     minC ← 1.0
3:     maxC ← 4.0
4:     stepC ← 0.1
//搜索最优参数 C 对应的 SVM 模型
5:     svm = getBestC_svm(svm, traindata, trainLabel, classNum, trainNum, featureNum,
       minC, maxC, stepC)
//用最优 SVM 模型对测试数据进行预测
6:     for i = 1 to classNum * testNum - 1 do
7:         for j = 0 to featureNum - 1 do
8:             input[j] = testdata[i * featureNum + j]
9:             SVM_predict(svm, input, classNum, featureNum, output)
10:        end for
11:        for c = 0 to classNum - 1 do
12:            P[i][c] = output[c]
13:        end for
14:    end for
15: end
```

9.5 实验3:特征提取

9.5.1 实验目的

在前两个实验中,对卫星图像提取了16维的灰度共生矩阵特征。这种通过直接计算获得的原始特征,有时不能反映对象的本质特征,而且维数可能会很大,如Gabor特征可以有上百维，HOG 特征可以达到上千维，过高的维数不利于分类器的设计。因此，需要在特征选择和特征提取两个方面对原始特征进行进一步的加工处理。

特征提取是通过数学变换对原始特征进行再加工，主要目的包括：

① 降低特征维数，以减少后续的计算量；

② 减少特征之间可能存在的相关性，去掉冗余信息，便于分类的实现。

本节实验采用主成分分析(principal components analysis，PCA)方法对数据进行特征降维处理，提高分类性能，并对实验结果进行分析。通过本次实验，读者可以理解特征加工处理的过程及其在识别系统中的作用。

建议本实验在讲授完本书第 5 章 5.2.2 节相关理论内容后进行。

9.5.2　实验要求

实验 3 视频讲解

① 掌握 PCA 基本原理；

② 学习 PCA 特征降维的具体方法和步骤；

③ 对实验结果进行分析。

9.5.3　实验原理

PCA 是一种常用的特征提取方法，用来对原始特征数据进行降维，去掉原始数据中的冗余信息，解决数据空间维数过高的瓶颈问题，并且提高分类准确率。

假设一个样本有 n 维特征，表示为 $\boldsymbol{x}=[x_1\ x_2\ \cdots\ x_n]^{\mathrm{T}}$，$m$ 个样本的特征矩阵为 $\boldsymbol{X}=[\boldsymbol{x}^1\ \boldsymbol{x}^2\ \cdots\ \boldsymbol{x}^m]=\boldsymbol{X}_{n\times m}$，则 PCA 降维的步骤如下：

① 将 $\boldsymbol{X}$ 的每一行(代表一个属性字段)进行零均值归一化。

② 计算协方差矩阵 $\mathrm{Cov}=\dfrac{1}{m}\boldsymbol{X}\cdot\boldsymbol{X}^{\mathrm{T}}=\mathrm{Cov}_{n\times n}$。

③ 求 $\mathrm{Cov}_{n\times n}$ 的特征值和特征向量，将特征值从大到小排列 $\gamma_1,\gamma_2,\cdots,\gamma_n$，对应的特征向量为 $\boldsymbol{\alpha}_1,\boldsymbol{\alpha}_2,\cdots,\boldsymbol{\alpha}_n$，特征向量是 n 行 1 列。

④ 取前 k 个特征值对应的特征向量组成降维系数矩阵 $\boldsymbol{D}=[\boldsymbol{\alpha}_1\ \boldsymbol{\alpha}_2\ \cdots\ \boldsymbol{\alpha}_k]=\boldsymbol{D}_{n\times k}$。

⑤ 对样本集中的每个样本 $\boldsymbol{x}$，计算 $\boldsymbol{x}'=\boldsymbol{D}^{\mathrm{T}}\boldsymbol{x}$，可以得到新的样本 $\boldsymbol{x}'$，从而实现降维。

9.5.6 节中给出了 PCA 降维的函数 PCA_reduct_dimension()，这是本次实验中最主要的一个函数，本书的实验视频讲解中有更详细的实验过程介绍。

9.5.4　实验步骤

① 将空间目标数据库数据划分为训练集和测试集；

② 基于灰度共生矩阵提取卫星目标的纹理特征；

③ 对特征进行归一化处理；

④ 使用 PCA 方法进行降维；

⑤ 基于降维后的特征使用 Bayes 分类器进行分类识别；

⑥ 统计分类识别系统的准确率。

9.5.5　实验结果分析

① 采用灰度共生矩阵提取 16 维的纹理特征，分析 PCA 取不同维数时分类准确率的变

化。采用表格记录,并对结果进行分析。

② Gabor 变换是一种典型的纹理特征提取方法,采用 PCA 对 Gabor 特征进行降维。以 5 为步长,记录不同维数时分类准确率的变化,并对结果进行分析。程序代码 main.cpp 中已给出 Gabor 特征提取的批处理函数 group_extractGaborFeature(),可提取 80 维特征,读者可以直接调用。

③ 请将灰度共生矩阵特征、Gabor 特征、颜色特征以及形状特征等进行各种形式的组合,维数太大可进行降维。用表格记录不同组合、不同维数时的识别率,找出最大识别率,并对结果进行分析说明。

9.5.6 主要函数伪代码

以下是 PCA 降维的函数伪代码。

Algorithm 6 PCA_reduct_dimension

```
Input:
trainDataIn: 训练样本特征数据
testDataIn: 测试样本特征数据
classNum: 类别数
trainNum: 训练样本数
testNum: 测试样本数
eatureNumfeatureNum_PCA: 降维后特征维数
ftrainDataOut: 降维后训练特征
testDataOut: 降维后测试特征
1:  begin
//把训练数据特征转化成 Mat 类型,第一维是样本数,第二维是特征数
2:  for i = 0 to classNum * trainNum - 1 do
3:          for j = 0 to featureNum - 1 do
4:                trainDataIn_Mat.at<double>(i, j) = trainDataIn[i * featureNum + j]
5:          end for
6:  end for
     //PCA 分解得到输入特征向量
7:   pca(trainDataIn_Mat, cv::Mat(), cv::PCA::DATA_AS_ROW, featureNum_PCA)
     //对特征向量 pca.eigenvectors 转置
8:   transpose(pca.eigenvectors, pca.eigenvectors)
     //计算降维后特征数据
9:   trainDataOut_Mat = trainDataIn_Mat * pca.eigenvectors
//把测试数据特征转化成 Mat 类型,第一维是样本数,第二维是特征数
10: for i = 0 to classNum * testNum - 1 do
11:        for j = 0 to featureNum - 1 do
```

```
            testDataIn_Mat.at<double>(i, j) = testDataIn[i * featureNum + j]
        end for
    end for
    testDataOut_Mat = testDataIn_Mat * pca.eigenvectors //测试数据降维后的特征
//将训练集 PCA 降维后转为 double 数组类型
    for i = 0 to classNum * trainNum - 1 do
        for j = 0 to featureNum_PCA - 1 do
            trainDataOut[i * featureNum_PCA + j] = trainDataOut_Mat.at<double>(i, j)
        end for
    end for
//将测试集 PCA 降维后转为 double 数组类型
    for i = 0 to classNum * testNum - 1 do
        for j = 0 to featureNum_PCA - 1 do
            testDataOut[i * featureNum_PCA + j] = testDataOut_Mat.at<double>(i, j);
        end for
    end for
end
```

9.6　实验 4:无监督分类

9.6.1　实验目的

模式识别方法分为有监督方法和无监督方法,聚类是最常见的无监督方法。本次实验用 K 均值方法对卫星目标数据进行聚类,通过该实验来理解无监督模式识别。同时结合前几次实验中使用的 Bayes 分类器和 SVM 分类器等,理解有监督方法和无监督方法之间的区别。

建议本实验在讲授完本书第 6 章 6.3.2 节 K 均值聚类理论内容后进行。

9.6.2　实验要求

实验 4 视频讲解

① 理解有监督分类和无监督分类;

② 掌握 K 均值聚类的原理和步骤;

③ 学会对单个图像的像素进行聚类以及对一组图像进行聚类;

④ 学会对特征数据进行聚类分析。

9.6.3　实验原理

K 均值聚类是动态聚类中的一种,其基本思想是通过迭代寻找 C 个聚类的划分方案,使得用这 C 个聚类的均值来表达相应各类样本时所得到的总体误差最小。K 均值的基本原理请参考本书第 6 章 6.3.2 节的内容，此处不再赘述。

9.6.6 节给出了两个主要函数的介绍，myKmeans()和 kmeans_img()。其中 myKmeans()是 K 均值聚类的接口函数，对给定的数据进行聚类，kmeans_img()则是调用 myKmeas()，实现对一幅图像的聚类。视频讲解中，实现了两个聚类实验，一个是将一幅给定图像中的像素进行聚类，另一个是对一组图像进行聚类。图 9-38 是用本实验代码将一幅卫星图像分别聚成 2 类和 3 类的示例。

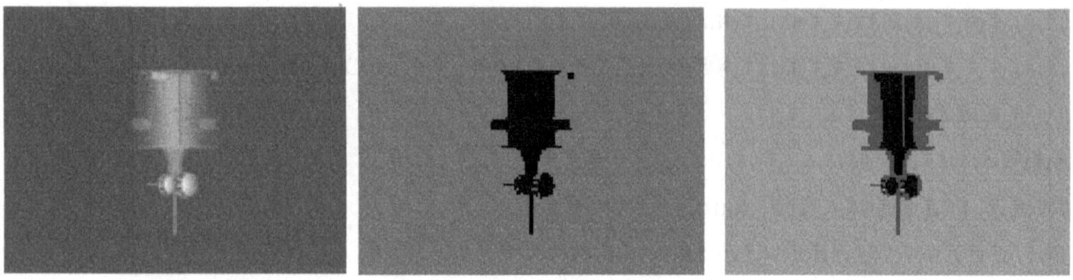

(a) 一幅卫星图像　(b) 聚成2类的效果　(c) 聚成3类的效果

图 9-38　卫星图像聚类效果示例

9.6.4　实验步骤

① 提取每个样本的特征；

② 对特征进行归一化；

③ 对高维特征采用 PCA 方法进行降维；

④ 对降维后的数据进行 K 均值聚类，实现分类识别；

⑤ 观察聚类结果，对聚类性能进行分析。

9.6.5　实验结果分析

① 本实验中，样本的初始标号是按样本先后顺序平均等分的方式给定的，从而确定了初始聚类中心。试着换一种初始标号的给定方法，观察最终聚类结果是否受初始划分的影响。

② 本实验中，类别数是人为指定的，请读者自行查阅文献，实现一种类别数自适应确定的方法。

③ 观察聚类结果，找出易混淆的类别，分析易混淆的原因。试着换一种聚类方法，看是否能够提升聚类性能。

④ 选择一个具体的卫星图像，将其聚为两个类别，并以手工方式标注真值。试采用不同的初始标号设置方法，计算 JC 系数并观察其变化，给出必要分析；进一步，将图像聚为三类，用不同的初始标号设置方法，观察 JC 系数的变化，给出必要分析。JC 系数的计算方法见本书第 1 章 1.6.2 节。

9.6.6　主要函数伪代码

以下是本实验的两个主要函数的伪代码，其中 myKmeans()是 K 均值聚类的接口函数，对给定的数据进行聚类，kmeans_img()则是调用 myKmeans()实现对一幅图像的聚类。

Algorithm 7 myKmeans

Input：

featureArray：特征数组

labelArray：聚类标号数组

sampleNum：样本数

featureNum：特征数

C：聚类的类别数

1：**begin**

//初始化样本标号；根据样本在数组中的下标，等间隔分配标号，记录每类样本个数

2：**for** i = 0 to sampleNum − 1 **do**

3：　　　labelArray[i] = i * C / sampleNum

4：　　　class_i_Num[i * C / sampleNum] + = 1

5：　**end for**

//计算初始聚类中心

6：**for** i = 0 to sampleNum − 1 **do**

7：　　**for** k = 0 to C − 1 **do**

8：　　　　**if** * (labelArray + i) == k **do**

9：　　　　　　**for** j = 0 to featureNum − 1 **do**

10：　　　　　　　class_i_m[k * featureNum + j] + = * (featureArray + i * featureNum + j)

11：　　　　　　**end for**

12：　　　　**end if**

13：　　**end for**

14：**end for**

//每类样本聚类中心

15：**for** k = 0 to C − 1 **do**

16：　　**for** j = 0 to featureNum − 1 **do**

17：　　　　class_i_m[k * featureNum + j] / = class_i_Num[k]

18：　　**end for**

19：**end for**

20：Kmeans_clustering(featureArray, labelArray, sampleNum, featureNum, class_i_m, class_i_Num, C)　//迭代聚类

21：**end**

Algorithm 8 kmeans_img

Input：

img：图像数据

C：聚类的类别数

```
1：  begin
2：    height = img.rows
3：    width = img.cols
//将图像像素值归到 0～1 区间
4：  for i = 0 to height − 1 do
5：      for j = 0 to width − 1 do
6：          t = img.at < Vec3b >(i, j)[0]
7：          if t ! = 0 do
8：              t = t
9：          end if
10：         featureArray[i * width + j] = img.at < Vec3b >(i, j)[0] / 256.0
11：     end for
12： end for
13： myKmeans(featureArray, labelArray, width * height, 1, C) //聚类
//为每个像素赋予对应的类别标签
14： for i = 0 to height − 1 do
15：     for j = 0 to width − 1 do
16：         img.at < Vec3b >(i, j)[0] = img.at < Vec3b >(i, j)[1] = img.at < Vec3b >
                (i, j)[2] = labelArray[i * width + j] * 256/C
17：     end for
18： end for
19： end
```

9.7　实验 5：分类器的训练和测试

9.7.1　实验目的

对于有监督的模式识别,需要用带标签的样本对分类器进行训练。训练好的分类器模型用来对测试集进行测试和分析。分类器的训练过程是使得目标函数不断收敛的过程。

本次实验采用 BP 网络对目标进行分类。通过对 BP 网络的训练和测试,读者可以理解分类器训练和测试的一般过程,理解分类器过拟合等现象。

建议本实验在讲授完本书第 7 章 7.3 节 BP 网络理论内容后进行。

9.7.2　实验要求

① 掌握 BP 网络分类原理;
② 学会对 BP 网络进行训练和测试;
③ 对分类器进行性能分析。

实验 5 视频讲解

9.7.3　实验原理

BP 神经网络是应用最为广泛的前馈型多层神经网络，输入层与输出层之间包括若干隐层。根据 BP 学习算法，当给定网络的一个输入模式时，它由输入层单元送到隐层单元，经隐层单元逐层处理后再送到输出层单元，由输出层单元处理之后得到一个输出模式。如果输出响应与期望输出模式之间有误差，且不满足要求时，则通过误差的反向传播实现权值的修正和优化。BP 网络的理论和算法步骤在本书第 7 章 7.3 节已经给出，此处不再赘述。

9.7.6 节给出了 BP 神经网络的分类函数 BP_Classify()，并且进行了详细的代码注释，该函数是本次实验中主要调用的接口函数。

当设置训练次数为 1 000 次时，程序输出每一轮次的训练误差变化，并给出预测准确率，如图 9－39 所示，根据输出结果的变化，就可以进行实验结果分析了。

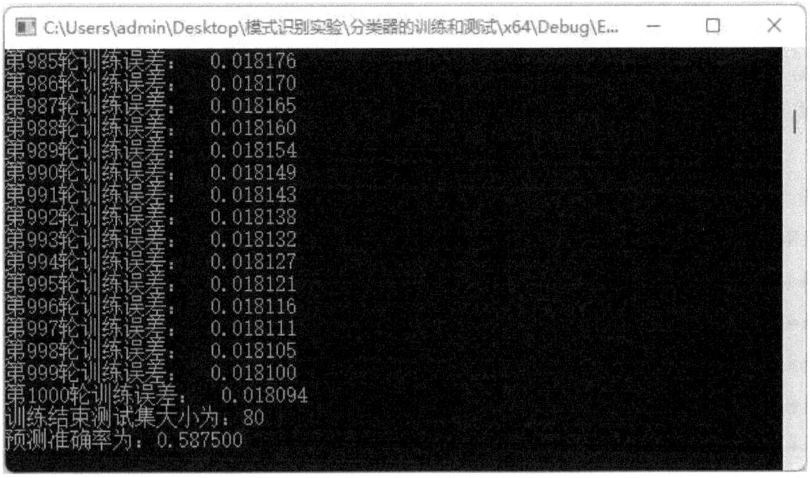

图 9－39　BP 网络分类的运行结果示例

9.7.4　实验步骤

① 将空间目标数据库数据划分为训练集和测试集；

② 基于灰度共生矩阵提取卫星目标的纹理特征并归一化；

③ 设定学习率、循环次数等参数；

④ 用训练集样本对 BP 网络进行训练；

⑤ 对待识别卫星进行分类识别；

⑥ 统计测试集上的识别准确率。

9.7.5　实验结果分析

① 采用随机初始化，连续调用三次 BP 网络，统计三次测试结果，能发现什么？怎么解释？

② 对训练集样本进行识别准确率统计，与测试集样本上的识别准确率进行对比，分析二者的差异，并且回答什么是过拟合现象。

③ 对比 Bayes 分类器、SVM 分类器、BP 网络分类器的分类性能，对分类器性能进行分析。

④ 对原始特征计算、特征提取、分类器设计等环节进行系统优化,以获得最佳分类性能。

9.7.6　主要函数伪代码

以下给出 BP 网络分类函数的伪代码。

Algorithm 9 BP_Classify

Input:

traindata:训练样本的特征数据

trainLabel:训练样本的标号

testdata:测试样本的特征数据

classNum:类别数

trainNum:每类训练样本的个数

testNum:每类测试样本的个数

featureNum:特征数

P:预测结果的二维矩阵

1:　**begin**

//BP 结构设置成 16-100-20 的结构,分别为特征数、隐层节点数和输出类别数

2:　　innodeNum ← 16

3:　　hidenodeNum ← 100

4:　　outnodeNum ← 20

5:　　max_round ←1000

6:　　BP_Init

7:　　round ← 0

8:　　**while** round < max_round **do**

9:　　　　error = train()

10:　　　　round += 1

11:　　　　printf("第 % d 轮训练误差:% 10f\n", round, error) //输出每次误差,观察收敛变化

12:　**end while**

//对测试数据预测,测试结果保存在 P[i][c]中

13:　**for** i = 0 to classNum * testNum − 1 **do**

14:　　　**for** j = 0 to featureNum − 1 **do**

15:　　　　　input[j] = testdata[i * featureNum + j]

16:　　　**end for**

17:　　　BP_predict()

18:　　　**for** c = 0 to classNum − 1 **do**

19:　　　　　P[i][c] = output[c]

20:　　　**end for**

21:　**end for**

22:　**end**

9.8 实验 6:模式识别系统的性能评估与优化

9.8.1 实验目的

本章 9.1 节介绍了 11 种数据库,包括卫星、飞机、人脸、指纹等目标对象。自行选定一种目标类型,用本课程学到的模式识别方法进行分类,并对分类性能进行综合分析。通过对该任务的系统化实现,达到对整个"模式识别"理论知识的综合运用,学会对分类识别方法进行综合对比,进而学会科学分析实验数据。

本实验是前 5 次实验的综合,是一个开放实验,没有对应的实验程序,也不提供视频讲解,需要读者自主实验、自行理解。

9.8.2 实验要求

① 自行实现一种目标(建议非卫星目标)的分类;

② 学会用多种指标进行分类系统的性能评价;

③ 根据分析结果,对分类系统进行优化和改进,提升分类性能。

9.8.3 实验原理

本章前 5 个实验中有 4 个都是有监督的,采用的是分类准确率指标来评价分类性能。实际上,一个分类系统的评价是综合的、多方面的。本书第 1 章的 1.6.1 节给出了多个分类性能评价指标,包括混淆矩阵、精确率、召回率、P-R 曲线、F-score、敏感性、特异性、准确率、ROC 曲线和 AUC 值等,不同指标对应了不同的评价角度。比如对于多分类问题,从混淆矩阵的数值分布可以分析出来识别系统对各类别的分类准确率,也可以分析出来哪些类别容易混淆;再比如二分类问题,敏感性和特异性两个指标值越高代表识别性能越好,但这两个指标通常又是矛盾的,很难达到两者都高的值。因此,对于一个分类系统的分析,通常是用多个评价指标进行的,当多个分类方法进行对比时,也通常用多个评价指标进行综合衡量。

关于分类性能的指标公式,请参考 1.6.1 节内容,此处不再赘述。

9.8.4 实验步骤

① 选择一个实验对象,目标类型自选,可以使用 9.1 节提供的数据库,也可以根据兴趣自己制作数据库。

② 对目标进行特征提取和特征降维,并对不同的特征进行各种方式的组合;

③ 对目标进行分类,可以采用 BP、SVM 或 Bayes 分类器,也可以实现新的分类器;

④ 对特征提取、分类器设计等各个环节进行联调,并采用多个指标进行系统性能评价,最终获得最优结果。

9.8.5 实验结果分析

① 固定一个分类器,可以通过分类指标的变化确定出对应该分类器的最优特征,那么不

同的分类器会得到相同的最优特征吗？为什么？如何判断一个或一组特征是否是优秀特征？

② 分类系统的建立包括特征提取、特征归一化、分类模型选择、分类器训练方式等，根据本次实验，分析系统联调优化的过程。

③ 数据集的划分会影响分类性能吗？为什么？数据集的划分应该注意哪些问题？

④ 对于你所选择的分类任务，哪个或哪些分类指标是重要的？为什么？

小　结

本章设计了 6 个模式识别实验，其中前 5 个实验对应了理论内容的五大模块，并且围绕卫星目标这一个综合项目展开，5 个实验属于分系统实验，可以从不同的角度加深对理论的理解，而 5 个分实验组合在一起又恰好对应了一个完整的分类系统。第 6 个实验是对前 5 个实验的综合，综合运用所学知识解决一个复杂的分类任务，加强对识别理论的系统理解，同时提高动手实践能力。

本章还提供了 11 个数据库供读者进行实验，同时给出了实验系统框架、环境配置以及视频讲解等，帮助读者完成实验任务。

由于本章是关于实验的内容，每一节实验都设置了相应的实验结果分析及问题思考，因此本章不再给出章后习题。

参考文献

[1] Di Y H, Jiang Z G, Zhang H P. A public dataset for fine-grained ship classification in optical remote sensing images[J]. Remote Sensing, 2021, 13(4): 747.

[2] 禹文奇，程塨，王美君，等. MAR20：遥感图像军用飞机目标识别数据集[J]. 遥感学报，2022：1-11.

[3] Samaria F S, Harter A C. Parameterisation of a stochastic model for human face identification[C]//Applications of Computer Vision, 1994: 138-142.

第10章　模式识别的航空航天应用

模式识别作为人工智能的核心技术，自20世纪50年代开始研究至今，伴随着计算机软硬件技术的发展，已经广泛应用于人类生产生活的各个方面。航空航天是典型的高技术领域，对自动化和智能化要求高。本章以遥感舰船细粒度分类、遥感地物分类、多视角空间目标识别、遥感图像飞机目标检测为例，简要介绍模式识别在航空航天领域的应用情况。

10.1　遥感舰船细粒度分类

10.1.1　应用问题分析

细粒度图像分类是最近计算机视觉和模式识别领域比较热门的研究方向之一，其主要研究目标就是对属于同一基础类别的图像(汽车、狗、花、鸟等)进行更加细致的子类划分。在图像获取的过程中，光照不均不平衡、拍摄角度不同、目标姿态不同等问题往往使得到的图像类内差距比较大或者类间差距出现偏差，增加了细粒度分类任务的难度，直接影响成像的质量与后续判断分析的准确性。细粒度图像分类的根本目的是对粗分的大类别进行更加细致的子类划分。细粒度分类问题类别标注更加精细，类间差距更加细微，较普通的图像分类任务难度更大。

我国海洋国土面积、海岸线长度和海洋资源在世界范围内都居于前列，海洋运输又是进出口贸易的关键所在，所以有效地对海洋资源进行管理、保障海洋权益、维护地区海洋安全成为了关键问题，这就要求对海上舰船目标进行实时准确的精细分类管理和监控。在现阶段的实际应用中，基于遥感图像的舰船目标的精细化分类在海上运输和确定重要军事目标上都有非常重要的应用价值。模式识别技术可以对舰船的遥感图像进行细粒度分类识别，精细化的分类可以帮助决策者更好地判断目标舰船的性质和行驶路线，因此无论在民用方面还是在军事方面，都有相当多的应用。具体的，在民用方面，通过对港口内外舰船的实时监控，可以掌握各个港口内外舰船的数目和流量，便于港口交通的管理。除此之外，也可以监控民用商船、渔船，对非法海事活动进行实时监控和打击。在军事方面，海上舰船目标检测和精细识别对掌握局部主动权，进行实时战斗态势评估具有重要的意义。

10.1.2　方法原理介绍

卷积神经网络(CNN)在各类的计算机视觉和模式识别任务中展现出了大幅领先于其他非深度学习方法的性能。双线性CNN(bilinear CNN，B-CNN)是比较早利用CNN解决弱监督细粒度分类问题的算法。弱监督的优势在于只需要类别标注，不需要目标边界框甚至关键点的标注，大大节约了标注成本，这样有利于细粒度识别算法的进一步发展。本节介绍基于双线性CNN的遥感图像舰船细粒度分类方法，设计相关实验在遥感图像细粒度数据集上进行分析验证。双线性CNN方法的优势在于针对图像细粒度的特点以平移不变的方式对局部对应的特征进行交互建模，还能够泛化多种顺序无关的特征描述。双线性的模型形式能够简化梯度计算，作为端到端的弱监督算法，双线性CNN在大多数常见的细粒度识别数据集上都有比较好的效果，并且比较简洁，易于训练。

双线性 CNN 的网络结构如图 10－1 所示，包括两个特征提取器，分别是去掉最后全连接层和 softmax 层的 AlexNet 和 VGG-Net，输出进行相乘经过池化后得到相应的特征。AlexNet 和 VGG-Net 的原理和结构在本书第 8 章已做介绍，这里不再赘述。双线性 CNN 结构中，网络 A 的作用在于对图像中的物体进行定位，完成传统算法中目标检测和局部区域检测的工作，不仅可以大大节约计算量，还可以实现端到端的训练。网络 B 的作用在于对 A 检测到的物体位置进行局部区域特征的提取，可以关注到更多细粒度图像的特征特点，发现不同类别之间的细微差别，两个网络各有分工，相互协调。

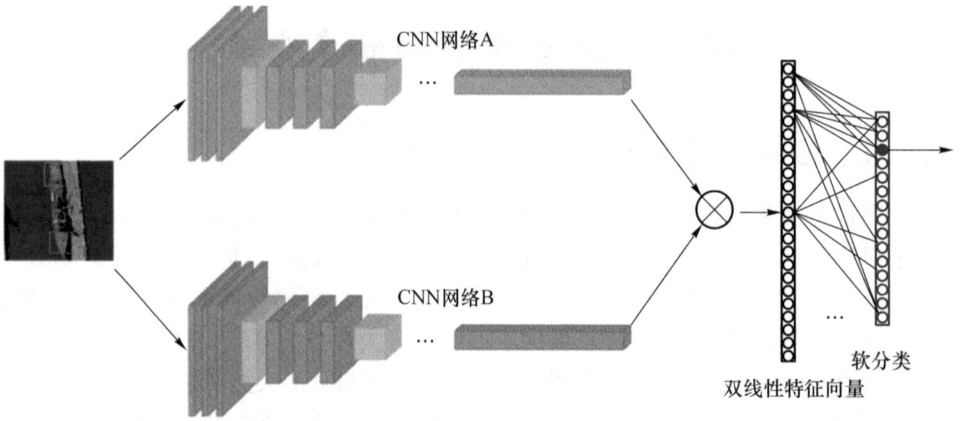

图 10－1　双线性 CNN 网络结构图

10.1.3　应用结果示例

对于数据集，选取包含 42 类舰船的细粒度数据集 FGSCR_42，其中的部分类别样例图片如图 10－2 所示，其中包含了 42 个舰船类别。对图像进行训练集、测试集、验证集的划分之后，将图像统一处理得到 224×224 像素大小的图像，并输入网络，为了防止训练过拟合，采用了 Mixup 数据增强。Mixup 是通过对两张图像进行混类实现数据增强的方法，最终达到扩充数据的目的。

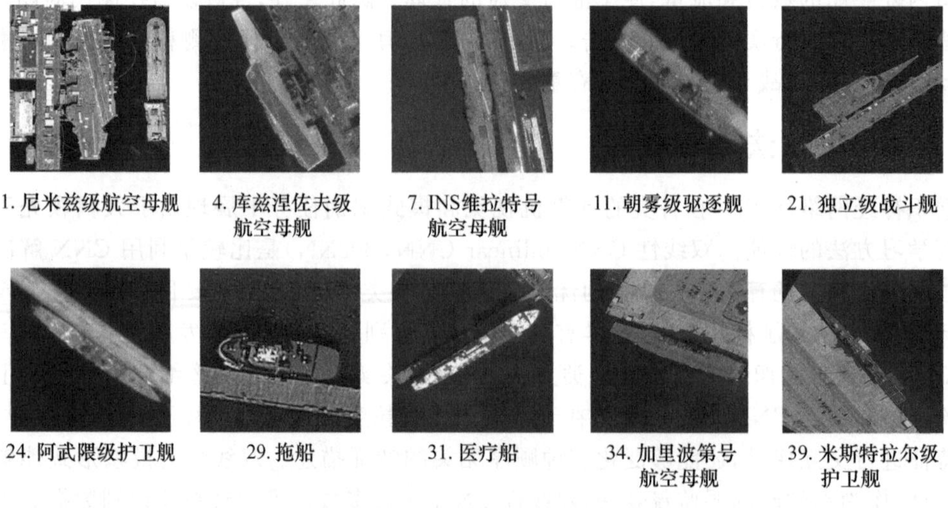

图 10－2　FGSC-42 数据集实例

对于评价指标，选择了 Top-1 准确率和各类别的识别准确率以及混淆矩阵。Top-1 准确率为预测结果中概率最大的前 K 个结果中正确标签的占比。其不针对单一类别，反映的是算法总体的正确程度。各类别的识别准确率可以有效地表示算法对于不同的类别之间的识别准确程度。

双线性 CNN 方法在舰船目标细粒度数据集上的性能表现如表 10－1、10－2 和图 10－3 所示，M 和 D 分别是去掉最后全连接层和 softmax 层的 AlexNet 和 VGG-16 两个不同的特征提取器。可以看出两个网络的相互协作可以更明显地提取细粒度图像特征。利用 D 和 M 两个不同的特征提取器时分类的准确率最高，达到了 90.18%，与通用深度学习网络分类的结果相比，可以说细粒度分类网络相比传统的深度学习分类网络有更好的表现。图 10－4 所示为混淆矩阵，其中横坐标为图像的真实类别，纵坐标为网络所输出的分类结果。

表 10－1　双线性 CNN 网络与 VGG16 网络实验结果比较

网络模型	TOP-1 准确率/%
VGG16	84.25
B-CNN [M，M]	88.02
B-CNN [D，M]	**89.65**
B-CNN [D，D]	88.51

表 10－2　双线性 CNN 网络各类别的识别准确率

类别	识别准确率/%	类别	识别准确率/%
1.尼米兹级航空母舰	90.34	22.萨克拉门托级支援舰	89.90
2.小鹰级航空母舰	91.35	23.起重船	89.34
3.中途岛级航空母舰	89.16	24.阿武隈级护卫舰	89.59
4.库兹涅佐夫级航空母舰	89.50	25.巨型游艇	90.05
5.戴高乐号航空母舰	90.18	26.货船	89.62
6.INS 维克拉马蒂亚号航空母舰	91.19	27.村雨级驱逐舰	89.74
7.INS 维拉特号航空母舰	89.43	28.集装箱船	88.38
8.提康德罗加级巡洋舰	87.76	29.拖船	90.64
9.阿利・伯克级驱逐舰	90.34	30.民用游艇	90.00
10.秋月级驱逐舰	89.68	31.医疗船	90.09
11.朝雾级驱逐舰	88.45	32.砂船	89.64
12.基德级驱逐舰	88.68	33.油轮	90.57
13.45 型驱逐舰	89.55	34.加里波第号航空母舰	89.14
14.黄蜂级攻击舰	90.34	35.朱姆沃尔特级驱逐舰	91.01
15.大隅级登陆舰	89.43	36.刚果级驱逐舰	90.11
16.日向级直升机驱逐舰	89.47	37.地平线级驱逐舰	89.60
17.出云级直升机驱逐舰	89.51	38.爱宕级驱逐舰	91.31
18.惠特比岛级船坞登陆舰	90.84	39.米斯特拉尔级护卫舰	90.22
19.圣安东尼奥级运输船坞	91.46	40.胡安・卡洛斯一世战略投射舰	91.81
20.自由级战舰	88.74	41.米斯特拉尔级两栖攻击舰	90.25
21.独立级战斗舰	86.45	42.圣乔治级运输码头	90.49

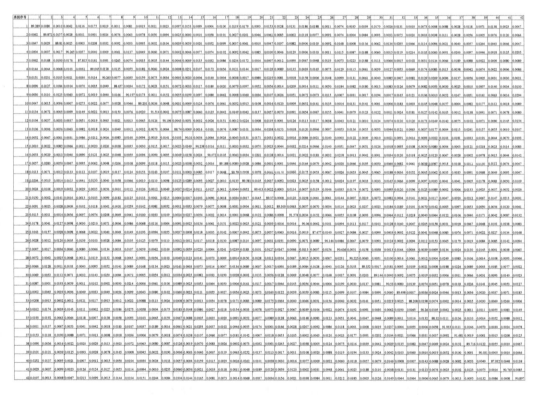

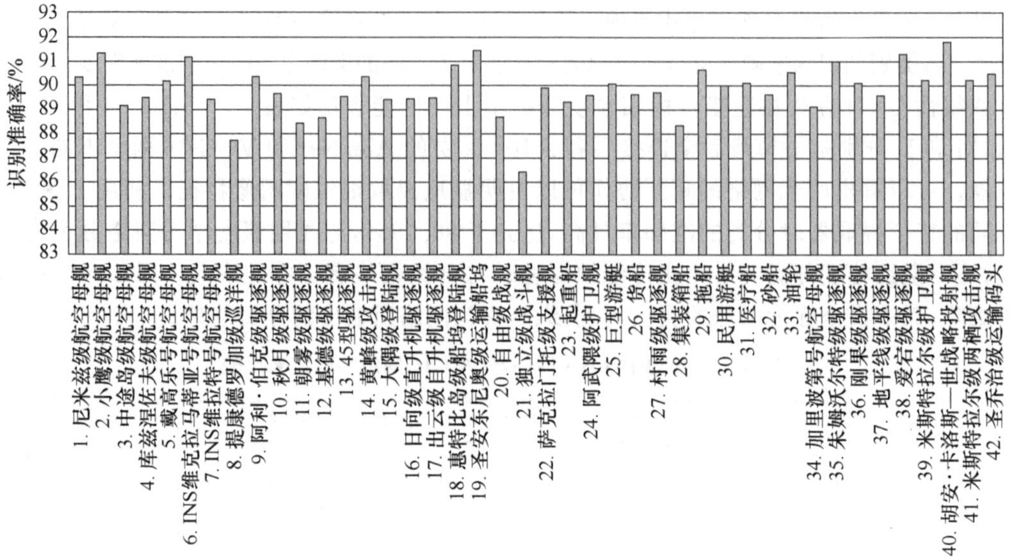

图 10-3　双线性 CNN 网络各类别的识别准确率

类别序号	1	2	3	4	5	6	7	8	9	10	11	12	13	14
1	89.289	0.0080	0.0010	0.0062	0.0116	0.0175	0.0019	0.0011	0.0081	0.0019	0.0011	0.0023	0.0097	0.0153
2	0.0062	89.872	0.0157	0.0028	0.0011	0.0001	0.0024	0.0076	0.0063	0.0078	0.0050	0.0094	0.0025	0.0000
3	0.0047	0.0029	88.81	0.0025	0.0003	0.0208	0.0032	0.0092	0.0053	0.0095	0.0002	0.0104	0.0039	0.0059
4	0.0004	0.0007	0.0017	90.265	0.0057	0.0040	0.0009	0.0061	0.0137	0.0049	0.0060	0.0071	0.0042	0.0046
5	0.0062	0.0168	0.0100	0.0176	87.815	0.0161	0.0091	0.0265	0.0074	0.0035	0.0035	0.0144	0.0046	0.0009
6	0.0144	0.0044	0.0068	0.0103	0.0032	89.045	0.0128	0.0135	0.0055	0.0182	0.0060	0.0024	0.0008	0.0251
7	0.0151	0.0231	0.0105	0.0021	0.0030	0.0114	90.263	0.0077	0.0035	0.0159	0.0075	0.0034	0.0001	0.0020
8	0.0090	0.0127	0.0184	0.0104	0.0070	0.0035	0.0049	88.657	0.0034	0.0172	0.0023	0.0151	0.0072	0.0033
9	0.0030	0.0110	0.0125	0.0063	0.0072	0.0019	0.0040	0.0166	90.197	0.0173	0.0011	0.0152	0.0055	0.0199
10	0.0047	0.0015	0.0096	0.0007	0.0275	0.0022	0.0077	0.0028	0.0046	89.201	0.0036	0.0048	0.0031	0.0009
11	0.0134	0.0072	0.0005	0.0099	0.0149	0.0022	0.0013	0.0150	0.0076	0.0020	91.514	0.0042	0.0075	0.0087
12	0.0104	0.0057	0.0033	0.0037	0.0051	0.0019	0.0065	0.0021	0.0013	0.0065	0.0126	90.196	0.0043	0.0051
13	0.0106	0.0006	0.0056	0.0063	0.0082	0.0018	0.0024	0.0049	0.0012	0.0032	0.0070	0.0064	88.74	0.0009
14	0.0052	0.0067	0.0001	0.0031	0.0086	0.0212	0.0036	0.0085	0.0160	0.0094	0.0019	0.0141	0.0103	90.31
15	0.0010	0.0022	0.0085	0.0066	0.0011	0.0020	0.0220	0.0038	0.0035	0.0030	0.0115	0.0017	0.0023	0.0149
16	0.0053	0.0029	0.0013	0.0040	0.0090	0.0121	0.0025	0.0048	0.0059	0.0096	0.0090	0.0095	0.0049	0.0158
17	0.0057	0.0280	0.0050	0.0067	0.0095	0.0062	0.0048	0.0206	0.0108	0.0099	0.0118	0.0115	0.0023	0.0038
18	0.0113	0.0071	0.0012	0.0133	0.0112	0.0107	0.0019	0.0137	0.0124	0.0153	0.0163	0.0107	0.0111	0.0003
19	0.0204	0.0010	0.0014	0.0033	0.0041	0.0130	0.0040	0.0058	0.0066	0.0010	0.0110	0.0098	0.0125	0.0289
20	0.0024	0.0106	0.0019	0.0032	0.0029	0.0035	0.0056	0.0010	0.0112	0.0126	0.0012	0.0049	0.0037	0.0214
21	0.0150	0.0002	0.0141	0.0016	0.0013	0.0105	0.0099	0.0182	0.0125	0.0133	0.0001	0.0215	0.0004	0.0017
22	0.0091	0.0025	0.0028	0.0009	0.0102	0.0118	0.0062	0.0020	0.0259	0.0142	0.0081	0.0052	0.0011	0.0053
23	0.0115	0.0011	0.0014	0.0056	0.0097	0.0074	0.0208	0.0049	0.0041	0.0100	0.0033	0.0109	0.0024	0.0227
24	0.0178	0.0041	0.0127	0.0098	0.0030	0.0210	0.0071	0.0006	0.0086	0.0068	0.0116	0.0004	0.0091	0.0025
25	0.0163	0.0157	0.0028	0.0098	0.0068	0.0022	0.0040	0.0049	0.0149	0.0193	0.0094	0.0055	0.0037	0.0008
26	0.0028	0.0012	0.0120	0.0005	0.0139	0.0103	0.0028	0.0084	0.0105	0.0125	0.0079	0.0110	0.0012	0.0012
27	0.0007	0.0017	0.0036	0.0060	0.0080	0.0066	0.0134	0.0033	0.0107	0.0059	0.0062	0.0100	0.0092	0.0059
28	0.0072	0.0062	0.0025	0.0068	0.0012	0.0119	0.0132	0.0068	0.0045	0.0093	0.0056	0.0103	0.0049	0.0123
29	0.0066	0.0128	0.0011	0.0103	0.0040	0.0095	0.0052	0.0140	0.0089	0.0168	0.0134	0.0023	0.0161	0.0003
30	0.0069	0.0052	0.0112	0.0071	0.0032	0.0143	0.0250	0.0084	0.0072	0.0005	0.0054	0.0012	0.0034	0.0025
31	0.0087	0.0001	0.0193	0.0059	0.0011	0.0102	0.0002	0.0030	0.0214	0.0006	0.0061	0.0100	0.0089	0.0025
32	0.0002	0.0065	0.0039	0.0096	0.0049	0.0033	0.0049	0.0056	0.0099	0.0043	0.0080	0.0102	0.0060	0.0023
33	0.0208	0.0015	0.0002	0.0012	0.0121	0.0117	0.0015	0.0012	0.0022	0.0088	0.0113	0.0026	0.0008	0.0079
34	0.0012	0.0174	0.0039	0.0143	0.0111	0.0002	0.0225	0.0186	0.0275	0.0058	0.0004	0.0175	0.0183	0.0148
35	0.0193	0.0192	0.0063	0.0064	0.0118	0.0007	0.0138	0.0058	0.0093	0.0103	0.0065	0.0159	0.0067	0.0088
36	0.0011	0.0137	0.0067	0.0053	0.0041	0.0042	0.0018	0.0183	0.0107	0.0037	0.0189	0.0016	0.0061	0.0021
37	0.0153	0.0118	0.0190	0.0088	0.0071	0.0013	0.0008	0.0018	0.0036	0.0006	0.0079	0.0018	0.0074	0.0138
38	0.0090	0.0056	0.0016	0.0022	0.0020	0.0029	0.0113	0.0023	0.0072	0.0065	0.0080	0.0087	0.0126	0.0019
39	0.0101	0.0121	0.0039	0.0125	0.0093	0.0028	0.0078	0.0165	0.0008	0.0045	0.0022	0.0190	0.0006	0.0003
40	0.0252	0.0137	0.0095	0.0021	0.0007	0.0012	0.0018	0.0050	0.0104	0.0030	0.0024	0.0133	0.0057	0.0004
41	0.0029	0.0007	0.0099	0.0023	0.0126	0.0124	0.0127	0.0055	0.0114	0.0094	0.0010	0.0255	0.0060	0.0056
42	0.0107	0.0013	0.0008	0.0067	0.0213	0.0099	0.0015	0.0144	0.0104	0.0151	0.0244	0.0084	0.0304	0.0144

类别序号	15	16	17	18	19	20	21	22	23	24	25	26	27	28
1	0.0099	0.0004	0.0100	0.0119	0.0179	0.0093	0.0153	0.0128	0.0131	0.0186	0.0188	0.0011	0.0074	0.0035
2	0.0010	0.0058	0.0101	0.0027	0.0201	0.0046	0.0061	0.0085	0.0002	0.0118	0.0077	0.0092	0.0074	0.0004
3	0.0020	0.0052	0.0099	0.0037	0.0061	0.0010	0.0047	0.0197	0.0082	0.0000	0.0105	0.0092	0.0168	0.0008
4	0.0077	0.0074	0.0102	0.0092	0.0042	0.0085	0.0100	0.0046	0.0129	0.0006	0.0103	0.0011	0.0115	0.0087
5	0.0135	0.0032	0.0086	0.0254	0.0172	0.0016	0.0007	0.0012	0.0090	0.0067	0.0048	0.0119	0.0073	0.0223
6	0.0107	0.0172	0.0056	0.0121	0.0144	0.0017	0.0129	0.0089	0.0135	0.0039	0.0165	0.0075	0.0129	0.0115
7	0.0006	0.0140	0.0004	0.0038	0.0017	0.0080	0.0219	0.0081	0.0018	0.0158	0.0006	0.0148	0.0099	0.0131
8	0.0117	0.0180	0.0020	0.0079	0.0097	0.0052	0.0056	0.0014	0.0209	0.0014	0.0111	0.0050	0.0184	0.0082
9	0.0097	0.0080	0.0062	0.0008	0.0060	0.0036	0.0107	0.0026	0.0051	0.0072	0.0073	0.0115	0.0007	0.0031
10	0.0124	0.0076	0.0061	0.0052	0.0015	0.0108	0.0016	0.0120	0.0009	0.0052	0.0161	0.0135	0.0014	0.0131
11	0.0060	0.0135	0.0042	0.0149	0.0042	0.0137	0.0057	0.0070	0.0091	0.0054	0.0067	0.0155	0.0041	0.0079
12	0.0032	0.0026	0.0151	0.0012	0.0224	0.0008	0.0119	0.0001	0.0126	0.0113	0.0117	0.0038	0.0043	0.0121
13	0.0016	0.0101	0.0076	0.0087	0.0101	0.0036	0.0238	0.0153	0.0018	0.0120	0.0046	0.0007	0.0053	0.0136
14	0.0056	0.0064	0.0024	0.0045	0.0131	0.0171	0.0031	0.0022	0.0016	0.0084	0.0021	0.0140	0.0003	0.0122
15	90.238	0.0116	0.0111	0.0033	0.0032	0.0070	0.0023	0.0044	0.0032	0.0214	0.0066	0.0140	0.0051	0.0047
16	0.0024	90.072	0.0105	0.0043	0.0034	0.0202	0.0128	0.0016	0.0021	0.0022	0.0183	0.0032	0.0218	0.0013
17	0.0032	0.0016	89.188	0.0080	0.0028	0.0086	0.0001	0.0001	0.0046	0.0164	0.0079	0.0042	0.0020	0.0066
18	0.0085	0.0117	0.0048	90.59	0.0008	0.0078	0.0002	0.0170	0.0060	0.0175	0.0053	0.0067	0.0026	0.0053
19	0.0095	0.0027	0.0010	0.0135	89.581	0.0105	0.0037	0.0092	0.0023	0.0025	0.0158	0.0012	0.0024	0.0197
20	0.0111	0.0127	0.0012	0.0044	0.0052	89.413	0.0022	0.0003	0.0114	0.0057	0.0119	0.0146	0.0035	0.0174
21	0.0103	0.0090	0.0018	0.0034	0.0017	0.0145	89.37	0.0008	0.0129	0.0258	0.0061	0.0061	0.0144	0.0007
22	0.0079	0.0077	0.0008	0.0031	0.0004	0.0011	0.0012	89.303	0.0063	0.0057	0.0070	0.0034	0.0114	0.0023
23	0.0054	0.0032	0.0014	0.0001	0.0068	0.0122	0.0086	0.0098	91.574	0.0034	0.0152	0.0066	0.0055	0.0108
24	0.0156	0.0061	0.0151	0.0022	0.0025	0.0121	0.0039	0.0016	0.0016	90.06	0.0062	0.0101	0.0094	0.0113
25	0.0118	0.0035	0.0142	0.0007	0.0042	0.0075	0.0057	0.0063	0.0016	0.0019	87.677	0.0140	0.0027	0.0084
26	0.0117	0.0118	0.0130	0.0087	0.0110	0.0097	0.0031	0.0191	0.0090	0.0071	0.0089	90.144	0.0086	0.0067
27	0.0220	0.0004	0.0241	0.0239	0.0183	0.0101	0.0127	0.0167	0.0066	0.0113	0.0037	0.0156	90.636	0.0051
28	0.0141	0.0070	0.0009	0.0014	0.0150	0.0128	0.0112	0.0104	0.0067	0.0015	0.0050	0.0007	0.0231	90.225
29	0.0075	0.0114	0.0007	0.0136	0.0089	0.0007	0.0017	0.0090	0.0189	0.0084	0.0128	0.0043	0.0126	0.0103
30	0.0082	0.0033	0.0190	0.0028	0.0002	0.0133	0.0056	0.0128	0.0049	0.0048	0.0077	0.0168	0.0037	0.0091
31	0.0053	0.0064	0.0050	0.0006	0.0161	0.0117	0.0017	0.0046	0.0145	0.0056	0.0044	0.0006	0.0199	0.0030
32	0.0111	0.0055	0.0027	0.0056	0.0023	0.0073	0.0160	0.0122	0.0039	0.0059	0.0083	0.0115	0.0099	0.0107
33	0.0013	0.0054	0.0078	0.0171	0.0083	0.0089	0.0175	0.0064	0.0040	0.0066	0.0031	0.0156	0.0040	0.0032
34	0.0080	0.0027	0.0118	0.0154	0.0033	0.0078	0.0075	0.0027	0.0067	0.0039	0.0104	0.0022	0.0074	0.0192
35	0.0005	0.0035	0.0029	0.0091	0.0052	0.0077	0.0089	0.0128	0.0063	0.0148	0.0083	0.0123	0.0051	0.0041
36	0.0293	0.0037	0.0102	0.0046	0.0055	0.0174	0.0001	0.0166	0.0028	0.0207	0.0092	0.0086	0.0118	0.0001
37	0.0107	0.0060	0.0077	0.0181	0.0142	0.0007	0.0118	0.0053	0.0105	0.0002	0.0065	0.0120	0.0023	0.0177
38	0.0070	0.0083	0.0026	0.0002	0.0073	0.0032	0.0001	0.0245	0.0027	0.0038	0.0005	0.0124	0.0075	0.0116
39	0.0040	0.0007	0.0119	0.0063	0.0252	0.0137	0.0113	0.0017	0.0011	0.0108	0.0020	0.0088	0.0119	0.0194
40	0.0159	0.0115	0.0029	0.0026	0.0262	0.0101	0.0058	0.0030	0.0016	0.0077	0.0009	0.0022	0.0060	0.0118
41	0.0021	0.0019	0.0118	0.0011	0.0048	0.0189	0.0120	0.0059	0.0120	0.0002	0.0031	0.0048	0.0061	0.0025
42	0.0165	0.0081	0.0073	0.0014	0.0068	0.0037	0.0036	0.0156	0.0021	0.0038	0.0084	0.0011	0.0212	0.0183

类别序号	29	30	31	32	33	34	35	36	37	38	39	40	41	42
1	0.0039	0.0170	0.0026	0.0131	0.0010	0.0073	0.0008	0.0088	0.0028	0.0118	0.0071	0.0138	0.0023	0.0047
2	0.0084	0.0093	0.0033	0.0075	0.0020	0.0003	0.0038	0.0111	0.0028	0.0056	0.0005	0.0076	0.0120	0.0064
3	0.0136	0.0062	0.0134	0.0295	0.0066	0.0114	0.0096	0.0021	0.0040	0.0057	0.0264	0.0043	0.0046	0.0047
4	0.0188	0.0060	0.0015	0.0119	0.0214	0.0105	0.0000	0.0001	0.0200	0.0097	0.0046	0.0018	0.0135	0.0205
5	0.0188	0.0113	0.0066	0.0015	0.0102	0.0031	0.0134	0.0066	0.0189	0.0088	0.0022	0.0009	0.0080	0.0089
6	0.0061	0.0059	0.0127	0.0055	0.0069	0.0174	0.0083	0.0115	0.0038	0.0042	0.0074	0.0022	0.0006	0.0086
7	0.0061	0.0040	0.0085	0.0007	0.0082	0.0129	0.0209	0.0096	0.0137	0.0056	0.0005	0.0031	0.0030	0.0021
8	0.0180	0.0013	0.0083	0.0126	0.0079	0.0082	0.0053	0.0030	0.0025	0.0010	0.0007	0.0140	0.0034	0.0130
9	0.0017	0.0194	0.0017	0.0165	0.0121	0.0106	0.0010	0.0052	0.0167	0.0051	0.0161	0.0063	0.0016	0.0294
10	0.0141	0.0001	0.0006	0.0183	0.0003	0.0105	0.0048	0.0157	0.0004	0.0082	0.0177	0.0112	0.0018	0.0089
11	0.0123	0.0122	0.0011	0.0024	0.0181	0.0127	0.0142	0.0105	0.0012	0.0138	0.0041	0.0071	0.0078	0.0080
12	0.0010	0.0124	0.0074	0.0120	0.0120	0.0173	0.0169	0.0140	0.0075	0.0102	0.0071	0.0080	0.0145	0.0154
13	0.0055	0.0053	0.0044	0.0121	0.0063	0.0037	0.0177	0.0004	0.0115	0.0241	0.0157	0.0055	0.0010	0.0107
14	0.0009	0.0010	0.0021	0.0091	0.0016	0.0093	0.0022	0.0103	0.0181	0.0033	0.0191	0.0044	0.0070	0.0193
15	0.0051	0.0126	0.0018	0.0095	0.0108	0.0050	0.0080	0.0004	0.0003	0.0121	0.0218	0.0023	0.0114	0.0083
16	0.0042	0.0001	0.0034	0.0120	0.0118	0.0025	0.0120	0.0067	0.0028	0.0002	0.0078	0.0015	0.0044	0.0142
17	0.0195	0.0050	0.0060	0.0082	0.0061	0.0039	0.0097	0.0018	0.0108	0.0012	0.0130	0.0112	0.0074	0.0047
18	0.0045	0.0065	0.0188	0.0036	0.0152	0.0005	0.0062	0.0035	0.0035	0.0091	0.0068	0.0049	0.0095	0.0047
19	0.0033	0.0033	0.0165	0.0066	0.0099	0.0097	0.0035	0.0041	0.0041	0.0005	0.0178	0.0083	0.0050	0.0109
20	0.0072	0.0093	0.0095	0.0120	0.0196	0.0125	0.0089	0.0002	0.0006	0.0133	0.0025	0.0037	0.0052	0.0026
21	0.0219	0.0072	0.0082	0.0004	0.0141	0.0021	0.0117	0.0047	0.0020	0.0212	0.0067	0.0147	0.0213	0.0031
22	0.0237	0.0023	0.0184	0.0189	0.0101	0.0070	0.0162	0.0005	0.0097	0.0053	0.0050	0.0056	0.0120	0.0041
23	0.0093	0.0096	0.0064	0.0112	0.0218	0.0040	0.0064	0.0122	0.0106	0.0040	0.0171	0.0042	0.0087	0.0132
24	0.0117	0.0103	0.0128	0.0160	0.0047	0.0205	0.0158	0.0021	0.0018	0.0067	0.0048	0.0102	0.0238	0.0083
25	0.0027	0.0090	0.0003	0.0002	0.0122	0.0041	0.0048	0.0085	0.0076	0.0071	0.0022	0.0227	0.0134	0.0168
26	0.0079	0.0093	0.0124	0.0002	0.0094	0.0112	0.0153	0.0065	0.0179	0.0019	0.0084	0.0085	0.0142	0.0094
27	0.0158	0.0038	0.0013	0.0164	0.0004	0.0039	0.0099	0.0136	0.0024	0.0130	0.0145	0.0001	0.0038	0.0065
28	0.0060	0.0051	0.0100	0.0016	0.0061	0.0012	0.0004	0.0249	0.0083	0.0106	0.0014	0.0108	0.0093	0.0066
29	89.352	0.0017	0.0181	0.0095	0.0109	0.0021	0.0008	0.0188	0.0224	0.0089	0.0003	0.0185	0.0077	0.0022
30	0.0203	89.144	0.0040	0.0092	0.0075	0.0019	0.0032	0.0006	0.0011	0.0066	0.0031	0.0093	0.0140	0.0023
31	0.0137	0.0081	90.53	0.0080	0.0139	0.0074	0.0051	0.0078	0.0103	0.0226	0.0141	0.0045	0.0053	0.0127
32	0.0084	0.0090	0.0060	89.498	0.0017	0.0036	0.0024	0.0046	0.0013	0.0056	0.0020	0.0037	0.0071	0.0185
33	0.0161	0.0051	0.0219	0.0025	88.208	0.0198	0.0074	0.0002	0.0014	0.0035	0.0030	0.0060	0.0260	0.0006
34	0.0091	0.0030	0.0062	0.0190	0.0045	90.26	0.0105	0.0042	0.0025	0.0011	0.0111	0.0055	0.0083	0.0149
35	0.0047	0.0048	0.0089	0.0011	0.0116	0.0132	88.32	0.0111	0.0136	0.0110	0.0014	0.0052	0.0088	0.0012
36	0.0008	0.0019	0.0237	0.0004	0.0055	0.0006	0.0058	91.953	0.0111	0.0166	0.0070	0.0030	0.0024	0.0078
37	0.0091	0.0202	0.0104	0.0021	0.0066	0.0031	0.0037	0.0092	91.681	0.0019	0.0001	0.0015	0.0208	0.0125
38	0.0039	0.0042	0.0029	0.0135	0.0082	0.0047	0.0069	0.0024	0.0132	89.716	0.0122	0.0055	0.0010	0.0067
39	0.0133	0.0024	0.0042	0.0103	0.0060	0.0010	0.0019	0.0052	0.0100	0.0091	90.031	0.0005	0.0010	0.0046
40	0.0057	0.0079	0.0146	0.0008	0.0007	0.0143	0.0088	0.0028	0.0082	0.0053	0.0040	87.932	0.0048	0.0138
41	0.0188	0.0110	0.0038	0.0131	0.0131	0.0113	0.0076	0.0025	0.0102	0.0125	0.0075	0.0016	90.765	0.0085
42	0.0005	0.0126	0.0140	0.0044	0.0064	0.0006	0.0065	0.0079	0.0013	0.0095	0.0132	0.0086	0.0008	90.897

图 10-4　双线性 CNN 网络各类别的混淆矩阵

10.2 遥感地物分类

10.2.1 应用问题分析

利用模式识别技术可以对卫星遥感图像中的地物进行分类和识别，可以帮助决策者更好地了解目标区域的地形和地貌。例如，在灾害救援等应用中，可以利用卫星遥感图像对受灾区域的地貌进行识别和分类，从而帮助救援人员更好地制定救援计划。遥感图像分类是将遥感图像中的所有像素按其某种性质划分为若干个类别的过程，其主要有两种途径：一是目视解译，或称目视判译；二是计算机自动分类。目视解译分类方法是根据专业作业人员的经验和知识，采用对照分析的方法，从而实现遥感图像的分类。专业人员的参与使得目视解译分类方法通常具有很高的分类精度，但是目视解译在实际应用中面临着巨大瓶颈。在实际应用中，目视解译不仅需要遥感图像目视判读者具有丰富的地学知识和目视判读经验，而且目视解译速度较慢，难以实现对海量遥感信息的定量化分析。因此，利用计算机实现对遥感图像中像素的自动分类，即计算机自动分类，已经逐渐得到研究学者及相关从业人员的青睐。

遥感地物分类是遥感图像处理技术中最基本的问题，也是遥感图像分析与解译的基础。特别是近年来兴起的基于深度卷积网络的遥感图像地物分类算法，大大提升了遥感图像地物分类领域的算法精度与速度，在遥感图像预处理、自然灾害预防、抢险救灾、军事预警、城市规划、违章建筑处理等领域具有深远的应用价值。在未来，遥感图像地物分类在数据集缺乏方面的问题，以及算法对于计算时间与空间的消耗问题仍然尚待解决。

10.2.2 方法原理介绍

半监督学习在高光谱遥感图像分类领域中受到高度关注，它能够利用少量的标注样本和大量的未标注样本共同训练分类器。作为典型的半监督模型，拉普拉斯支持向量机(Laplacian Support Vector Machine，LapSVM)在高光谱分类中得到了广泛应用。相比SVM，LapSVM 可以看作是 SVM 在未标注样本上的一种扩展，它将未标注样本信息以流形正则项的形式引入模型中，在所有训练样本中(标注样本和未标注样本)寻找最优分类边界。尽管 LapSVM 能够利用大量的未标注样本，但是它并不具备融合遥感图像中的空间信息的能力。

传统的 SVM 方法在解决遥感图像分类问题时，只利用了遥感图像中的光谱信息进行分类，而没有考虑遥感图像中普遍存在的空间信息。众所周知，遥感图像中像素的分布具有空间连续性，即当某个像素属于某一特定类别时，该像素的空间邻域像素在很大概率上依然属于该类。LapSVM 成功地将未标注样本隐含的信息加入到 SVM 的学习过程中，其性能比单纯使用标注样本训练得到的分类器有了显著提高，地物分类分割流程图如图 10－5 所示，其具体原理如下：

以二分问题为例，给定样本集合 $X=\{X_l,X_u\}$，其中 $X_l=\{\boldsymbol{x}_i\}_{i-1}^{n}$为标注样本集，其对应的标签 $Y_l=\{y_i\in\{+1,-1\}\}_{i=1}^{n_i}$，$X_u=\{\boldsymbol{x}_i\}_{i=1}^{n}$为未标注样本集，则 LapSVM 可以描述成如下所示的最小值优化问题：

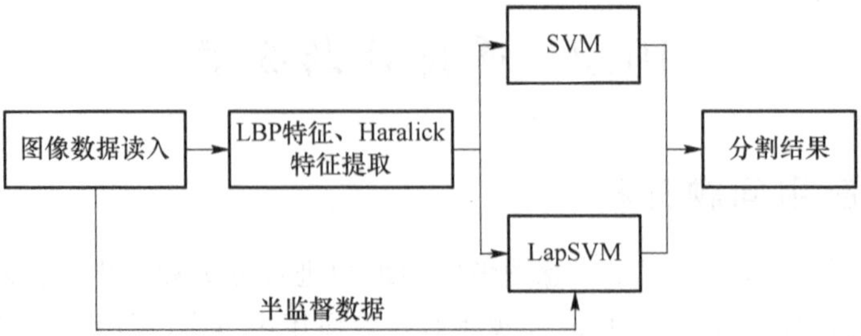

图 10-5　地物分类分割流程图

$$\underset{\omega,b}{\operatorname{argmin}} \frac{1}{n_l}\sum_{i=1}^{n_l} V(\boldsymbol{x}_i,y_i,f)+\gamma_A\|f\|_H^2+\gamma_M\|f\|_M^2$$

$$V(\boldsymbol{x}_i,y_i,f)=\max\{0,1-y_i f(\boldsymbol{x}_i)\}$$

$$f(\boldsymbol{x}_i)=\sum_{j=1}^{n_l+n_u}\omega_j K(\boldsymbol{x}_j,\boldsymbol{x}_i)+b=\boldsymbol{\omega}^{\mathrm{T}}\boldsymbol{K}_i(X,\boldsymbol{x}_i)+b$$

$$\|f\|_H^2=\boldsymbol{\omega}^{\mathrm{T}}\boldsymbol{K}\boldsymbol{\omega},\quad \boldsymbol{\omega}=(\omega_1,\cdots,\omega_{n+n_u})^{\mathrm{T}}$$

$$\|f\|_M^2=\sum_{i,j=1}^{n_l+n_u}\boldsymbol{W}_j^M\left(f(\boldsymbol{x}_i)-f(\boldsymbol{x}_j)\right)^2$$

其中，$V(\cdot)=\max\{0,1-y_i f(\boldsymbol{x}_i)\}$ 为损失函数；$f(\cdot)$ 为决策函数；$\boldsymbol{K}_i(\cdot)=[K(\boldsymbol{x}_1\ \boldsymbol{x}_i)\ K(\boldsymbol{x}_2,\boldsymbol{x}_i)\ \cdots\ K(\boldsymbol{x}_n,\boldsymbol{x}_i)]^{\mathrm{T}}$ 为样本 $\boldsymbol{x}_i$ 对应的核函数矩阵；K 为核函数；γ_A 和 γ_M 为折衷系数；ω 和 b 为待估计的模型参数；$\boldsymbol{W}_j^M$ 为权重矩阵，常被定义为 heat 核函数。一旦获得模型的最优参数 ω 和 b，则当给定一个新的测试样本 x_*，LapSVM 可利用如下决策函数判断样本的类别标记：

$$y_*=\operatorname{sgn}(f(x_*))=\operatorname{sgn}(\boldsymbol{\omega}^{\mathrm{T}}K(x,x_*)+b)$$

由于考虑了未标注样本，LapSVM 可以提供一个更具有判别性的分类器来实现分类。

10.2.3　应用结果示例

对于数据集，使用 ISPRS 2D Semantic Labeling Contest 数据集中 Postdam 部分数据集，它提取自航空影像，由 ISPRS 于 2012 年发布。数据集包含 28 幅相同尺寸的图像，顶层影像的空间分辨率为 5 cm；包含 6 种类型的遥感地物类型，分别是水表面、建筑物、低植被、树、汽车和杂波/背景。为了方便实验训练和测试，这里仅仅选取其中的两类进行训练和测试，这两类分别是建筑物和低植被。使用 20 张图像作为训练集，4 张图像作为测试集。实验结果如表 10-3 和图 10-6 所示，图中蓝色为低植被类，红色为建筑物类。

为了客观描述算法的性能，采用 3 种常用的评价指标进行评价，分别为类别精度（class accuracy，CA）、平均精度（average accuracy，AA）和总体精度（overall accuracy，OA）。3 种评价指标的计算方法如下。

① 类别精度：$\mathrm{CA}_l=\dfrac{\mathrm{num}_l^{\mathrm{T}}}{\mathrm{num}_l}$，$l\in\{1,2,\cdots,L\}$，其中 L 为类别数，CA_l 为类别 l 的类别精度，num_l 表示类别为 l 的样本总数，$\mathrm{num}_l^{\mathrm{T}}$ 表示被正确分类为类别 l 的样本数；

② 平均精度：$\mathrm{AA}=\dfrac{1}{L}\sum_{l=1}^{L}\mathrm{CA}_l$；

③ 总体精度：$OA = \sum_{l=1}^{L} num_l^T / num$，num 为样本总数，即 $num = \sum_{l=1}^{L} num_l$。

通过 SVM 的整个监督分类流程，将非线性的数据集通过核函数抛到高维变成线性数据集，把之前对于非线性数据集的分类回归问题转换成线性数据集的问题，从而能够更好地解决遥感图像中的地物分类问题。LapSVM 与普通 SVM 的不同点其实就是在变成高维线性数据后多加了一个流形正则化项，而就是这个流形正则化项实现了针对于半监督学习打标签的目的，实现结构稳定性的最大化，使函数不至于过拟合。

表 10-3　LapSVM 和 SVM 的实验结果

算法/指标	CA/%		AA/%	OA/%
	建筑物	低植被		
SVM	47.78	80.45	53.72	57.43
LapSVM	70.89	95.23	86.98	84.92

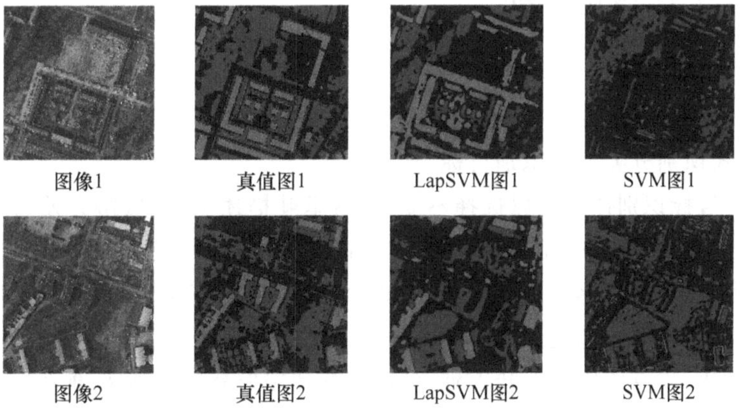

图 10-6　实验结果图(彩图见封三)

10.3　多视角空间目标识别

10.3.1　应用问题分析

随着科技的发展，人类的领地意识从陆地发展到太空，越来越多的空天设备翱翔于天空和宇宙，各个国家对于自己的领空权也越来越重视，空间监视系统对于保障国家空域安全具有重大的意义。空间监视系统的重要任务之一就是空间目标识别，只有准确地识别了空间目标种类，才能对其进行有效的威胁分析，从而准确检测空间情况，保障国家的安全。空间监视系统由天基空间监视系统和地基空间监视系统两大系统组成，其中天基空间监视系统由于避免了地基空间监视系统涉及的大气和云层的影响，可以提高空间监视的能力。空间目标识别是对太空中的各种人造卫星、碎片、导弹、空间站、飞船和陨石等空间目标进行探测和跟踪，提取观察目标的特征信息，进而实现对各类空间目标的分类和辨识。通常，空间目标识别主要存在以下 2 个方面的问题：

① 观测角度变化带来的目标姿态变化问题。在实际应用中，空间目标成像时的大小、形状和姿态都在随着目标的运动不断变化，不同的观测角度下，空间目标的外观可能存在巨大的差距，给空间目标识别带来很大的挑战。

② 噪声、光照的干扰问题。在空间成像中，由于复杂的成像条件，图像会受到比较严重的噪声影响，同时多变的光照条件也会使空间目标的外观具有较大的改变。

多视角空间目标识别问题是一个典型的模式识别问题，根据空间目标的特征，可以采用多种模式识别方法对空间目标进行分类，包括 SVM 方法、核方法、流形学习方法、基于深度学习的方法等。面对多视角空间目标识别这一十分具有实际意义的模式识别问题，研究重点集中在特征的设计与提取方面，设计高效、准确、泛用性强的特征可以有效提升模式识别分类算法的准确率。同时，基于神经网络的方法也是解决空间目标识别问题的有效手段，但是需要解决神经网络可解释性低、可靠性差的问题，同时，如何在小样本的情况下开发高性能算法也是重要的研究方向。

10.3.2 方法原理介绍

本节介绍多视角空间目标识别任务的方案。空间目标识别任务遵循特征计算—特征提取—目标识别的流程，首先计算图像特征，然后对提取到的特征使用特征提取的方法进行降维，最后采用模式识别分类方法识别目标。

多视角空间目标识别任务可以选择不变矩、傅里叶描述子、区域协方差、梯度直方图作为所用的特征。Hu 不变矩(Hu moments)是一种基于图像的特征提取方法，通过计算图像的特征矩或归一化中心矩，进而得到一组旋转、缩放、平移等变换下不变的特征量，共需要计算 7 个 Hu 不变矩作为目标图像的特征。傅立叶描述子(Fourier descriptor)是一种将图像轮廓转换为频域表示的方法，广泛应用于形状识别、轮廓匹配和变形分析等领域，能处理复杂形状，共保留 20 个最大的系数作为目标图像的特征。区域协方差(region covariance)是一种基于样本协方差矩阵的图像特征提取方法，它通过求解每个区域内像素之间的协方差矩阵，来描述图像区域的结构信息和纹理特征，可以得到每个灰色图像的 64 维特征向量。基于积分直方图的梯度直方图算法(histogram of oriented gradients based on integral histogram, HOG)是一种用于目标检测和识别的计算机视觉技术，主要用来描述图像梯度信息，为简化计算，空间目标识别图像将整个图像作为一个小块，对于每张图像提取 36 维的特征。空间目标识别方法共计算 4 种特征共 127 维数据。

特征降维方法可以选用主成分分析或核主成分分析。主成分分析(PCA)是一种常用的降维算法，其思路是通过线性变换将原始高维数据投影到一个低维的子空间上，使得投影后的数据保留原始数据的最大方差。PCA 方法在处理具有线性关系的数据上具有很大的优势，但是缺点是处理非线性能力差、无法发现复杂的数据结构等。PCA 算法的具体实现过程可参考 5.2.2 节。

核主成分分析(KPCA)是 PCA 的一种扩展形式，其思路是将原始数据映射到一个更高维的特征空间中，然后在该特征空间中执行 PCA 算法。KPCA 算法的具体实现过程可参考 5.2.5 节。在本节中选用 RBF 核作为核函数的表现形式，公式表述如下：

$$K(x,x')=\exp(\gamma\|x-x'\|_2^2)$$

其中，γ 代表 RBF 函数的作用范围，值越大说明作用范围越宽，反之则越窄，在此处取值为 0.01。

目标识别采用 K 近邻算法(K-NN)实现。K-NN 是一种非参数的监督学习方法，通过在训练集中找到最靠近目标样本的 k 个邻居，从而将它们的标签或数值作为预测结果。K-NN 算法具有实现简单、可解释强、适用范围广等一系列优势。K-NN 算法的具体实现过程可参考 4.1.2 节。

10.3.3 应用结果示例

本节展示了在 BUAA-SID-share1.0 数据集中多视角空间目标识别方法的应用结果。BUAA-SID-share1.0 数据集的介绍见 9.1.1 节。

(1) 多视角空间目标识别结果

表 10-4 展示了不同的特征降维方法对多视角空间目标识别结果的影响，其中邻居数量选择为 10。可以发现，基于 PCA 和 KPCA 的方法与不进行特征降维的结果几乎一致。PCA 和 KPCA 算法通过找到最大方差的方向进行数据投影，重点在于保留原始特征并对特征进行降维，没有发掘数据中的内在联系，因此结果与不进行降维几乎一致。特征降维的方法可以有效地减少保留的参数量，如果不进行降维，对于训练集共需要保存 127×2 300=292 100 个特征数据进行 K 近邻计算，使用 PCA 降维到 10 维后只需要保留 10×2 300=23 000 个特征数据即可实现较为准确的识别。

表 10-4　不同特征降维方法下多视角空间目标识别结果

特征降维方法	无	PCA	KPCA	PCA	KPCA
保留特征数量	127	10	10	40	40
识别准确率/%	95.08	91.91	87.52	94.87	94.13

图 10-7 展示了每一类目标的检测准确率。

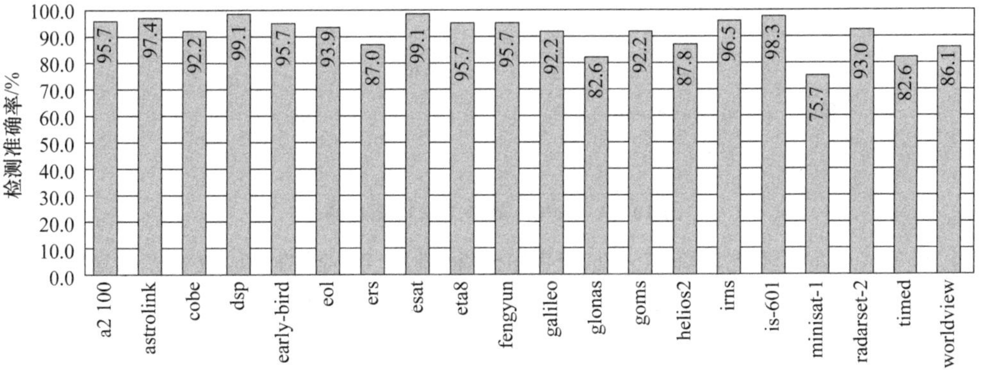

图 10-7　每一类目标的检测准确率(使用 PCA 算法进行降维，保留 10 维特征，其中邻居数量取值为 10)

（2）降维方法、特征维数、邻居数量影响情况分析

图 10－8 与图 10－9 分别展示了 PCA 算法与 KPCA 算法将特征降到 3 维后，特征在数据空间中的分布。为了更好地展示降维结果，对于每种算法分别展示了两种不同的视角。由于原始数据量比较大，此处只对 5 种卫星模型的降维结果进行展示，每种模型展示了 23 个样本。可以发现，两种降维方法得到的结果都可以将一类样本的特征聚合到相近的区域，这证明了 PCA 与 KPCA 算法的有效性。但是，由于任务具有一定的复杂性，两种方法的降维结果中均存在一定程度混淆的情况，即不同样本的特征分布在类似的区域。

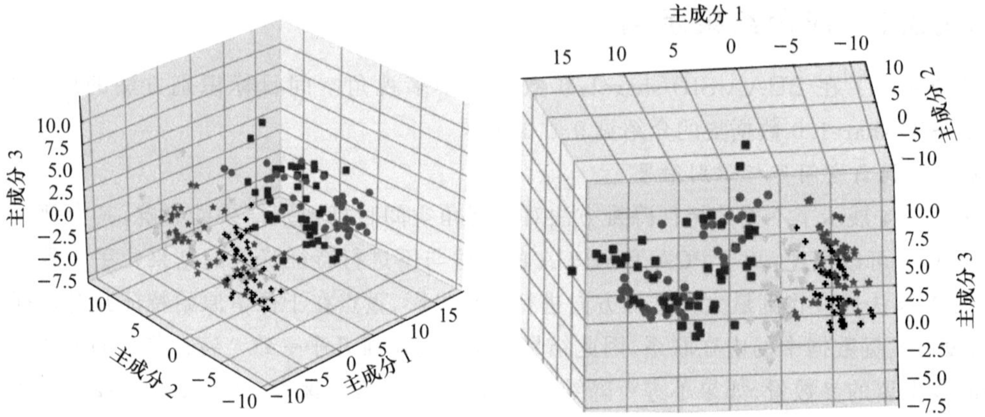

图 10－8　PCA 算法降维可视化结果

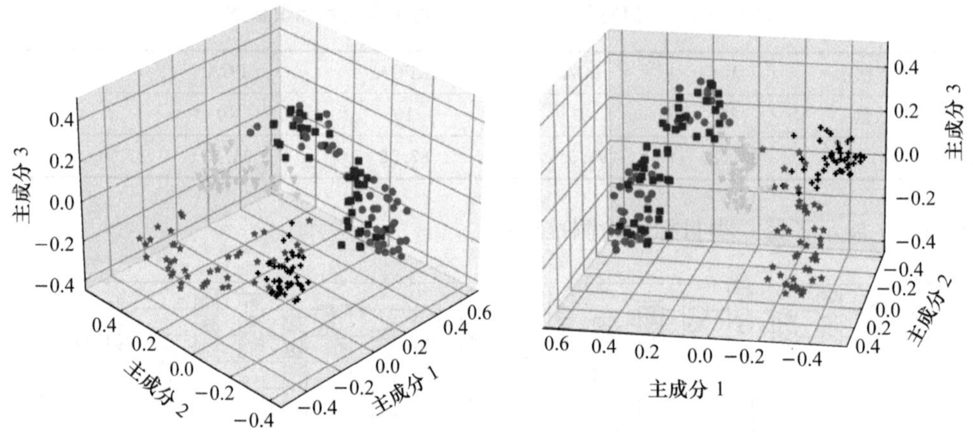

图 10－9　KPCA 算法降维可视化结果

图 10－10 展示了不同的降维方法、不同的特征维数与不同的邻居数量 k 的选择对于实验结果的影响。针对特征维数的选择，对于 PCA 和 KPCA，可以发现当特征维数低于 8 维时，随着特征维数的增加，准确率有明显的提升，之后逐渐趋于稳定。当 k 增加时，PCA 和 KPCA 的准确率有一定程度的下降，说明 PCA 和 KPCA 降维得到的特征不是特别稳定，会受到其他样本一定的干扰。

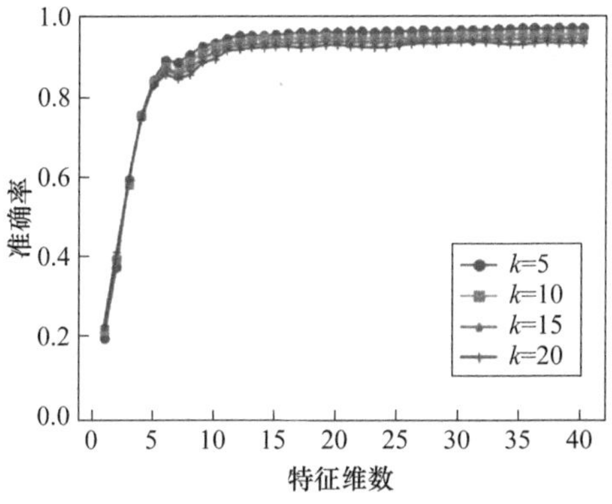

(a) PCA算法

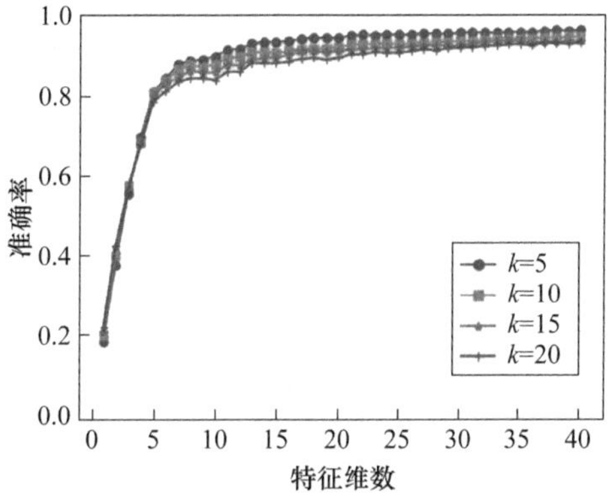

(b) KPCA算法

图 10-10　降维方法、特征维数、邻居数量对准确率的影响情况

10.4　遥感图像飞机目标检测

10.4.1　应用问题分析

随着遥感技术的发展，高分辨遥感图像可以提供越来越丰富的空间和上下文信息，充分利用这些信息，可以对存在于遥感图像复杂背景中的各类目标，如车辆、房屋、油库、飞机等进行检测。其中，飞机作为一种重要的检测目标，在高分辨率遥感图像中对其进行精确定位和统计，在军事和民用方面都具有重要的价值。因此，不论从目标检测算法的理论研究角度出发，还是考虑飞机目标检测的实际应用意义，都需要研究遥感图像中飞机目标的检测问题。当前，在实际应用中，遥感图像飞机目标检测仍然面临以下问题：

① 飞机图像质量问题：由于拍摄环境的不同以及拍摄设备的不同，飞机图像可能存在噪声、模糊、遮挡等问题，这些问题会对目标检测的准确性产生影响。

② 大规模数据处理问题：遥感图像数据通常非常大，需要进行大规模数据处理，例如存储、传输和计算等，这需要高性能计算设备和算法的支持。

③ 目标多样性问题：遥感图像中的目标种类多样，形状和大小也不一致，这需要算法具有很强的适应性和鲁棒性，能够对不同类型的目标进行准确识别和定位。

④ 计算效率问题：对于大规模遥感图像数据，目标检测算法需要在较短时间内完成计算和识别任务，因此需要算法具有高效的计算和识别速度。

⑤ 场景复杂性问题：遥感图像中可能存在复杂的场景，例如城市、森林、山脉等，这需要算法具有很强的抗干扰能力，能够对目标进行准确的分类和定位。

10.4.2　方法原理介绍

本节介绍一种新的遥感图像飞机目标检测算法，采用结合哈尔（Haar）特征和梯度方向直方图（HOG）特征的层次化分类器对目标进行检测，如图 10-11 所示。首先用基于 Haar 特征的底层 AdaBoost 分类器快速去除大部分非飞机目标区域，然后再用基于 HOG 特征的顶层支持向量机(SVM)分类器进行精细检测。在遥感图像数据集上的实验结果表明,该层次化分类器可以有效解决遥感图像飞机目标检测问题,在保证较高检测率的同时,可以大大降低虚警率。

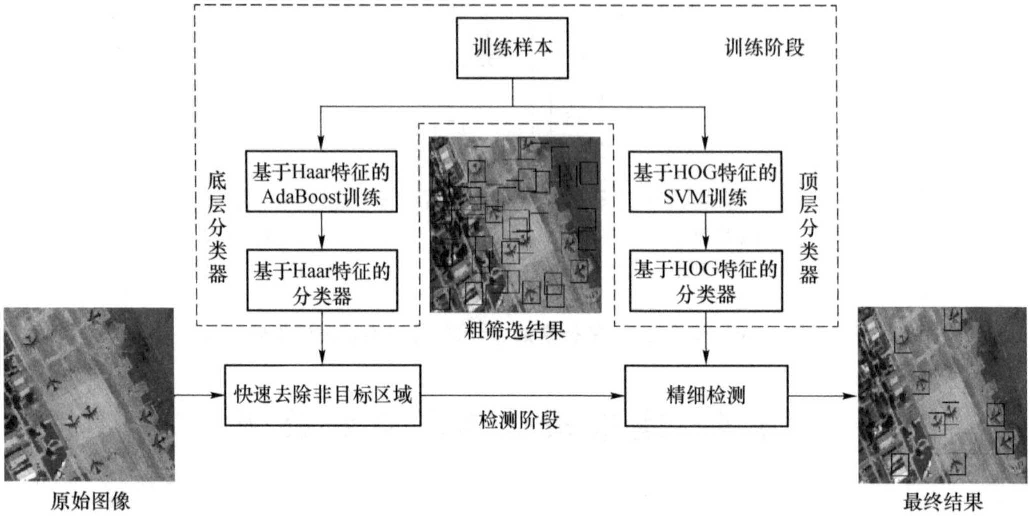

图 10-11　算法流程图

在检测过程中,数据常常会存在尺度的问题,往往通过图像降采样的方式解决,即采用固定尺度的检测框在不同尺度的图像中进行目标检测。本书选取的检测框可以适应机身长度为 30 m 左右的飞机目标,由于大多数中大型飞机机身长度为 30～60 m,考虑到特征对目标尺度具有一定的鲁棒性,将测试图像降采样到原图的 2/3 大小,最终将原图的检测结果与降采样图像的检测结果合并,得到最终的检测结果。

1. 基于 Haar 特征的底层 AdaBoost 分类器设计

AdaBoost 算法是一种能增强任意给定学习算法分类能力的自举迭代方法,相关原理在本书第 4 章中有详细介绍。由于有了积分图的加速,Haar 特征计算只需少量的加减法运算,并且 Haar 特征模板可以在图像窗口中任意缩放和移动,因此可以计算大量的 Haar 特征,但其描述目标能力较弱,仅适用于底层的粗筛选。如表 10-5 所列,本节共采用了 9 类 Haar 特征,其中前 5 类是一般目标检测常用的 Haar 特征,后 4 类是针对飞机目标特点提出的用于飞机检测的 Haar 特征。

表 10-5　Haar 特征样式图

特征号	1	2	3	4	5	6	7	8	9
特征类型									

图 10-12 展示了 Haar 特征在飞机目标上应用的原理图。特征 1、2 可用于描述机身、机翼和尾翼的边缘特征,特征 3、4 主要针对线性特征(机身、机翼、尾翼整体看作线段),特征 5 主要用于描述倾斜线段,特征 6、7、8、9 主要描述机翼和尾翼与机身连接处。因此,这 9 类 Haar

特征可有效描述遥感图像中的飞机目标,并将飞机与其他目标较好地区分开来。

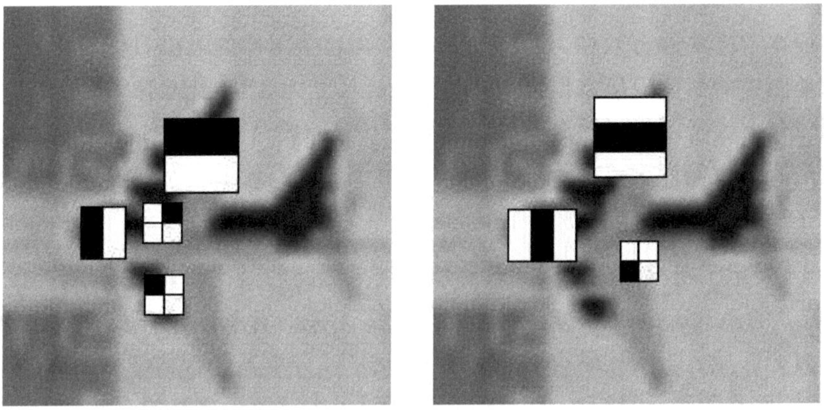

图 10-12　Haar 特征在飞机目标上的应用

当特征维数过高时,计算量增大,训练时间过长;而特征维数过低时,又无法有效描述目标。本节所选用的训练样本大小均为 32×32 像素,为了提高算法的运行效率并降低运算成本,因此采用 4×4 像素到 22×22 像素的 Haar 模板进行 Haar 特征提取。

2. 基于 HOG 特征的顶层 SVM 分类器设计

底层分类器简单有效,但是只能排除大量背景区域,不能有效降低虚警率,因此需要更强的分类器进行精细判断。HOG 特征蕴含着图像的梯度大小和方向,描述能力比 Haar 特征强,同时计算量较之增大,因此可以在粗筛选去除大量背景区域后,对较少的候选区域用 HOG 特征进行精细描述,通过 SVM 分类器得到最终检测结果。

本节将第一步的粗检测区域的尺寸调整为 40×40,以便统一所提取的 HOG 特征的数量。将每个 8×8 的区域设置为一个单元,因此该区域可以平分为 25 个不相交的单元区域,每个单元区域在每个方向上即可作为一个 HOG 特征。将每 3×3 个小单元设置为一个块,并将步长设置为 1 个单元尺寸,在每个方向上便可获得 81 个特征,由于共有 9 个方向,因此每个粗检测区域中可提取到 729 维的 HOG 特征,如图 10-13 所示。将 HOG 特征送入 SVM 分类器中进行训练从而得到用于精确检测的顶层分类器,通过底层分类器排除大量背景区域,再用顶层分类器得到精细检测结果,可以克服 HOG 特征计算量大的缺点,有效提高检测效率。

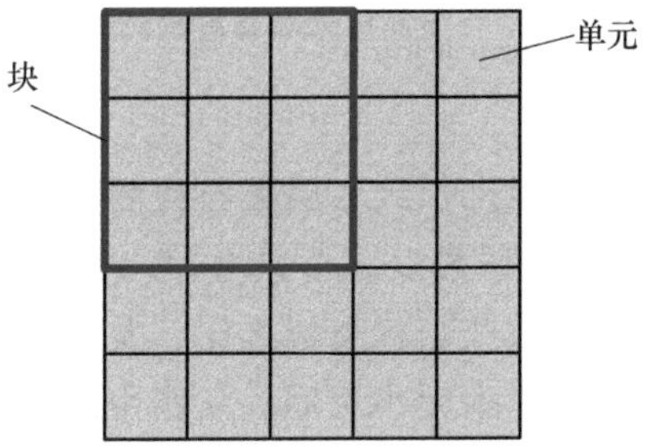

图 10-13　图像块和单元示例

10.4.3 应用结果示例

为了验证本节方法的有效性,建立了包含 37 幅遥感图像的飞机目标检测数据集,图像均来源于谷歌地图中的商业卫星数据,分辨率为 1 m,尺寸为 320×256 像素,共 267 个目标。数据集中的图像包含大量的机场附属设施,背景复杂,目标成像角度不同,且存在阴影等干扰,可以很好地满足算法性能评测要求。

1. 检测结果对比

图 10-14 展示了粗检测的结果和最终检测结果之间的对比图,可以观测到在第一步利用结合 Haar 特征的 AdaBoost 分类器粗检测后,很多无关的背景区域都被有效去除,但仍保留了大量的非目标区域。当利用结合 HOG 特征的 SVM 分类器进行精细检测后,大部分都仅保留了目标区域,而删除了无目标的背景区域,也证明了本节所提方法的有效性。

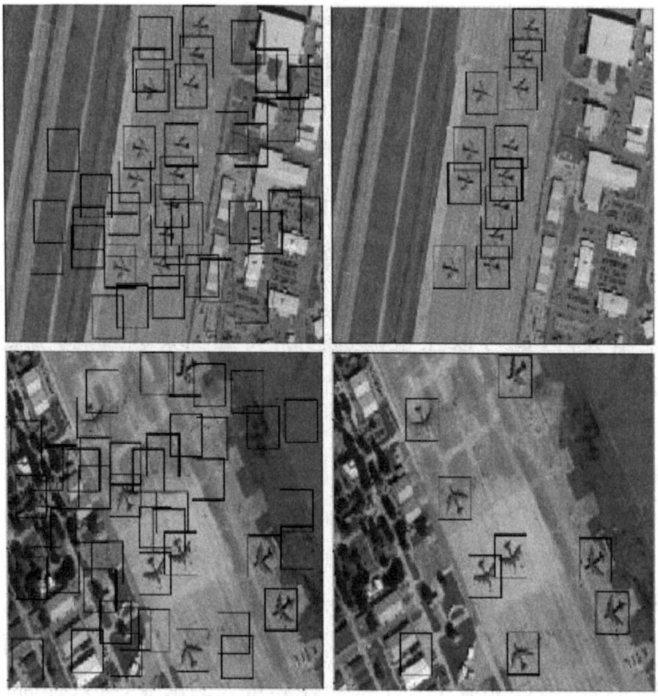

图 10-14 粗检测结果和最终检测结果对比

2. 底层分类器参数选择

图 10-15 展示了底层分类器设计时,级联层数与检测率、虚警率的关系。其中第 1 层为 5 个弱分类器,后面的每一层弱分类器数以 5 个递增,第 20 层为 100 个弱分类器。检测率的定义为检测到的真实飞机目标数与飞机目标总数之比。虚警率为虚警框面积与整幅图像的面积之比,其中单个检测框的大小与样本大小相同。从图中结果可以看出,随着级联层数的增加,检测率和虚警率都逐渐减小。由于底层分类器需要在保证高检测率的前提下,尽可能地降低虚警率,因此,最终选择 10 层共计 275 个弱分类器进行级联。

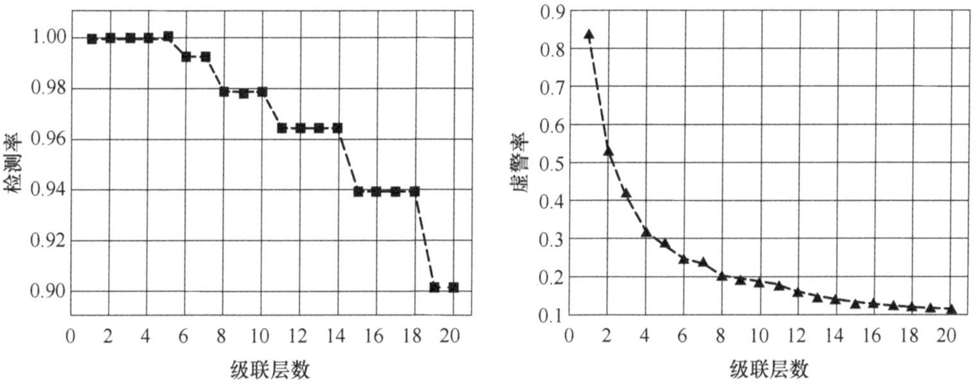

图 10-15　不同级联层数与检测性能的关系

3. 检测性能分析

表 10-6 给出了本节方法与文献[8]中方法以及仅使用本书底层分类器的方法在测试集上的对比结果。通过表 10-6 可以看出，本书底层分类器的检测率较对比方法提高了 15 个百分点，代价是虚警率增大了一个数量级。而采用层次化分类器的策略后，不但使检测率高于文献[8]的方法，且虚警率也较之降低了一个数量级，但是计算时间较文献[8]有所增加，这是因为本节方法的特征计算较之复杂，但更能体现飞机特征。图 10-16 给出了 4 张最终检测结果图。通过实验结果可以看出，本节所提的方法可以检测机场区域中处于不同背景下的飞机目标，并且虚警率较低。

表 10-6　检测性能对比

方法	检测率/%	虚警率	计算时间/s
文献[8]	82.4	4.04×10^{-2}	3.23
底层分类器	97.7	1.80×10^{-1}	0.20
本节方法	86.5	3.92×10^{-3}	3.57

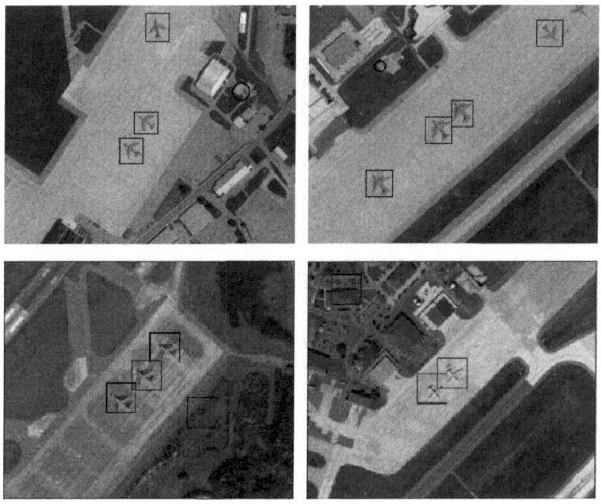

图 10-16　检测结果

小　结

限于篇幅，本章仅简要介绍了遥感舰船细粒度分类、遥感地物分类、多视角空间目标识别、遥感图像飞机目标检测四个方面的模式识别应用案例。在航空航天领域，还有很多与这四个案例类似的模式识别应用问题，读者可以通过查阅文献获得更丰富的应用实践和更详细的解决方案。随着航空航天技术和人工智能技术的高速发展和交叉融合，如何利用智能技术更好地解决航空航天实际需求将成为科研人员不懈追求的目标。

参考文献

[1] Lin T Y, RoyChowdhury A, Maji S. Bilinear CNN models for fine-grained visual recognition[C]//Proceedings of the IEEE international conference on computer vision, 2015: 1449-1457.

[2] Liu C, Hong L, Chu S S, et al. A SVM ensemble approach combining pixel-based and object-based features for the classification of high resolution remotely sensed imagery[J]. International Workshop on Earth Observation and Remote Sensing Application, 2014: 140-144.

[3] Khosla A, Jayadevaprakash N, Yao B P, et al. Novel dataset for fine-grained image categorization[C]//IEEE Conference on Computer Vision and Pattern Recognition (CVPR), 2011.

[4] Gang M, Zhiguo J, Zhengyi L, et al. Full-viewpoint 3D space object recognition based on kernel locality preserving projections[J]. Chinese Journal of Aeronautics, 2010, 23(5): 563-572.

[5] Tuia D, Pacifici F, Kanevski M, et al. Classification of very high spatial resolution imagery using mathematical morphology and support vector machines[J]. IEEE Transactions on Geoscience and Remote Sensing, 2009, 47(11): 3866-3879.

[6] Freund Y, Schapire R E. A desicion-theoretic generalization of on-line learning and an application to boosting[J]. Lecture Notes in Computer Science, 1995, 904(1): 23-37.

[7] Papageorgiou C P, Oren M, Poggio T. A general framework for object detection[J]. IEEE Computer Society, 1998: 555-562.

[8] Cai H P, Su Y. Airplane detection in remote sensing image with a circle-frequency filter[J]. National Univ. of Defense Technology(China), 2005: 5985.